Jan-Markus Schwindt

Universum ohne Dinge

Physik in einer ungreifbaren Wirklichkeit

D1666406

 Springer

Jan-Markus Schwindt
Dossenheim, Deutschland

ISBN 978-3-662-60703-9   ISBN 978-3-662-60705-3   (eBook)
https://doi.org/10.1007/978-3-662-60705-3

Die Deutsche Nationalbibliothek verzeichnet diese Publikation in der Deutschen Nationalbibliografie; detaillierte bibliografische Daten sind im Internet über http://dnb.d-nb.de abrufbar.

Einbandabbildung: © Cedar/stock.adobe.com

Planung/Lektorat: Lisa Edelhäuser
Springer ist ein Imprint der eingetragenen Gesellschaft Springer-Verlag GmbH, DE und ist ein Teil von Springer Nature.
Die Anschrift der Gesellschaft ist: Heidelberger Platz 3, 14197 Berlin, Germany

Universum ohne Dinge

Inhaltsverzeichnis

1	**Einleitung**	1
2	**Philosophie**	11
3	**Mathematik**	29
4	**Naturwissenschaft**	49
5	**Reduktionismus**	65
6	**Physik**	89
	6.1 Geschichte und Überblick	89
	6.2 Physikalische Theorien und Experimente	92
	6.3 Physik und Mathematik	108
7	**Die Grundpfeiler der Physik**	111
	7.1 Klassische Mechanik	112
	7.2 Klassische Feldtheorie	118
	7.3 Spezielle Relativitätstheorie	124
	7.4 Allgemeine Relativitätstheorie	139
	7.5 Statistische Mechanik	150
	7.6 Quantenmechanik	163

	7.7	Quantenfeldtheorie	189
	7.8	Das Standardmodell der Teilchenphysik	201
	7.9	Kosmologie	210

8	**Das Unbekannte**	229
	8.1	Die Jagd nach der Weltformel	229
	8.2	Offene Fragen	236
	8.3	Die Krise der Physik	246
	8.4	Das Multiversum	257

9	**Dinge und Fakten**	261
	9.1	Fakten	261
	9.2	Dinge	275
	9.3	Welt und Realität	279
	9.4	Zeit	282

| **10** | **Die praktischen Grenzen der Physik** | 287 |

11	**Die prinzipiellen Grenzen der Physik**	295
	11.1	Das harte Problem des Bewusstseins	296
	11.2	Der Fluss der Zeit	301
	11.3	Qualia und Physikalismus	304

| **12** | **Schluss** | 309 |

| **Literatur** | 317 |

| **Stichwortverzeichnis** | 319 |

1

Einleitung

Ich glaube, es gibt grundsätzlich zwei verschiedene Motivationen, sich intensiver mit Physik zu befassen. Das eine ist der **ingenieursmäßige** Zugang. Man möchte verstehen, wie die Technik um einen herum funktioniert, das Auto, der Kühlschrank, die Lampe, das Mobiltelefon, die Energieversorgung; welche Naturgesetze dem zugrunde liegen und wie man diese Gesetze dazu einsetzen kann, Neues zu entwerfen und damit praktische Probleme zu lösen.

Das andere ist der **philosophische** Zugang. Hier wird man von Fragen angetrieben wie: Was ist die Welt? Wie ist sie entstanden? Wird sie einmal enden? Was ist die „Realität" hinter den Dingen? Ist alles letztlich mathematisch erfassbar? Und was bin ich? Ein Klumpen Atome? Eine Art Computerprogramm, das auf einem Gehirn abläuft? Oder etwas ganz anderes? Wie hängen Raum und Zeit zusammen? Und so weiter.

Bei mir war der Antrieb ganz klar der philosophische. Als ich klein war, nahm mein Vater mich immer zu Vorführungen ins Mannheimer Planetarium mit. Die Sterne und Planeten an sich waren mir nicht so wichtig; ich wollte wissen, wie groß das Universum ist, ob es eine Grenze hat, wie es angefangen hat. Geheimnisvolle Wörter wie den „Urknall", die „Expansion" und die „Raumzeit" wollte ich erklärt bekommen. Und weil es darum meistens nur am Rande ging, wurde ich oft ungeduldig.

Mit 13 nahm ich die Sache in die eigene Hand, lernte die Spezielle Relativitätstheorie, begann mir eigene Gedankenexperimente auszudenken und Schlussfolgerungen zu ziehen, die meisten waren völliger Unsinn. Fieberhaft von meinen Fragen getrieben, verschlang ich in den nächsten zwei Jahren alle populärwissenschaftlichen Bücher über Grundlagenphysik, die ich in die Finger kriegen konnte.

© Springer-Verlag GmbH Deutschland, ein Teil von Springer Nature 2020
J.-M. Schwindt, *Universum ohne Dinge,*
https://doi.org/10.1007/978-3-662-60705-3_1

Mit 16 verlor ich die Physik in den Wirren eines typischen Teenagerlebens für eine Weile aus den Augen. Aber immerhin blieb ich der Mathematik treu, die mich parallel zur Physik auch immer fasziniert hatte, und nahm erfolgreich an nationalen Mathewettbewerben teil, über die ich auch viele Gleichgesinnte kennenlernte.

Diese brodelnde Zeit endete mit dem Abitur und der Frage, ob ich Mathematik oder Physik studieren sollte. Mathematik ist Poesie, Schönheit in Reinstform. Aber sie ist auch unendlich. Jeder beliebige Satz von Annahmen (Axiomen) kann als Ausgangspunkt gewählt werden, und bis in alle Ewigkeit kann man die unendlich verzweigte Kette von Schlussfolgerungen ausrollen, die durch Logik daraus hervorsprudelt. *„Wenn jene Tastatur also unendlich ist, dann gibt es keine Musik, die du darauf spielen könntest"*, heißt es in der Erzählung *Novecento* von Baricco (2003, S. 75). Das war das Gefühl, das mich damals angesichts der Mathematik überkam. In der Physik ist die Anzahl der Probleme groß, aber begrenzt. Sie beschreibt die Welt, in der ich lebe, und betrifft daher die Fasern meiner Existenz. So entschied ich mich also für die Physik, weil all meine Fragen mich zu ihr hinführten.

Denn so vieles in der Physik ist für diese Fragen in höchstem Maße relevant. Hier ein erster Überblick über die Themen:

- **Reduktionismus mit Überraschungen:** Reduktion heißt Zurückführung. In der Tat durchzieht das Prinzip des Zurückführens die gesamte Naturwissenschaft. Die Biologie wird auf Chemie zurückgeführt: Ein Organismus wird vom Zusammenspiel seiner Organe her verstanden, die Organe vom Zusammenwirken der Zellen her, die Zellen von den Molekülen her und den chemischen Prozessen, die auf diesen ablaufen. Die gesamte Chemie wiederum folgt aus den Regeln der Quantenmechanik und der Statistischen Physik. Auch innerhalb der Physik gibt es solche Hierarchien. Die einen Phänomene werden auf andere zurückgeführt, Gleichungen auf andere Gleichungen, Theorien auf andere, „fundamentalere" Theorien. Aber während diese Kette von Reduktionen am Anfang noch auf ein Immer-weiter-Zerlegen und Hineinzoomen hinausläuft, treten plötzlich Stufen auf, in denen statt einer Zerlegung eine völlige Verwandlung stattfindet. Die Newton'sche Gravitationskraft verwandelt sich plötzlich in reine Geometrie, wenn sie auf die Allgemeine Relativitätstheorie zurückgeführt wird. Und die Elementarteilchen scheinen in einer völlig anderen Welt zu leben als die Gegenstände, die sich aus ihnen zusammensetzen.
- **Determinismus und Zufall:** Determinismus heißt, dass die Welt wie ein Uhrwerk abläuft. Der gegenwärtige Zustand bestimmt vollständig den Zustand zu allen späteren Zeiten und folgt seinerseits aus den früheren

Zuständen, ohne jeglichen Spielraum. Die gesamte Geschichte ist somit bereits in den Anfangsbedingungen am Beginn des Universums festgelegt. Falls der Determinismus zutrifft. Die Beschreibung, die die Klassische Mechanik von der Welt gibt, ist in der Tat deterministisch. In der Quantenmechanik hingegen scheint alles vom Zufall bestimmt zu sein. Wie die beiden Theorien zusammenhängen, ist äußerst kompliziert. Die Quantenmechanik ist jedoch im Sinne des Reduktionismus die fundamentalere von beiden. Also regiert doch der Zufall die Welt? Es wimmelt jedoch auch von *scheinbaren* Zufällen, wie dem Werfen eines Würfels, dessen Ergebnis wir nur deshalb nicht vorhersagen können, weil wir nicht in der Lage sind, das Problem schnell und genau genug zu analysieren (Wurfbahn, Rotation, Elastizität beim Aufprall etc.). Manche sagen, dass auch die Zufälle der Quantenmechanik nur scheinbar sind; es gibt hier verschiedene Interpretationen. Die Situation ist vertrackt und lässt sich schwer entscheiden. Um die Sache noch komplizierter zu machen, gibt es da noch das subjektive Gefühl eines „freien Willens", der uns erlaubt, zumindest manchmal unbeeindruckt von physikalischen Gegebenheiten Entscheidungen zu treffen. Und das passt nun weder mit Determinismus noch mit reinem Zufall besonders gut zusammen.

Wenn die Physik diese Frage auch vielleicht nicht eindeutig entscheiden kann, so ist es doch spannend zu sehen, was sie zu dem Thema beizusteuern hat, denn es sind einige erstaunliche Facetten dabei. Die Physik ist nämlich die größte aller Philosophinnen; sie kommt auf Ideen, die keinem ihrer grübelnden menschlichen Kollegen jemals eingefallen wären.

- **Verhältnis von Beobachter, Theorie und Welt:** Ein Beobachter[1] kann einen anderen Beobachter beim Beobachten beobachten (der Voyeurismus kennt keine Grenzen). Der Wissenschaftler nimmt daher eine seltsame Doppelrolle ein. Zum einen ist er es, der Messungen vornimmt und Theorien aufstellt, und dabei hat er das Gefühl, als freies Wesen zu agieren, einzig seiner Vernunft und Neugier, vielleicht auch noch seinem Ehrgeiz verpflichtet – quasi außerhalb der streng gesetzmäßigen Gegebenheiten, die er untersucht. Er ist Herr über seine Messapparatur, mit der er die Natur zu einer Antwort auf seine Frage zwingt. Zugleich ist er aber Bestandteil der Welt, die er untersucht; er kann selbst analysiert und vermessen werden und wird damit zum Gegenstand von Theorien. Sein Körper besteht aus genau den seltsamen Teilchen, mit denen er Experimente treibt. Er ist selbst Bestandteil des Bildes, das er mit seinen Theorien zeichnet. Daraus entstehen allerlei Verwicklungen, und in keiner anderen Theorie kommen

---

[1]Aus Gründen der Lesbarkeit wird im Text die männliche Form verwendet, es sind jedoch selbstverständlich stets beide Geschlechter gemeint.

diese so krass und deutlich zum Ausdruck wie in der Quantenmechanik, mit der wir uns ausführlich beschäftigen werden.

Wie hängen Beobachter, Welt und Theorie zusammen? Physikalische Theorien stellen mathematische Strukturen dar. Besteht die Welt also aus Dingen, die durch mathematische Strukturen vollständig beschrieben werden? Oder *sind* die Dinge sogar selbst mathematische Strukturen? Wenn die Dinge „objektiv" sind, was könnte denn überhaupt „Objektives" an ihnen sein, das über reine Mathematik hinausgeht? Sind wir selbst am Ende reine Mathematik? Oder sind die Theorien vielmehr ein unvollständiges Abbild der Welt, bestehend aus eben den Aspekten, mit denen die „wissenschaftliche Methode" sich befassen kann? Oder ist das, was wir „Welt" nennen, selbst nur eine Theorie, eine Projektion unseres Geistes?

Die Quantenmechanik ist der größte Geniestreich, den die Physik sich ausgedacht hat. Sie stößt uns mit dem Kopf mitten in diese Fragen hinein und zwingt uns, sie nicht mit einer banalen Form von Materialismus abzutun.

- **Kosmologie, die Evolution des Universums:** Kosmologie ist das Teilgebiet der Physik, das sich mit dem Universum als Ganzem befasst. Als solches erzählt sie eine Geschichte des Weltalls. Sie beginnt vor etwa 14 Milliarden Jahren mit dem **Urknall,** über dessen genauen Hergang wir vermutlich nichts wissen können. Unser Wissen setzt wenige Sekundenbruchteile später ein, mit einem dichten heißen Plasma, einer Elementarteilchensuppe, aus der Schritt für Schritt alle weiteren Strukturen entstehen, während sich das Universum abkühlt und ausdehnt. Nach 400.000 Jahren wird es durchsichtig und somit hell, als sich aus Elektronen und Protonen die ersten Atome bilden. Und so geht die Geschichte mit viel Detailfreude und Präzision weiter, bis in die heutige Zeit, in der unser blauer Planet gemütlich um seine Sonne herumtuckert.

- **Relativität von Fakten:** Was ist eigentlich eine Tatsache? Wir beschreiben etwas (ein Ereignis, einen Vorgang, Eigenschaften eines Objekts etc.) mit Hilfe von Sätzen unserer Sprache. Damit fügen wir das Ereignis oder den Vorgang in die grammatikalische Struktur und den Wortschatz unserer Sprache ein. Wie „objektiv" sind solche Beschreibungen? Stülpen wir z. B. mit unserer Grammatik der Realität eine Struktur über, die sie eigentlich gar nicht hat? Selbst in der gleichen Sprache klingen Beschreibungen desselben Vorgangs sehr unterschiedlich, wenn sie von unterschiedlichen Personen kommen. Kommt die Beschreibung aber aus einer anderen Sprache mit einer ganz anderen Grammatik, dann ist sogar ihre Struktur eine ganz andere. Aber oft gibt es einen „objektiven Kern", etwas, das in allen Beschreibungen zum Ausdruck kommt, egal in welcher Sprache und von welcher Person, und das ist eben gerade die Tatsache.

In der Physik ist es ähnlich. Man kann Vorgänge in unterschiedlichen Koordinatensystemen beschreiben, in unterschiedlichen Maßeinheiten, mit unterschiedlichen Formalismen. Ziel ist es aber immer, den „objektiven Kern" im Auge zu behalten, denn der ist das eigentlich „Physikalische", das, was nach dem Herausschälen der relativen, also kontextabhängigen Details übrigbleibt. Das große Verdienst von Einsteins beiden Relativitätstheorien (der Speziellen und der Allgemeinen) ist der Nachweis, dass wir viel weiter schälen müssen als ursprünglich gedacht. Viele der Dinge, die wir für objektiv und eindeutig gehalten hatten, sind es gar nicht. Entscheidend ist aber, dass es weiterhin einen objektiven Kern *gibt*, er liegt eben nur etwas „tiefer" als vermutet. Ein weiteres großes Verdienst dieser Theorien ist es, dass sie anhand des verbliebenen Kerns „Dolmetscherverfahren" bereitstellen, wie man die kontextabhängigen Details einer Perspektive in die einer anderen übersetzt. Gerade in diesen eindeutigen Übersetzungen (in der Physik sind sie tatsächlich eindeutig!) kommt der objektive Kern zum Ausdruck.

Ein solches „Herausschälen des Kerns" und Hin- und Herübersetzen von Kontexten findet man in allen Bereichen der Physik. In den meisten Fällen spielt es sich innerhalb *einer* Theorie ab. Noch spannender wird es aber, wenn ein Vorgang mit unterschiedlichen Theorien beschrieben werden kann, und man dann zwischen den Theorien hin- und herübersetzen muss, z. B. zwischen Newton'scher Gravitation und Allgemeiner Relativitätstheorie.

- **Zeit:** Was ist eigentlich Zeit? Schon Augustinus beantwortete die Frage so: *„Wenn mich niemand danach fragt, weiß ich es, wenn ich es aber einem, der mich fragt, erklären sollte, weiß ich es nicht"* (*Confessiones* XI, 14). In der Physik ist die Zeit so allgegenwärtig wie im Leben. Allerdings scheint sie dort einen so gänzlich anderen Charakter zu haben, als wir ihn kennen. Die Relativitätstheorien zeigen, wie Raum und Zeit zu einem gemeinsamen vierdimensionalen geometrischen Gebilde, der **Raumzeit,** verwoben sind. Sie führen uns weiterhin vor, wie die Zeitspanne, die zwischen zwei Ereignissen liegt, von der Perspektive des Beobachters abhängt, nämlich davon, wo er sich befindet und mit welcher Geschwindigkeit er sich bewegt. Der Begriff „gleichzeitig" verliert seine absolute Bedeutung.
  Außerdem sind die physikalischen Theorien auf mikroskopischer Ebene **zeitumkehrinvariant,** d. h., jeder Vorgang, der von ihnen beschrieben wird, kann sowohl vorwärts als auch rückwärts ablaufen; man kann die Zeit einfach umkehren. Es gibt also auf dieser Ebene keine eindeutige Kausalität: Vorher und nachher, Ursache und Wirkung sind miteinander vertauschbar. Das widerspricht nun völlig unserer Erfahrung. Wie lässt sich dieser

Widerspruch auflösen? Es zeigt sich, dass dies möglich, aber recht kompliziert ist, und mit dem Begriff der **Entropie** zu tun hat.

Auch bei diesem Thema fördert die Physik also unerwartete Facetten zutage und beleuchtet das Thema von vielen verschiedenen Seiten. Am Ende werden wir allerdings mit dem Eindruck zurückbleiben, dass die Physik der Zeit trotz alledem nicht völlig auf den Grund gehen kann. Dass bestimmte Aspekte davon, wie wir die Zeit erleben, in der Physik schlicht und ergreifend keine Entsprechung haben.

Diese Übersicht gibt eine erste Andeutung, wie viel die Physik zu fundamentalen philosophischen Problemen zu sagen hat. Wer immer von solchen Fragen angetrieben wird, kommt an der Physik nicht vorbei. Viele dieser Fragen kann die Physik nicht eindeutig beantworten. (Die Optimisten aus der Forschung würden hier gern ein „noch" hinzufügen.) Sie hebt jedoch unser Nichtwissen auf ein viel höheres Niveau. Sie zeigt uns Facetten des jeweiligen Problems, mit denen wir nie gerechnet hätten. Das ist vielleicht schon das Höchste, was Philosophie erreichen kann.

Erst spät habe ich verstanden, wie wichtig es ist, sich mit den Experimenten zu befassen. Im Physikstudium gibt es Vorlesungen zu Theoretischer und zur Experimentalphysik, und ein paar experimentelle Praktika. Tendenziell von der Mathematik und der Philosophie herkommend, interessierten mich die ganzen experimentellen Techniken nicht, ich wollte die Theorien verstehen, die sich letztlich aus den zahllosen Experimenten ergaben, die ich einfach als gegeben hinnahm. Diese Missachtung hat die Experimentalphysik nicht verdient. Experimente sind das Fundament und die ganze Substanz der Physik. Eine Theorie ohne Experiment ist reine Mathematik. Nur über die Experimente versteht man, wie die Erkenntnisse zustande kommen, aus denen eine Theorie sich speist. Und nur über das Experiment ist definiert, was die mathematischen Symbole in den Theorien eigentlich bedeuten, worauf sie sich beziehen.

Theorie ohne Experiment, das ist in der Gegenwart ein großes Problem in der Grundlagenphysik, und zugleich eine Folgeerscheinung ihres Erfolgs. Denn so gut funktionieren die bekannten Theorien in den uns zugänglichen Bereichen des Universums, dass sich die meisten der großen offenen Fragen in einem Territorium abspielen, das unserem Experimentieren nicht zugänglich ist.

Davon war auch ich in meiner Forschung betroffen. In meiner Diplomarbeit beschäftigte ich mich noch mit „Greifbarem": mit der „Verklumpung" der Materie im frühen Universum, die zur Bildung von Galaxien und Galaxienhaufen führte. Hierzu gab es detaillierte Beobachtungsdaten, und mit denen ließen sich die möglichen Werte von Parametern in unseren Theorien eingrenzen. Danach aber zog es mich immer weiter zu fundamentaleren Fragen, in spekulative Bereiche wie „Extradimensionen" und „Quantengravitation". Ich promovierte und forschte danach noch vier weitere Z als Postdoc, aber immer mehr kamen mir Zweifel, ob ich auf dem richtigen Weg war. Ich liebte die Aufgaben in der Lehre, die Arbeit mit Studenten, hielt voller Genuss eine Vorlesung über Allgemeine Relativitätstheorie. Aber die Forschung wurde mir mehr und mehr fremd. Das war das Paradoxe: Je mehr ich mich thematisch den Bereichen näherte, die für das Verständnis der Wirklichkeit fundamental schienen, desto mehr schien gerade diese Arbeit den Bezug zur Wirklichkeit zu verlieren. Etwas war schiefgelaufen.

Im eng getakteten akademischen Leben mit seinen befristeten Stellen ist keine Zeit für vorübergehenden Rückzug. Kaum hat man eine neue Stelle angetreten, schon muss man sich auf die nächste bewerben, muss sich über Forschungsarbeiten profilieren, mit Lehre allein ist nichts zu gewinnen. Als Forscher orientierungslos geworden, beschloss ich, ins Exil zu gehen, in die IT-Wirtschaft. Die großen Fragen brannten aber weiter.

Ich wusste auch, dass ich mit meiner Frustration nicht allein war. Die Ansicht, dass die Forschung im Bereich der Grundlagenphysik in einer Krise steckt, wird von vielen geteilt. Vom 19. Jahrhundert bis in die 1970er Jahre gab es ein pausenloses Feuerwerk von Entdeckungen; Theorie und Experiment gingen Hand in Hand, das eine beflügelte das andere. Seit 40 Jahren ist nun aber der Fortschritt deutlich verlangsamt. Das **Standardmodell der Teilchenphysik** von 1973 ist einfach zu gut; zusammen mit dem **Standardmodell der Kosmologie** erlaubt es die Einordnung und Beschreibung fast aller uns zugänglichen Phänomene, von den kleinsten bis zu den größten Skalen.

Das heißt nicht, dass die großen Fragen damit alle gelöst sind. Im Gegenteil, sie sind nur immer weiter in Bereiche gewandert, zu denen wir keinen Zugang haben. So begann eine Ära der spekulativen, nicht durch Experimente abgesicherten theoretischen Physik. Die experimentellen Daten nahmen in der gleichen Zeit durch zahlreiche technische Verbesserungen in gigantischem Ausmaß zu, aber sie steuerten quasi nichts zu den spekulativen neuen Theorien bei, sondern bestätigten nur immer und immer wieder die beiden Standardmodelle.

Wie lässt sich diese Situation überwinden? Dazu wurden verschiedene Ansätze diskutiert. Der einflussreiche Physiker Lee Smolin vom Perimeter Institute in Kanada beispielsweise vertritt die These[2], dass der Wissenschaftsbetrieb zu sehr dem Mainstream verhaftet sei; das Verfolgen „revolutionärer Ideen", wie Einstein sie hatte, werde nicht genug gefördert, vielmehr sogar quasi unterbunden. Nach Smolins Ansicht lauern große Erkenntnisse hinter der nächsten Ecke, Antworten auf die großen verbliebenen Fragen der Physik.

---

[2] z. B. in Smolin (2006).

Man müsse nur die Forscher mit den richtigen querdenkerischen Charakterzügen bei der Stange halten, dann werde die nächste wissenschaftliche Revolution erfolgen.

Ich halte diese These für unplausibel. Es liegt nicht am Mangel an „revolutionären Ideen". Davon hat es einige gegeben in den letzten Jahrzehnten, aber sie haben leider nicht zum Erfolg geführt. Ich denke, die Verlangsamung des Fortschritts ist nicht so sehr durch eine falsche Ausrichtung des Forschungsbetriebs hervorgerufen, sondern vielmehr eine Folge der natürlichen Grenzen, denen wir beim Betreiben der Physik als Wissenschaft ausgesetzt sind.

Diese Grenzen lassen sich in praktische und prinzipielle unterteilen. Die praktischen Grenzen bestehen darin, dass wir nicht alle Beobachtungen durchführen können, die wir gern durchführen möchten. Da weder die Lichtgeschwindigkeit noch das Alter des Universums unendlich sind, können wir nicht beliebig weit schauen. Es gibt einen Horizont im Universum, über den wir nicht hinausblicken können. Unsere Energievorräte sind begrenzt, daher können wir Teilchen nicht mit beliebig hoher Energie aufeinanderschießen, um zu sehen, was passiert.

Die prinzipiellen Grenzen bestehen darin, dass sich generell nicht alle fundamentalen Fragen mit Physik beantworten lassen. Eine dieser Fragen ist: Warum gibt es überhaupt etwas, und nicht etwa nichts? Die Physik kann ein Universum mit seinen Gesetzen beschreiben, aber warum dieses Universum überhaupt existieren soll, kann sie uns nicht sagen (es sei denn, das Universum wird aus einem anderen Universum heraus „geboren"; solche Theorien gibt es, aber damit verschiebt sich das Problem nur). Bei anderen Themen sind die prinzipiellen Grenzen sehr viel umstrittener, wie etwa bei unserem Bewusstsein und dem Zusammenhang von „Geist und Materie". Aber bevor wir für dieses Thema bereit sind, müssen wir uns noch in einigen Kapiteln damit beschäftigen, was Physik eigentlich ist und tut.

Wenn es also diese Grenzen gibt und einiges dafür spricht, dass wir uns ihnen bereits sehr weit genähert haben, dann handelt es sich womöglich gar nicht um eine Krise, sondern um ein natürliches Auslaufen? Diese These vertritt John Horgan (1996) in seinem Buch *The End of Science* und hat damit eine Menge Zorn auf sich gezogen. Kein Wunder, wer lässt sich schon gern sagen, dass seine Disziplin sich dem Ende zuneigt. Aber was heißt schon „Ende"? Die Physik ist ein prachtvolles Schloss von großer Schönheit, angefüllt mit Schätzen, die sich in jedem der zahllosen Räume erkunden lassen, von jedem Besucher, der sich darauf einlässt. Und bei weitem nicht jeder Edelstein in all den Truhen wurde bisher gebührend gewürdigt. An ihre Grenzen stoßen nur die Baumeister, die versuchen, immer noch einen Turm obendrauf zu setzen.

Die akademische Forschung versucht, die Grenzen des **globalen Wissens** zu verschieben, also etwas zu finden, was noch keiner vor einem gefunden hat. Peinlich genau wird aufgezeichnet, wer wann was als Erster gesagt hat, von wem eine Idee zuerst geäußert wurde, wer ein Experiment als Erster durchgeführt hat, und auf denjenigen müssen alle späteren Arbeiten zum gleichen Thema verweisen. Um in der akademischen Welt zu überleben, eine Karriere aufzubauen, muss man versuchen, wiederum etwas Neues zu finden, aufbauend auf all den bisherigen Neuigkeiten, und es schnell und als Erster zu publizieren. Das sind – im Bild von oben gesprochen – die Baumeister, die die Grenzen des Schlosses immer weiter hinausschieben wollen oder müssen, in den Himmel hinein, durch den Bau immer neuer Türme, einer auf dem anderen. Das ging bis vor etwa 40 Jahren sehr gut und hat der Pracht des Schlosses gedient. Jetzt aber stehen tausende theoretische Physiker auf den Dächern in luftigen Höhen und wollen oder müssen immer weitermachen, obwohl die neuen Türme immer wackeliger werden.

Zum anderen gibt es aber auch das private Forschen. Getrieben von bestimmten Fragen, möchte man etwas verstehen. Umso besser, wenn andere es schon vor einem verstanden haben, denn es geht nicht darum, die Grenzen des globalen, sondern des **persönlichen Wissens** zu verschieben. Man vertieft sich also in ein Thema, aufbauend auf dem, was andere geschrieben haben, und setzt sich damit auseinander. Um zu verstehen und zu staunen, nicht um eine „revolutionäre" neue Idee zu erfinden. In dem Bild von oben ist das der Besucher des Schlosses, der die Räume durchwandert, sie sich genau ansieht; ein Gegenstand hält ihn fest, er betrachtet ihn genau, von allen Seiten, staunend vertieft er sich darin, und die gewonnenen Eindrücke setzen sich in seinem Geist fest.

Dieser Weg steht auch dann noch offen, wenn sich die These vom „Auslaufen" bestätigen sollte. Dieses Buch soll daher unter anderem auch eine Art Schatzkarte sein, die eine (wenn auch sehr unvollständige) Beschreibung gibt, in welchen Räumen des Schlosses welche Juwelen zu finden sind.

Ein populärwissenschaftliches Buch wie dieses kann jedoch nur eine Schatzkarte sein. Die Schätze heben muss man selbst. Die Physik ist in der Sprache der Mathematik geschrieben, und ihre Erkenntnisse beruhen auf tausenden von Experimenten. All das lässt sich nicht mit ein paar Worten in Alltagssprache wiedergeben. Wer wissen will, worum es wirklich geht, muss sich durch die Mathematik und die Beschreibung der Experimente wühlen. Muss selbständig komplizierte Rechnungen und Gedankenexperimente durchführen. So wie man ein Musikinstrument ja auch nicht dadurch lernt, dass man ein paar Bücher liest.

2

Philosophie

Das Staunen steht am Anfang aller Philosophie, schreibt Platon. Wir staunen über die Welt und über uns selbst. Wir fragen uns, wo das alles herkommt und ob und wie es einmal enden wird. Wir erkennen, dass die Dinge und auch wir selbst ständigen Veränderungen unterworfen sind und fragen uns, ob es eine gleichbleibende Basis für all das gibt, eine „Substanz" (oder mehrere), aus der alles besteht, die zwar immer neue Formen annimmt, aber an sich dieselbe bleibt. Wir sehen, dass wir oft getäuscht werden vom Schein der Dinge, wir zweifeln und fragen, was denn real ist.

Wir begreifen, dass wir sterblich sind, dass uns nicht viel Zeit bleibt, und fragen uns, wie wir angesichts dessen leben sollen. Welchen „Sinn" das Leben hat. Und ob es für uns etwas jenseits des Lebens gibt, auf der anderen Seite des Todes, oder außerhalb der Zeit.

Dieses Fragen, Zweifeln und Staunen ist in uns allen angelegt. Als Kinder bombardieren wir in einem bestimmten Alter unsere Eltern mit Fragen, wollen alles wissen und verstehen. Bei manchen lässt das große Staunen aber im Lauf der Zeit nach, man wird von den Sorgen des Alltags und dem Verfolgen der nicht mehr hinterfragten Ziele zu sehr absorbiert. Bei anderen geht es jedoch weiter, begleitet und formt das Leben und Denken bis zum Ende. Das sind die „philosophischen Naturen" unter den Menschen.

Auch die anderen, die nicht Philosophierenden, haben ein bestimmtes Welt- und Menschenbild, sie sind sich dessen nur nicht so deutlich bewusst, oder nehmen es als etwas Gegebenes hin, hinterfragen es nicht, oder nur sehr oberflächlich. Dabei ist dieses Bild entscheidend für unser Leben. In den Worten von Karl Jaspers:

J.-M. Schwindt, *Universum ohne Dinge*,
https://doi.org/10.1007/978-3-662-60705-3_2

Denn das Bild des Menschen, das wir für wahr halten, wird selbst ein Faktor unseres Lebens. Es entscheidet über die Weisen des Umgangs mit uns selbst und mit den Mitmenschen, über Lebensstimmung und Wahl der Aufgaben. (Jaspers 1960, S. 151)

Die nicht Philosophierenden haben recht und unrecht. Sie haben recht, weil das Philosophieren das Überwinden von Ängsten fordert, weil es Anstrengung bedeutet und weil es uns manchmal den Abgrund vor Augen führt (Beispiele folgen weiter unten), vor dem wir die ganze Zeit schon stehen, von dem wir aber nichts geahnt haben. Das Philosophieren stellt sich der Gewissheit des Todes und den eigenen Verfehlungen und Irrtümern, es prüft alles und geht uns buchstäblich an die Substanz, konfrontiert uns mit der Fragwürdigkeit, der Begrenztheit allen Wissens und Erkennens. Zudem kommt man mit dem Fragen an kein Ende. Es stehen am Ende des Weges keine klaren Antworten, kein „Ach, so ist das", sondern nur immer wieder neue Fragen und Zweifel; alles scheint sich im Kreise zu drehen.

Sie haben aber auch unrecht, denn das Verdrängen und Ignorieren ändert nichts daran, dass die Fragen einfach da sind. Das Philosophieren belohnt uns zwar nicht mit klaren Antworten, aber es setzt einen Prozess in uns in Gang, der uns neue Horizonte eröffnet, unser Denken in einer anderen Weise schult, als die Alltagsprobleme oder die Mathematik es tun, der zudem etwas in uns auflockert – „geistige Verhärtungen" will ich es einmal nennen – und uns von Vorurteilen befreit. Der Prozess ändert unsere Sicht auf die Welt und uns selbst und ist imstande, unser Leben zu verändern.

Philosophie und Sprache

Beim Philosophieren spülen die Fragen, die uns vor sich her treiben, oft seltsame Gedanken an den Strand unseres Geistes. Gedanken, die sich nicht so einfach in Worte fassen und vermitteln lassen, die also erfordern, die sprachlichen Ausdrucksmittel, das sprachliche „Handwerkszeug", zu erweitern. Daher ist Philosophie so oft auch ein Ringen mit der Sprache. Unzählige Wortschöpfungen gehen auf sie zurück.

Die Literatur steht somit von Natur aus der Philosophie sehr nahe. Auch sie ringt, in ihren höheren Formen, mit Sprache, bringt neue Formen, Verknüpfungen, Metaphern darin hervor, eröffnet damit neue Perspektiven. Auch sie dringt in menschliche Schicksale und Gefühle ein, in gewöhnlichen und in extremen Situationen und versucht daraus allgemeine Schlüsse zu ziehen („die Moral von der Geschicht", im einfachsten Fall) oder uns Besonderheiten, Nachdenkenswertes zu verdeutlichen, vor Augen zu führen. Jeder große Roman erzählt nicht nur eine Geschichte, sondern setzt sich mit den Fragen des Lebens auseinander. Daher ist jeder große Roman auch ein Stück Philosophie.

Um einige Beispiele herauszugreifen: Tolstoj setzt sich in *Anna Karenina* mit Wesen und Zweck von Familie und Ehe auseinander, *Krieg und Frieden* endet mit einer Abhandlung über Geschichtsphilosophie und die Verstrickung des Willens der Einzelnen mit dem Weltgeschehen. Max Frisch geht es vor allem um das Problem unserer individuellen Identität: *„Jeder Mensch erfindet sich früher oder später eine Geschichte, die er für sein Leben hält"*, heißt es in *Mein Name sei Gantenbein*[1]. Er beschreibt die Rollen, die wir beständig spielen müssen, um das Bild von uns (unser eigenes und das der anderen) aufrechtzuerhalten, die Freiheit, die wir dadurch aufgeben.

Es gibt eine Textstelle aus dem Roman *Mein Herz so weiß* von Javier Marias, die ich hier in voller Länge zitieren möchte, weil sie verdeutlicht, was gute Philosophie in meinen Augen ausmacht, und weil sie mich auch beim 100. Lesen noch berührt und verwirrt:

Und eilig hatte ich es, weil mir bewusst war, dass ich das, was ich jetzt nicht hörte, nie mehr hören würde; es würde keine Wiederholung geben wie bei einem Tonband oder einem Videofilm, die man zurückspulen kann, jedes nicht wahrgenommene oder nicht verstandene Murmeln wäre für immer verloren. Das ist das Schlechte an allem, was uns widerfährt und nicht aufgezeichnet wird oder, schlimmer noch, nicht einmal gewusst, gesehen und gehört wird, denn später gibt es keine Möglichkeit, es zurückzugewinnen. An dem Tag, an dem wir nicht zusammen waren, werden wir für alle Zeit nicht zusammen gewesen sein, was man uns am Telephon sagen wollte, als man uns anrief und wir nicht abnahmen, wird niemals gesagt werden, nicht dasselbe und auch nicht mit demselben Empfinden; alles wird ein wenig anders oder völlig anders sein aufgrund unseres Mangels an Mut, der uns davon abhielt, mit euch zu sprechen. Aber selbst wenn wir an jenem Tag zusammen waren oder uns zu Hause befanden, als man uns anrief, oder die Furcht überwanden und das Risiko vergaßen und wagten, mit euch zu sprechen, selbst dann wird nichts von dem sich wiederholen, und deshalb wird ein Moment kommen, da es auf dasselbe hinausläuft, ob man zusammen gewesen ist oder nicht, ob man das Telephon abgenommen hat oder nicht, ob wir gewagt haben, mit euch zu sprechen, oder ob wir geschwiegen haben. Selbst die unauslöschlichsten Dinge haben eine Dauer, wie jene anderen, die keine Spur hinterlassen und nicht einmal geschehen, und wenn wir vorbereitet sind und sie notieren oder aufnehmen oder filmen und uns mit Erinnerungshilfen umgeben und sogar versuchen, das Geschehene durch das bloße Protokoll und die Aufzeichnung und Archivierung des Geschehenen zu ersetzen, so dass das wirkliche Geschehen von Anfang an unsere Notiz oder unsere Aufnahme oder unsere Filmaufzeichnung ist, nur das; selbst bei dieser endlosen Perfektionierung werden wir die Zeit verloren haben, in der die Dinge wirklich

---

[1]Frisch (1964).

geschahen (auch wenn es die Zeit des Notierens ist); und während wir versuchen, sie wiederzuerleben oder wiederherzustellen oder zurückzuholen und zu verhindern, dass sie Vergangenheit ist, wird sich eine andere Zeit ereignen, und in dieser werden wir zweifellos nicht zusammen sein und auch kein Telephon abnehmen, noch irgend etwas wagen, noch ein Verbrechen oder einen Tod verhindern können (obwohl wir erstere auch nicht begehen und letztere auch nicht verursachen werden), weil wir diese Zeit in unserem krankhaften Bestreben, sie nicht zu Ende gehen zu lassen und das wiederkehren zu sehen, was bereits vergangen ist, vorbeigehen lassen, als gehörte sie uns nicht.

So kommt es, dass das, was wir sehen und hören, am Ende dem ähnlich und sogar gleich wird, was wir nicht sehen und nicht hören, es ist nur eine Frage der Zeit oder unseres Verschwindens. Und trotz allem können wir nicht aufhören, unsere Leben auf das Hören und Sehen und das Miterleben und das Wissen auszurichten, in der Überzeugung, dass diese unsere Leben davon abhängen, dass wir an einem Tag zusammen sind oder einen Anruf entgegennehmen oder etwas wagen oder ein Verbrechen begehen oder einen Tod verursachen und wissen, dass es so war. Bisweilen habe ich das Gefühl, dass nichts von dem, was geschieht, geschieht, weil nichts ununterbrochen geschieht, nichts dauert oder beharrt unaufhörlich oder wird unaufhörlich erinnert, und sogar die monotonste und routinemäßigste Existenz hebt sich auf und negiert sich selbst in ihrer scheinbaren Wiederholung, bis nichts und niemand mehr ist wie zuvor, und das schwache Rad der Welt wird von Vergesslichen angetrieben, die hören und sehen und wissen, was nicht gesagt wird und nicht stattfindet und nicht erkennbar und nicht nachprüfbar ist. Was sich ergibt, ist identisch mit dem, was sich nicht ergibt, was wir ausschließen oder vorbeigehen lassen, identisch mit dem, was wir nehmen und ergreifen, was wir erfahren, identisch mit dem, was wir nicht ausprobieren, und doch geht es um unser Leben und vergeht unser Leben damit, dass wir auswählen und ablehnen und entscheiden, dass wir eine Linie ziehen, welche diese identischen Dinge trennt und aus unserer Geschichte eine einzigartige Geschichte macht, an die wir uns erinnern und die sich erzählen lässt. Wir verwenden unsere ganze Intelligenz und unsere Sinne und unser Bestreben auf die Aufgabe, zu unterscheiden, was ein-geebnet wird oder es schon ist, und deshalb sind wir reich an Reuegefühlen und verpassten Gelegenheiten, an Bestätigungen und Bekräftigungen und genutzten Gelegenheiten, wo es doch so ist, dass nichts Bestand hat und alles verloren geht. Oder womöglich hat es nie etwas gegeben. (Marias 2000, S. 38 ff.)

Diese philosophische „Eruption" inmitten des Romans befasst sich mit dem Thema Zeit und Vergänglichkeit. Es handelt sich nicht nur um eine theoreti-sche Erörterung, sondern es geht buchstäblich um unser Leben. Der kunstvolle

Umgang mit der Sprache, die Metaphern und Beispiele umzingeln das Problem mit einer „weichen" Logik, einer Logik, die in diesem Bereich viel mehr ausdrücken kann als die „harte" Logik der argumentierenden Fachdiskussion. Dieses Element des Ausdrucks ist in meinen Augen entscheidend für gute Philosophie. Man kann das Ringen des Autors mit dem Thema darin förmlich spüren. Es treibt ihn bis zu dem Abgrund, der sich in der zitierten Textstelle auftut: *„Bisweilen habe ich das Gefühl, dass nichts von dem, was geschieht, geschieht"* – *„Oder womöglich hat es nie etwas gegeben"*

Das ist es, was ich vorhin mit Abgrund meinte. Die Erkenntnis der Allmacht der Vergänglichkeit treibt den Erzähler innerlich weiter zu einem Punkt, wo ein Zweifel herrscht, der über das hinausgeht, was aus einem normalen Alltagsdenken heraus möglich schien, ein Zweifel, der sich plötzlich in der schwarzen Tiefe vor dem eigenen Gedanken auftut, einen Schritt jenseits der Logik, daher mehr Gefühl als Gedanke. *„Bisweilen habe ich das Gefühl, dass nichts von dem, was geschieht, geschieht"* – *„Oder womöglich hat es nie etwas gegeben."*

Das unerschöpfliche Thema Zeit wird uns auch in diesem Buch weiter beschäftigen. Wir werden sehen, dass die Physik ein neues Licht auf einige Aspekte der Zeit wirft und damit zum Reichtum des Themas einiges beizusteuern hat; aber auch, dass es Aspekte der Zeit gibt, zu denen die Physik nichts zu sagen hat, Rätsel, die sie nicht zu lösen vermag, weil sie jenseits der prinzipiellen Grenzen der Physik liegen.

Philosophie drückt sich oft in Form von Widersprüchen, Paradoxien aus (*„nichts von dem, was geschieht, geschieht"*). Denn die Logik führt uns nur, ausgehend von einer gewählten Menge von Begriffen und Annahmen, die wir aus diesen Begriffen formen, in Trippelschritten vorwärts, ohne etwas Neues ins Spiel zu bringen. Sie zeigt uns, was das Begriffssystem und die Annahmen *implizieren*, leuchtet sozusagen die Welt aus, die von ihnen gezeichnet wird. Um wirklich voranzukommen, ist es oft aber gerade entscheidend, die Grenzen des Begriffssystems und der Annahmen zu sprengen, darüber hinaus zu gelangen. Nach den Maßstäben der Logik ist der Satz *„nichts von dem, was geschieht, geschieht"* unsinnig, aber bezogen auf die Erfahrung oder das Erleben des Erzählers ergibt er einen Sinn, drückt etwas aus, das die Logik nicht auszudrücken vermag, zumindest nicht in den Begriffen der Alltagssprache.

Das gilt übrigens nicht nur in der Philosophie, sondern auch in den Naturwissenschaften. In beiden Fällen gilt, im Gegensatz zur Mathematik, dass Begriffe nicht nur für sich, nach ihren logischen Verknüpfungen, über die sie definiert sind, betrachtet werden, sondern sich auf etwas beziehen, das außerhalb ihrer selbst, in unserer Erfahrung, unserem Erleben liegt, wenn auch womöglich sehr indirekt. Der Satz „Das Elektron ist zugleich Welle und Teilchen" ergibt im Rahmen der Klassischen Physik nicht den geringsten Sinn, drückt einen Widerspruch aus. Dennoch gibt es eine Fülle von Experimenten,

Dinge unserer Erfahrung also, deren Ergebnisse sich am besten so ausdrücken lassen: „Das Elektron ist zugleich Welle und Teilchen." (Es erfordert natürlich wiederum einige Schritte und Begrifflichkeiten, um die direkte Erfahrung des Experimentators während der Experimente in diesem Satz zusammenzufassen.) Das Begriffssystem der Klassischen Physik wird auf diese Weise aufgebrochen, muss erweitert, sogar radikal modifiziert werden, zur Quantenmechanik nämlich, in der der Satz möglich wird und sogar einen Erklärungsrahmen findet.

In der Philosophie sind die Dinge weniger eindeutig als in den Naturwissenschaften. Umso wichtiger ist es, sich der Grenzen eines gewählten Begriffssystems bewusst zu sein; Dinge auszudrücken, die ein solches System sprengen; neue Begriffe zu kreieren, die Neues auszudrücken vermögen.

Welt und Geist: Schrödingers Dilemma

Aber auch neue Begriffe sind oft nicht imstande, fundamentale Widersprüche, die uns im Philosophieren bewusst werden, einfach aufzulösen, und so ist es schon ein wichtiger Schritt, diese in der gegebenen Sprache *auszudrücken*. Ein großartiges Stück Philosophie, das so einen fundamentalen Widerspruch ausdrückt, stammt von dem Physiker Erwin Schrödinger:

Uns verwirrt die seltsame Doppelrolle, die das Bewusstsein (oder der Geist) spielt. Einerseits ist es der Schauplatz, und zwar der einzige Schauplatz, auf dem sich dieses ganze Weltgeschehen abspielt, oder das Gefäß, das alles in allem enthält und außerhalb dessen nichts ist. Andrerseits gewinnen wir den, vielleicht irrigen, Eindruck, dass das Bewusstsein inmitten dieses Weltgetriebes an gewisse, sehr spezielle Organe gebunden ist, welche, obgleich sicher das Interessanteste, was die Tier- und Pflanzenphysiologie kennt, doch nicht einzig in ihrer Art, nicht sui generis sind. Denn gleich manchen anderen Organen dienen sie ja schließlich nur der Lebensbehauptung ihrer Träger, und dem allein ist es zuzuschreiben, dass sie sich im Prozess der Artbildung durch natürliche Auslese entwickelt haben.

Zuweilen stellt ein Maler in sein großes Gemälde oder ein Dichter in sein langes Gedicht eine unscheinbare Nebenfigur, die er selbst ist. So hat wohl der Dichter der Odyssee mit dem blinden Barden, der in der Halle der Phäaken Troja besingt und den vielgeprüften Helden zu Tränen rührt, bescheiden sich selbst gemeint. Auch im Nibelungenlied begegnet uns auf dem Zuge durch die österreichischen Lande ein Poet, den man im Verdacht hat, der Dichter des Epos zu sein. Auf Dürers Allerheiligenbild scharen sich zwei große Zirkel von Gläubigen anbetend um die hoch in Wolken schwebende Dreifaltigkeit, ein Kreis von Seligen in den Lüften, ein Kreis von Menschen auf Erden, unter ihnen Könige und Kaiser und Päpste, und, wenn ich mich recht erinnere, der Künstler selbst, eine bescheidene Nebenfigur, die ebensogut fehlen könnte.

Mir scheint dies das beste Gleichnis für die verwirrende Doppelrolle des Geistes. Einerseits ist er der Künstler, der alles geschaffen hat; im vollendeten Werk dagegen ist er nur eine unbedeutende Staffage, die getrost fehlen könnte, ohne die Gesamtwirkung zu beeinträchtigen. (Schrödinger 1958, abgedruckt in Dürr 1986, S. 167 f.)

Der Gegensatz zwischen der Welt im Geist und dem Geist in der Welt, den Schrödinger hier schildert, ist wahrlich fundamental. Aus meiner Sicht ist er das Kernproblem der gesamten Philosophie. Er erinnert mich an das Bild von Escher mit den beiden Händen, die sich gegenseitig zeichnen (Abb. 2.1, stellen Sie sich die Hände mit „Geist" bzw. „Welt" beschriftet vor).

Das, was ich die Welt nenne, ist tatsächlich zunächst einmal ein Konstrukt meines Geistes. Es ist eine Extrapolation und Verallgemeinerung meiner Wahrnehmungen und Erinnerungen, wobei ich auf vieles vertraue, was mir gesagt wird oder was ich zufällig höre oder lese. Ich war noch nie in Australien, aber ich vertraue meinem Atlas, dass dieser Kontinent existiert, und meinen Freunden, dass sie tatsächlich dort waren. Ich glaube sogar an das Higgs-Teilchen, obwohl es nur von sehr wenigen Menschen gesehen wurde, und zwar auf sehr indirekte Weise. Ich glaube, dass die Sonne auch morgen wieder aufgehen wird, obwohl das niemand beweisen kann, aber ich vertraue darauf, dass die Naturgesetze von heute auch morgen noch gelten und die „Dinge" noch da sind. Ich glaube auch an meine Erinnerungen, also dass die Vergangenheit, von

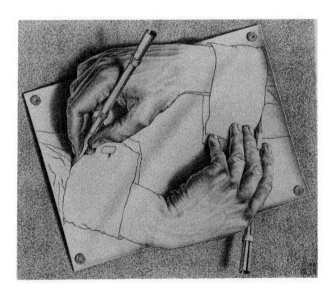

Abb. 2.1 M.C. Eschers Drawing Hands. © 2019 The M.C. Escher Company-The Netherlands. All rights reserved. www.mcescher.com

der sie mir berichten, tatsächlich stattgefunden hat. Ich glaube an sie, obwohl bekannt ist, dass Erinnerungen auch trügen können. Zumindest erinnere ich mich, dass das jemand gesagt hat. An den Weihnachtsmann hingegen glaube ich nicht, obwohl mir einst jemand gesagt hat, dass es ihn gibt, und diese Behauptung nie explizit widerrufen hat. Wir machen uns selten bewusst, wie groß die Diskrepanz ist zwischen dem, was wir als „Welt" für gesichert halten, und dem, was uns zu einem Moment tatsächlich gegeben ist. Wie viel Glaube, Vertrauen, Schlussfolgerung, Verallgemeinerung, Intuition darin liegt. Ja, die Welt (oder *meine* Welt) ist ein Konstrukt meines Geistes. Die Existenz von Gehirnen ist ein Teil dieses Konstrukts. Und nun soll mein Geist, der doch der „Konstrukteur" ist, seinerseits von diesem einen Teil seines Konstrukts abhängen, eine Art Software sein, die darauf abläuft? Es liegt in der Tat etwas Verwirrendes in dieser Doppelrolle des Geistes.

Auch Kant wird in der *Kritik der reinen Vernunft* nicht müde zu betonen, dass Raum und Materie nur als etwas außerhalb von uns *erscheinen*, tatsächlich aber Vorstellungen *in* uns sind, insbesondere, „*dass nicht die Bewegung der Materie in uns Vorstellungen wirke, sondern dass sie selbst [...] bloße Vorstellung sei*"[2]. Weiterhin schreibt er:

Weit gefehlt [...], dass, wenn man die Materie wegnähme, dadurch alles Denken und selbst die Existenz denkender Wesen aufgehoben würde, so wird vielmehr klar gezeigt: dass, wenn ich das denkende Subjekt wegnehme, die ganze Körperwelt wegfallen muss, als die nichts ist, als die Erscheinung in der Sinnlichkeit unseres Subjekts und eine Art Vorstellungen desselben. (Kant 1966, S. 938)

Kant und Schrödinger geben also der Welt im Geist einen Vorzug gegenüber dem Geist in der Welt. Bei Schrödinger wird dies auch daran ersichtlich, dass er den Eindruck, Bewusstsein sei an Gehirne gebunden, als „vielleicht irrig" bezeichnet, wohingegen daran, dass es der Schauplatz ist, auf dem sich das ganze Weltgeschehen abspielt, für ihn nicht der geringste Zweifel besteht.

Heute wirkt diese Sichtweise auf uns etwas fremd. Wir haben uns so sehr an die objektive, wissenschaftliche Sicht auf die Welt gewöhnt, dass es für die meisten selbstverständlich erscheint, dass primär der Geist in der Welt ist (gebunden an Gehirne) und erst sekundär, als Abbild, die Welt im Geist. Dieses Abbild scheint uns den äußeren tatsächlichen Verhältnissen einigermaßen gut zu entsprechen, besonders da, wo es durch wissenschaftliches Denken geläutert ist. Auch hat die Gehirnforschung große Fortschritte gemacht in der Analyse, *wie* das Gehirn bestimmte geistige Prozesse bewerkstelligt.

---

[2] Kant (1966), S. 941.

Auch die Philosophie des Geistes, die den Zusammenhang zwischen Geist und Gehirn aus philosophischer Sicht beleuchten will, argumentiert seit Jahrzehnten fast ausschließlich aus einer Perspektive, in der die materielle Welt das Primäre, Vorausgesetzte ist und die Aufgabe darin besteht, bestimmte Aspekte des Geistigen daraus abzuleiten, oder eben zuzugestehen, dass dies nicht möglich ist und dem Materiellen daher noch etwas hinzugefügt werden muss.

Wenn man jedoch der Materie auf den Grund geht, und das geschieht in der Physik, dann stellt sich heraus, dass die Sache nicht so klar ist und man sich die Beziehungen zwischen Welt und Geist sehr genau ansehen muss, bevor man so eindeutig alle Macht und Realität der Materie zuschreibt. Auch davon handelt dieses Buch.

Auf jeden Fall wird Schrödingers Doppelrolle des Geistes relevant, wenn wir die Funktionsweise des Geistes selbst untersuchen, wenn der Geist also sowohl Subjekt (der „Künstler") als auch Objekt (das „Bild") der Untersuchung ist. Hier können wir oft miterleben, wie ein Argument oder sogar eine ganze Forschungsrichtung „sich selbst in den Schwanz beißt". Ein Beispiel ist das oft geäußerte Argument, dass unsere Schlussfolgerungen über die Welt mit großer Wahrscheinlichkeit in den meisten Fällen korrekt sind, da uns die natürliche Auslese dazu gebracht hat, korrekt zu denken, anderenfalls hätten wir nicht überlebt. Dies ist jedoch ein Zirkelschluss und daher ein Irrtum: Die Theorie der natürlichen Auslese ist ja selbst eines der Resultate unserer Schlussfolgerungen; das Argument setzt also bereits voraus, was es zu beweisen versucht. Die natürliche Auslese und auch unsere sonstigen wissenschaftlichen Ergebnisse mögen ja durchaus korrekt sein. Aber wenn ich das eine in Zweifel ziehe und erst noch beweisen will, dann kann ich nicht das andere als gesichert voraussetzen. Ich muss auch die natürliche Auslese bezweifeln, denn die ist ein *Teil* des Weltbildes, das sich aus unseren wissenschaftlichen Schlussfolgerungen über die Welt ergibt. Man kann nicht mit wissenschaftlichen Mitteln beweisen, dass der Weg, den die Wissenschaft geht, der richtige ist.

In der Sprachphilosophie wird mit sprachlichen Mitteln untersucht, wie Sprache funktioniert. In anderen Bereichen versucht man, das Wesen des Erkennens zu erkennen, oder durch Nachdenken dem Denken auf den Grund zu gehen, oder durch logische Argumente die Allmacht der Logik zu beweisen. All diese Bereiche sind tückisch, durch und durch anfällig für Zirkelschlüsse und ein ständiges Sich-selbst-in-den-Schwanz-Beißen. Das Auf-sich-selbst-Richten des Geistes ist jedoch wesentlicher Bestandteil des Fragens und Staunens in der Philosophie. Man kann diese Bereiche daher auch nicht einfach ignorieren. Man muss dieses Minenfeld zu durchwandern lernen und wo nötig die prinzipiellen Grenzen akzeptieren, die sich auftun.

Abwertung der Philosophie

Trotz ihrer überragenden Bedeutung für unser Leben hat die Philosophie in den letzten 100 oder 200 Jahren eine Abwertung erfahren, besonders unter Naturwissenschaftlern. Man sagt „Das ist rein philosophisch", wenn eine Überlegung völlig irrelevant für die Lösung eines Problems ist. Den „weltfremden" geistigen Verrenkungen der Philosophie stehen die harten Fakten der Naturwissenschaften gegenüber, so eine verbreitete Sichtweise. Ein Philosophiestudent muss sich von vielen Seiten anhören, warum er denn nicht lieber etwas „Sinnvolles", „Nützliches" studiere. „Aus dem wird nichts" lautet das härteste Vorurteil. Vorbei sind die Zeiten, als Philosophen das höchste Ansehen genossen, als der große Aristoteles zum Lehrer des großen Alexander auserkoren wurde, der Philosoph als Lehrer und Erzieher für Könige. Wie kommt es, dass die Philosophie so einen Niedergang erfahren hat, zumindest in der Wahrnehmung vieler Menschen, insbesondere der meisten Naturwissenschaftler? Es gibt mehrere Gründe dafür:

- Mehr als zwei Jahrtausende metaphysischer Spekulationen haben zu keinerlei eindeutigen Ergebnissen geführt. All die vorgeblichen Beweise zur Existenz Gottes, zur Unsterblichkeit der Seele, zur Endlichkeit oder Unendlichkeit des Universums etc. konnten durch Gegenargumente neutralisiert werden. Wo doch etwas zur Beschaffenheit der Welt gesagt werden konnte, waren es die Naturwissenschaften und nicht etwa die Metaphysik, die überprüfbare und daher allgemein anerkannte Resultate lieferten. Die Irrtümer der metaphysischen Spekulationen wurden durch Kant in seiner *Kritik der reinen Vernunft* eindrucksvoll seziert. Darin spottet er schließlich:

  Diese vernünftelnden Behauptungen eröffnen also einen dialektischen Kampfplatz, wo jeder Teil die Oberhand behält, der die Erlaubnis hat, den Angriff zu tun, und derjenige gewiss unterliegt, der bloß verteidigungsweise zu verfahren genötigt ist. Daher auch rüstige Ritter [...] sicher sind, den Siegeskranz davon zu tragen, wenn sie nur dafür sorgen, dass sie den letzten Angriff zu tun das Vorrecht haben, und nicht verbunden sind, einen neuen Anfall des Gegners auszuhalten [...] Vielleicht dass, nachdem sie einander mehr ermüdet als geschadet haben, sie die Nichtigkeit ihres Streithandels von selbst einsehen und als gute Freunde auseinander gehen. (Kant 1966, S. 465)

- Die Naturwissenschaftler sehen die Philosophen eher als ihre Vorläufer, nicht als beständige Partner in der Diskussion ihrer Ergebnisse und Methoden. Die Naturwissenschaft, so die vorherrschende Sichtweise, habe sich zwar aus der Philosophie heraus entwickelt (zumindest habe die Philosophie einen wesentlichen Anteil an ihrer Entstehung gehabt), sich aber dann von ihr emanzipiert, ihre für die Gewinnung von Erkenntnissen überlegenen

Methoden entwickelt und sich naturgemäß in zahlreiche Einzeldisziplinen zergliedert. Jede dieser Disziplinen sei selbst für die Wahl ihrer Methoden und die Bewertung ihrer Ergebnisse zuständig. Die Ergebnisse aller Disziplinen zusammen ergäben unser naturwissenschaftliches Weltbild. Für die Philosophie bleibe nichts mehr zu tun.

- Das naturwissenschaftliche Weltbild wird von vielen als vollständige Beschreibung der Realität angesehen. Diesem Gedanken liegt selbst eine philosophische, sogar metaphysische Position zugrunde, nämlich der **Naturalismus,** der besagt, dass die „Welt" außerhalb und unabhängig von uns besteht und die Realität ist, von der aus sich alle Erscheinungen und auch wir selbst erklären lassen. Die Erfolge der Naturwissenschaft (mit Ausnahme der Quantenphysik) scheinen diese Position zu bestätigen.

- Die Ergebnisse der Physik sind so kompliziert und so tief in fortgeschrittenen Bereichen der Mathematik verankert, dass eine philosophische Analyse ohne eingehendes Mathematik- und Physikstudium nicht möglich erscheint. Daher wird den Philosophen, die in der Regel über solche tiefen Kenntnisse nicht verfügen, nicht zugetraut, dass sie etwas Sinnvolles zu dem Thema beizutragen haben.

- Zum anderen sind die Ergebnisse der Quantenmechanik und Quantenfeldtheorie auch für Physiker sehr verwirrend, sobald man aus ihnen nicht nur statistische Vorhersagen für den Ausgang bestimmter Experimente, sondern ein *Weltbild,* eine *Bedeutung* ableiten will, die aus ihnen hervorgeht. Nach Jahrzehnten fruchtloser Exegese haben die meisten aufgegeben und beschäftigen sich nicht weiter mit dem Problem. „Shut up and calculate" lautet eine verbreitete Devise, ein oft zitierter Ausspruch des Physikers David Mermin, der von vielen durchaus positiv verstanden wird, im Sinne von Wittgensteins *„Wovon man nicht sprechen kann, darüber muss man schweigen"*[3]. Auch hier liegt letztlich eine bestimmte philosophische Position zugrunde, der **Instrumentalismus,** der besagt, dass physikalische Theorien keine Aussagen über die Realität machen, sondern nur Werkzeuge sind, mit denen sich Vorhersagen ableiten lassen. Der Instrumentalismus steht allerdings im Widerspruch zum Naturalismus, der wissenschaftliche Theorien sehr wohl als Aussagen über die Realität, die „Welt" versteht; es geht hier also bereits eine Spaltung, ein Schisma, durch die Gemeinde der Naturwissenschaftler. In der ersten Hälfte des 20. Jahrhunderts, in der großen Umbruchphase mit den beiden Relativitätstheorien, der Quantenmechanik und der Kernphysik, hat fast jeder große Physiker auch philosophische Texte hinterlassen: Einstein, Heisenberg, Schrödinger, Bohr, Eddington, Planck, Born, Pauli und viele andere. Eine Zusammenstellung solcher Texte finden Sie in Dürr (1986). Heute, mit der vorherrschenden „Shut up and calculate"-

---

[3] Wittgenstein (1963), S. 115.

Mentalität, gerät jeder Physiker, der sich philosophisch äußert, schnell in den Generalverdacht, ein *Crackpot*, ein Spinner, zu sein.

● Dieses von technischen Errungenschaften geprägte Zeitalter beschäftigt sich so erfolgreich mit praktischen Problemen, wird so von „Machern" dominiert, dass dem eher geistigen Modus der Philosophie nicht viel Bedeutung eingeräumt wird. Auch die naturwissenschaftlichen Fakultäten der Universitäten sind mittlerweile in hohem Maße mit der Industrie verbandelt, sind auf ihre Gelder angewiesen. Dadurch wurden rein akademische und somit auch philosophische Interessen (zumindest scheint es den meisten so, als seien philosophische Interessen rein akademisch) weiter in den Hintergrund gerückt.

● Hinzu kommt, dass Philosophen seit geraumer Zeit selbst das Ende der Philosophie herbeireden. Hier gibt es mehrere Gesichtspunkte zu berücksichtigen. Zum einen glaubte so mancher Philosoph, er habe alle Probleme endgültig gelöst und die Philosophie damit zum Abschluss gebracht. Viele Philosophen tendieren dazu, ihre Gedanken und Sichtweisen zu einem „System" zusammenzuschnüren, das sie dann für die ganze Wahrheit halten. In *Der Mann ohne Eigenschaften* schreibt Robert Musil ironisch: „*Philosophen sind Gewalttäter, die keine Armee zur Verfügung haben und sich daher die sich die Welt in der Weise unterwerfen, dass sie sie in ein System sperren.*" [4]
Ein besonders interessanter Fall ist Wittgenstein. Im Vorwort zu seinem berühmten *Tractatus logico-philosophicus* schreibt er im Jahr 1918:

Ich bin also der Meinung, die Probleme im Wesentlichen endgültig gelöst zu haben. Und wenn ich mich hierin nicht irre, so besteht nun der Wert dieser Arbeit zweitens darin, dass sie zeigt, wie wenig damit getan ist, dass die Probleme gelöst sind. (Wittgenstein 1963, S. 8) [5]

Dies führt uns zum zweiten Gesichtspunkt. Von der Metaphysik entzaubert und von der Physik abgelöst, sah sich die Philosophie in ihrem Zuständigkeitsbereich stark eingeschränkt, und die Probleme, die sie zu lösen hatte, schienen nur noch von geringem Umfang. So äußert sich auch Hawking in der *Kurzen Geschichte der Zeit* zu Wittgenstein:

[Die Philosophen] engten den Horizont ihrer Fragen immer weiter ein, bis schließlich Wittgenstein [...] erklärte: „Alle Philosophie ist Sprachkritik [...], [ihr] Zweck ist die logische Klärung von Gedanken." Was für ein Niedergang für die große philosophische Tradition von Aristoteles bis Kant! (Hawking 1988, S. 217)

---

[4] Musil (1952), S. 253.
[5] Die Jahreszahl hier bezieht sich auf die deutsche Ausgabe.

Wittgenstein vs. Jaspers

Mit Wittgenstein und seinem *Tractatus* müssen wir uns in der Tat etwas intensiver befassen. Stark beeinflusst vom logisch-mathematischen Zugang zur Philosophie, wie er ihm von seinen Kollegen Frege und Russell vorgelebt wurde, wollte er im Rahmen eines streng definierten Begriffssystems die Welt in Form von eindeutigen, wahren Aussagen verstanden wissen. *„Die Welt ist alles, was der Fall ist"*, beginnt der *Tractatus, „Die Welt ist die Gesamtheit der Tatsachen, nicht der Dinge."* Dass es mit den Tatsachen wie mit den Dingen in der Physik nicht so einfach ist, werden wir im Laufe dieses Buches besprechen. Entscheidend für das Philosophieverständnis des *Tractatus* ist, dass alles klar, logisch und eindeutig zu sein hat, wie in der Mathematik. *„Die Logik ist keine Lehre, sondern ein Spiegelbild der Welt"*[6]. In der Sprache, wie wir sie verwenden, ist aber oft nicht alles klar, logisch und eindeutig. Dies, so die Logik des *Tractatus,* ist dann aber ein Problem der Sprache, bzw. ihrer falschen oder schlechten Verwendung. Denn *„was sich überhaupt sagen lässt, lässt sich klar sagen"*[7]. Wittgenstein kommt zu dem Ergebnis, dass das einzige, was dann noch übrigbleibt, die Sätze der Naturwissenschaften sind. Somit erhält er eine arg zurechtgestutzte Philosophie:

Die richtige Methode der Philosophie wäre eigentlich die: Nichts zu sagen, als was sich sagen lässt, also Sätze der Naturwissenschaft – also etwas, was mit Philosophie nichts zu tun hat – und dann immer, wenn ein anderer etwas Metaphysisches sagen wollte, ihm nachzuweisen, dass er gewissen Zeichen in seinen Sätzen keine Bedeutung gegeben hat. Diese Methode wäre für den anderen unbefriedigend – er hätte nicht das Gefühl, dass wir ihn Philosophie lehrten – aber sie wäre die einzig streng richtige. (Wittgenstein 1963, S. 115)

Wittgenstein leugnet gar nicht, dass etwas jenseits des Zuständigkeitsbereichs der Naturwissenschaften existiert:

Der ganzen modernen Weltanschauung liegt die Täuschung zugrunde, dass die sogenannten Naturgesetze die Erklärungen der Naturerscheinungen seien [...] Wir fühlen, dass selbst, wenn alle möglichen wissenschaftlichen Fragen beantwortet sind, unsere Lebensprobleme noch gar nicht berührt sind. (Wittgenstein 1963, S. 110, 114)

Die Naturgesetze beschreiben nur, *wie* die Welt ist, aber sie erklären nichts (darüber werden wir im Verlauf des Buches noch diskutieren). Innerhalb der Welt, die durch diese Gesetze beschrieben wird, gibt es keinen Sinn und keinen

---

[6]Wittgenstein (1963), S. 101.
[7]Wittgenstein (1963), S. 7.

Wert. Sinn und Wert liegen jenseits davon. Dieses „jenseits davon" gehört aber laut Wittgenstein zum Unaussprechlichen, Mystischen, wie er es nennt. Man kann darüber einfach nicht sprechen, noch nicht einmal sinnvolle Fragen formulieren. Dadurch wird alle weitere Philosophie sinnlos. *„Wovon man nicht sprechen kann, darüber muss man schweigen."*

Wittgensteins Kritik kommt nicht von ungefähr, angesichts der bereits erwähnten Ergebnislosigkeit metaphysischer Spekulationen. Tatsächlich hat ja, wie oben besprochen, bereits Kant die Irrtümer der metaphysischen Dispute auseinandergesetzt. Die entscheidende Frage ist, ob sich ein Kompromiss, eine Zwischenlösung finden lässt zwischen dem unhaltbaren Argumentieren der Metaphysik und der von Wittgenstein verordneten totalen Sprachlosigkeit. Denn wenn Wittgenstein recht hat, dann kann man in der Tat jedem von philosophischen Fragen gequälten Menschen nur raten, die Unsinnigkeit seiner Untersuchungen einzusehen, aufzugeben, und das Philosophieren hernach zu unterlassen.

Das Problem der *Tractatus*-Sichtweise ist in meinen Augen der streng logische Blick, der alles in wahre und falsche Aussagesätze zergliedern will. Wie schon erwähnt, die Logik führt uns ausgehend von *gegebenen Annahmen* und basierend auf einem *gegebenen Begriffssystem* weiter zu den Schlussfolgerungen, die sich daraus ableiten lassen. Wie aber die Annahmen und das Begriffssystem zu wählen sind, darüber sagt sie nichts. In der Mathematik können Annahmen und Begriffe frei gewählt werden (im nächsten Kapitel werden wir das im Detail sehen), der Mathematiker kann sich von ästhetischen oder praktischen Gesichtspunkten bei der Wahl leiten lassen. Aber in der Philosophie geht es um unser Welt- und Selbstbild, die Begriffe und Annahmen beziehen sich auf etwas und müssen akkurat und passend gewählt werden. In den Naturwissenschaften gibt es bestimmte Vorgehensweisen, Methoden, die als Leitlinien für die Bildung von Begriffen und Annahmen dienen. Diese münden dann selbst in etwas Mathematischem, einer Theorie, die den strengen Anforderungen Wittgensteins genügen mag. Aber in der Philosophie ist die Sache weniger klar. Die Begriffe und Annahmen müssen irgendwie „aus uns selbst" kommen. Die Logik kann uns helfen, unsinnige Begriffssysteme und Annahmen zu verwerfen, aber die Bedeutung, die wir den Begriffen geben (sofern sie keine rein mathematischen oder naturwissenschaftlichen sind), steht vor jeder Logik und lässt sich auch nicht mit eindeutigen Definitionen ausdrücken. Es scheint mir hier ein „gefühltes", „erlebtes" Element zu geben, das unser Verhältnis zur „Wahrheit", zur „Existenz" bestimmt. Wenn wir dieses Gefühlte, Erlebte versuchen in Sprache auszudrücken, kann die Logik uns beim Aufräumen dienen, aber sie spielt nicht die umfassende Rolle, die Russell, Wittgenstein und andere ihr geben.

Von Anfang an hat sich die Philosophie jedoch über *Positionen* definiert, Aussagen, die als wahr oder falsch angesehen wurden, und zwar in immer etwas unklaren metaphysischen Begriffssystemen, innerhalb derer man irgendwie Stellung bezog. Jede Stellung wurde mit einem *Ismus* markiert. So gibt es den Monismus, Dualismus, Materialismus, Physikalismus, Funktionalismus, Epiphänomenalismus, Naturalismus, Instrumentalismus, Theismus, Deismus, Atheismus, Positivismus, Idealismus, Solipsismus, Realismus, und so weiter, es gibt hunderte davon. Da die Positionen meist als *logische* Positionen verstanden wurden, ging es darum, wer recht hat, und so entfalteten sich wahre Schlachten, die mit logischen Argumenten ausgetragen wurden, eben so, wie Kant oben den „dialektischen Kampfplatz" geschildert hat; und so geschieht es heute noch.

Ich habe den starken Eindruck, dass der analytische Verstand, das reine Argumentieren nicht ausreicht, um in sinnvoller Weise eine philosophische Position zu beziehen oder auch nur zu definieren. Ich denke, es gibt Aspekte der Wirklichkeit, die sich nicht voll und ganz durchkonzeptionalisieren und in eindeutige Aussagesätze gießen lassen, über die man aber dennoch mit einer etwas weniger strengen, „weicheren" Logik nachdenken und auch kommunizieren kann, wie etwa in der Textstelle von Marias. Ohne diese Aspekte zu berücksichtigen, fehlt der Position etwas, das sie in der Wirklichkeit verankert, und nicht nur in der Logik. (Man könnte natürlich sagen, dass diese Sichtweise selbst eine philosophische Position ist.) Wer hingegen Philosophie wie Mathematik betreiben will, kommt in der Tat womöglich am Ende über „Sprachkritik" nicht hinaus, ohne sich in metaphysischem Unsinn zu verfangen.

Ein Gegenentwurf, was Philosophie ist (oder sein sollte oder sein kann), stammt von Karl Jaspers. Seine Sichtweise gefällt mir sehr, sie stellt einen Kompromiss zwischen Metaphysik und Sprachlosigkeit dar, wie ich ihn mir oben gewünscht habe. Sie entspricht auch mehr dem Verständnis von Philosophie, wie ich es am Anfang des Kapitels geschildert habe. Hören wir, was er zu sagen hat:

Es gibt ein Denken, das nicht im Sinne der Wissenschaft zwingend und allgemein-gültig ist, das daher keine Ergebnisse hat, die als solche in Formen der Wissbarkeit Bestand haben. Dieses Denken, das wir das philosophische Denken nennen, bringt mich zu mir selbst, hat Folgen durch das mit ihm vollzogene innere Handeln, macht die Ursprünge in mir wach, die auch der Wissenschaft erst ihren Sinn geben. (Jaspers 1960, S. 43)

Jaspers unterscheidet zwischen der allgemeingültigen Wahrheit, deren Richtigkeit wir beweisen können, und der Wahrheit, aus der wir leben. Erstere ist das Feld der Wissenschaften, letztere das Feld der Philosophie. Wahrheit, aus der wir leben, „*ist in ihrer objektiven Aussagbarkeit nicht allgemeingültig*"[8], aber entscheidend dafür, wie wir unser Leben gestalten, welche Werte, welchen Sinn wir ihm beimessen. Sie konzentriert sich „*in Denkzusammenhängen, die ein Leben im ganzen durchdringen*". Sie ist eng mit dem Menschen verknüpft, der sie denkt und, im Idealfall, lebt. Da sie aber nicht allgemeingültig ist, kann es sein, dass ein philosophischer Text, der so eine Wahrheit auszudrücken versucht, dem einen einen tiefen Sinn erschließt, einem anderen aber völlig sinnlos erscheint. Daher kann die Philosophie niemals wie die Naturwissenschaften zu endgültigen Ergebnissen gelangen.

Als Idealbild eines Philosophen stellt Jaspers Sokrates hin: „*Sokrates vor Augen zu haben, ist eine der unerlässlichen Voraussetzungen unseres Philosophierens.*"[9] Sokrates hat selbst keine Schriften, insbesondere keine ausgetüftelten Argumentationen zu philosophischen Themen hinterlassen. „*Im Zusammenhang der griechischen Philosophiegeschichte als einer Geschichte theoretischer Positionen hat er keinen Platz.*"[10] Stattdessen steht er für beständiges Hinterfragen. „*Ich weiß, dass ich nichts weiß*" ist sein berühmtester Ausspruch. Überliefert ist, dass er beständig in Athen herumlief und die Menschen, denen er begegnete, mit seinen Fragen quälte, sie damit zum Nachdenken zwang und dann ihre Antworten durch Nachhaken und weitere Fragen einer strengen Kritik unterzog. Er ahnte, dass Philosophie immer auf dem Weg ist und niemals an ein Ende gelangt, dass das Wesentliche das bewusste immer tiefere Eindringen in die Fragen ist sowie die kritische Beleuchtung der immer vorläufigen Antworten.

Seine Mitmenschen malträtierte Sokrates, wandte sich immer nur an jeden Einzelnen für sich, weil Philosophie eine individuelle Angelegenheit ist. Da sie keine allgemeingültigen Antworten gibt, muss jeder den Prozess des Hinterfragens selbst durchlaufen, muss mit den Fragen ringen und das für ihn Wesentliche herausziehen. Kant schreibt in der *Kritik der reinen Vernunft*, man könne keine Philosophie, sondern nur das Philosophieren lernen. Jaspers sieht es ebenso. Die überlieferte Philosophie (oder Philosophiegeschichte) mit ihren wiederkehrenden Themen kann eine unerschöpfliche Inspirationsquelle sein, die die Richtungen des eigenen Denkens mitformt, aber sie bietet keine Inhalte, die sich wie die Inhalte der Wissenschaften als allgemeingültige Wahrheiten studieren lassen.

---

[8]Jaspers (1960), S. 115.
[9]Jaspers (1960), S. 437.
[10]Jaspers (1960), S. 418.

Jaspers betont, dass Philosophie sich sowohl mit dem eigenen Leben als auch mit den Erkenntnissen der Wissenschaft befassen muss:

Eine sich isolierende Philosophie wäre ohne Vernunft. Philosophie als Fach bleibt eine fragwürdige Sache. Als Lehre macht sie nur aufmerksam. Das Studium der Philosophie geschieht also durch das Studium der Wissenschaften und durch die Praxis des eigenen Lebens, erweckt durch die große Philosophie der Überlieferung. (Jaspers 1960, S. 284)

Eine solche Art von Philosophie kann niemals an ein Ende gelangen. Eine Philosophie, die eindeutige, endgültige Antworten liefert und daher klar definierte Fortschritte macht, hat niemals existiert. Philosophie als eine persönliche Suche und Entdeckungsreise ist für jeden Menschen zu einem gewissen Grad wieder neu. Sie kann nicht enden, solange wir Menschen das Staunen noch nicht verlernt haben.

In diesem Buch werde ich Physik-Philosophie betreiben. Ich werde dies etwas anders tun, als es in den akademischen Arbeiten geschieht, die sich mit der Philosophie der Physik befassen. Dort geht es zumeist um bestimmte *Positionen*, die man zu den einzelnen Theorien der Physik beziehen kann, z. B. der Quantenmechanik oder der Allgemeinen Relativitätstheorie, um die „Ontologie" der jeweiligen Theorie (also die Frage, was darin die wirklich real tatsächlich existierenden Dinge sind), um die „Identität" von Teilchen, um die Bedeutung der Raumzeit und so weiter. Mir geht es hier mehr um ein Gesamtbild, das Weltbild, das die Theorien *gemeinsam* zeichnen. Dieses Bild ist alles andere als vollständig; ich werde daher auch nicht zu einer streng definierten *Position* gelangen, aber ich kann Ihnen den Gesamteindruck schildern, den ich in den Jahren meiner Forschung in der Theoretischen Physik gewonnen habe, und in den Jahren des Nachdenkens darüber, die bis heute andauern.

Dabei möchte ich den ungeheuren Reichtum an Gedanken und Strukturen zum Ausdruck bringen, an Sichtweisen auf die Welt, die in den verschiedenen Theorien zum Vorschein kommen. Zusammenfassend möchte ich den allgemeinen Charakter von Dingen und Fakten in der Welt der Physik schildern, wie er im Zusammenspiel der Theorien sichtbar wird. Schließlich geht es mir aber auch darum, dass wir die *Grenzen* der Physik anzuerkennen lernen müssen, und zwar sowohl die praktischen als auch die prinzipiellen. Zum anderen möchte ich auch etwas zur Ehrenrettung der Philosophie beitragen.

3

Mathematik

In der Schule gewinnen wir den Eindruck, dass Mathematik vor allem mit Rechnen zu tun hat, das Rechnen scheint ihr Kern, ihr eigentlicher Sinn und Zweck zu sein. Die ganze Zeit lernen und üben wir Rechenregeln, von denen wir erwarten, dass wir sie im Alltag oder bei speziellen Aufgaben, die uns im „echten" Leben begegnen, irgendwann anwenden können, zum Beispiel im Beruf oder bei der Regelung unserer Finanzen. Wenn wir eine solche mögliche Anwendung nicht erkennen können, kommt uns das Erlernen wie Zeitverschwendung vor.

Das Bild von der Mathematik, das ich hier zeichnen möchte, sieht ganz anders aus. Darin ist die Mathematik eine Welt für sich, in der es unendlich viel zu entdecken gibt, Dinge von großer Schönheit, voller merkwürdiger Zusammenhänge. Sie stellt einen Wert an sich dar, völlig unabhängig von der Frage, was sich davon auf praktische Probleme in der anderen, physischen Welt anwenden lässt. Dass unsere physische Welt selbst so sehr von Mathematik durchzogen ist, immer mehr, je tiefer man in die Dinge hineinblickt, macht die Sache nur umso prächtiger und geheimnisvoller. Das Verständnis der Welt der Mathematik dient somit auch letztlich dem tieferen Verständnis unserer eigenen Welt. So empfinden all die Reinen Mathematiker an den Universitäten und einige außerhalb davon, die ihr Leben oder einen Teil ihres Lebens der Erkundung jener mathematischen Welt widmen. An den Universitäten wird die Reine Mathematik von der Angewandten Mathematik unterschieden; erstere beschäftigt sich mit Strukturen um ihrer selbst willen, letztere um Bereiche, die einen besonderen Nutzen für bestimmte Zwecke außerhalb der Mathematik versprechen.

© Springer-Verlag GmbH Deutschland, ein Teil von Springer Nature 2020
J.-M. Schwindt, *Universum ohne Dinge,*
https://doi.org/10.1007/978-3-662-60705-3_3

Leider lässt sich einem Außenstehenden nur schwer vermitteln, woran diese Menschen eigentlich arbeiten und welche Pracht sie dabei zu sehen bekommen. Das liegt daran, dass die Reine Mathematik nicht von Gegenständen handelt, die wir aus unserem Alltag kennen oder zu denen wir einen direkten Bezug herstellen können. Schlimmer noch, die Mathematik arbeitet mit vielfach verschachtelten Kaskaden von Definitionen (wie wir gleich etwas genauer sehen werden), und ihr Studium verlangt vor allem das geduldige Schritt-für-Schritt-Erlernen dieser „Vokabeln". Deshalb ist es ziemlich unmöglich, die Arbeit an gewissen Strukturen in Alltagssprache zu erklären. Die Laudatio auf den Preisträger einer mathematischen Auszeichnung ist daher zumeist ein schwieriges Unterfangen. Am einfachsten ist es noch bei Arbeiten im Bereich der Zahlentheorie, denn die ganzen Zahlen sind uns aus dem Alltag vertraut. Deshalb ließ sich die Lösung des Fermat'schen Problems durch Andrew Wiles recht gut popularisieren. Bei vielen Reinen Mathematikern beginnt die Faszination in der Tat in der Kindheit mit der Zahlentheorie.

Die populärwissenschaftliche Literatur zur Mathematik hat verschiedene Wege gefunden, mit diesem „Sprachproblem" fertig zu werden. Zum einen gibt es immerhin einige Gebiete der Mathematik, die etwas weniger an verschachtelten Vokabeln benötigen und die uns aus dem Alltag etwas vertrauter sind. Dazu gehören die Zahlentheorie, die euklidische Geometrie und die Wahrscheinlichkeitsrechnung. Über diese Themen kann man recht gut schreiben. Zum anderen gibt es viele exzentrische oder anderweitig interessante Charaktere in der Geschichte der Mathematik, deren Leben sich gut erzählen lässt. Drittens versuchen sich einige Mathematiker seit einiger Zeit in einem neuen Weg, ihre Faszination für die Mathematik zu vermitteln: Sie nehmen in Kauf, dass ihre Beschreibung oder Andeutung der Sachverhalte für einen Großteil der Leser unverständlich ist, beschreiben dabei aber ihre eigene Beschäftigung mit dem Thema so lebhaft, dass der Funke trotzdem überspringt. Zu diesen Büchern gehört *Das lebendige Theorem* von Cedric Villani (2014) und *Liebe und Mathematik* von Edward Frenkel (2014). Insbesondere das letztgenannte Buch möchte ich Ihnen empfehlen. Ein Teil der darin dargestellten Mathematik ist wie gesagt für einen Außenstehenden schwer nachzuvollziehen, aber Frenkel verknüpft dies so geschickt mit der Erzählung seiner eigenen Lebensgeschichte und vermittelt seine Liebe zur Mathematik so lebendig, dass dieses Buch so fesselnd und klar wie kaum ein anderes vermittelt, was Mathematik für den Eingeweihten bedeutet.

An dieser Stelle möchte ich ein etwas leidiges Thema zur Sprache bringen. Von vielen Menschen wird die Daseinsberechtigung solcher „nutzlosen" Disziplinen wie der Reinen Mathematik in Frage gestellt. Die Kritik wird oft in dramatischen Worten geäußert: „Wie kann man sich mit solchen Dingen beschäftigen? Wie kann der Staat Geld in diese Art von Forschung stecken, während auf der Welt Menschen sterben? Warum investiert man das Geld nicht lieber in Krankenhäuser?" oder so ähnlich. Die gleiche Frage wird natürlich nicht nur bei der Reinen Mathematik gestellt, sondern auch bei anderen „nutzlosen" Bereichen der Grundlagenforschung, wie etwa der Astronomie oder der Teilchenphysik. Ich muss gestehen, dass mir diese Kritik zuwider ist und ich meinen Widerwillen nur schwer zurückhalten kann, wenn sie geäußert wird.

Mir missfällt auch, wie darauf oft von den Verantwortlichen der Wissenschaften geantwortet wird: Bei der Grundlagenforschung sei es eben so, dass ihre Nützlichkeit sich erst viel später erweise, man könne es vorher nicht absehen. Es sei daher gut, viele Richtungen zu verfolgen, einige davon würden früher oder später einen unerwarteten Nutzen abwerfen. Erstens ist das gelogen. Bei vielen Forschungsprojekten ist ziemlich klar, dass ein praktischer Nutzen so gut wie ausgeschlossen ist. Außerdem macht sich diese Antwort das Gebot der Nützlichkeit zu eigen, sie beugt sich dieser Forderung, biedert sich daran an.

Eine viel bessere Antwort hat Michael Ende gegeben. Der war bekanntermaßen kein großer Freund der Mathematik. Seine Antwort war gegen diejenigen gerichtet, die ihm vorwarfen, seine Literatur sei nicht politisch genug bzw. habe keine klar definierbare Botschaft. Aber auf die Nutzlosen Wissenschaften passt sie genauso gut. In einem Brief an eine Leserin schreibt er nämlich[1]: *„Ein gutes Gedicht ist nicht dazu da, die Welt zu verbessern – es ist selbst ein Stück verbesserte Welt."* Diese „nutzlosen" Dinge stellen einen Wert dar, der eine sinnstiftende Wirkung hat. Wir sagen ja auch nicht: „Hätte Beethoven mal lieber in einem Krankenhaus gearbeitet, anstatt nutzlose Sinfonien zu schreiben." Oder: „Hätte Goethe mal lieber mehr Zeit seinen Bauprojekten gewidmet, anstatt schöngeistige Literatur zu produzieren." Wir fragen uns auch nicht nach jedem Kinobesuch oder wenn wir uns sonst etwas gönnen, ob wir das Geld nicht lieber hätten spenden sollen. Wenn man mit der Frage konfrontiert wird: „Warum soll die Menschheit eigentlich geschützt und vor dem Verderben bewahrt werden, wenn sie doch soviel Schaden anrichtet, gegenseitig und der Natur gegenüber, wenn sie soviel Habgier, Neid, Egoismus, Selbstgefälligkeit, Zorn an den Tag legt, was ist denn so schützenswert an ihr?", dann ist eine der besten Antworten: „Weil sie in der Lage ist, Schönheit zu schaffen und zu empfinden, weil sie eine Liebe zu den Dingen und zueinander zum Ausdruck bringt, die in die Tiefe geht und ergründen will, jenseits der rein pragmatischen Nützlichkeit, dieses Verstehenwollen und Forschen, die Inspiration und Kreativität, das Können und die Meisterschaft, die sie dabei zu

---

[1]zitiert in https://de.wikipedia.org/wiki/Die_unendliche_Geschichte.

entwickeln vermag, die Werke von dauerhaftem Wert, die dadurch geschaffen, die Zusammenhänge, die sichtbar gemacht werden."

Natürlich kommt es auf eine geeignete Balance an. Wir können nicht alle im Elfenbeinturm sitzen und uns der Schöngeistigkeit hingeben; die Anzahl der Probleme und die Menge des Leidens auf diesem Planeten sind groß. Aber sehen wir uns doch die Verhältnisse an: Das gesamte Bruttoinlandsprodukt aller Länder der Erde zusammen beträgt im Jahr 2018 etwa 80 Billionen Dollar (80.000 Milliarden). Etwa 2 Billionen davon, ca. 2 %, werden für militärische Zwecke ausgegeben. Nur einige Milliarden, weniger als 0,01 %, gehen in solche Forschungsprojekte, die keinen anderen Zweck erfüllen, als unser Verständnis der Welt zu vertiefen. Der Wert, der dadurch geschaffen wird, mag sich vielleicht nicht jedem sofort erschließen. Aber er ist beträchtlich und vor allem: sinnstiftend. Wenn wir die Schönheit und den Tiefgang aufgeben und uns nur noch dem „Nützlichen" widmen, dann sieht unsere Welt schnell so aus wie ein sozialistischer Plattenbau. Es würde uns auch nicht zugutekommen, wenn wir unsere gesamte Zeit und Anstrengungen nur noch darauf verwenden, dem Leiden und den Unannehmlichkeiten in der Welt hinterherzuräumen, denn damit wird man niemals fertig (obwohl ich natürlich dafür bin, einen *großen* Teil unserer Zeit und Anstrengungen darauf zu verwenden; es geht mir um die *Ausschließlichkeit,* die von manchen propagiert wird). Unterschiedliche Menschen fühlen sich zu unterschiedlichen Aufgaben berufen. Es ist großartig, dass für viele diese Aufgabe darin besteht, anderen zu einem besseren Leben zu verhelfen. Es ist aber ebenso großartig, dass manche sich dazu berufen fühlen, etwas Positives zu schaffen, das unabhängig vom Leiden der Menschen (und Tiere) besteht, etwas, das man bestaunen und schön finden kann und das uns zu tieferen Einsichten über diese Welt oder sogar über andere Welten führen kann. Zu diesen Dingen gehören die Künste, aber eben auch die Reine Mathematik, die Astronomie und die Teilchenphysik. Wirklich, eine gutes Gedicht ist selbst schon ein Stück verbesserte Welt.

Mengen und Strukturen

Das Fundament der Mathematik ist, nach moderner Auffassung, die **Mengenlehre** (oder, wie mancher Mathematiker insistieren würde, ihre noch modernere Erweiterung, die **Kategorientheorie;** wir begnügen uns hier mit den Mengen). Was eine Menge ist, hat Georg Cantor in einer berühmten Definition charakterisiert:

Unter einer **Menge** *verstehen wir jede Zusammenfassung von bestimmten wohl unterschiedenen Objekten unserer Anschauung oder unseres Denkens (welche die* **Elemente** *der Menge genannt werden) zu einem Ganzen.* (Cantor 1895)

Also, bestimmte Objekte, egal ob konkret oder abstrakt, werden zu einem Ganzen zusammengefasst, z. B. die Menge der Haare auf Ihrem Kopf oder die Menge der Primzahlen. Entscheidend ist, dass die Objekte alle verschieden sind, d. h., es kann nicht dasselbe Element mehrmals in der Menge enthalten sein. Eine Menge kann endlich sein (wie z. B. die Haare auf Ihrem Kopf) oder unendlich (wie z. B. die Menge der Primzahlen; es gibt unendlich viele davon). Eine endliche Menge kann über Eigenschaften ihrer Elemente charakterisiert werden oder indem man ihre Elemente aufzählt (bei unendlichen Mengen wird es schwierig mit dem Aufzählen). Dafür benutzt man die Schreibweise mit geschweiften Klammern und Kommas. Die Menge der ganzen Zahlen von 1 bis 10 ist z. B. dasselbe wie die Menge $\{1, 2, 3, 4, 5, 6, 7, 8, 9, 10\}$.

Mathematische Strukturen werden gebildet, indem man mehrere Mengen in bestimmte Beziehungen zueinander setzt oder indem man die Elemente einer Menge in bestimmte Beziehungen zueinander setzt. Dabei spielt der Begriff der **Funktion** eine entscheidende Rolle. Eine Funktion von einer Menge M auf eine Menge N (Schreibweise: $M \mapsto N$) ist eine Vorschrift, die jedem Element von M ein Element von N zuordnet. Die Namen M und N sind völlig beliebig. Es ist in der Mathematik üblich, alles mit solchen kurzen Bezeichnungen bzw. Symbolen zu versehen. Wir könnten die Mengen auch Gertrud und Rita nennen, aber das wäre unhandlich. Manche Mengen haben per Konvention feste Symbole, z. B. die Menge $\mathbb{Z}$ der ganzen Zahlen oder die Menge $\mathbb{R}$ der reellen Zahlen. Zum Beispiel können wir eine „Längenfunktion" $M \mapsto \mathbb{R}$ von der Menge M der Haare auf Ihrem Kopf auf die reellen Zahlen definieren, die jedem Haar seine Länge in Zentimetern zuordnet. Eine Funktion entspricht einer Tabelle mit zwei Spalten, wobei in der ersten Spalte jedes Element der „Startmenge" M genau einmal vorkommt und in der zweiten Spalte ein zugeordneter Wert der „Zielmenge" N steht.

Man kann Mengen durch **kartesische Produkte** miteinander kombinieren. Das kartesische Produkt $M \times N$ zweier Mengen M und N besteht aus allen Paaren (m, n), wobei m ein Element von M und n ein Element von N ist. Wenn z. B. $M = \{1, 2\}$ und $N = \{3, 4\}$ ist, dann ist $M \times N = \{(1, 3), (1, 4), (2, 3), (2, 4)\}$. Eine Ebene kann so als das kartesische Produkt zweier Geraden angesehen werden: Ein Punkt x auf der einen Geraden und ein Punkt y auf der anderen Geraden werden zu einem Punkt (x, y) der Ebene kombiniert.

Eine **Verknüpfung** ist eine Funktion $M \times M \mapsto M$, es wird also zwei Elementen von M ein weiteres Element von M zugeordnet. Auf diese Weise kommen die Rechenoperationen ins Spiel. Denn jede der Rechenoperationen „plus", „minus" und „mal" ist genauso eine Funktion auf einer geeigneten Zahlenmenge, z. B. $\mathbb{Z}$ oder $\mathbb{R}$. Einem Paar (a, b) von Zahlen wird dabei die Zahl $a + b$, $a - b$, bzw. $a * b$ zugeordnet.

Die obigen Ausführungen zeigen bereits, wie wir in der Mathematik mit verschachtelten Begriffsbildungen zu tun haben. Auf der ersten Ebene stand der Begriff der Menge, auf der zweiten die Begriffe von Funktion und kartesischem Produkt, die auf dem Begriff der Menge aufbauen. Auf der dritten Ebene finden wir den Begriff der Verknüpfung, der auf den Begriffen der Funktion und des kartesischen Produkts aufbaut. Auf diese Weise geht es weiter. Ebene für Ebene wird das Gebäude der Mathematik hochgezogen. Jede Ebene enthält Definitionen, die auf den bisherigen Ebenen aufbauen. Jede Definition entspricht einer neuen Vokabel, die der Studierende lernen muss. Während eines Mathematikstudiums kommen tausende solcher Vokabeln zusammen. Beim Erlernen einer normalen Sprache kann man Vokabeln unabhängig voneinander lernen, weil jedes Wort eine Entsprechung in unserer eigenen Sprache hat, die man der Vokabel gegenüberstellen kann. In der Mathematik baut jedoch jede Vokabel auf den Vokabeln der unteren Ebenen auf, und das können sehr viele sein. Diese „höheren" Begriffe haben auch keinerlei Entsprechungen in unsere Alltagssprache; es sind eben abstrakte, auf spezielle mathematische Strukturen zugeschnittene Begriffe. Daher kann man die Vokabeln der Mathematik nur in einer bestimmten Reihenfolge erlernen und nicht einfach direkt auf eine höhere Ebene springen oder „in einfachen Worten erklären", worum es auf diesen Ebenen geht. Deshalb ist es für einen Reinen Mathematiker so schwer, einem Nichtmathematiker zu erklären, woran er gerade arbeitet. Ein Angewandter Mathematiker kann immerhin noch von den Anwendungen erzählen, denen seine Arbeit zugutekommt.

Zu den Vokabeln gehören oft auch symbolische Kurzschreibweisen, die gemeinsam mit den Begriffen zu erlernen sind, wie etwa $M \times N$ für das kartesische Produkt oder die geschweiften Klammern für die Aufzählung der Elemente einer Menge. Weitere Beispiele sind $a \in M$ für „a ist ein Element der Menge M" oder $f(x)$ für „das Element von N, das die Funktion f einem Element x von M zuordnet". Verknüpfungen sind spezielle Funktionen, für die die Schreibweise mit $f()$ nicht üblich ist. Wir schreiben einfach $a + b$ und nicht etwa $f_+((a, b))$ oder $+((a, b))$. (Die doppelten Klammern sind Absicht. Die äußeren Klammern gehören zu der Schreibweise $f()$, die inneren kennzeichnen ein Element (a, b) von $M \times M$.)

Um den weiteren Fortgang der Dinge andeuten zu können, wollen wir hier die Schreibweise $a.b$ für Verknüpfungen verwenden, als Verallgemeinerung von $a + b$. Das heißt, der Punkt kann für jede beliebige Verknüpfung stehen, zum Beispiel für $+$, $-$ oder $*$. Mit dieser Schreibweise machen wir auf der vierten Ebene weiter. Eine Verknüpfung heißt **kommutativ,** wenn $a.b = b.a$. Addition und Multiplikation sind kommutativ, aber die Subtraktion ist es nicht, denn $a - b$ ist nicht dasselbe wie $b - a$. Eine Verknüpfung heißt

assoziativ, wenn $(a.b).c = a.(b.c)$. Wieder sind Addition und Multiplikation assoziativ, die Subtraktion jedoch nicht, denn $(3 - 2) - 1 = 0$, aber $3 - (2 - 1) = 2$. Ein **neutrales Element** n hat die Eigenschaft $a.n = a$ für alle $a \in M$. Zum Beispiel ist 0 neutrales Element für Addition und Subtraktion, denn $a + 0 = a$ und $a - 0 = a$. Die Zahl 1 hingegen ist neutrales Element für die Multiplikation, denn $a * 1 = a$. Ein **inverses Element** $\bar{a}$ zu einem gegebenen Element a hat die Eigenschaft $a.\bar{a} = n$. Für die Addition ist $-a$ invers zu a, denn $a + (-a) = 0$. Für die Multiplikation ist $\frac{1}{a}$ invers zu a, denn $a * \frac{1}{a} = 1$. Der Begriff des inversen Elements steht bereits auf der sechsten Ebene, denn er setzt das neutrale Element voraus.

Auf der siebten Ebene begegnen wir schließlich der **Gruppe.** Eine Gruppe ist eine Menge mit einer assoziativen Verknüpfung, die ein neutrales Element besitzt und zu jedem Element auch ein Inverses enthält. Die Menge $\mathbb{Z}$ der ganzen Zahlen ist eine Gruppe bzgl. der Addition, aber nicht bezüglich der Multiplikation, denn $\frac{1}{a}$ ist im Allgemeinen keine ganze Zahl, ist also nicht in $\mathbb{Z}$ enthalten.

Gruppen kommen in einer ungeheuren Vielfalt auch in unserer physischen Welt vor, sie haben zahlreiche Anwendungen in der Physik und auch in anderen Wissenschaften. Das liegt vor allem daran, dass man das Hintereinanderausführen von bestimmten Operationen als Verknüpfung auffassen kann. Wenn Sie irgendeinen Gegenstand zweimal hintereinander drehen (in unterschiedliche Richtungen, um unterschiedliche Winkel), dann ist das Ergebnis wieder eine Drehung, d. h., Sie hätten den Endzustand auch mit einer einzigen Drehung erreichen können. Bezeichnen wir die beiden Drehungen mit d_1 und d_2 und die einzelne Drehung, mit der wir dasselbe Ergebnis erreicht hätten, mit d_3, dann können wir das formal so ausdrücken: $d_1.d_2 = d_3$. Dabei steht der Punkt diesmal für das Hintereinanderausführen von d_1 und d_2. Die „neutrale Drehung" ist die Drehung, die nichts verändert, also eine Drehung um den Winkel $0°$. Zu jeder Drehung gibt es eine inverse Drehung, die die erste Drehung wieder rückgängig macht. Alle möglichen Drehungen zusammen bilden also eine Gruppe. Das Gleiche gilt auch für Permutationen (Vertauschungen) einer Menge von Gegenständen. Wenn ich die Bücher in meinem Regal umsortiere, also in eine neue Reihenfolge bringe, dann kann ich das mehrmals hintereinander tun, und es ergibt sich eine Gruppenstruktur, völlig analog zu den Drehungen.

Auf Ebene acht lernen wir **Untergruppen** kennen, das sind Teilmengen einer Gruppe, die für sich genommen auch wieder Gruppen sind. Bei den Drehungen können wir uns zum Beispiel auf Drehungen um eine bestimmte Achse einschränken. Kombinationen solcher Drehungen sind wieder Drehungen um dieselbe Achse, sie bilden also eine Untergruppe der Gruppe aller Drehungen um beliebige Achsen. Auf Ebene neun hören wir von den **Nebenklassen,** die sich aus einer Untergruppe und den Elementen der ursprünglichen Gruppe bilden lassen. Auf Ebene zehn führt uns das zum Begriff des **Normalteilers,** einer speziellen Art von Untergruppe, die es erlaubt, eine Gruppe in zwei kleinere Gruppen zu „zerlegen" bzw. zu „faktorisieren". Damit kommen wir auf Ebene elf zu den **einfachen Gruppen,** das sind Gruppen, die sich nicht weiter zerlegen lassen, ähnlich wie Primzahlen in der Menge $\mathbb{N}$ der natürlichen Zahlen.

Ein berühmt gewordenes Langzeitprojekt, das in den 1920er begann und in den 1980er Jahren im Wesentlichen abgeschlossen wurde, ist die **Klassifikation der endlichen einfachen Gruppen.** Etwa 100 Mathematiker haben daran gearbeitet, ihre Ergebnisse umfassen zigtausende von Seiten. Eine Zusammenfassung in „nur" zwölf Bänden ist derzeit in Arbeit. Die meisten der unendlich vielen endlichen einfachen Gruppen lassen sich in 18 „Familien" einteilen, das sind 18 verschiedene Konstruktionsvorschriften, mit denen sich jeweils eine unendliche Reihe von endlichen einfachen Gruppen konstruieren lässt. Es gibt jedoch genau 26 Ausnahmen, die **sporadischen Gruppen,** die in keines der 18 Muster passen. Die größte der sporadischen Gruppen ist die sogenannte **Monstergruppe** mit etwa $8*10^{53}$ Elementen; das ist eine Zahl mit 54 Ziffern. Ein Großteil der Arbeit der Mathematiker bestand darin zu beweisen, dass es außer diesen 26 keine weiteren sporadischen Gruppen mehr geben konnte.

Beweise

Das Beweisen ist neben dem Definieren überhaupt die wichtigste Tätigkeit des Mathematikers, und es ist die umfangreichere von beiden. Wenn die Mengenlehre das Fundament der mathematischen Strukturen ist, die über das Definieren aufgebaut werden, so ist die Logik das Fundament des Beweisens. Jede Struktur, die man über Definitionen aufgebaut hat, besitzt Eigenschaften, die über das Definierte hinausgehen, aber logisch daraus folgen. Sich diese Eigenschaften zu erschließen, sie zu beweisen, bedeutet, die Struktur besser zu verstehen.

Eigenschaften werden in Form von Aussagesätzen formuliert, z. B. „Es gibt unendlich viele Primzahlen". Diese Aussage setzt voraus, dass wir die Struktur $\mathbb{N}$ der natürlichen Zahlen bereits hinreichend definiert und so weit verstanden haben, dass wir daraus einen Begriff der Teilbarkeit und daraus den Primzahlbegriff entwickelt haben (eine Zahl, die nur durch 1 und sich selbst teilbar ist). Nun sind wir an der Stelle, verstehen zu wollen, was aus diesem Begriff logisch folgt. Die Aussage „Es gibt unendlich viele Primzahlen" ist, solange wir sie nicht bewiesen haben, aber für einen aussichtsreichen Kandidaten dafür halten, eine **Vermutung.** Durch den Beweis wird sie zu einem **Satz.**

Sehr oft werden Worte, die uns aus dem Alltag bekannt sind, in der Mathematik mit einer anderen Bedeutung versehen. Ein Satz ist in der Mathematik eine Aussage, deren Richtigkeit bewiesen wurde, was eine sehr starke Einschränkung im Vergleich zum allgemeinen linguistischen Begriff des Satzes ist. Eine Gruppe ist in der Mathematik etwas anderes als etwa eine Gruppe von Menschen. Eine „einfache" Gruppe ist in vielen Fällen alles andere als einfach im herkömmlichen Sinne. Ringe und Körper sind ebenfalls Namen für bestimmte Strukturen, die nichts mit der Bedeutung dieser Wörter zu tun haben, die wir aus dem Alltag kennen. Weil sie so viel zu definieren haben, bedienen sich Mathematiker oft an bereits existierenden Wörtern, denen sie dann eine neue Bedeutung geben, einfach um nicht zu viele Fantasienamen einführen zu müssen. Wer weiß, wie die Mathematik aussähe, wenn sie von Leuten wie Tolkien betrieben würde.

Zurück zum Beweisen. Die Logik gibt uns bestimmte Regeln und Techniken an die Hand, wie man korrekte Schlussfolgerungen zieht und Beweise aufbaut kann. Eine sehr oft angewandte Technik ist der **indirekte Beweis,** auch **Beweis durch Widerspruch** genannt. Dabei geht man von der Annahme aus, dass die Aussage, die man beweisen möchte, falsch ist, und führt diese Annahme zu einem Widerspruch. Denn, so die Logik, wenn die Falschheit der Aussage widersprüchlich ist, dann muss die Aussage richtig sein. So beweist man auch, dass es unendlich viele Primzahlen gibt. Nehmen wir also das Gegenteil davon an, also dass es nur endlich viele Primzahlen gibt, nämlich $p_1, \cdots, p_n$. Dann können wir diese alle aufmultiplizieren und erhalten $N = p_1 * p_2 * \cdots * p_n$. Die Zahl N ist somit durch alle Primzahlen teilbar. Dann ist aber $N + 1$ durch keine Primzahl teilbar, denn die nächste Zahl nach N, die durch eine Primzahl p_i teilbar ist, ist $N + p_i$. Somit wäre aber $N + 1$ eine neue Primzahl, im Gegensatz zu der Annahme, dass die Liste $p_1, \cdots, p_n$ schon vollständig war. Die Annahme, dass es nur endlich viele Primzahlen gibt, war also falsch. Daraus folgt, dass es unendlich viele geben muss, was zu beweisen war.

Das ist ein sehr einfacher Beweis. Es gibt schwierigere, die sich über hunderte Seiten erstrecken. Außerdem gibt es zahllose offene Probleme, also Vermutungen, die noch nicht bewiesen wurden. Manchmal wird eine Vermutung auch unerwartet widerlegt. Oder es geschieht, dass man beweisen kann, dass eine Vermutung weder bewiesen noch widerlegt werden kann. Das bedeutet dann, dass die zugrunde liegende Struktur noch nicht hinreichend durch Definitionen eingeschränkt wurde, um für Richtigkeit oder Falschheit der Aussage zu garantieren. Die Struktur kann dann weiter verfeinert werden, und zwar auf beide Weisen: Die Aussage kann durch eine bestimmte Verfeinerung richtig werden, durch eine andere falsch. Das bekannteste Beispiel hierfür ist die Entwicklung der nichteuklidischen Geometrie.

Die Kunst des Beweisens wurde bereits von den alten Griechen kultiviert. Das umfangreichste und ausgereifteste Zeugnis davon liefern uns die Schriften des **Euklid** von Alexandria aus dem 3. Jahrhundert vor Christus. Von ihm stammt auch der Beweis, dass es unendlich viele Primzahlen gibt. Vor allem aber hat Euklid die Geometrie geprägt. Seine Darstellung des Gebiets war für zwei Jahrtausende absolut grundlegend. Das mathematische Wissen, die systematische Vorgehensweise, die ausgereiften Beweisverfahren, die darin zum Ausdruck kommen, sind immer noch erstaunlich, gemessen an der damaligen Zeit. Euklid war auch daran gelegen, die Grundannahmen zu minimieren, aus denen er die gesamten Sätze der Geometrie logisch ableiten, also beweisen konnte. Er beginnt mit einigen Definitionen für die Grundbausteine seiner Geometrie, z. B. Punkte, Geraden, Kreise, Winkel. Dann folgen die fünf Grundannahmen (die **Postulate** oder **Axiome**), die für diese Grundbausteine gelten sollen. Aus diesen Postulaten folgert er dann zum einen eine große Anzahl von Sätzen (Theoremen) der Geometrie, zum Beispiel „Die Winkelsumme im Dreieck beträgt 180°" oder „Wenn in einem Dreieck zwei Winkel gleich groß sind, dann sind auch zwei Seiten gleich lang" u.s.w. Zum anderen zeigte er auch, wie sich bestimmte geometrische Objekte mit Zirkel und Lineal **konstruieren** ließen. Für mehr als 2000 Jahre, als Zirkel und Lineal noch die entscheidenden Hilfsmittel beim Erstellen von Zeichnungen, insbesondere von Grundrissen für Bauprojekte, waren, wurde nach diesen Methoden gearbeitet. Mit den heutigen Computerverfahren ist die Konstruktion mit Zirkel und Lineal sicher nicht mehr ganz so bedeutend. Die Sätze der Geometrie jedoch sind zeitlos.

Die fünf Postulate lassen sich heute als Definition für eine bestimmte mathematische Struktur verstehen, die **euklidische Ebene.** Damals galten sie als Aussagen über die Wirklichkeit, die niemand mit gesundem Menschenverstand bezweifeln kann und die daher keines Beweises bedürfen. Von den fünf Postulaten sind vier sehr einfach, zum Beispiel „Jeden Punkt kann man mit jedem anderen Punkt durch eine gerade Linie verbinden". Das fünfte Postulat, das sogenannte **Parallelenaxiom,** ist dagegen etwas „sperriger". Es besagt, in modernen Worten, dass zu jeder Geraden g und jedem Punkt P, der nicht auf g liegt, genau eine Gerade h existiert, die P enthält und keinen Schnittpunkt mit g hat. („Kein Schnittpunkt mit g" ist nach der euklidischen Definition dasselbe wie „parallel zu g", daher der Name Parallelenaxiom.) Dieses fünfte Postulat war den Mathematikern ein Dorn im Auge. 2000 Jahre lang versuchten sie, es aus den anderen vier Postulaten zu beweisen und die Zahl der unabhängigen Grundannahmen damit auf vier zu verringern – ohne Erfolg, bis in den 1820er Jahren endlich einige Mathematiker auf die Idee kamen, es einmal andersherum zu versuchen: Sie konstruierten eine mathematische

Struktur, die den ersten vier Postulaten genügt, dem fünften aber nicht. Dies war widerspruchsfrei möglich.

Damit war mehrerlei gewonnen. Erstens war die **nichteuklidische Geometrie** geboren. Zweitens war die Unabhängigkeit des fünften Postulats von den anderen vier bewiesen. Drittens war gezeigt, dass man das fünfte Postulat eben doch mit gesundem Menschenverstand bezweifeln konnte. Dass es zu jeder Geraden genau eine Parallele durch einen gegebenen Punkt gibt, ist eine Erfahrungstatsache, von der wir uns auf einem flachen Stück Papier, einer Tischplatte oder einem flachen Boden überzeugen können. Aber das hindert uns nicht daran, eine auf bestimmte Weise gekrümmte Fläche zu definieren, auf der dies nicht mehr gilt. Viertens war es ein wichtiger Schritt zu der modernen Auffassung, dass sich mathematische Strukturen *unabhängig* von den Erfahrungstatsachen definieren lassen. Die Zahlen und geometrischen Konstruktionen, die wir aus dem Alltag kennen, sind zwar ein Anfang und eine Inspirationsquelle, aber man kann per Definition die Mathematik weit darüber hinaus treiben, wo auch immer unser Ideenreichtum, behütet und eingehegt von den Gesetzen der Logik, uns gedanklich hinführt. Fünftens ist das Parallelenaxiom als ein Unterscheidungsmerkmal zwischen verschiedenen Geometrien erkannt. Mit den ersten vier Postulaten ist die Geometrie noch nicht hinreichend spezifiziert, um zu entscheiden, ob das Parallelenaxiom gilt. Man kann von hier aus nun die Geometrie auf mehrere Arten weiter festlegen, nämlich entweder, indem man das Parallelenaxiom, oder indem man ein anderes Postulat hinzufügt, das im Widerspruch zum Parallelenaxiom steht (zum Beispiel: Es gibt keine Parallelen, oder es gibt mehr als eine, oder mal so, mal so, je nach Punkt und Gerade).

Mathematik: Menschengemacht oder menschenunabhängig?
Historisch gesehen standen am Anfang der Mathematik die Arithmetik (das Rechnen mit Zahlen), die Geometrie und die Logik. Wie können wir uns den Prozess vorstellen, der zu all den abstrakten Verallgemeinerungen geführt hat, den vielfältigen Strukturen, mit denen sich die Mathematik heute beschäftigt? Ein Beispiel haben wir eben diskutiert, die nichteuklidische Geometrie. Der Begriff der Menge und die zugehörige Mengenlehre wurde von Georg Cantor Ende des 19. Jahrhunderts begründet. Aber auch Dedekind, Peano und Frege entwickelten parallel dazu ähnliche Ideen. Die Zeit schien reif dafür. Cantors Version setzte sich erst im 20. Jahrhundert durch und wurde durch Zermelo und Fraenkel bis 1930 weiter verfeinert. In dieser Zeit etwa hat sich auch der Gedanke durchgesetzt, die Mengenlehre als Fundament der gesamten Mathematik anzusehen. Die Untersuchung von Gruppen wurde von Evariste Galois um 1830 herum in Gang gebracht, als er die Symmetrie der

Lösungen bestimmter Gleichungen, sog. Polynomgleichungen, untersuchte, bevor er im Alter von nur 20 Jahren bei einem Duell starb. Es vergingen aber noch einige Jahrzehnte, bis 1882 die Definition in ihrer heutigen Form ausgedrückt wurde. In der Zeit dazwischen erfuhr der Begriff einige Präzisierungen und Verallgemeinerungen. Man entwickelt einen Begriff und findet verschiedene Beispiele, die verschiedene Aspekte zum Ausdruck bringen. Man zieht Schlussfolgerungen, feilt an der Definition, um sie klarer zu machen, Ambiguitäten auszuschließen, oder um sie zu erweitern, eine größere Klasse von Strukturen unter demselben Begriff zusammenzufassen. Oder man findet Widersprüche, die durch Verbesserungen ausgebügelt werden müssen. Am Ende entscheiden Klarheit, Interessantheit, Ästhetik, Anwendbarkeit und manchmal auch einfach der „Mindset" der Mathematiker der jeweiligen Zeit darüber, welche Begriffe und Definitionen sich am Ende durchsetzen.

Das mag nun so klingen, als ob der Mathematik eine gewisse Beliebigkeit innewohnt. Losgelöst von der Welt der Erfahrungen, kann der Mathematiker definieren, was immer er will. Beim Schlussfolgern (Beweisen) kann er als Ausgangspunkt nehmen, was immer er will, und von dort aus in eine Richtung denken, die er selbst wählt. Wie sich das Gesamtgebäude der Mathematik entwickelt, scheint einzig und allein an den Geschmäckern der Mathematiker zu liegen. Aber vielleicht ist es ähnlich wie beim Wandern: Der Wanderer entscheidet, von wo nach wo er geht und welche Ausrüstung er dabei mitnimmt, und folgt womöglich bestimmten Modeerscheinungen, z. B. einen bestimmten, gerade beliebten Pilgerpfad zu beschreiten. Aber die Landschaft, die er durchwandert, existiert unabhängig von ihm. Der Geschmack lässt ihn bestimmte Landschaften bevorzugen, aber dabei wählt er nur aus etwas Gegebenem aus, der Charakter jeder Landschaft besteht auch ohne ihn. Die Aussicht von einem bestimmten Punkt ist deshalb so gut, weil es der Gipfel eines Berges ist. Der Wanderer, der auf Aussicht erpicht ist, wählt ihn deshalb ganz natürlich.

Es ist eine uralte philosophische Frage, ob die Mathematik vom Menschen *geschaffen* oder *entdeckt* wird, ob sie also unabhängig von uns existiert und wir nur darin herumwandern (um das Bild von eben zu verwenden) oder ob sie eine reine gedankliche Konstruktion darstellt, deren Charakter und Bestehen von den Geschmäckern der Mathematiker abhängen und die keinen höheren Wahrheitswert besitzt. Beide Ansichten werden von vielen klugen Menschen vertreten und verteidigt. Die Frage ist schwer zu entscheiden und der Existenzbegriff in diesem Zusammenhang sehr unklar. Woher sollen wir denn wissen, ob die Mathematik unabhängig von uns „existiert" (ein sehr platonischer Gedanke), und was bedeutet das überhaupt? Vielleicht sollte man hier noch zwischen zwei Dingen unterscheiden. Wenn eine Struktur erst einmal klar definiert ist, dann werden Sätze, die für diese Struktur gelten, und Beweise für diese Sätze *entdeckt,* nicht dazu erfunden. Denn durch die Definition der Struktur ist innerhalb derselben alles bereits festgelegt. Die Frage ist eher, ob die Strukturen selbst erfunden oder entdeckt werden.

Hier kommt die **Eindeutigkeit** der Mathematik ins Spiel. Die Begriffe in der Mathematik sind so eindeutig definiert, dass sich wahr und falsch ganz klar voneinander abgrenzen lassen. Das ist ganz anders als in der Alltagssprache. Nehmen wir die Aussage „Otto ist doof". Die Kriterien für Doofheit sind nicht klar genug definiert, um diesen Satz eindeutig für wahr oder falsch zu erklären. Es gibt wahrscheinlich einiges, was dafür spricht, dass Otto doof ist, und einiges, was dagegen spricht. Am Ende ist es Ermessenssache, ob man sich der Aussage anschließt oder nicht. Selbst die Sätze der Naturwissenschaften sind manchmal nicht so eindeutig, wie es scheint. Die Aussage „Licht besteht aus elektromagnetischen Wellen" ist zwar für die meisten Belange korrekt, aber es gibt auch Situationen, in denen es entscheidend ist, dass Licht aus Teilchen besteht, den Photonen. In den Naturwissenschaften kann immer eine neue Erkenntnis dafür sorgen, eine bekannte Aussage zwar nicht zu widerrufen (oder nur in Extremfällen), aber doch in ihrer Gültigkeit etwas einzuschränken, auf Ausnahmen hinzuweisen. An einem mathematischen Satz wie „Es gibt unendlich viele Primzahlen" ist jedoch nicht zu rütteln.

Die Mathematik bildet eine Sprache für sich und hat ihre eigene Grammatik. Eine außerirdische Zivilisation hat vielleicht völlig andere Mittel, sich auszudrücken, als wir. Aber zählen wird sie dennoch „1, 2, 3 ...", auch wenn sie dafür völlig andere Symbole verwendet. Das soll heißen, es gibt eine *Struktur* des Zählens, die nur so und nicht anders sein kann, egal welcher Wörter und Symbole und welcher Form sprachlichen Ausdrucks eine Zivilisation sich bedient. Dass $1 + 2 = 3$ ist, hängt ebenfalls nicht vom sprachlichen Ausdruck der Zivilisation ab, es ist eine mathematisch korrekte Aussage, die nur so und nicht anders sein kann, egal in welcher Syntax die Zivilisation sie formuliert oder symbolisiert.

Wenn aber in der Mathematik sowohl die Definitionen als auch die Sätze, die daraus folgen, so eindeutig und unmissverständlich sind, so unabhängig von dem sprachlichen Hintergrund, aus dem heraus sie formuliert werden, dann bleibt die Frage, *welche Auswahl* aus den unendlich vielen möglichen Definitionen eine Zivilisation trifft, welche Strukturen (außer den natürlichen Zahlen, an denen sicher keine Zivilisation vorbeikommt) sie für interessant erachtet, um sie zu studieren. Aber dort, wo ihre Auswahl sich mit der unseren überschneidet, muss sie zu denselben Ergebnissen kommen wie wir, auch wenn sie diese vielleicht sprachlich völlig anders ausdrückt. Es kann höchstens sein, dass wenn A und B logisch zusammenhängen, wir A als grundlegender empfinden und B als Folge davon ansehen, während sie B als grundlegender empfindet und A daraus ableitet.

Selbst die Auswahl ist nicht völlig beliebig. Ausgehend von Problemen aus der Arithmetik und Geometrie, die sich im Alltag ergeben, und zwar sowohl bei uns als auch – zumindest in ähnlicher Form – bei einer intelligenten außerirdischen Zivilisation, führt ja in vielen Fällen eins zum anderen. Neue Strukturen drängen sich auf, um bestimmte Probleme zu lösen, oder ergeben sich als Erweiterungen oder Verallgemeinerungen von alten. Zusammenhänge werden erkennbar, die weiter ergründet werden wollen und weitere Begriffsbildungen erfordern. Auch die Naturgesetze, zumindest die physikalischen, sind für die andere Zivilisation dieselben, und die sind selbst mathematischer Natur und entsprechen ganz bestimmten Strukturen. Es spricht also einiges dafür, dass sie, zumindest in großen Teilen, eine ähnliche Auswahl treffen wie wir.

Dies alles führt uns zurück zu dem Bild mit der Landschaft, die von den unendlich vielen denkbaren mathematischen Strukturen gebildet wird, die unabhängig von uns besteht und auf der wir nur einen bestimmten Weg beschreiten, auf dem wir bestimmte Strukturen auswählen, angestoßen durch Probleme aus dem Alltag oder den Naturwissenschaften, weitergeführt aber in der Reinen Mathematik aus der Lust am Wandern, motiviert nur durch die Hoffnung auf schöne Aussichten und das Ergründen tiefer Zusammenhänge. Die „Richtigkeit" dieses Bildes lässt sich sicher nicht mit Logik oder mit naturwissenschaftlichen Methoden beweisen. Das ist auch gar nicht nötig, denn es ist ja nur ein Bild. Es genügt, dass es uns stimmig erscheint und dem Empfinden einer großen Zahl von Mathematikern entspricht, die das Gefühl haben, zu entdecken und nicht zu erfinden.

Das Thema der Ästhetik, der Schönheit in der Mathematik, wurde schon kurz angesprochen. Bestimmte Strukturen oder auch Beweise werden von Mathematikern als „schön" angesehen. Für viele Laien ist Mathematik genau das Gegenteil von schön, nur gequält haben sie sich damit in der Schule und sind froh, wenn es endlich überstanden ist. So ähnlich ist es auch mit dem Geschmack von Wein. Wenn wir als Kinder das erste Mal davon probieren, verziehen wir angewidert das Gesicht. Erst recht können wir einen edlen Wein nicht von einem billigen unterscheiden. Der Geschmack muss sich erst entwickeln, langsam heranreifen, kultiviert werden. Aber manche Menschen kommen nie auf den Geschmack. In der Mathematik ist es ebenso. Man muss sich erst darin vertiefen, um langsam zu begreifen, worum es eigentlich geht; die Harmonien und Zusammenhänge, die zwischen den Strukturen bestehen, müssen sich Schritt für Schritt in unserem Geist entwickeln, ihr besonderes Aroma entfalten (ja, lachen Sie bloß nicht!), dann entwickelt sich schon der Sinn für die Schönheit. Erklären lässt er sich nicht.

Wir können nun die Charakterisierung der Mathematik zusammenfassen: **Die Mathematik kann als eine Art Zoologie der mathematischen Strukturen aufgefasst werden.** Das heißt, die Mathematik handelt von Strukturen; das sind Mengen, in denen über diverse Kaskaden von Begriffsbildungen per Definition bestimmte Beziehungen hergestellt werden, über die sich Sätze beweisen lassen. Dabei entstehen – wie in der Zoologie – Klassifizierungen und Unterklassifizierungen von Strukturen, besonders eindrucksvoll zu sehen in der Klassifizierung der endlichen einfachen Gruppen. Da es unendlich viele mögliche Definitionen gibt, die somit zu unendlich vielen mathematischen Strukturen führen, und weil sich zu vielen Strukturen jeweils unendlich viele Sätze beweisen lassen, ist die Mathematik **unendlich.** Ihre Definitionen, Sätze und Beweise sind **exakt** und **eindeutig.** Sie ist außerdem **zeitlos:** Ihre Strukturen unterliegen keinen Veränderungen (wie im Bild mit der Landschaft), nur wie wir mit den Strukturen umgehen, welche Namen und welche Notation wir dafür verwenden, welche wir als wichtig ansehen, in welcher Reihenfolge wir sie untersuchen und aufeinander aufbauen, das unterliegt den Wandlungen der Zeit. Sie wird von den Mathematikern als **schön** empfunden, der ästhetische Aspekt spielt eine große Rolle.

Zahlen und Räume

Da es in diesem Buch vorrangig um Physik geht, sehen wir uns nun noch an, welche mathematischen Strukturen für die Physik besonders wichtig sind.

Mit dem Fortschreiten der Arithmetik wurde der Begriff der **Zahl** immer weiter gefasst. Am Anfang stehen die **natürlichen Zahlen** $\mathbb{N} = \{1, 2, 3, \cdots\}$. Mit dem Hinzufügen der Null und der negativen Zahlen werden daraus die **ganzen Zahlen** $\mathbb{Z}$. Um die Menge bzgl. der Division zu vervollständigen, wird diese Menge um die Bruchzahlen erweitert. So gelangt man zu den **rationalen Zahlen** $\mathbb{Q}$. Es lässt sich aber zeigen, dass sich bestimmte Zahlen, die in geometrischen Zusammenhängen oder als Lösungen bestimmter Gleichungen auftreten, nicht als Bruchzahlen schreiben lassen, z. B. $\sqrt{2}$ (die Länge der Diagonale eines Quadrats mit Seitenlänge 1) oder π (das Verhältnis von Kreisumfang und Durchmesser). Damit kommt man zu einer noch größeren Zahlenmenge, den **reellen Zahlen** $\mathbb{R}$. Die Funktionen, die man in der Schulmathematik behandelt, sind zumeist reelle Funktionen, d. h., die Startmenge ist $\mathbb{R}$ oder ein Teil von $\mathbb{R}$, die Zielmenge ebenfalls. Physikalische Größen werden fast immer als reelle Zahlen verstanden, ergänzt um eine Maßeinheit wie etwa Zentimeter, Sekunden oder Grad Celsius. Man kann aber auch die reellen Zahlen noch erweitern, und zwar um die Wurzeln aus negativen Zahlen. Diese sind in den reellen Zahlen bekanntermaßen nicht enthalten, deshalb haben Sie in der Schule die Regel gelernt, dass man aus negativen Zahlen keine Wurzel ziehen „darf". Mit den **komplexen Zahlen** $\mathbb{C}$ werden diese Wurzeln einfach per Definition eingeführt, indem man eine „imaginäre Einheit" i als $\sqrt{-1}$ festsetzt. Die komplexen Zahlen haben viele schöne Eigenschaften. In der Tat lässt sich das Verhalten vieler Funktionen besser verstehen, wenn man sie von den reellen auf die komplexen Zahlen erweitert. Gleichungen lassen sich besser lösen, bestimmte Strukturen (z. B. die sog. Lie-Gruppen) einfacher klassifizieren. Obwohl die Konstruktion mit der imaginären Einheit zunächst etwas künstlich erscheint, empfindet man als Mathematiker nach einiger Übung und einigem Verständnis die komplexen Zahlen als „natürlicher" als die reellen. In der Physik werden die komplexen Zahlen erst in der Quantenmechanik unverzichtbar. In dieser Theorie gibt es Zustände, die sich einfach von Natur aus nur in komplexen Zahlen ausdrücken lassen.

Bei jeder Erweiterung des Zahlbereichs ändern sich die ausführbaren Operationen und/oder die Lösbarkeit von Gleichungen. Die Division ist z. B. in $\mathbb{Z}$ nur in bestimmten Fällen möglich (Teilbarkeit), in $\mathbb{Q}$ immer, es sei denn, man versucht, durch Null zu teilen. Bei Gleichungen mit einer oder mehreren **Unbekannten** suchen wir nach **Lösungsmengen,** deren Elemente die Gleichungen erfüllen. Die Gleichung $x + 1 = 2$ hat als einzige Lösung $x = 1$, die Lösungsmenge besteht also aus einer einzigen Zahl (egal ob wir die Lösung in $\mathbb{N}$, $\mathbb{Z}$, $\mathbb{Q}$, $\mathbb{R}$ oder $\mathbb{C}$ suchen). In der Gleichung $x - y = 0$ mit zwei Unbekannten suchen wir nach Paaren (x, y), die diese Gleichung erfüllen. Es gibt unendlich viele Lösungen, nämlich alle Paare, bei denen x und y denselben Wert haben, $x = y$. Die Lösungsmenge besteht aus allen Paaren mit dieser Eigenschaft. Die Gleichung $x^2 = 2$ hat jedoch keine Lösung in $\mathbb{N}$, $\mathbb{Z}$ oder $\mathbb{Q}$, aber zwei Lösungen, nämlich $\sqrt{2}$ und $-\sqrt{2}$ in $\mathbb{R}$ oder $\mathbb{C}$. Die Gleichung $x^2 = -1$ hat keine Lösung in $\mathbb{N}$, $\mathbb{Z}$, $\mathbb{Q}$ oder $\mathbb{R}$, aber zwei Lösungen, nämlich i und $-i$, in $\mathbb{C}$.

Wie wir am Anfang des Kapitels gesehen haben, haben die Rechenoperationen, die wir von den verschiedenen Zahlensystemen her kennen, Eigenschaften, die sich weiter verallgemeinern und abstrahieren lassen, was zum Begriff der Verknüpfung geführt hat. Das Gebiet der Mathematik, das sich mit diesen Verknüpfungen beschäftigt, ist die **Algebra.** In der Algebra untersucht man Strukturen, in denen den Verknüpfungen bestimmte Eigenschaften zugeschrieben werden; als Beispiel haben wir die Gruppen besprochen. Diese haben in der Physik zahlreiche Anwendungen, vor allem wenn es um **Symmetrien** physikalischer Systeme geht.

Von der Seite der Geometrie her haben sich verallgemeinerte Begriffe von **Räumen** entwickelt. (Die Abgrenzung ist übrigens nicht so klar; Geometrie und Algebra überschneiden sich in vielen Aspekten, zum Beispiel bilden die reellen Zahlen selbst einen eindimensionalen Raum, und die komplexen

Zahlen können als zweidimensionale Ebene aufgefasst werden.) Man kann den Begriff des Raumes so weit fassen, dass er quasi auf jede mathematische Struktur zutrifft. Etwas eingeschränkter kann man sagen, ein Raum ist ein **Kontinuum** von Punkten, also eine Menge, deren Elemente wir Punkte nennen, und die so **dicht** beisammen liegen, dass in jeder noch so kleinen Umgebung eines Punktes noch weitere Punkte zu finden sind. Das ist keine ausreichende mathematische Definition, denn wir müssten ja erst einmal festlegen, was wir mit *Umgebung* meinen. Aber es gibt ein erstes, halbwegs anschauliches Bild des Raumbegriffs. Wir wollen hier keine weitere Kaskade von Definitionen herunterbeten. Es gibt in der Mathematik völlig unterschiedliche Arten von Räumen, sie heißen Vektorräume, affine Räume, Banachräume, Hilberträume etc. und unterscheiden sich alle darin, welche Strukturelemente auf ihnen definiert und welche Eigenschaften für diese festgesetzt sind.

Typische Begriffe, die auf Räumen definiert werden, sind Längen, Abstände und Winkel sowie topologische Begriffe, die die globalen Eigenschaften von Räumen charakterisieren. Bei einem **Vektorraum** kann man die Punkte miteinander addieren; sie werden dort **Vektoren** genannt. In der Physik gibt es sehr viele Größen, die durch Vektoren beschrieben werden, zum Beispiel Kräfte. Kräfte unterschiedlicher Größe und Richtung, die auf dasselbe Objekt wirken, werden zu einer Gesamtkraft zusammenaddiert.

Ein verbreitetes Charakteristikum von Räumen ist ihre **Dimension.** Die Dimension eines Raumes ist eine natürliche Zahl, die die Anzahl seiner unabhängigen „Richtungen", bzw. die Anzahl der Koordinaten, die zur Festlegung eines Punktes nötig sind, beschreibt. Eine Gerade ist eindimensional, eine Ebene zweidimensional, der „normale" Raum, in dem wir leben, dreidimensional. Man kann aber problemlos Räume mit beliebig hoher Dimension definieren, insbesondere auch unendlichdimensionale Räume. Für den Laien heißt es dann oft: „So etwas kann man sich nicht vorstellen." Aber der Mathematiker hat eine andere Vorstellung von Vorstellungen; für ihn stellen die höheren Dimensionen kein Problem dar. Seine Vorstellung ist an die abstrakten Begriffe gewöhnt und danach ausgerichtet.

Ähnlich verhält es sich übrigens mit großen Zahlen. Als Laie möchte man sich eine Zahl in einer bestimmten Weise „vorstellen", z. B. indem man sich bestimmte Objekte in dieser Anzahl bildlich ausmalt. Ab einer bestimmten Größe sagt man: „Das kann ich mir nicht mehr vorstellen." Wenn in den Nachrichten die Größe einer Fläche genannt wird, z. B. eines Waldbrandes oder Ölteppichs, wird typischerweise noch ein Vergleich angestellt, etwa „Das ist eine Fläche so groß wie das Saarland", damit wir uns unter der Zahl etwas „vorstellen" können. Ähnlich bei Größenverhältnissen, z. B. wenn in einem Bildungsvortrag die Größe des Atomkerns im Vergleich zum gesamten Atom genannt wird: „Das ist so groß wie ein Reiskorn in einem Fußballstadion." So kann sich der Laie das besser „vorstellen". Die Milliarden Lichtjahre, die der für uns sichtbare Teil des Universums umfasst, gelten von vornherein als „unvorstellbar große Distanzen". Für einen Mathematiker wirkt das eher belustigend. Für ihn stellt die Vorstellung einer Trilliarde (10^{21}) keine größere Hürde dar als die der Zahl 5. Seine Imagination arbeitet mit einer anderen Art von Bildern, die sich aus dem ständigen Hantieren mit abstrakten Begriffen entwickelt haben.

In der Physik kommen alle möglichen Arten von Räumen vor. Vektorräume hatten wir bereits genannt. Der dreidimensionale Raum, der uns umgibt, erscheint uns im Wesentlichen als ein affiner Raum. Mit der Allgemeinen Relativitätstheorie müssen wir ihn jedoch als Hyperfläche eines vierdimensionalen gekrümmten Riemann'schen Raumes auffassen. Hilberträume spielen in der Quantenmechanik eine zentrale Räume. Keinen dieser Begriffe haben wir hier definiert. Die Aufzählung soll nur dazu dienen, Ihnen anzudeuten, dass viele der unterschiedlichen Abstraktionen, die an Räumen aus rein mathematischem Interesse ausprobiert wurden, plötzlich in der physikalischen Realität eine unerwartete Bedeutung bekamen.

Differentialrechnung

Das Entscheidende für die Geburt der Physik der Neuzeit war die **Differentialrechnung.** Sie wurde in der zweiten Hälfte des 17. Jahrhunderts unabhängig von Isaac Newton und Gottfried Wilhelm Leibniz entwickelt, was zu heftigen Streitigkeiten zwischen beiden führte, die besonders von Newton mit aller Härte und fiesen Tricks ausgetragen wurden.

Bei der Differentialrechnung geht es zunächst um **momentane Änderungen** physikalischer Größen. Nehmen wir zum Beispiel die **Geschwindigkeit,** also die Änderung einer Position im Verhältnis zur Zeit, die dafür benötigt wurde. Wenn Sie in einer Stunde 100 km zurücklegen, dann haben Sie in dieser Stunde eine Durchschnittsgeschwindigkeit von 100 km/h. Wenn Sie in einer halben Stunde 50 km zurücklegen, dann haben Sie in dieser halben Stunde ebenfalls eine Durchschnittsgeschwindigkeit von 100 km/h. In der Regel wird diese Geschwindigkeit aber nicht konstant sein, Sie müssen zwischendurch immer wieder bremsen und beschleunigen. Der Tachometer zeigt Ihnen in einer gewissen Näherung Ihre momentane Geschwindigkeit an. Er misst, wie viele Zentimeter Sie in einem bestimmten Sekundenbruchteil zurückgelegt haben, und um es Ihnen verständlicher zu machen, rechnet er das Ergebnis dann wieder auf eine Stunde hoch (das wäre dann also die Strecke, die Sie in einer Stunde zurücklegen würden, wenn Sie die momentane Geschwindigkeit genau beibehalten). Diese Messung gibt nur näherungsweise die momentane Geschwindigkeit an, denn selbst in dem Sekundenbruchteil wird Ihre Geschwindigkeit nicht vollkommen konstant sein. Es gibt auch in diesem kurzen Zeitraum kleine Schwankungen, z. B. hervorgerufen von Unebenheiten in der Straße. Die exakte momentane Geschwindigkeit bekämen Sie, wenn Sie die Zeitspanne, über die die zurückgelegte Strecke gemessen wird, **infinitesimal,** d. h. unendlich klein machen. Strecke und Zeit gehen dann beide gegen Null, aber ihr Verhältnis geht gegen einen konstanten positiven Wert, eben die momentane Geschwindigkeit.

Messtechnisch können wir uns den unendlich kurzen Zeitspannen nur annähern. Aber in der Mathematik können wir wunderbar exakt damit rechnen und Begriffe definieren (z. B. die momentane Geschwindigkeit), eben mit der Differentialrechnung. Die momentane Änderung einer Variablen nennt man auch ihre **Zeitableitung.** Die Zeitableitung der Position ist somit die Geschwindigkeit. Die „zweite Zeitableitung" der Position ist die Zeitableitung der Zeitableitung, also die momentane Änderung der Geschwindigkeit, d. h. die **Beschleunigung.** (Eine Bremsung gilt hierbei als negative Beschleunigung.)

Das lässt sich verallgemeinern. **Ortsableitungen** erhält man, wenn man sich nicht Funktionen von der Zeit, sondern vom Ort ansieht. Betrachten wir zum Beispiel die Temperatur als Funktion der Höhe über dem Meeresspiegel. Sie wissen, dass die Luft kälter wird, wenn man nach oben steigt. Nehmen wir an, an einem Ort am Meer ist es 20 °C warm. Sie steigen in einem Ballon nach oben und messen, wie die Temperatur sich ändert. Auf einer Höhe von 2000 m sind Sie am Gefrierpunkt, 0 °C. Das heißt, im Durchschnitt ist die Temperatur um 10° pro Kilometer gesunken. Aber das Absinken wird nicht völlig gleichmäßig stattfinden. Durch Luftzirkulationen entstehen Luftschichten, in denen es etwas kühler oder wärmer ist. Das Problem ist völlig analog zur Geschwindigkeit, Sie müssen nur „momentan" durch „lokal" ersetzen. Die lokale Änderungsrate der Temperatur bei einer bestimmten Höhe erhält man, indem man sich die Temperaturänderung auf einer *infinitesimalen* Steigung der Höhe ansieht. Wieder lässt sich das messtechnisch nur annähern, aber man kann mit so einer Ortsableitung wunderbar rechnen.

Da der physikalische Raum dreidimensional ist, gibt es drei voneinander unabhängige Ortsableitungen. Sie können sich die Temperaturänderung ansehen, wenn Sie nach oben steigen, aber auch, wenn Sie nach Osten oder nach Süden fliegen.

Physikalische Größen sind meist entweder als Funktionen der Zeit anzusehen, zum Beispiel die Funktionen $x(t)$, $y(t)$ und $z(t)$, die die drei Koordinaten (x, y, z) eines sich bewegenden Objekts in Abhängigkeit von der Zeit t

beschreiben, oder als Funktion sowohl der Zeit als auch des Ortes, z. B. die Temperatur $T(x, y, z, t)$.

Gleichungen, die die verschiedenen Ableitungen von Funktionen und die Funktionen selbst zueinander in Beziehung setzen, heißen **Differentialgleichungen.** Fast alle Naturgesetze der Physik sind in Form von Differentialgleichungen gegeben. Die Wellengleichung beispielsweise, die alle Wellenphänomene beschreibt, setzt die zweite Zeitableitung einer Größe zu ihren zweiten Ortsableitungen in Beziehung.

Die *Lösungsmenge* einer Differentialgleichung besteht nicht aus Zahlen, sondern aus Funktionen. Man will wissen: Wenn ich etwas Bestimmtes über die Ableitung einer Funktion weiß (diese Information ist durch die Differentialgleichung gegeben), was kann ich dann über die Funktion selbst sagen? Sehen wir uns das an einem einfachen Beispiel an. Sie bewegen sich mit einer konstanten Geschwindigkeit v in x-Richtung (das macht die Sache besonders einfach, die momentane und die Durchschnittsgeschwindigkeit sind dasselbe, weil die Geschwindigkeit konstant ist). Gesucht ist Ihre Position $x(t)$ als Funktion der Zeit. Die Differentialgleichung lautet $\dot{x}(t) = v$ (hierbei steht der Punkt für die Zeitableitung). Sie wissen also etwas über die Ableitung der Funktion und wollen nun die Funktion selbst daraus folgern. Die Lösungsmenge besteht aus den Funktionen $x(t) = x_0 + v * t$ mit einer beliebigen reellen Zahl x_0. Denn die konstante Geschwindigkeit bedeutet, dass Ihre Position sich proportional zur Zeit verändert. Das wird mit dem Term $v * t$ ausgedrückt. Die Differentialgleichung sagt aber nichts darüber aus, an welchem Punkt Sie die Bewegung *begonnen* haben. Daher ist die Lösungsmenge unendlich: eine Lösung für jeden möglichen Startpunkt. Dieser Startpunkt stellt eine **Anfangsbedingung** dar, die Sie bei der Auswahl einer Lösung aus der Lösungsmenge berücksichtigen müssen. Er wird durch den Parameter x_0 festgelegt, der Ihre Position zum Zeitpunkt $t = 0$ ausdrückt. (In der Physik sind Uhren meist als Stoppuhren zu verstehen, die am Anfang eines Vorgangs auf Null gesetzt werden.)

Die Parameter in den Lösungsmengen, die durch die Differentialgleichung selbst nicht festgelegt sind (x_0 in unserem Beispiel), heißen allgemein **Integrationskonstanten.** Sie treten immer auf, bei allen Differentialgleichungen. Sie sind nicht immer identisch mit den Parametern, die die Anfangsbedingungen eines Vorgangs beschreiben, aber es gibt immer einen eindeutigen Zusammenhang zwischen den Anfangsbedingungen und den Integrationskonstanten.

Deshalb wird ein physikalischer Vorgang in der Regel durch zwei Dinge beschrieben: die Differentialgleichungen, die die Naturgesetze darstellen, nach denen der Vorgang abläuft, und die Festlegung der Anfangsbedingungen (oder Integrationskonstanten), die eine bestimmte Lösung aus der Lösungsmenge der Differentialgleichungen herauspicken.

4

Naturwissenschaft

Die Naturwissenschaft ist *das* Erfolgsprojekt der Neuzeit – Grundlage all
unserer technischen Errungenschaften. Im Gegensatz zu metaphysischen Spekulationen ermöglicht sie es uns, *objektive,* überprüfbare Aussagen über die
Welt zu machen. Wie gelingt ihr das? Die Untersuchung dieser Frage wollen
wir mit einer vielleicht etwas ungewöhnlich anmutenden Definition beginnen.

Naturwissenschaft ist ein bestimmter Weg, um **Einigkeit** zu erzielen. Der
Inhalt dieser Einigkeit wird dann „Wissen" über die „Natur" genannt. Die
Anführungszeichen sollen ausdrücken, dass Wissen und Natur mit Vorsicht zu
genießende Begriffe sind, deren Bedeutung wir uns erst allmählich, im Lauf
der Diskussion, erschließen werden.

Diese Definition erscheint deshalb ungewöhnlich, weil wir uns im Allgemeinen vorstellen, dass es bei Naturwissenschaft in allererster Linie um „Wahrheit"
geht, nicht um Einigkeit. Aber als pflichtbewusster Philosoph muss man immer
etwas vorsichtig sein, bevor man die Wahrheit ins Spiel bringt; daher beginnen
wir erst einmal mit der Einigkeit.

Worin besteht nun dieser bestimmte Weg, Einigkeit zu erzielen, den wir
Naturwissenschaft nennen? An dieser Frage haben sich schon viele Wissenschaftstheoretiker versucht, und wir müssen gestehen, dass hierüber keine völlige Einigkeit erzielt werden konnte. Das liegt unter anderem daran, dass die
Frage, was Naturwissenschaft ist, selbst keine naturwissenschaftliche, sondern
eine philosophische Frage ist. Dennoch gibt es bestimmte Charakteristika an
der Naturwissenschaft, die sich hervorheben lassen, ohne damit auf allzu viel
Widerspruch zu stoßen, und die das Wesentliche an diesem Bereich menschlicher Aktivität einigermaßen treffend zusammenfassen:

© Springer-Verlag GmbH Deutschland, ein Teil von Springer Nature 2020
J.-M. Schwindt, *Universum ohne Dinge,*
https://doi.org/10.1007/978-3-662-60705-3_4

1. Naturwissenschaft ist **empirisch.** Das heißt, anders als in der Mathematik, wo die Begriffsbildung und die Erkenntnisse, die sich daraus ergeben, allein an die Logik und den Einfallsreichtum der Mathematiker gebunden sind, bezieht sich Naturwissenschaft auf die „Welt", die sich unseren Sinnen darbietet, auf die *Phänomene,* die wir dort beobachten. Eine Aufgabe der Naturwissenschaft besteht darin, diese Phänomene zu **klassifizieren.** Eine weitere Aufgabe ist dann, **Hypothesen** über Zusammenhänge zwischen bestimmten Klassen von Phänomenen aufzustellen (oder auch Zusammenhänge innerhalb einer Klasse von Phänomenen). Viele dieser Zusammenhänge haben einen **kausalen** Charakter, d. h., sie sind von der Form: „Wenn dieses Phänomen eintritt, dann hat das jenes Phänomen zur Folge." Auf Kausalität gehen wir weiter unten noch genauer ein.

   Damit die Hypothesen selbst einen empirischen Charakter haben, also nicht reine Spekulationen bleiben, müssen sie **überprüfbar** sein. Diese Überprüfbarkeit hat der Philosoph Karl Popper mit dem Kriterium der **Falsifizierbarkeit** charakterisiert: Damit eine Hypothese als naturwissenschaftlich anerkannt werden kann, muss gezeigt werden, wie sie sich als *falsch* erweisen könnte, d. h., es muss eine Gruppe von denkbaren Beobachtungen beschrieben werden, die die Hypothese widerlegen würden. Mit anderen Worten, eine naturwissenschaftliche Hypothese muss empirisch *angreifbar* sein. Je mehr solchen Angriffen eine Hypothese ausgesetzt wird und sie übersteht – indem bei einem gezielten Experiment, das zu einer Beobachtung führen *könnte,* die die Hypothese widerlegt, stattdessen eine Beobachtung gemacht wird, die sie bestätigt –, desto mehr Anerkennung wird die Hypothese in den Augen der Naturwissenschaftler finden.

2. Naturwissenschaft beinhaltet **Experimente,** wo dies möglich ist. In der Astronomie können Sie entfernte Sterne nur beobachten, nicht aber die Bedingungen beeinflussen, die auf ihnen herrschen. Bei kleineren, handlicheren Objekten, wie etwa einem mit einer Flüssigkeit gefüllten Reagenzglas, können Sie bestimmte Bedingungen selbst einstellen, um „der Natur" damit eine bestimmte „Frage" zu stellen: Sie können das Glas verschließen und damit den Austausch von Materie mit der Umgebung unterbinden. Sie können es erhitzen oder mit einem Kolben einen Druck ausüben, und beobachten, wie sich dies jeweils auswirkt. Es gibt viele Arten von Experimenten, aber sie alle haben das Ziel, bestimmte Klassen von Phänomenen genauer untersuchen zu können, als dies „in freier Wildbahn" möglich wäre. Ein typisches Experiment beinhaltet Folgendes:

   a) Versuchsaufbau, der das zu untersuchende Phänomen hervorrufen soll
   b) Ausschluss von störenden Einflüssen, die das zu untersuchende Phänomen verhindern oder mit anderen Phänomenen vermischen würden.

c) Gezieltes Ändern einer bestimmten Variablen und Beobachtung, wie sich dies auf das untersuchte Phänomen auswirkt

d) Zuhilfenahme von Messgeräten, um diese Auswirkungen präziser feststellen zu können, als dies mit unseren natürlichen Sinnesorganen allein möglich wäre

e) Ein Protokoll, das den Versuchsaufbau und die Ergebnisse in einer Weise zusammenfasst, dass andere Naturwissenschaftler das Experiment wiederholen und die Ergebnisse überprüfen können.

3. Wiederhol- und Überprüfbarkeit erfordern **Objektivität.** Objektivität ist eine Art elementares „das, worauf man sich einigen kann". Sie bedeutet, dass man bei Beobachtungen und Experimenten nur solche Aspekte zur Analyse heranzieht, die sich ohne Weiteres von einem Forscher auf den anderen übertragen lassen. Dazu gehören generell quantitative Aussagen eher als qualitative. Den Zahlenwert abzulesen, den ein Messgerät anzeigt, ist eindeutig und für jeden gleich, der vor dem gleichen Gerät steht. Reine Adjektive wie *hell* oder *dunkel, groß* oder *klein* sind relativ und ungenau, es gibt immer Grauzonen, die vom einen schon als hell und vom anderen noch als dunkel empfunden werden.

Ein Beispiel: Die unendliche Vielfalt der Farben wird von unterschiedlichen Kulturen auf zum Teil unterschiedliche Weise in Farbbegriffe wie *Rot, Blau* etc. eingeteilt. So gab es beispielsweise in vielen alten Sprachen kein Wort für *Blau.* Was wir heute als Blau verstehen, wurde damals als eine Schattierung von *Grün* wahrgenommen. Daher ist es bei einer Beobachtung, in der Farben eine Rolle spielen, viel *objektiver,* statt des Farbbegriffs, den man aus der eigenen visuellen Wahrnehmung ableitet, einen Spektrographen zu verwenden, der das Licht in die darin vorkommenden Wellenlängen zerlegt und den Anteil jeder Wellenlänge verzeichnet, also wieder eine quantitative Aussage macht. Dies setzt natürlich bereits wissenschaftliche Erkenntnisse voraus, die zur Interpretation des Lichtes als elektromagnetischer Welle und zur Konstruktion von Spektrographen geführt haben. So ist also Objektivität zum einen Voraussetzung für Naturwissenschaft, und zum anderen sind die Erkenntnisse der Naturwissenschaft wiederum Voraussetzung dafür, die Objektivität weiter zu erhöhen.

In völligem Gegensatz zur Objektivität stehen Werturteile wie *gut* oder *schlecht, schön* oder *hässlich,* oder die persönlichen Empfindungen des Forschers. Diese haben in wissenschaftlichen Berichten nichts verloren (obwohl sie im Prozess des wissenschaftlichen Arbeitens und den darin getroffenen Entscheidungen sicher eine große Rolle spielen; gerade in der Physik werden bestimmte Gleichungen als *schön* und andere als *hässlich* empfunden, und dies beeinflusst viele Physiker dahingehend, welcher

Theorie sie mehr Zeit zu widmen willens sind; wir werden darauf zurück-kommen).

Die Psychologie ist eine besonders schwierige Wissenschaft, was das Kriterium der Objektivität betrifft, denn hier geht es gerade um menschliche Empfindungen, und diese lassen sich nicht im gleichen objektiven Sinn messen wie eine physikalische Größe. Der Forschung bleibt hier quasi nichts anderes übrig, als sich auf das Verhalten oder auf die verbalen oder sonstwie artikulierten Einschätzungen (also letztlich auch wieder Verhalten) ihrer menschlichen Versuchsobjekte zu stützen. So werden z. B. Probanden gefragt, wie glücklich sie sich auf einer Skala von 1 bis 10 einschätzen. Der darauf geäußerte Zahlenwert wird als „Messwert" verstanden. Sodann kann untersucht werden, welche Variablen im Leben der Probanden mit diesen Messwerten korreliert sind. Inwieweit es hier nun um das eigentliche Empfinden der Probanden geht, bleibt unklar. Tatsächlich untersucht werden können nur objektive Tatsachen wie der Zusammenhang zwischen Lebensumständen und einem bestimmten *Verhalten*, z. B. eben der Äußerung eines bestimmten Zahlenwertes als Antwort auf eine bestimmte an den Probanden gerichtete Frage. Welche inneren Vorgänge im Probanden die Äußerung dieses bestimmten Zahlenwertes hervorbrachten, ist in diesem Kontext keiner objektiven Analyse zugänglich. (Es ist natürlich denkbar, dass die Hirnforschung hier noch einiges beizutragen hat; statt des Verhaltens der Person wird dort das Verhalten des Gehirns bzw. seiner Bestandteile untersucht. Inwieweit es dort aber um die „eigentlichen" Empfindungen gehen kann, ist eine schwierige Frage, der wir uns später in diesem Buch noch zuwenden wollen.)

4. Einigkeit wird so lange wie möglich hinausgezögert. Dieses Prinzip ähnelt der Unschuldsvermutung im Strafrecht: Solange nichts erwiesen ist, ist nichts erwiesen. Oft genug lässt nämlich die Datenlage mehrere verschiedene Interpretationen zu. In dem Fall sind kontroverse Sichtweisen ausdrücklich erwünscht und hilfreich für den Fortschritt der Naturwissenschaft. Jede Sichtweise soll dann von ihren Befürwortern so gründlich und überzeugend wie möglich untermauert werden, ähnlich wie bei einem Gerichtsverfahren, wobei hier die Rolle des Richters von der gesamten Gemeinschaft der Naturwissenschaftler ausgeübt wird. Dies gilt so lange, bis neue Beobachtungen gemacht werden, die einige der alternativen Sichtweisen ausschließen, bis schließlich nur noch eine einzige übrigbleibt und die Einigkeit dadurch schließlich erzwungen wird. Da Einigkeit am Ende immer das Ziel ist, sind solche Beobachtungen durch gezielte „Entscheidungsexperimente" herbeizuführen.

Der absolute Klassiker unter derartigen Kontroversen ist die Frage, ob Licht aus Wellen oder Teilchen besteht – ein Streit, der über Jahrhunderte hinweg ausgetragen und von beiden Seiten mit allerlei Argumenten untermauert wurde, bis er schließlich im 19. Jahrhundert zugunsten der Wellen entschieden wurde, zumindest vorerst. Die Pointe dieser Geschichte ist, dass sich im 20. Jahrhundert herausstellte, dass Licht aus sogenannten Quanten besteht, die sowohl Wellen- als auch Teilcheneigenschaften haben, und die Frage also letztlich mit einem fairen „Unentschieden" beantworteten.

Diese Pointe zeigt auch, dass die Darstellung oben sehr idealistisch ist. Auf dem Weg zur letztlichen Einigkeit ergeben sich nämlich mehrere Schwierigkeiten:

a) Wir Menschen tendieren oft zum vorschnellen Urteilen. Das ist ganz natürlich, denn in unserem Leben sind wir oft zu schnellen Entscheidungen gezwungen, ohne dass wir die gesamte Lage und alle Konsequenzen unserer Handlungen überschauen können; deshalb sind wir geradezu trainiert und spezialisiert auf schnelles und damit vorschnelles Urteilen. Was im Alltag oft überlebensnotwendig ist, ist in der Wissenschaft hinderlich, aber auch Naturwissenschaftler sind selbstverständlich nicht frei von solchen Tendenzen.

b) Ebenfalls hinderlich ist die Herausbildung eines „Mainstreams", der anderslautende Ansichten ausgrenzt oder herabwürdigt. Dies kann aus verschiedenen psychologischen und soziologischen Gründen geschehen, nicht zuletzt, um den harten Konkurrenzkampf beim Aufbau einer wissenschaftlichen Karriere zu überstehen, wo es sicher von Vorteil sein kann, mit der Mehrheit einer Meinung zu sein. Diese Effekte hat Lee Smolin (2006) in seinem Buch *The Trouble with Physics* ausführlich beschrieben.

c) Oft ist nicht klar, wann genau eine Hypothese als widerlegt gelten kann. Häufig lässt sich eine Hypothese durch zusätzliche Annahmen retten, und manchmal ist dies durchaus sinnvoll. Smolin nennt folgendes Beispiel: Wenn Sie einen roten Schwan sehen, werden Sie nicht die Hypothese aufgeben, dass alle Schwäne weiß sind, sondern Sie werden nach der Person suchen, die den Schwan angemalt hat. Wie wir in Kap. 6 ausführlich diskutieren werden, gehen in die Interpretation eines Experiments immer viele verschiedene Annahmen ein. Daher besteht in sehr vielen Fällen die Möglichkeit zu argumentieren, dass das Experiment nicht die Hypothese widerlegt, die es zu widerlegen vorgibt, sondern dass eine der Annahmen, die in der Interpretation des Experiments gemacht wurden, falsch war.

d) Die Pointe in der Antwort auf die Frage nach der Natur des Lichtes zeigt eine weitere Schwierigkeit: Das Begriffssystem, mit dem wir ein Problem angehen, kann sich als falsch herausstellen. In den Begrifflichkeiten der Klassischen Physik des 19. Jahrhunderts sind Welle und Teilchen zwei Charakteristika, die sich gegenseitig ausschließen, und somit ist in diesem Begriffssystem die Frage, ob Licht aus Wellen oder Teilchen besteht, eine echte Entweder-oder-Frage, die nur eine Antwort zulässt. In der Quantenphysik zeigt sich jedoch, dass beide Charakteristika im selben Objekt vereint sein können, und zwar in einer Weise, die keinem Physiker des 19. Jahrhunderts jemals in den Sinn gekommen wäre.

Die nächsten drei Charakteristika der Naturwissenschaft sollen dazu dienen, diese Schwierigkeit zu meistern.

5. Die Naturwissenschaftler bilden eine **ethische Gemeinschaft.** Diesen Begriff verwendet Smolin (2006), und ich finde ihn sehr treffend. Naturwissenschaftler müssen sich aufeinander verlassen können. Sie müssen darauf vertrauen, dass jeder seine Ergebnisse wahrheitsgemäß nach bestem Wissen und Gewissen vorbringt. Sie folgen einem gemeinsamen Ziel, dem „Wissen" über die „Natur", und dieses Ziel muss Vorrang haben vor rein egoistischen Zielen, die sich auch über gefälschte Ergebnisse und personelles Geklüngel erreichen lassen. Auch müssen sie bereit sein, eigene Fehler und Irrtümer einzugestehen, wenn solche von anderen nachgewiesen wurden, oder wenn man sie selbst gefunden hat. Weiterhin muss sich ein Naturwissenschaftler die Mühe machen, die Arbeit von Kollegen nachzuvollziehen und kritisch zu überprüfen. Dieses ständige gegenseitige Überprüfen wird *Peer Review* genannt. Hierbei gilt es, so unvoreingenommen wie möglich zu sein, also wieder einmal persönliche Interessen und Präferenzen hintanzustellen.

   Das alles ist nicht einfach, und wie so oft wird ein solcher ethischer Idealzustand niemals ganz erreicht. Beispiele für Fälschungen, unzureichende Überprüfungen, Vorurteile, personelles Geklüngel sind hinreichend bekannt. Es ist aber geradezu existentiell für die Naturwissenschaft, sich von dem ethischen Ideal nicht allzu weit zu entfernen. Dieses Ideal lässt sich nicht erzwingen. Doch wer Naturwissenschaft betreibt, weiß, dass es ihr Untergang wäre, dass sie kein „Wissen" mehr erreichen könnte, wenn die Missstände zu groß würden.

6. Naturwissenschaft ist offen für **Überraschungen.** Ihre Erkenntnisse haben immer einen Charakter von Vorläufigkeit, von Annäherung, basierend auf bisherigen Experimenten und Beobachtungen, aber immer in Erwartung künftiger, neuer oder genauerer Experimente und Beobachtungen oder neuer Überlegungen, die das bisher Gefundene anders einordnen. Dabei

kann Unerwartetes zum Vorschein kommen, mit dem niemand gerechnet hat und das womöglich den begrifflichen Rahmen bisheriger Theorien sprengt.

7. Ein wichtiger Wegweiser im Dschungel der Hypothesen ist das Prinzip von **Ockhams Rasiermesser,** das auf den Philosophen Wilhelm von Ockham (ca. 1287–1347) zurückgeht. Dieses Prinzip besagt, dass einfache Erklärungen eines Phänomens komplizierten vorzuziehen sind. Insbesondere sind Erklärungen, die mit weniger Annahmen bzw. weniger Variablen auskommen, zu bevorzugen. Alles unnötig Komplizierte ist wie mit einem Rasiermesser abzuschneiden.

Im Grunde ist es unverantwortlich, an dieser Stelle so selbstverständlich den Begriff „Erklärung" zu verwenden. Wir erinnern uns an den Satz von Wittgenstein[1]: *„Der ganzen modernen Weltanschauung liegt die Täuschung zugrunde, dass die sogenannten Naturgesetze die Erklärungen der Naturerscheinungen seien."* Tatsächlich soll es weiter unten erst um die Frage gehen, inwieweit man in der Naturwissenschaft überhaupt von Erklärungen sprechen kann. Allerdings wird das Ockham'sche Prinzip nun einmal meistens im Sinne von Erklärungen charakterisiert. Um vorerst in sicherem Fahrwasser zu bleiben, wollen wir daher an dieser Stelle unter Erklärung einfach die Konstruktion einer Kette von logischen oder kausalen Zusammenhängen verstehen, an deren Ende das zu erklärende Phänomen steht. In diesem Sinne wäre also „(1) alle Menschen sind sterblich; (2) Sokrates ist ein Mensch" eine „Erklärung" dafür, warum Sokrates sterblich ist. Dies hat nicht ganz die Tiefe, die wir uns von einer „echten" Erklärung wünschen, und genau aus diesem Grunde müssen wir uns später noch mit dem Wesen solcher „echten" Erklärungen auseinandersetzen. Im Zusammenhang mit Ockhams Rasiermesser reicht uns aber die einfache Variante.

Die Anwendung des Prinzips verhindert, dass eine Hypothese, die sich nicht bewährt hat, durch immer zusätzliche Hypothesen aufrechterhalten wird. Zum Beispiel sollten sich nach dem ptolemäischen Weltbild, das im gesamten Mittelalter nicht hinterfragt wurde, alle Himmelskörper ausschließlich auf Kreisbahnen bewegen, und zwar mit konstanter Geschwindigkeit und mit der Erde als festem Weltmittelpunkt. Da dies nicht mit den astronomischen Beobachtungen im Einklang stand – die Planeten vollführten von der Erde aus gesehen sehr viel kompliziertere Bewegungen als einfache Kreisbahnen – mussten zusätzliche Annahmen gemacht werden, um die Hypothese aufrechtzuerhalten. Sogenannte *Epizyklen* wurden eingeführt, Bahnen, die aus mehreren kompliziert ineinander verschachtelten Kreisbewegungen bestanden. Kopernikus und Kepler fanden eine

---

[1]Wittgenstein (1963), S. 110.

viel einfachere Erklärung: Die Erde ist nicht der Mittelpunkt des Universums, sondern selbst ein Planet, der sich wie die anderen Planeten auf einer elliptischen Bahn um die Sonne bewegt. Die Epizyklen wurden so mit Ockhams Rasiermesser aus dem Gebäude der Naturwissenschaft herausgeschnitten.

Das Prinzip hat sich in der Geschichte der Naturwissenschaft immer wieder bewährt. Wenn man sich überlegt, warum es eigentlich gilt, stößt man auf einen recht vielschichtigen Hintergrund. Zum Teil lässt es sich durch Wahrscheinlichkeiten rechtfertigen: Eine kompliziertere Erklärung eines Phänomens erfordert oft eine größere Verkettung von Umständen, die unwahrscheinlicher ist als die Umstände, mit denen die einfachere Erklärung zum Ziel gelangt. Es gibt auch allgemeine heuristische Argumente für das Prinzip, die zeigen sollen, warum Ockhams Rasiermesser im Allgemeinen die effizienteste Methode zur Annäherung an die „Wahrheit" ist. Der Wissenschaftsphilosoph Ernst Mach hingegen argumentiert, dass Naturwissenschaft von vornherein auf eine *Ökonomie des Denkens* ausgerichtet sei, also *„den sparsamsten, einfachsten begrifflichen Ausdruck als ihr Ziel erkennt"* [2], dass also Ockhams Rasiermesser einen Grundcharakter der Naturwissenschaft verkörpert, der keiner weiteren Begründung bedarf.

8. Die vielfältigen Hypothesen, die Zusammenhänge zwischen Klassen von Phänomenen herstellen, bleiben nicht einzeln für sich stehen, sondern werden zu größeren Zusammenhängen aneinandergefügt, ein Prozess, an dessen Ende **Theorien** stehen. Eine Theorie ist ein logisches Gefüge, das aus einigen wenigen Begriffen und Grundannahmen heraus eine große Menge an Hypothesen in einen Gesamtzusammenhang einordnet, indem sie sie durch eine Kette von logischen Schlüssen aus diesen Grundannahmen ableitet. Im Grunde ist das etwas Ähnliches wie Ockhams Rasiermesser: Eine große Zahl von Hypothesen wird dadurch vereinfacht, dass man sie als Folge einer kleinen Zahl von Grundannahmen erkennt.

So ist beispielsweise die Darstellung der Planetenbahnen als Ellipsen mit der Sonne als Bezugspunkt eine – im Sinne von Ockhams Rasiermesser – bessere Hypothese als die Epizyklen mit der Erde als Bezugspunkt. Dies allein würde man aber noch nicht als Theorie bezeichnen. Es war Newton, der mit seiner Gravitationstheorie sowohl die Ellipsenbahnen der Planeten als auch die parabelförmigen Fallbewegungen von Objekten auf der Erde auf eine einzige Gleichung, ein einziges *Naturgesetz* zurückführte.

In der Biologie beschreibt die Evolutionstheorie, wie die Vielfalt der Arten

---

[2]Mach (1882).

sich entwickelt hat. Sie „erklärt" zwar nicht das Auftreten jeder einzelnen Art im Speziellen, denn dabei spielen hochkomplexe Prozesse eine Rolle, die ein Element enthalten, das man grob gesprochen als „Zufall" charakterisieren könnte (wieder ein schwieriger Begriff, auf den wir noch zurückkommen werden). Aber sie liefert eine Reihe von Grundannahmen, die den Mechanismus beschreiben, nach dem die Entwicklung sich vollzieht, und die es in sehr vielen Fällen *plausibel* machen, warum eine Art sich unter bestimmten Umweltbedingungen in einer bestimmten Weise verändert, sich in einer bestimmten Weise an die Umwelt *anpasst.*

Es sind die Theorien, die uns das Gefühl geben, mit Hilfe der Naturwissenschaft etwas zu „verstehen" (schon wieder so ein schwieriges Wort). Wir erkennen logische und kausale Zusammenhänge, ordnen sie in einen größeren Zusammenhang ein, den wir als „Erklärung" auffassen.

9. Naturwissenschaft strebt nach **Einheit.** All die Theorien zusammen sollen ein konsistentes Gesamtgebäude bilden, in dem *jedes* Phänomen seinen Platz hat und das ein vollständiges Abbild der „Welt" darstellt. Die Theorien stehen dabei in bestimmten Beziehungen zueinander, bilden eine Hierarchie (die keinesfalls wertend gemeint ist), die wir in Kap. 5 genauer untersuchen wollen.

10. **Kausalität** geht vor **Finalität.** Wie bereits oben erwähnt, beschreiben viele Hypothesen in der Naturwissenschaft **kausale** Zusammenhänge, also wie ein bestimmtes Phänomen (ein Vorgang, ein Ereignis) ein anderes zur Folge hat. Man sagt, das zweite Phänomen tritt ein, *weil* das erste dagewesen ist. Wie steht es mit dem umgekehrten, **finalen** Fall? Spricht man auch davon, dass etwas geschieht, *damit* etwas anderes geschehen wird? Ist das nicht völlig symmetrisch zum kausalen Fall? In der Verhaltensforschung und verwandten Disziplinen ist davon in der Tat die Rede: Ein Eichhörnchen sammelt Nüsse, *damit* es den Winter übersteht. Aber bei der unbelebten Natur scheint es unangebracht, so zu sprechen. Wir sagen nicht, das Gas im Weltraum balle sich zusammen, *damit* es einen Stern bilden könne, sondern *weil* es von der Schwerkraft dazu gezwungen wird. Selbst das finale (also zielgerichtete) Verhalten der Lebewesen wird letztlich auf kausale Zusammenhänge zurückgeführt: Die Tiere verhalten sich zielgerichtet, *weil* die Prozesse der Evolution (natürliche Auslese) die Herausbildung eines solches Verhaltens begünstigen. Die Kausalität steht in der Naturwissenschaft insgesamt eindeutig über der Finalität. Warum ist das eigentlich so?

Die Antwort ist gar nicht so einfach. Zum einen liegt dies an einer Asymmetrie der Zeit, also an den Unterschieden zwischen Vergangenheit und Zukunft. Diese Asymmetrie ist, wie sich herausstellt, jedoch gar nicht so fundamental, wie es auf den ersten Blick scheint, sondern hängt vielmehr mit ganz bestimmten Bedingungen zusammen, die in unserem Universum herrschen. Dies wird uns im weiteren Verlauf des Buches noch beschäftigen. Zum anderen liegt es auch daran, dass die Naturwissenschaft das Walten eines „höheren Willens", der auf bestimmte Ziele hinarbeitet, aus ihren Hypothesen herauszuhalten versucht, und zwar bisher mit Erfolg. Das ist jedoch ebenfalls nichts, was von vornherein klar wäre. Insgesamt muss man also sagen, dass die Präferenz für die Kausalität ein Charakteristikum der Naturwissenschaft ist, das auf etwas wackligeren Beinen steht als die anderen genannten.

Mit diesen Punkten sind aus meiner Sicht die grundlegenden Wesenszüge der Naturwissenschaft dargestellt. Die Zusammenhänge und Theorien, die das Ergebnis dieses Prozesses sind, stellen ein „Wissen" dar, sofern sie sich in Experiment und Beobachtung erfolgreich bewährt haben und die Gemeinschaft der Naturwissenschaftler Einigkeit darüber erzielt hat. Diese Art von „Wissen" liegt etwa auf halber Strecke zwischen Glauben und dem Wissen der Mathematik. Es ist deutlich stärker als ein Glaube, denn es wurde durch empirische Verfahren geprüft und hat Falsifizierungsversuche sowie den kritischen *Peer-Review*-Prozess der Naturwissenschaft überstanden. Im Gegensatz zum Glauben ist es auch objektiv in dem Sinne, dass sich die Beobachtungen und Experimente, die dieses Wissen stützen, von jedem, der die nötigen Mittel dazu aufzubringen imstande ist, wiederholen lassen. Dies gilt mit gewissen Einschränkungen bei solchen Beobachtungen, die auf das Eintreten bestimmter äußerer Ereignisse angewiesen sind, auf die der Wissenschaftler keinen Einfluss hat, z. B. eine Supernova (Sternexplosion) in der Astronomie; in dem Fall muss der Beobachter noch die Zeit mitbringen, auf ein solches Ereignis zu warten. Es ist jedoch deutlich schwächer als das Wissen der Mathematik, denn es gilt immer nur innerhalb gewisser Grenzen der Genauigkeit, stellt immer nur eine Näherung dar (mehr dazu in Kap. 6), und es besteht immer die prinzipielle Möglichkeit, dass eine zukünftige Überraschung es entkräftet.

Dieses Wissen bringt vielfältigen Nutzen mit sich. Zunächst einmal dient es der *Aufklärung*, entlarvt Aberglauben und falsche Vorstellungen. Zweitens ermöglicht es uns in vielen Fällen, *Vorhersagen* zu machen. In manchen Fällen, wie etwa bei den Planetenbahnen, sind diese Vorhersagen sehr genau. In anderen Fällen, etwa bei der Wettervorhersage oder der langfristigen Klimaentwicklung, sind sie etwas ungenauer. In wieder anderen Fällen, z. B. beim Verlauf einer Krankheit, sind nur statistische Aussagen möglich. Drittens können wir praktische *Anwendungen* daraus ableiten, d. h. allerlei Maschinen, Geräte und Verfahren, Medikamente und Waffen, neue Materialien und neue Formen der Kommunikation entwickeln. Wir können damit Leben retten und Leben zerstören, oder auch Leben umformen. Die Möglichkeiten sind nahezu grenzenlos. Viertens, und das ist der Punkt, der uns in diesem Buch am meisten interessiert, scheinen wir die „Welt" durch dieses Wissen „verstehen" zu können; es scheint uns die Phänomene, die wir beobachten, zu „erklären". Aber stimmt das überhaupt? Und was heißt das eigentlich?

Unsere gemeinsame Welt
Fragen wir uns zunächst, wovon das Wissen eigentlich handelt. Die Welt, so habe ich in Kap. 2 geschrieben, ist zunächst einmal ein Konstrukt meines Geistes. Der auf Einigkeit und Objektivität abzielende Prozess der Naturwissenschaft setzt aber einige zusätzliche Eigenschaften der Welt voraus, damit das Ganze überhaupt funktionieren kann: Die Welt ist nicht nur ein Konstrukt *meines* Geistes, sondern sie ist eine *gemeinsame* Welt, die ich mit anderen teile. Denn nur durch das Medium der *gemeinsamen* Welt können Naturwissenschaftler miteinander kommunizieren. Nur durch die *gemeinsame* Welt können sie die gleichen Phänomene beobachten und zu den gleichen Schlüssen darüber gelangen. Dass wir eine solche gemeinsame Welt *annehmen,* ist also Grundvoraussetzung für den Erfolg der Naturwissenschaft. Damit soll aber keinesfalls gesagt sein, dass diese gemeinsame Welt „die Realität" ist.

Verzeihen Sie, dass ich die Sache mit solch philosophischer Vorsicht angehe. Natürlich erleben wir alle die Welt ganz selbstverständlich als eine gemeinsame Welt, und nur die wenigsten zweifeln an deren Realität. Aber vielleicht haben Sie auch schon einmal, zumindest für einen Moment, so etwas wie einen *solipsistischen Zweifel* erlebt, ein Gefühl, dass alles vielleicht doch nur eine Art Traum ist und weder die Welt noch die anderen Menschen real sind, wie in dem Film *Abre los ojos* oder seinem amerikanischen Remake *Vanilla Sky.* Abgesehen von diesem bei manchen hin und wieder aufkeimenden Zweifel lehrt uns auch die Physik, wie wir sehen werden, dass die Sache mit der „Welt" sehr viel komplizierter ist, als es zunächst vielleicht den Anschein hat. Daher sind wir lieber von Anfang an vorsichtig und versuchen genau zu unterscheiden, (1) was zwingende Voraussetzung der Naturwissenschaft ist, (2) was ihre Ergebnisse sind und (3) was wir unabhängig davon *glauben.*

Die Vorstellung einer *gemeinsamen Welt* funktioniert, weil wir über die Kommunikation erfahren, dass wir uns über Raum und Zeit und die Phänomene, die wir darin beobachten, verständigen können, und dass die Phänomene, die die anderen beobachten, im Wesentlichen die gleichen sind, die auch ich beobachte. Dies ist eine notwendige Voraussetzung für die Naturwissenschaft. Wir sehen jedoch auch, dass es viele Bereiche in dieser Welt gibt, die noch schwammig und unklar sind; es gibt „weiße Flecken", über die wir noch nichts wissen, wir ahnen Zusammenhänge, ohne sie bis jetzt ganz festmachen zu können. Manchmal gibt es auch subjektive Unterschiede, also Fälle, in denen wir die Dinge in verschiedener Weise erleben oder uns verschieden darüber ausdrücken. Deshalb betreiben wir Naturwissenschaft, um die weißen Flecken zu füllen, um Klarheit zu erlangen, um Zusammenhänge zu erkennen, um uns einig zu werden, sprich: um die Welt als eine *gemeinsame* Welt vollständig zu erfassen und zu durchdringen. Diese gemeinsame Welt ist es, die in der Naturwissenschaft *Natur* heißt (im Gegensatz zum umgangssprachlichen Naturbegriff, wo Natur zumeist im Kontrast zum Menschengemachten gemeint ist; man denkt dort an Wälder und Wiesen, Seen und Felsen, Tiere in freier Wildbahn und so weiter), und von ihr handelt das *Wissen,* das die Naturwissenschaft findet.

Diese Welt bleibt aber – man kann es gar nicht genug betonen – eine menschliche Vorstellung, ein gedankliches Konstrukt, das mit menschlichen Begriffen ausgemalt wird. Die Welt ist nicht dasselbe wie die Realität. Das wurde ganz besonders von Kant in der *Kritik der reinen Vernunft* klargestellt (wir erinnern uns an Kap. 2): Raum und Materie *erscheinen* nur als etwas außerhalb von uns, sind aber tatsächlich Vorstellungen *in* uns.

Nun gibt es in der Welt zum einen Bereiche, die uns direkt *sinnlich* zugänglich sind, die wir sehen, hören und anfassen können. Diese Bereiche sind es, die unsere Vorstellung von *Dingen* herausbilden, Dinge, die eine Farbe, Größe, Form, Festigkeit und Schwere haben, die eine bestimmte Position im Raum einnehmen, die eine bestimmte Geschichte haben, lauter Eigenschaften, unter denen wir uns sinnlich etwas vorstellen können. Dazu gehört auch die Vorstellung, dass Dinge aus etwas *bestehen,* das wir *Materie* nennen; und die Vorstellung, die wir uns von Materie machen, ist von den gleichen sinnlichen Eigenschaften geprägt wie unsere Vorstellung von Dingen. Auf diese Weise wird unsere Vorstellung von einer Welt konkretisiert zu einer Vorstellung von einem Raum mit Dingen darin, wobei die Dinge Konstellationen von Materie sind. Dann gibt es aber auch *abstrakte* Bereiche, die uns erst die Naturwissenschaften erschließen, insbesondere die Physik – Bereiche, die mit abstrakten, größtenteils mathematischen Begriffen dargestellt werden, zu denen wir keinen sinnlichen Zugang haben, die aber Hypothesen und Theorien *konstituieren,* die ihrerseits Zusammenhänge zwischen sinnlich zugänglichen Phänomenen effizient beschreiben.

Wir fassen es nun in der Regel so auf, dass die abstrakten Theorien die sinnlich wahrgenommenen Phänomene *erklären,* also dass wir letztere auf diese Weise *verstehen* können. Was heißt das nun? Nehmen wir an, wir werfen einen Stein schräg in die Luft und beobachten, wie er auf einer parabelförmigen Bahn wieder auf die Erde zurückfällt. Wir sagen, das Newton'sche Gravitationsgesetz *erklärt, warum* der Stein zu Boden fällt und seine Bahn die genannte Form hat. Damit sagen wir, dass wir das Gravitationsgesetz, eine abstrakte Gleichung, als ein Grundgesetz der Welt anerkennen und dass wir verstehen, *wie* die Flugbahn logisch daraus folgt. Wir verstehen dabei aber nicht, *warum* das Gravitationsgesetz eigentlich gilt, sondern sehen nur die logische Verbindung zwischen dem Gesetz und der Flugbahn. Wir sehen, wie das spezielle Phänomen – die Bahn des Steines – aus dem allgemeinen Gesetz folgt. Das allgemeine Gesetz wiederum wurde aus der Beobachtung vieler spezieller Flugbahnen erschlossen.

Man kann die Sache aber auch so sehen: Das Gravitationsgesetz ist die effizienteste *Beschreibung,* die kompakteste *Zusammenfassung* der Flugbahnen frei fallender Körper: Wenn man all die Ellipsen-, Parabel- und Hyperbelbahnen der fallenden Körper und zugleich auch deren Geschwindigkeiten zu jedem Zeitpunkt in einem einzigen Satz zusammenfassen will, so bleibt einem gar nichts anderes übrig, als das Gravitationsgesetz auszusprechen. Es komprimiert die gesamte Information dieser Bahnen auf ein Minimum, auf eine einzige Gleichung. Und so sieht auch der bereits erwähnte Ernst Mach die Aufgabe der Wissenschaft: Es geht darum, die kompakteste Ausdrucksform, die kürzestmögliche Beschreibung zu finden, die alle beobachteten Phänomene umfasst. (Wissen soll also in einem gewissen Sinne *verringert* werden, nicht vermehrt.) In dieser Sichtweise geht es somit nicht ums Erklären, sondern ums Beschreiben. Der Unterschied besteht darin, welchen Realitätsstatus man den abstrakten Begriffen zuschreibt, die in den Gesetzen vorkommen. In Machs Sichtweise ist das Konzept der Schwerkraft ein reines Hilfsmittel, ein Begriff, der uns eben hilft, die Flugbahnen der Körper in kompakter Form zusammenzufassen, aber nicht etwas, dem man außerhalb dieser Funktion eine unabhängige Wirklichkeit zuschreiben würde. *Wenn* wir jedoch der Schwerkraft (bzw. dem Gesetz, dem sie genügt) eine solche Wirklichkeit zuschreiben, erst dann bekommt das Gravitationsgesetz einen *erklärenden* Charakter und erklärt z. B., „warum" das „wirklich existierende" Schwerefeld der Sonne, das diesem „wahren" Gesetz genügt, zu ellipsenförmigen Planetenbahnen führt.

Welche Sichtweise ist nun die richtige? Ich denke, dass die zweite Sichtweise intuitiv *naheliegend* ist. Wenn sich die Bahnen so vieler verschiedener Körper auf so kompakte Weise zusammenfassen lassen, dann ist es nur *natürlich,* den Konzepten, die dies bewerkstelligen, eine tiefere Bedeutung, eine *Wirklichkeit* beizumessen, die dann als *Erklärung* herangezogen wird. (Es ist fast, aber nicht ganz so natürlich, wie dem Raum, der Materie und den Dingen eine Wirklichkeit zuzuschreiben, die doch zunächst auch nur Vorstellungen sind, allerdings solche, die uns viel direkter zugänglich sind.) Dies ist jedoch ein *Gefühl,* nicht etwas, das sich beweisen ließe. Das Gefühl wird allerdings dadurch auf die Probe gestellt, dass sich bei den Konzepten, denen man Wirklichkeit zuschreiben möchte, oft im Nachhinein herausstellt, dass sie nur einen begrenzten Gültigkeitsbereich haben. So zeigt sich beim Gravitationsgesetz, dass es in bestimmten Situationen ungenau wird, ja dass sogar das Konzept der Schwerkraft selbst dort nicht mehr anwendbar ist, sondern durch ein anderes Konzept, das der Raumzeitkrümmung, ersetzt werden muss. Wir werden darauf zurückkommen.

Ende des 19. Jahrhunderts insistierte Mach insbesondere im Fall der Atome auf seine Sichtweise. Damals hatte sich gezeigt, dass sich sowohl die Thermodynamik (Wärmelehre) als auch die Chemie am besten damit *erklären* lassen, dass alle Materie aus Atomen bzw. Molekülen besteht. Mach bestand darauf, den Atomen keine wirkliche Existenz zuzuschreiben, sondern sie nur als abstrakten Begriff, als ein geistiges Hilfsmittel heranzuziehen, mit dem sich eben die kompakteste, effizienteste *Beschreibung* der beobachteten Phänomene erzielen ließe. Als Anfang des 20. Jahrhunderts Atome dann aber auf sehr viel direktere Weise beobachtet und vermessen werden konnten, wurde ihr Wirklichkeitsstatus dadurch so weit erhöht, dass Machs Sichtweise damit diskreditiert war. Wenn man sich allerdings die innere Struktur der Atome ansieht, so landet man bei der Quantenmechanik, und die ist so merkwürdig, dass sich Machs Sichtweise wieder sehr stark aufdrängt. Auch darauf werden wir ausführlich zurückkommen.

Ob wir Naturgesetze nun im Sinne einer *Erklärung* oder einer *Beschreibung* verstehen, hat für den eigentlichen Betrieb der Naturwissenschaft keinerlei Konsequenz, und erst recht nicht für die technischen Anwendungen, die wir aus ihren Ergebnissen konstruieren. Der Unterschied spielt höchstens eine Rolle bei unserer persönlichen Motivation, warum wir Naturwissenschaft betreiben, und wie wir ihre Ergebnisse interpretieren.

Ein anderes schwieriges Thema ergibt sich, wenn wir die Naturwissenschaft auf uns selbst anwenden, insbesondere auf unseren sogenannten *Erkenntnisapparat,* also den Teil von uns, der für das Gewinnen von Erkenntnissen zuständig ist, nämlich die Sinne und den Verstand. Was können wir in naturwissenschaftlicher Weise über unser Erkennen erkennen? Ein naturwissenschaftliches Vorgehen setzt voraus, dass wir den Erkenntnisapparat als etwas innerhalb der Welt betrachten, d. h. als ein objektives Phänomen, das in Form von materiellen Dingen im Raum gegeben ist. In diesem Fall sind diese Dinge die Sinnesorgane und das Gehirn. Wir untersuchen also das Verhalten der Sinnesorgane und des Gehirns und erhalten so naturwissenschaftliche Erkenntnisse über den Prozess des Erkennens.

Das Vorurteil, dass die Welt dasselbe sei wie die Realität, verleitet viele zu der Annahme, dass dieses Wissen den Erkenntnisapparat vollständig umfassen könne. Im Sinne von Schrödingers Dilemma (Kap. 2) kann man es aber auch so sehen, dass der Erkenntnisapparat rein logisch gesehen *vor* der Welt kommt. Er ist es ja gerade, der diese Welt als Vorstellung konstruiert hat, und die Welt ist zunächst nichts anderes als diese Vorstellung, diese Konstruktion. Der Erfolg der Naturwissenschaft zeigt, wie viel sich an dieser Welt tatsächlich objektivieren lässt. Durch diese Objektivierung scheint die Welt über den Status als Vorstellung hinaus gehoben zu werden, sie erscheint als unabhängig von uns bestehende Realität, und diese unabhängige Realität wird auch von einer großen Mehrheit, insbesondere unter Naturwissenschaftlern, angenommen. Aber wenn man genau hinsieht (und das wollen wir im Verlauf dieses Buches tun), führt diese Annahme zu einigen Ungereimtheiten und muss noch einmal genau überdacht werden.

Der Weg der Naturwissenschaft hat sich als ungeheuer erfolgreich und mächtig erwiesen. Er *funktioniert* in großartiger Weise. Wir haben also ganz klar etwas *richtig* gemacht, als wir diesen Weg gewählt haben. Das Bild, das die Naturwissenschaft uns zeichnet, ist prachtvoll, vielschichtig und schön (auch wenn uns manche rückwärts gewandte Nostalgiker etwas anderes weismachen wollen). Als Philosophen müssen wir aber etwas vorsichtig sein, wie wir diesen Erfolg interpretieren und welchen Wirklichkeitsstatus wir diesem Bild zusprechen. Naturwissenschaft findet auf der Ebene der Objektivität statt, nicht auf der der Realität, und hat daher Grenzen.

5

Reduktionismus

Bemerkenswert an der Naturwissenschaft ist, dass jeder Beitrag als Baustein in das Gesamtwerk eingeordnet wird. All die Millionen Fachartikel, Experimente, Beobachtungsdaten, Lehrbücher etc. bilden zusammen das, was ich das **Bild der Naturwissenschaften** nennen will, eine Kathedrale des Wissens von gewaltigem Ausmaß. So gewaltig, dass sich mittlerweile fast alle Phänomene und Objekte, denen wir in der Welt begegnen, mit ihrer Hilfe einordnen und in einem gewissen Sinn (siehe oben) erklären lassen.

Die Naturwissenschaft unterteilt sich in mehrere, zum Teil überlappende Gebiete (z. B. Biologie, Chemie, Physik), diese wiederum in Teilgebiete (z. B. Zoologie, Botanik, Molekularbiologie). Innerhalb der Physik können wir eine Unterteilung nach Teilgebieten oder nach Theorien vornehmen (dies ist eine Besonderheit der Physik). Teilgebiete richten sich nach der Klasse der Phänomene bzw. Objekte, die zu untersuchen sind: Die Astrophysik beschäftigt sich mit den Himmelskörpern, die Festkörperphysik mit festen Stoffen aller Art, die Hydrodynamik mit Flüssigkeiten und Gasen, die Atomphysik mit Atomen, die Teilchenphysik mit den Elementarteilchen (denn Atome sind entgegen ihres Namens, der auf Griechisch „unteilbar" bedeutet, eben doch in noch kleinere Teilchen teilbar). Die Kernphysik handelt von Atomkernen (kleiner als ein Atom, aber immer noch aus mehreren Teilchen zusammengesetzt), die Thermodynamik von Wärmephänomenen, die Gravitationsphysik von der Schwerkraft, der Elektromagnetismus von elektrischen und magnetischen Phänomenen inklusive Licht u.s.w. Diese Teilgebiete sind nicht immer streng gegeneinander abgegrenzt. Insbesondere in die Astrophysik spielen fast alle anderen Gebiete mit hinein: Man braucht z. B. Hydrodynamik,

© Springer-Verlag GmbH Deutschland, ein Teil von Springer Nature 2020
J.-M. Schwindt, *Universum ohne Dinge,*
https://doi.org/10.1007/978-3-662-60705-3_5

Kernphysik und Thermodynamik, um das Innere von Sternen zu verstehen, Gravitationsphysik für die Bewegungen der Himmelskörper relativ zueinander u.s.w.

Zum anderen gibt es die Theorien, mathematische Formalismen, mit denen sich große Klassen von Phänomenen quantitativ beschreiben und vorhersagen lassen. Die Quantenfeldtheorie (QFT) ist zum Beispiel der mathematische Formalismus, mit dem die Teilchenphysik behandelt wird. Die Maxwell'sche Theorie beschreibt den Elektromagnetismus. Für die Gravitation gibt es zwei Theorien: die Newton'sche und die Einstein'sche Gravitationstheorie. Letztere ist unter dem Namen Allgemeine Relativitätstheorie (ART) bekannt. Sie ist genauer als die Newton'sche, gilt in einer größeren Anzahl von Fällen und beschreibt eine größere Anzahl von Phänomenen (z. B. auch Gravitationswellen). Die Newton'sche Theorie hingegen ist deutlich einfacher und für die meisten Gravitationsphänomene, mit denen wir im Alltag zu tun haben, völlig ausreichend.

Was physikalische Theorien eigentlich sind und leisten – sowohl im Allgemeinen als auch die eben genannten Theorien im Speziellen – wird im weiteren Verlauf des Buches besprochen. In diesem Kapitel, in dem es um Reduktionismus geht, werde ich in Beispielen auf einige Eigenschaften dieser Theorien vorgreifen. Dies wird bei manchem Leser wohl einige Fragen offenlassen. Bitte lesen Sie einfach den Rest des Buches, um diese zu klären. Es schien mir angebracht, das Reduktionismus-Kapitel vor die Erläuterung der Theorien zu stellen, weil es darin um die Struktur der Naturwissenschaften insgesamt geht und um die Sonderrolle, die die Physik darin spielt. Diese Besonderheit soll der Leser bereits im Hinterkopf haben, wenn wir uns später mit den Theorien im Detail befassen.

Die Zahl der physikalischen Theorien ist recht klein und überschaubar. Wenn Sie ein bestimmtes physikalisches Phänomen theoretisch untersuchen wollen, müssen Sie in der Regel nur einige wenige Ja/Nein-Fragen beantworten, um herauszufinden, welche Theorie anzuwenden ist. Zum Beispiel: Wird die Situation besser durch einzelne Objekte oder durch ein Kontinuum beschrieben? Falls Ersteres zutrifft: Ist die Zahl der Objekte sehr groß? Kommen Geschwindigkeiten in der Nähe der Lichtgeschwindigkeit vor? Ist zu erwarten, dass Quantenverhalten eine Rolle spielt?

Innerhalb ihres jeweiligen Zuständigkeitsbereichs sind einige Theorien durch so viele Experimente und mit so hoher Präzision abgesichert, dass sie als Instanzen höchster Autorität angesehen werden. Es handelt sich also nicht um Theorien, die noch den Charakter reiner Hypothesen oder Spekulationen haben, sondern sie haben der ständigen kritischen Überprüfung so sehr standgehalten, dass der Physiker sie hinzuzieht wie der Richter sein Gesetzbuch.

Diese Theorien nenne ich die **gesicherten** Theorien. Deren jeweilige Zuständigkeitsbereiche sind bekannt, soweit sie innerhalb der Grenzen liegen, die uns durch Experimente oder astronomische Beobachtungen zugänglich sind. Jenseits davon – zum Beispiel bei sehr hohen Energien, die wir mit unseren Teilchenbeschleunigern bisher nicht erzeugen konnten – endet die Sicherheit, und Theorien, die sich auf diese Bereiche beziehen, haben den Charakter von Hypothesen. Dies ist alles recht grob gesprochen und so weit abgekürzt, wie es für den Kontext dieses Kapitels nötig ist. Später werden wir all das weiter präzisieren.

Dank der kleinen Zahl der Theorien kann man die Physik statt nach phänomenologischen Teilgebieten auch nach Theorien unterteilen. Im Physikstudium absolviert man Kurse in Theoretischer und in Experimentalphysik. Naturgemäß sind die Vorlesungen der Experimentalphysik eher nach phänomenologischen Teilgebieten unterteilt, die Vorlesungen der Theoretischen Physik eher nach Theorien.

Vergleichen wir dies mit der Situation in der Biologie. Dort gibt es keine vergleichbaren Theorien. Man denke sich z. B. eine Theoretische Zoologie, in der sich aus wenigen Annahmen mit einem präzisen Formalismus das Verhalten und der Aufbau sämtlicher Tierarten vorhersagen ließen. Die Vielfalt in der Biologie ist einfach viel zu groß. In der Physik haben wir es mit nur vier Grundkräften zu tun, die das physikalische Verhalten aller Dinge bestimmen, und mit einigen wenigen Teilchensorten, deren Eigenschaften sich in ein paar mathematischen Parametern zusammenfassen lassen. In der Biologie dagegen stehen uns Millionen von Tier- und Pflanzenarten gegenüber, Milliarden von verschiedenen Biomolekülen. Die Aufgabe besteht hier vielmehr im Katalogisieren und Klassifizieren, im Beschreiben von Verhalten und im Auffinden von einzelnen Kausalketten. Manchmal gelingt es, allgemeinere Muster und Zusammenhänge zu erkennen. Dies führt schon zur Aufstellung allgemeingültiger Theorien, wie z. B. der Evolutionstheorie oder der Genetik. In der Praxis wirken diese aber eher im Hintergrund als generelle Prinzipien und Erklärungsmuster, ohne die Möglichkeit zu bieten, die Entwicklung von Lebewesen über einen längeren Zeitraum vorherzusagen. Die allgemeine Theorie der Genetik erlaubt es z. B. nicht vorherzusagen, welche Gene eines bestimmten Organismus für welche äußeren Eigenschaften verantwortlich sind. Dazu ist ein mühsames Katalogisieren von Einzelbeobachtungen nötig. Was in der Biologie an Exaktheit den physikalischen Theorien noch am nächsten kommt, ist die Beschreibung einzelner Mechanismen, wo deren Funktionsweise chemisch und physikalisch verstanden sind, z. B. die elektrochemische Übertragung von Impulsen zwischen den Neuronen (Nervenzellen) im Gehirn, die chemischen Prozesse bei bestimmten Stoffwechselvorgängen und die Reproduktion der

DNA. Da jede einzelne dieser Theorien aber nur für einen sehr kleinen Bereich der gesamten Biologie zuständig ist, ist ihre Anzahl sehr groß und hat auch nicht die gleiche „Flächendeckung" wie die Theorien in der Physik.

Dieser Unterschied bestimmt auch das Studium der beiden Fächer. Im Biologie- wie auch im Medizinstudium muss man unglaublich viel auswendig lernen, den Aufbau von Organen, den Verlauf einzelner Adern und Nervenbahnen, zahllose chemische Substanzen, deren Wirkungen und Reaktionen, Kausalketten. In der Physik hingegen genügt die Kenntnis einiger weniger Gleichungen und Prinzipien. Die Schwierigkeit im Physikstudium besteht darin, sich das mathematische „Handwerkszeug" anzueignen, das nötig ist, um diese Gleichungen zu verstehen und die richtigen Schlussfolgerungen daraus zu ziehen. In einer typischen mündlichen Prüfung werden Sie gebeten, erst einmal die Grundgleichungen hinzuschreiben und dann bestimmte Zusammenhänge daraus abzuleiten und zu erklären. In einer typischen schriftlichen Prüfung erhalten Sie die Aufgabe, aus einer vorgegebenen physikalischen Situation mit vorgegebenen Zahlenwerten für einige physikalischen Größen die Zahlenwerte für andere physikalische Größen zu bestimmen. Auch hier werden Sie zunächst die Grundgleichungen aufschreiben, für den Zweck der Aufgabe entsprechend umformen und anschließend die Zahlenwerte einsetzen. Die Kunst liegt hier nicht im Faktenwissen, sondern im Schlussfolgern.

Wie steht es mit der Chemie? Die Chemie ist die Lehre von den chemischen Substanzen, ihren Eigenschaften und Verfahren zu ihrer Herstellung durch chemische Reaktionen. Eine chemische Substanz ist hierbei durch ihre kleinsten Einheiten charakterisiert: Atome, Moleküle, Ionen. Wasser ist zum Beispiel die Substanz, die aus Wassermolekülen besteht; das sind Moleküle, die aus zwei Wasserstoff- und einem Sauerstoffatom zusammengesetzt sind, in chemischer Kurzschreibweise H_2O. Substanzen, deren kleinste Einheiten Atome sind, heißen Elemente. Mitte des 19. Jahrhunderts wurde festgestellt, dass sich die Elemente nach einem bestimmten Schema durchnummerieren und in Gruppen einteilen lassen, schematisch dargestellt im berühmten Periodensystem der Elemente. Damals wusste man noch nichts über den Aufbau der Atome, die Einteilung erfolgte also allein aus dem jeweiligen Verhalten bei chemischen Reaktionen. Anfang des 20. Jahrhunderts wurde allerdings klar, dass die Theorie in der Chemie reine Physik ist.

Die gesamte Chemie lässt sich theoretisch auf Quantenmechanik (QM) und Thermodynamik zurückführen. Die QM, angewandt auf positiv geladene Atomkerne und negativ geladene Elektronen, bestimmt (und in gewissem Sinn „erklärt") den Aufbau der Atome. Die Nummer eines Elements im Periodensystem entspricht der Anzahl der Elektronen des Atoms. Die Einteilung der Elemente in Perioden und Gruppen folgt aus der Weise, wie sich die

Elektronen im Atom nach den Gesetzen der Quantenmechanik räumlich gruppieren. Mehrere (gleiche oder verschiedene) Atome können sich eine bestimmte Anzahl ihrer Elektronen teilen, wodurch diese Atome aneinander„gebunden" werden. Das sind die Moleküle chemischer Verbindungen. Oder ein Elektron geht ganz von einem Atom zu einem anderen über. Dadurch erhalten die Atome eine elektrische Ladung und werden zu Ionen. All das folgt aus den Gesetzen der QM. Die QM bestimmt auch die Energiewerte jedes Zustands und somit, wie viel Energie bei einer chemischen Reaktion frei wird oder zugeführt werden muss. Des Weiteren beschreibt sie, wie die Atome in einem Molekül geometrisch angeordnet sind und wie die elektrischen Ladungen darin genau verteilt sind. Damit bestimmt sie letztlich auch alle Eigenschaften der chemischen Substanz. Beim Wasser zum Beispiel sagt sie uns, dass die Elektronen, also die negative Ladung, etwas näher beim Sauerstoffatom angesiedelt ist als bei den Wasserstoffatomen. Dadurch entstehen elektrische Kräfte zwischen den Molekülen, sogenannte Wasserstoffbrücken. Aus diesen Kräften und der Eigenschaft (die ebenfalls aus der QM folgt), dass die drei Atome des Wassermoleküls in einem Winkel von 104° angeordnet sind, ergeben sich letztlich alle Eigenschaften des Wassers: Schmelz- und Siedeverhalten, Form der Eiskristalle, Wärmeleitfähigkeit, Oberflächenspannung etc.

Die Thermodynamik hingegen erklärt beim Ablauf chemischer Reaktionen diejenigen Aspekte, die nicht bereits durch die QM bestimmt sind. Die Energiedifferenz zwischen zwei Bindungszuständen (ungebundene Atome vs. im Molekül gebundene Atome) folgt wie gesagt aus der QM. Bei chemischen Reaktionen ist aber zur Energiebilanz auch die Bewegungsenergie der Atome bzw. Moleküle zu berücksichtigen. Diese hängt wiederum mit der Temperatur zusammen. Außerdem spielt der Druck eine Rolle, unter dem eine Reaktion stattfindet. Technisch kann man solche äußeren Bedingungen (Druck, Temperatur) zu einem gewissen Grad steuern. Die Auswirkungen dieser Bedingungen auf das Reaktionsverhalten werden durch die Thermodynamik beschrieben.

Man kann also sagen, dass die Chemie in der Theorie auf Physik zurückgeführt wurde. Mitte des 19. Jahrhunderts konnten Chemiker noch zu Recht behaupten, mit ihrer Forschung der Natur ihre innersten Geheimnisse zu entlocken. Die Aufstellung des Periodensystems war eine gewaltige wissenschaftliche Leistung. Nachdem aber 60 Jahre später der Zusammenhang mit der QM klar wurde, verlor die Chemie ihren Status als eigentliche Grundlagenwissenschaft. Die Chemie von heute ist eine zweckgebundene Wissenschaft. (Das war sie in hohem Maße auch schon vor 150 Jahren, aber damals war sie eben auch noch Grundlagenwissenschaft.) Ihre Hauptaufgabe ist die Entwicklung effizienter Verfahren, um für den Menschen oder die Umwelt nützliche Substanzen herzustellen oder zu isolieren und schädliche auszusortieren. Außerdem hilft sie der Biologie beim Verständnis ihrer Grundlagen. Wenn Sie sich ansehen, wofür die Nobelpreise für Chemie in den letzten Jahrzehnten vergeben wurden, werden Sie feststellen, dass sie sich fast ausschließlich auf diese zwei Bereiche verteilen: Entwicklung technischer Verfahren und Erkenntnisse im Bereich der Biochemie.

Das Zurückführen der Chemie auf die Physik heißt nicht, dass damit alles klar ist. Die Grundgleichungen der Physik haben allesamt eine Tücke: Sie sind relativ leicht hinzuschreiben und zu verstehen (wenn man sich die mathematischen Grundlagen einmal angeeignet hat), aber schwierig zu lösen, wenn mehr als zwei Objekte daran beteiligt sind. Das gilt schon für die Schwerkraft: Das Newton'sche Gravitationsgesetz ist extrem einfach, eine simple Gleichung, die die Kraft in Abhängigkeit von Massen und Abständen festlegt. Die Gleichung zu „lösen", heißt, für eine gegebene Situation die Flugbahnen der Objekte zu berechnen, die sich nach dieser Gleichung verhalten. Das Lösen der Gleichung ist recht einfach, wenn nur zwei Objekte beteiligt sind: ein Stein, der zur Erde fällt; ein Planet, der sich um die Sonne bewegt. Die Lösungen solcher Spezialfälle lassen sich selbst wieder in einfache Gleichungen fassen. Weil diese Lösungen (hier: die Flugbahn von Steinen und Planeten) sich in der Natur direkt beobachten lassen, werden sie oft vor dem eigentlichen Gesetz (hier: das Newton'sche Gravitationsgesetz) entdeckt, dessen Lösung sie sind. Galilei hat die Flugbahn eines fallendes Steines Anfang des 17. Jahrhunderts festgehalten, heute unter dem Namen „Galilei'sches Fallgesetz" bekannt. Etwa zur gleichen Zeit hat Kepler seine drei Gesetze aufgestellt, die die Planetenbahnen beschreiben. Ende des 17. Jahrhunderts fand Newton dann das Gravitationsgesetz, das gewissermaßen die „Ursache" dieser Regeln darstellt.

Sobald aber mehr als zwei Objekte beteiligt sind (mit dem sog. Dreikörperproblem fängt es an), wird das Ganze auf einen Schlag sehr unübersichtlich. Die Grundgleichung bleibt so einfach, wie sie war, aber die Lösungen haben keine einfache Form mehr und lassen sich nur noch näherungsweise bestimmen. Das Problem ist nicht so groß, wenn die Auswirkung eines Objekts die anderen sehr stark überwiegt. Im Prinzip ist das Sonnensystem ja ein Neunkörperproblem. Acht Planeten bewegen sich um eine Sonne. Aber die Sonne übt eine so viel stärkere Kraft auf die Planeten aus als die Planeten untereinander, dass letztere nur zu kleinen Abweichungen von den Kepler'schen Bahnen führen (die sich allerdings langfristig bemerkbar machen). Wenn die Kräfte aber etwa von der gleichen Größenordnung sind, landen Sie schnell in Teufels Küche.

Eine solche Situation haben wir in der Chemie: Die elektrischen Kräfte zwischen den Elektronen sind von der gleichen Größenordnung wie die Kräfte zwischen Elektronen und Atomkernen und die zwischen den Atomkernen untereinander. Es ist völlig hoffnungslos, die relativ einfache Grundgleichung (hier: die stationäre Schrödinger-Gleichung, eine Grundgleichung der QM) exakt lösen zu wollen. In diesem Fall heißt „Lösen", aus der Gleichung die geometrische Anordnung der Moleküle und darin die räumliche Verteilung der Elektronenhüllen zu bestimmen. Diese Aufgabe lässt sich nur mit trickreichen Näherungsverfahren angehen und erfordert intensiven Einsatz von Computern. Die Entwicklung solcher Verfahren ist die Aufgabe der Theoretischen Chemie (auch als Quantenchemie bezeichnet). Ich möchte betonen, dass es sich auch hier um ein angewandtes Problem, nicht um ein Grundlagenproblem handelt. Die theoretischen Grundlagen sind gut verstanden. Das Problem ist, rechnerische Methoden zu entwerfen, mit denen sich in der Praxis in effizienter Weise die benötigten Schlussfolgerungen (die „Lösungen") aus den bekannten Grundlagen schließen lassen. Für relativ kleine Moleküle ist dies gelungen, für große, insbesondere die komplexen Moleküle der Biochemie, sind die Fortschritte eher gering. Daher zieht die Chemie in diesen Bereichen ihre Schlüsse nach wie vor aus Experiment und Beobachtung, nicht aus der Theorie.

Ich möchte weiterhin betonen (und das ist für die weitere Diskussion des Reduktionismus wichtig), dass diese Einschränkung keineswegs einen Grund darstellt, an der Gültigkeit der QM für große Moleküle zu zweifeln. Sie zweifeln ja auch nicht an der Gültigkeit der Schwerkraft, bloß weil Sie aus praktisch-rechnerischen Gründen nicht in der Lage sind, ein allgemeines Neunkörperproblem zu lösen. Die QM gehört, genau wie die Newton'sche Schwerkraft, zu den gesicherten Theorien, die sich in Millionen Beispielen und kritischen Tests bewährt hat. Wir müssen uns damit abfinden, dass Rechnungen oft schwierig sind, und sollten uns darüber freuen, dass zumindest die theoretischen Grundlagen, auf denen diese Rechnungen beruhen, verstanden sind.

Die Reduktion (Zurückführung) der Chemie auf die Physik ist ein Beispiel für eine **Reduktion im Prinzip.** Das heißt, wir haben im Prinzip verstanden und an vielen Beispielen bestätigt, wie es funktioniert, können aber aus praktisch-rechnerischen Gründen die Herleitungen (hier: die Herleitung der Molekülstrukturen aus der QM) für die komplizierteren Fälle nicht durchführen.

Ganz allgemein gilt für die Naturwissenschaften, dass einige Gebiete, Teilgebiete und Theorien „fundamentaler" sind als andere. Es besteht eine Hierarchie. Wo in einer Hierarchie oben und unten ist, ist eine Sache der Konvention. Bei Hierarchien von Menschen ist der Chef „oben" und das Fußvolk „unten". Bei Hierarchien von naturwissenschaftlichen Gebieten, Teilgebieten und Theorien stellen wir uns die Hierarchie umgekehrt vor: Die allgemeinere, mächtigere Theorie ist „unten". Das kommt vielleicht daher, dass der

Naturwissenschaftler wie ein Tiefseetaucher immer tiefer in die objektive Wirklichkeit hineintaucht, sich immer weiter von der Oberfläche der Erscheinungen entfernt, dem Grund der Wirklichkeit immer näherzukommen scheint, je weiter er ins Allgemeine und Abstrakte hinabsinkt, wo unser Alltagsverstand kaum noch Licht sieht.

Die tiefste (also allgemeinste, mächtigste) bekannte Theorie in dieser Hierarchie der Naturwissenschaften ist die QFT. Ob diese sich ihrerseits wieder auf eine noch fundamentalere Theorie zurückführen lässt, ist nicht bekannt. Bisher gibt es jedenfalls noch keine Beobachtungen, die uns zwingen, eine solche Theorie einzuführen. (Manche würden wahrscheinlich die ART auf der selben Ebene ansiedeln wie die QFT und anmerken, dass beide auf einer noch tieferen Ebene zusammengeführt werden müssen. Dies ist jedoch umstritten. Meine Sichtweise ist, dass einiges darauf hindeutet, dass auch die ART auf eine Variante der QFT zurückgeführt werden kann, also eine Ebene oberhalb davon liegt.)

Die Hierarchie der Naturwissenschaften ist nun derart, dass sich von jedem Ausgangspunkt in einem noch zu klärenden Sinn Wege der Reduktion nach unten finden lassen, bis man auf der Ebene der QFT angelangt ist (nur bei der ART ist das, wie gesagt, umstritten). Umgekehrt kann man in einem noch zu klärenden Sinne auch sagen, dass aus der QFT alle höheren Ebenen logisch folgen, und zwar **im Prinzip,** so wie die Chemie im Prinzip aus QM und Thermodynamik folgt.

Die Hypothese, dass das so ist, heißt **Reduktionismus.** Man kann Reduktionismus aber auf verschiedene Weisen verstehen, und deshalb habe ich zweimal den Zusatz „in einem noch zu klärenden Sinn" hinzugefügt.

Es gibt eine recht populäre Sichtweise, die sich mit dem Slogan *„Das Ganze ist mehr als die Summe seiner Teile"* zusammenfassen lässt. In der Terminologie der philosophischen Ismen nennt man das Holismus oder Emergentismus. Diese Denkströmung versteht sich als Gegensatz zum Reduktionismus, d. h., sie geht davon aus, dass der Satz *„Das Ganze ist mehr als die Summe seiner Teile"* im Widerspruch zum Reduktionismus steht. Aber sagt der Reduktionismus denn überhaupt, dass das Ganze gleich der Summe seiner Teile ist? Dazu müssen wir nun den „noch zu klärenden Sinn" besprechen. Sehen wir uns also an, welche verschiedenen Formen die Reduktion annehmen kann.

Reduktion durch Zerlegen

Die bekannteste Form der wissenschaftlichen Reduktion ist die, die durch Zerlegung von makroskopischen Objekten in mehreren Schritten bis hinunter zu den Elementarteilchen führt. Am klarsten ist sie in der Kette Biologie–Chemie–Physik repräsentiert. Wir können einen menschlichen oder tierischen

Körper vom Zusammenspiel seiner Organe her verstehen. Die möglichen Bewegungen zum Beispiel ergeben sich aus den Verknüpfungen von Muskeln, Knochen und Gelenken, der Gesamtablauf der Verdauung aus dem Hintereinanderschalten der einzelnen Verdauungsorgane. Die Organe wiederum bestehen aus spezialisierten Zellen, deren Zusammenspiel die Funktionsweise des Organs bestimmt. Die Zellen bestehen aus Organellen (kleinen „Orgänchen", in die sich die Zellen unterteilen lassen), und diese wiederum aus einer Vielzahl verschiedener Stoffe, darunter riesige Biomoleküle mit Zehntausenden (bei Proteinen) bis mehrere Milliarden (bei Chromosomen) Atomen. Die Biomoleküle lassen sich oft wieder in mehreren Schritten in kleinere Einheiten unterteilen. Menschliche Chromosome z. B. beinhalten jeweils bis zu 1500 Gene und bis zu 250 Millionen Basenpaare. Die vier Basen Adenin, Cytosin, Guanin und Thymin bestehen jeweils aus ca. 15 Atomen. Die Atome bestehen aus negativ geladenen Elektronen in der „Schale" und dem sehr viel kleineren Atomkern. Der Atomkern besteht aus Protonen und Neutronen. Protonen und Neutronen „bestehen aus" Quarks, aber in diesem letzten Schritt befinden wir uns in einem Grenzgebiet, in dem der Begriff „besteht aus" nicht mehr ganz gerechtfertigt ist.

Jede Ebene dieser **Zerlegungshierarchie** hat ihre eigene Terminologie und Methodik. Die Bewegungen eines Menschen oder Tieres sowie das „Input-/Output-Verhalten" seiner Verdauung, d. h. seine Nahrungsaufnahme und Ausscheidungen, kann man noch direkt beobachten. Die inneren Organe kennt man zuerst aus dem Sezieren von Leichen. Für die Untersuchung von Zellen braucht man ein Mikroskop. Die Struktur von Molekülen kann man noch mit Elektronenmikroskopen erkennen, das sind Mikroskope, die mit Elektronenstrahlen statt mit Licht arbeiten. Im subatomaren Bereich wird vorzugsweise mit Streuexperimenten gearbeitet, und Strukturen werden indirekt erschlossen, unter Aufwand mathematischer Modelle.

Auch das Zerlegen von Objekten in kleinere Objekte funktioniert sehr unterschiedlich, je nachdem, wo man sich innerhalb der Hierarchie befindet. Objekte der oberen Ebene kann man noch mit dem Skalpell zerschneiden. Molekülen rückt man mit Hitze oder chemischen Verfahren zu Leibe. Um einen größeren Atomkern zu zerteilen, eine sog. Kernspaltung, muss er in vielen Fällen mit kleineren Teilchen beschossen werden.

In der Regel können Sie ein Objekt aber nicht dadurch verstehen, dass Sie es zersägen. Das Entscheidende an dieser Form des Reduktionismus ist ja gerade das **Zusammenspiel** der Einzelteile. Die Einzelteile säuberlich nebeneinander zu legen, nützt Ihnen gar nichts, denn es kommt darauf an, wie sie miteinander verknüpft sind, miteinander wechselwirken und im Gesamtbild zusammenspielen. In diesem Sinne ist ganz selbstverständlich das Ganze mehr als die Summe seiner Teile, und nur so kann der Reduktionismus funktionieren. Die Aussage bei dieser Reduktion ist dann: **Man kann das Verhalten eines Objekts zurückführen auf das Verhalten seiner Einzelteile und deren Wechselwirkungen miteinander.**

Mit „Zurückführen" ist gemeint: Das Verhalten des Objekts wird dadurch kausal und logisch erklärt, d. h., das Verhalten der Einzelteile und ihre Wechselwirkungen determinieren (bestimmen eindeutig) das Verhalten des Gesamtobjekts. Jede Struktur, jede Regel, jede Quantität, die dem Gesamtobjekt zukommt, gründet sich logisch und kausal auf die Strukturen, Regeln, Quantitäten der Einzelteile und auf die Strukturen, Regeln, Quantitäten der Wechselwirkungen. Eine Warum-Frage auf der Ebene des Gesamtobjekts hat eine Weil-Antwort auf der Ebene der Einzelteile.

Die Wechselwirkungen sind ganz entscheidend für diese Erklärungsmuster. Wechselwirkungen können das qualitative und quantitative Verhalten des Gesamtobjekts ganz anders aussehen lassen als das der Einzelteile. Es kommt gewissermaßen „etwas Neues" hinzu. Dies bezeichnet man als **schwache Emergenz.** Im Unterschied dazu argumentieren manche Philosophen und Naturwissenschaftler für eine **starke Emergenz,** die bedeutet, dass sich das Neue, das auf der höheren Ebene entsteht, prinzipiell nicht auf die tiefere Ebene, also die der Einzelteile und ihrer Wechselwirkungen, zurückführen lässt.

Man kann den Unterschied daran festmachen, auf welcher Ebene die Wechselwirkungen anzusiedeln sind. Im Falle der schwachen Emergenz gehen wir davon aus, dass die Wechselwirkungen auf der Ebene der Einzelteile zu verstehen sind. Das heißt, wir wissen z. B., welche Kräfte im Spiel sind, wenn zwei Einzelteile sich nahekommen, ob sie sich anziehen oder abstoßen und wie sich diese Kräfte als Funktion des Abstands und der räumlichen Orientierung verhalten. Wir wissen außerdem, wie die Kräfte im Fall von mehr als zwei Teilen aufzusummieren sind. Oder im Fall biologischer Objekte wissen wir, wie die Oberflächen der Einzelteile (z. B. Zellen) beschaffen sind, welche Substanzen durch diese Oberflächen hindurchwandern können und welche nicht, inwieweit die Oberflächen elastisch und verformbar sind, etc., und daraus ergibt sich, wie zwei benachbarte Einzelteile miteinander wechselwirken. Im Fall der starken Emergenz wird angenommen, dass die Teile im Gesamtobjekt in einer Weise zusammenwirken, die sich prinzipiell nicht als Aufsummierung solcher individueller Wechselwirkungen verstehen lassen, sondern etwas ganz Neues darstellen – ein Zusammenspiel, das sich nur auf der Ebene des Gesamtobjekts erfassen und beschreiben lässt.

Ein relativ bekanntes Beispiel für eine Theorie starker Emergenz war der Vitalismus des 19. Jahrhunderts. Damals konnte sich niemand vorstellen, wie das Leben aus einem Zusammenwirken chemischer Prozesse heraus entstehen soll. Daher ging der Vitalismus davon aus, dass im Falle von Lebewesen eine zusätzliche Kraft zu den Naturkräften hinzukommt, der *Elan Vital,* eine Kraft, die nur bei solchen Materiekonstellationen auftritt, wie sie in Form von Lebewesen gegeben sind, und sich in keiner Weise auf ein Zusammenspiel elementarer Kräfte zurückführen lässt.

Eine derartige starke Emergenz erscheint mir unlogisch, nicht nur im Fall des Vitalismus (der als längst überholt gilt), sondern generell. Letztlich ist alle Materie aus Elementarteilchen zusammengesetzt. Deren Wechselwirkungen sind mathematisch exakt festgelegt, egal in welcher Anzahl sie auftreten. Wir wissen, dass diese Wechselwirkungen in bestimmten Fällen zu Kettenreaktionen führen, in denen sehr viele Teilchen zusammenwirken: zur Bildung makroskopischer Strukturen, von Sternen, Planeten, Wolken und Kristallen. Auch das Zusammenspiel von Biomolekülen ist in großen Teilen erforscht. Wir wissen auch, wie im Beispiel der Chemie beschrieben, dass der Berechenbarkeit praktische Grenzen gesetzt sind. Wenn wir also ein makroskopisches Phänomen kennen, das sich bisher nicht aus den mikroskopischen Regeln herleiten ließ, dann sollten wir dies zunächst auf diese praktischen Grenzen der Berechenbarkeit zurückführen, und nicht auf das Versagen des Reduktionismus.

Außerdem bedeutet das Hinzukommen von etwas Neuem im Sinne der starken Emergenz einen Widerspruch zu den bestehenden Naturgesetzen. Denn da die Wechselwirkungen der Teilchen durch letztere bereits festgelegt sind, muss das Neue diese Wechselwirkungen irgendwie abändern, also im Widerspruch zu den bekannten Regeln stehen. Nun ist es nicht unmöglich, dass mikroskopische Regeln in bestimmten Fällen geändert werden müssen. Neue Teilchen werden entdeckt, die mit bereits bekannten Teilchen interagieren; mathematische Regeln für Wechselwirkungen werden verfeinert. Aber in diesen Fällen handelt es sich um eine Modifikation der mikroskopischen Naturgesetze, also auf der Ebene der Teilchen, im Zuge des Fortschritts der Wissenschaft. Die starke Emergenz hingegen will, dass das makroskopische Verhalten sich ändert, etwas Neues aufweist, das nicht aus den mikroskopischen Regeln folgt. Aber es soll diese mikroskopischen Regeln auch nicht außer Kraft setzen oder modifizieren. Das ist ein Widerspruch, eben weil die mikroskopischen Regeln bereits alles festlegen.

Schwache Emergenz tritt übrigens nicht erst bei makroskopischen Systemen auf, sondern bereits im Bereich der kleinsten Teilchen. Wir können z. B. die Masse des Protons als emergent ansehen. Oben hatte ich geschrieben, dass ein Proton aus drei Quarks besteht, dass aber die Bezeichnung „besteht aus" hier nicht mehr ganz gerechtfertigt ist. Das Proton ist nämlich 100-mal schwerer als die drei Quarks zusammen. Das liegt daran, dass die Quarks so stark miteinander interagieren, dass dabei ein ganzer Cocktail von sog. virtuellen

Teilchen entsteht, die im Proton herumwuseln und zu seiner Masse beitragen. Aufgrund der Komplexität der auftretenden Effekte ist diese Masse nur sehr schwer aus den Eigenschaften der Quarks und ihrer Wechselwirkungen zu berechnen. Sie „emergiert" quasi aus dem Gewusel der virtuellen Teilchen. Experimentell ist die Masse des Protons seit seiner Entdeckung vor 100 Jahren bekannt. Dass es aus Quarks besteht, weiß man seit den 1970er Jahren. Aber erst 2008 gelang es einer über halb Europa verteilten Forschergruppe mit Hilfe von Supercomputern, die Masse des Protons aus den Wechselwirkungen der Quarks zu berechnen, erfreulicherweise in sehr guter Übereinstimmung mit dem aus Experimenten bekannten Wert.

Auf der nächsthöheren Ebene vereinigen sich Protonen und ihre elektrisch neutralen Geschwister, die Neutronen, zu Atomkernen, die auch wieder Eigenschaften aufweisen, die sich nur schwer aus den Teilen heraus berechnen lassen, obwohl sie natürlich im Prinzip mathematisch daraus folgen. Als Nächstes bilden die Atomkerne zusammen mit Elektronen Atome. Dieser Schritt ist vergleichsweise einfach, weil dabei nur elektrische und zu einem geringen Teil magnetische Kräfte im Spiel sind, die deutlich einfacher sind als die Kernkräfte im Atomkern und im Proton. Und weil der Atomkern so viel schwerer ist als die Elektronen, dass man ihn in guter Näherung als unbewegliches „Zentralgestirn" im Zentrum des Atoms ansehen kann, wie die Sonne im Planetensystem. Eine Ebene weiter sind wir bei der Chemie, wo sich Atome zu Molekülen oder Ionenverbindungen zusammenschließen. Hier geht eine Symmetrie verloren, die bei den unteren Ebenen noch vorhanden war: Protonen, Atomkerne und Atome sind alle kugelförmig, zumindest solange keine äußeren Kräfte darauf wirken. Moleküle hingegen bilden komplizierte geometrische Muster, und das ist es, was ihre Schwierigkeit ausmacht. Diese Muster führen zu neuen „emergenten" Eigenschaften und Verhaltensweisen, die sich bei den Teilen, also den Atomen, nicht finden und auch nicht so einfach daraus berechnen lassen. Man denke z. B. an die komplizierten Sechseckmuster von Schneeflocken, die sich letztlich aus der Geometrie des Wassermoleküls ergeben. Oder an die Faltung von Proteinen, die ihre ganze Wirkungsweise in der Biochemie bestimmt. Oder an die Doppelhelixstruktur der DNA. Auf der Ebene der Biologie schließlich finden wir all die „emergenten" Eigenschaften und Verhaltensweisen, die wir als Leben bezeichnen: Fortpflanzung, Vererbung, Stoffwechsel, Reaktion auf Reize aus der Umwelt etc.

Diese Form des Reduktionismus ist es, die die Wissenschaften zusammenhält; die dafür sorgt, dass wir mit Physik die Chemie und mit Chemie die Biologie von unten absichern, ihr ein Fundament geben können. Beim Umgang damit begegnen uns aber auch viele Schwierigkeiten, die ihren praktischen Wert für uns relativieren, aber auch ihren Charakter deutlich machen:

- In vielen Fällen geht die Reduktion nicht mit einem wirklichen **Verstehen** einher. Es ist eben ein Zurückführen *im Prinzip,* d. h., wir kennen die Mechanismen, die im Spiel sind, aber *wie* das zu untersuchende Phänomen darauf zurückgeht, wissen wir oft nicht, nur *dass* es so ist. In manchen Fällen, wie etwa beim Proton, können wir die Berechnung mit Supercomputern durchführen, aber ohne dass dabei das Aha-Erlebnis entsteht, das wir uns wünschen. In anderen Fällen genügen selbst die besten Supercomputer nicht. Ich denke, das ist ganz normal und spricht nicht gegen den Reduktionismus. Wir können nicht erwarten, dass jedes Phänomen uns nach eingehender Analyse mit einem Aha-Erlebnis beglückt wie ein *Tatort*-Krimi. Wir können uns nur bemühen, *so viel wie praktisch möglich* zu verstehen.
- Oft geht die Reduktion nicht von einer Ebene zur nächsten, sondern zu mehreren unteren Ebenen zugleich. Um die Funktionsweise des Auges zu erklären, müssen wir die Eigenschaften von Licht kennen, die Optik der Linse sowie die Biochemie und Biophysik der Sinneszellen verstehen. Wir beziehen uns also auf Gesetzmäßigkeiten, die aus Ebenen der Biologie, Chemie und Physik zugleich stammen. Radioaktive Zerfälle in der Natur, also Phänomene aus der Kernphysik, spielen in die Genetik hinein, da sie zur Entstehung von Mutationen beitragen. Die Wetterphänomene, die in der Meteorologie untersucht werden, beinhalten eine Vielzahl chemischer und physikalischer, zum Teil sogar biologischer Vorgänge. Im Fall eines solchen Zusammenspieles mehrerer Ebenen kann die Reduktion kaskadenartig so weit fortgesetzt werden, bis das zu untersuchende System wieder komplett auf eine gemeinsame Ebene, im Extremfall die der QFT bzw. Teilchenphysik, zurückgeführt ist.
- Jedes System unterliegt äußeren und inneren Kräften. Ein System im Sinne des Reduktionismus von seinen Teilen und deren Wechselwirkungen her zu verstehen, setzt hingegen voraus, dass wir es als isoliertes System betrachten können, dessen Verhalten allein aus seinen inneren Kräften folgt, oder zumindest die *äußeren Einflüsse* so zu kontrollieren, dass sie keine wesentliche Komplikation des zu untersuchenden Geschehens bilden. In der Physik gelingt es mit Hilfe vieler Techniken oft genug, innere und äußere Einflüsse voneinander zu separieren und den gewünschten Effekt zu isolieren, so dass die Reduktion „von innen" möglich ist. In der Chemie können unter Laborbedingungen die äußeren Bedingungen (z. B. konstante Temperatur, konstanter Druck) so gestaltet werden, dass eine zu untersuchende Reaktion zwar nicht ohne äußere Einflüsse ist, diese aber nur als einfache Konstanten in die Berechnungen eingehen. Auch in der Biologie gelingt das Kontrollieren der äußeren Bedingungen im Labor, wenn dort z. B. eine Zellkultur

untersucht wird. Aber wenn z. B. das Verhalten von Lebewesen „in freier Wildbahn" erforscht wird, dann ist die Zahl der äußeren Einflüsse unkontrollierbar groß. Das Verhalten der Lebewesen lässt sich dann nicht mehr jeweils für sich erklären, sondern nur in Kombination von innerem Verhalten und den Wechselwirkungen mit dem Rest des Ökosystems. Das ist vielleicht das größte Problem des Reduktionismus: Jedes Ganze ist wieder Teil eines noch größeren Ganzen, mit dem es in Wechselwirkung steht. Der Reduktionismus ist daher letztlich nur dann ganz exakt, wenn man das *ganze Universum* miteinbezieht. Das ist nun ein sehr großes „im Prinzip". In der Praxis der Wissenschaften ist dies natürlich völlig utopisch. Wir sollten den Reduktionismus in der Anwendung daher eher praktisch verstehen: In vielen Fällen können wir ungefähr abschätzen, wie groß der Einfluss der Umgebung auf einen bestimmten Vorgang ist. Wenn er klein ist, können wir die Reduktion innerhalb des betroffenen Systems durchführen. Die Natur selbst macht es uns dabei in vielen Fällen etwas leichter, weil sie von selbst stabile Systeme hervorbringt, die sich von äußeren Einflüssen so frei wie möglich machen, indem sie sich mit Schutzschichten umgeben und Ausgleichsmechanismen benutzen. Zum Beispiel hält unser Körper seine Temperatur auf konstant 37 °C, egal ob die Außentemperatur 0 °C oder 40° beträgt. In vielen Fällen sind die äußeren Einflüsse von so unterschiedlicher Größerordnung, dass nur wenige in der Praxis relevant sind. Von den äußeren Einflüssen auf den Planeten Erde sind z. B. vor allem die Schwerkraft von Sonne und Mond und die Einstrahlung des Sonnenlichtes von Bedeutung, die sich relativ leicht quantifizieren lassen. Von anderen Effekten wie dem Licht der Sterne oder kosmischer Strahlung können Sie in den meisten Fällen absehen, wenn Sie Vorgänge auf der Erde erforschen. Es sei denn, 1) Sie untersuchen einen speziellen Effekt, bei dem gerade einer dieser kleineren Einflüsse eine Rolle spielt oder, 2) es schlägt ein größerer Meteorit mit globalen Folgen auf der Erde ein, wie dies alle paar Millionen Jahre geschieht; dies ist ein großer, aber eben seltener Effekt.

- Der Reduktionismus erklärt uns *im Prinzip* mittels des genetischen Codes, warum bestimmte Gene zu bestimmten Eigenschaften eines Individuums führen. Aber er erklärt uns nicht, warum gerade diese Kombination von Genen überhaupt realisiert ist, insbesondere, warum der Mensch sich gerade so und nicht anders entwickelt hat. Die Evolutionstheorie in Kombination mit der Genetik erklärt uns die Mechanismen, nach denen die Entwicklung abläuft. Aber bei der konkreten Entwicklung, die sich auf der Erde abgespielt hat, spielen **Zufälle** eine entscheidende Rolle – Dinge, die sich so oder eben auch anders hätten abspielen können (Philosophen sprechen hier von **Kontingenz**). Wie geht nun der Reduktionismus mit diesen Zufällen um?

Tatsächlich müssen wir unterscheiden zwischen der **Reduktion von Mustern** und der **Reduktion von Entwicklungen.** Dabei meine ich hier mit Mustern alles, was sich allgemein sagen lässt, ohne auf zeitliche Abläufe in konkret realisierten Einzelsystemen Bezug zu nehmen. Zum Beispiel: Wasser hat bei der und der Temperatur diese und jene Dichte, Oberflächenspannung, elektrische Leitfähigkeit etc. Oder: Dieses Gen führt zur Synthese dieses Proteins mit diesen Eigenschaften, was in einem Organismus unter diesen Bedingungen diese Konsequenzen hat. Oder: Die Wirkung der Schwerkraft eines Mondes auf den zugehörigen Planeten führt auf diesem zu Gezeiten, die sich so und so berechnen lassen. Die bisherigen Abschnitte beziehen sich vor allem auf die Reduktion von Mustern. Bei Entwicklungen wird die Sache noch komplizierter: Hier sind nicht nur die allgemeinen Naturgesetze zu berücksichtigen, sondern auch die exakten Anfangsbedingungen des konkreten Systems, auf die die Regeln dann anzuwenden sind. Dabei können winzige Unterschiede am Anfang zu riesigen Unterschieden auf längere Sicht führen. Dieses Problem ist unter dem Namen **Schmetterlingseffekt** bekannt geworden: Der Flügelschlag eines Schmetterlings in Brasilien kann den Ausschlag geben, ob einige Tage später ein Tornado in Texas entsteht. (Deshalb sind unsere Wettervorhersagen so schlecht, wenn sie mehr als eine Woche in die Zukunft zu schauen versuchen.) Wir müssten also die exakten Positionen und Zustände aller Moleküle der Erde zu einem frühen Zeitpunkt kennen, um die Entwicklung daraus *im Prinzip* ableiten zu können. Aber selbst das würde nicht reichen. Denn wegen des Schmetterlingseffekts spielen nun auch die kleineren äußeren Einflüsse auf die Erde eine Rolle, also z. B. welches kosmische Teilchen die Erde wann genau trifft. Außerdem gibt es gemäß der Quantenphysik Zufälle, die sich prinzipiell nicht weiter auflösen lassen: Wann genau z. B. ein bestimmter radioaktiver Atomkern zerfällt, unterliegt dem absoluten Zufall. Die Physik kann prinzipiell nur Halbwertszeiten liefern, also wann statistisch etwa die Hälfte der Atomkerne einer Sorte zerfallen ist, aber nichts über die Einzelschicksale der individuellen Kerne sagen. Der Zerfall eines bestimmten einzelnen Kerns kann aber ausschlaggebend sein, ob eine bestimmte genetische Mutation ausgelöst wird oder nicht, mit möglicherweise weitreichenden Folgen. Die konkrete langfristige Entwicklung von Systemen lässt sich daher aus dem Reduktionismus nicht vollständig erklären. Das ist eine weitere Einschränkung, zusätzlich zu denen aus den vorigen Punkten.

Dennoch lässt sich der Reduktionismus auch auf Entwicklungen anwenden, wenn wir ihn als einen **Reduktionismus von kausalen Zusammenhängen** verstehen. Wenn wir die Erdgeschichte erforschen, stoßen wir auf vieles, das uns zufällig erscheint, aber auch auf viele kausale Zusammenhänge.

Kausale Zusammenhänge unterliegen allgemeinen Naturgesetzen (Mustern), so dass der Reduktionismus von Mustern wieder ins Spiel kommt. Wir vermuten z. B., dass der Einschlag eines bestimmten Meteoriten vor 65 Millionen Jahren das Aussterben der Dinosaurier verursacht hat. Diesen kausalen Zusammenhang kann man nun analysieren und somit plausibel machen. Der Einschlag selbst unterliegt den Gesetzen der Physik, ebenso die direkten Folgen: die Bildung des Kraters, die Druckwelle, die Materie, die in die Atmosphäre geschleudert wird, und die Hitze, die erzeugt wird. Zahlreiche meteorologische Effekte sind die Folge, extreme Wetterbedingungen, die sich wiederum biologisch bemerkbar machen, und zwar so sehr, dass sie zum Aussterben zahlreicher Arten führen.

- Die Hierarchie der Wissenschaften lässt sich oberhalb der Biologie weiterführen, z. B. zur Soziologie. Die Soziologie wird nun schon nicht mehr wirklich zu den Naturwissenschaften gezählt, obwohl ihre Methoden natürlich wissenschaftlich sind. Das Problem ist, dass die Gesetzmäßigkeiten, die sie findet, nicht sehr allgemein sind. Sie beziehen sich zumeist auf eine konkrete Gesellschaft zu einem konkreten Zeitpunkt und lassen sich nicht so leicht übertragen. Immerhin, wir können damit den konkreten Zustand unserer Gesellschaft besser verstehen, Zusammenhänge darin erkennen und auf mögliche Maßnahmen schließen, mit denen sich bestimmte Bedingungen verbessern lassen. Eine Reduktion der Soziologie würde bedeuten, die Gesamtzusammenhänge der Gesellschaft auf die Interaktion von Individuen zurückzuführen; im Wesentlichen wäre dies also eine Reduktion auf die Psychologie. Gesetzmäßigkeiten der Gesellschaft werden dann als logische Konsequenz der psychologischen Gesetzmäßigkeiten des Menschen verstanden. Allerdings sind die äußeren Bedingungen, die dabei zu berücksichtigen sind, sehr viel umfangreicher als bei den „unteren" Wissenschaften. Bei chemischen Reaktionen müssen Sie im Idealfall nur die von außen vorgegebene Temperatur und den Druck kennen, alles andere folgt aus der inneren Dynamik der Reaktion. Bei gesellschaftlichen Vorgängen sind dagegen der gesamte hochkomplexe kulturelle Kontext, ökonomische, juristische und politische Rahmenbedingungen und zum Teil sogar Klimaveränderungen zu berücksichtigen. Dieser gigantische „Hintergrundballast" schränkt die Anwendbarkeit der Reduktion stark ein, insbesondere wenn sie quantitativ sein, also Aussagen darüber machen soll, *wie viele* Menschen einem bestimmten Trend folgen, auf eine bestimmte Maßnahme reagieren etc. Nur bei einigen einfachen Mustern, bei denen bestimmten Menschen innerhalb der Gesellschaft bestimmte wirtschaftliche Anreize gegeben werden, etwas Bestimmtes zu tun, lässt sich der Zusammenhang zwischen psychologischer Basis und soziologischer Konsequenz einigermaßen präzise machen.

Qualitative Zusammenhänge, z. B. warum die Bevölkerung in einigen Ländern stärker wächst als in anderen, sind viel häufiger zu erkennen.

Die reduktionistische Aussage, dass schließlich auch die Entwicklung der Gesellschaft quantitativ exakt aus dem Verhalten der Atome und Moleküle folgt, aus denen sie letztlich besteht, ist zwar richtig, aber für den Soziologen vollkommen nutzlos. Aber die Soziologie ist als Wissenschaft höchst relevant für politische Entscheidungen, vielleicht mehr als jede andere Wissenschaft. Dies zeigt, dass der Reduktionismus für solche Themen weitgehend irrelevant ist.

- Ganz besonders sensibel sind wir beim Thema Reduktionismus, wenn es um uns selbst als Individuen geht. Es ist eine der am längsten und heftigsten geführten Diskussionen im Grenzbereich von Philosophie und Naturwissenschaft, inwieweit sich das menschliche Bewusstsein auf Gehirnprozesse zurückführen lässt. Der subjektive Charakter unseres Erlebens ist so ganz anders als das objektiv messbare elektrochemische Verhalten der Gehirnzellen. Mein Bewusstsein fühlt sich wie eine unteilbare Einheit an, die sich nicht aus Wechselwirkungen von Stücken davon zusammensetzen lässt. Unser geistiges Innenleben scheint viel mehr zu sein als nur ein vollautomatisch ablaufendes Feuerwerk von Nervenimpulsen. Außerdem haben wir das starke Gefühl, einen freien Willen zu haben, d. h. zu einem großen Anteil unsere Handlungen selbst zu bestimmen, ohne dass diese Entscheidungen aus den strengen mathematischen Gesetzen, denen die Materie unterliegt, vorherbestimmt sind.

Gilt der Reduktionismus hier nicht? Das ist ein sehr schwieriges Thema, und wir werden in Kap. 11 ausführlich darauf zurückkommen. Meine Position hierzu ist etwa folgende: Die Naturwissenschaften sind ihrem Charakter nach reduktionistisch, in allen Fällen. Auch die Psychologie bildet keine Ausnahme. Mit großem Erfolg wurden bereits viele unserer kognitiven Fähigkeiten auf die Funktionsweise des Gehirns zurückgeführt. Mehr noch, es ist uns gelungen, mit Algorithmen, die der Funktionsweise unserer Gehirnzellen (Neuronen) ähneln und daher neuronale Netze heißen, bestimmte Formen von Künstlicher Intelligenz in Computern herzustellen. Wir haben Computern beigebracht, Musik zu komponieren. Wir wissen sogar, welche Gehirnregion wir manipulieren müssen, um in einem Menschen so etwas wie spirituelle Erlebnisse hervorzurufen. Zum freien Willen gibt es Experimente, die uns zeigen, dass wir uns oft Illusionen darüber machen, wann und warum wir eine Entscheidung gefällt haben (wir werden darauf zurückkommen). Diese Erkenntnisse sind für unser Selbstwertgefühl sicherlich eine Herausforderung. Das scheint der Preis zu sein für eine vollständige naturwissenschaftliche Durchdringung der Natur.

Es gibt jedoch ein großes Aber: Es sind die Naturwissenschaften, die diesen reduktionistischen Charakter haben, nicht unbedingt die Realität selbst. Die Naturwissenschaften stellen einen bestimmten Blickwinkel auf die Realität dar, der durch ihre Methoden definiert ist, wie sie in Kap. 4 geschildert wurden. Insbesondere ist dieser Blickwinkel auf Objektivität ausgerichtet. Ich halte es für durchaus möglich, dass unser subjektives Erleben Aspekte der Wirklichkeit beinhaltet, die für diese Methode „unsichtbar" sind und deren Charakter nicht reduktionistisch zu sein braucht. Vielleicht gibt es im Rahmen dieser Aspekte sogar einen Begriff von Freiheit, der sich außerhalb solcher einfacher Entscheidungsschemata abspielt, wie sie aus psychologischen Experimenten bekannt sind. Aber das ist Spekulation, und ich möchte hier nicht weiter darauf eingehen. Meine Aussage ist: *Wenn* ein Aspekt unseres subjektiven Erlebens sich naturwissenschaftlich ausdrücken lässt, dann ist auch der Reduktionismus darauf anwendbar.

Fassen wir zusammen: Reduktion durch Zerlegen ist ein universelles Prinzip der Naturwissenschaften. Es besagt, dass das Verhalten eines Systems logisch aus dem Verhalten seiner Einzelteile und deren Wechselwirkungen sowie den äußeren Einflüssen folgt, denen das System ausgesetzt ist. Dies führt zu einer logischen Hierarchie naturwissenschaftlicher Beschreibungen, an deren unterem Ende die Physik der Elementarteilchen steht. Die Reduktion beinhaltet auch eine Reduktion von Kausalzusammenhängen, d. h., die kausalen Zusammenhänge auf den oberen Ebenen der Hierarchie folgen logisch aus den kausalen Zusammenhängen auf den unteren Ebenen. Es handelt sich um eine Reduktion *im Prinzip,* d. h., es ist klar definiert, *wie* die Reduktion prinzipiell durchzuführen ist, jedoch scheitert dieses *Wie* oft an den praktischen Grenzen der Berechenbarkeit. In anderen Worten: Im Gesamtgebäude naturwissenschaftlicher Theorien drückt das Prinzip der Reduktion durch Zerlegen immer eine Wahrheit aus. In der Praxis der naturwissenschaftlichen Forschung jedoch ist diese Reduktion manchmal mit Erfolg anwendbar und manchmal nicht. Zudem gilt: In der Praxis ist die Reduktion meist nur in Form von Näherungen möglich, d. h., bestimmte Effekte müssen vernachlässigt werden. Je nach Problemstellung und Komplexität kann dies zu sehr genauen quantitativen oder nur zu groben qualitativen Aussagen führen. Eine absolut exakte Reduktion ist nur möglich, wenn das System und alle äußeren Einflüsse darauf komplett auf die Ebene der Elementarteilchen zurückgeführt werden.

Reduktion durch Verallgemeinerung bzw. Vereinheitlichung

Bei dieser Form der Reduktion werden mehrere Naturgesetze auf ein einziges, allgemeineres Naturgesetz zurückgeführt. Die Einzelgesetze folgen dann logisch aus dem allgemeinen Gesetz. Durch das Auffinden solcher allgemeinen Gesetze wird insbesondere die Vereinheitlichung der Physik vorangetrieben. Ein Beispiel wurde schon genannt: Galileis Fallgesetz und die Kepler'schen Gesetze der Planetenbahnen folgen beide aus dem Newton'schen Gravitationsgesetz. Im 19. Jahrhundert führte Maxwell die Gesetze der Elektrizität, des Magnetismus und der Lichtausbreitung allesamt auf seine elektromagnetische Theorie zurück. In den 1960er Jahren wiederum wurde die Maxwell'sche Theorie mit der Theorie der schwachen Kernkraft (die für radioaktive Zerfälle zuständig ist) zur Theorie der „elektroschwachen" Wechselwirkung vereinigt. Die ART verallgemeinert die Spezielle Relativitätstheorie (SRT) und beschreibt außerdem die Gravitation.

Es ist ein großer Glücksfall für uns, dass diese Form der Reduktion so oft möglich ist. Man könnte sich ja auch eine Welt denken, die selbst auf der Ebene der Elementarteilchen (also nachdem die Reduktion durch Zerlegen bereits durchgeführt wurde) noch sehr viele unzusammenhängende Einzelgesetze aufweist. Das ist aber nicht der Fall. Durch die Vereinheitlichung wird ersichtlich, dass es nur sehr wenige fundamentale Naturgesetze gibt, aus denen die anderen logisch folgen.

Im Unterschied zur Reduktion durch Zerlegen ist die Reduktion durch Vereinheitlichung *immer* mit einem sehr großen Aha-Erlebnis und einem tieferen Verstehen verbunden. Sie repräsentiert in höchstem Maße das, was wir in der Naturwissenschaft als „schön" empfinden. Ein weiterer Unterschied zwischen Reduktion durch Zerlegen und Reduktion durch Vereinheitlichung ist, dass erstere immer vom Großen zum Kleinen, vom Makroskopischen zum Mikroskopischen führt, letztere jedoch nicht. Sie führt stattdessen vom Speziellen zum Allgemeinen, ohne sich dabei auf Größenverhältnisse und Teil/Ganzes-Relationen zu beziehen.

Reduktion durch Ersetzen
Die Newton'sche Gravitationstheorie lässt sich auf die Einstein'sche (also auf die ART) zurückführen. Dabei wird der Charakter der Schwerkraft aber komplett verändert; man kann sagen, dass die Newton'sche Schwerkraft durch etwas komplett anderes ersetzt wird. Bei Newton ist die Gravitation ein Kraftfeld, ähnlich dem elektrischen, nur dass sie immer anziehend wirkt, während die elektrische Kraft anziehend oder abstoßend wirken kann. Bei Einstein ist die Gravitation dagegen kein Kraftfeld, sondern ein Effekt der Geometrie der Raumzeit. Diese Geometrie ist „gekrümmt", und diese Krümmung bewirkt, dass ein Objekt sich so bewegt, *als ob* es durch eine Schwerkraft dazu gebracht würde.

In diesem Fall spreche ich von einer Reduktion durch Ersetzen. Ein „Ding"
oder ein Phänomen stellt sich als etwas ganz anderes heraus, als es zu sein schien.
Etwas Ähnliches steht auch am Anfang der Naturwissenschaft: Ein Ereignis,
das zuvor wie ein Akt des Zorns der Götter aussah (ein Gewitter beispielsweise),
findet plötzlich eine Erklärung im Rahmen der Naturgesetze (der Blitz ist ein
Phänomen elektrischer Entladungen). Es gibt aber einen Unterschied: Die
Zorn-der-Götter-Theorie wurde anschließend fallengelassen (na ja, von den
meisten), weil sie für den Vernünftigen keinen Wert mehr hat. Sie hat sich als
falsch herausgestellt. Die Newton'sche Theorie ist dagegen weiterhin richtig.

Das ist ein Punkt, der mir wichtig ist. Man findet auch in populärwissenschaftlichen Büchern manchmal die Aussage, die Newton'sche Theorie sei
falsch, Einstein habe gezeigt, dass Newton sich geirrt habe. Das kann man
so nicht stehen lassen. Einsteins Theorie ist allgemeiner und präziser als die
von Newton, aber in den meisten Situationen reicht Newtons Theorie völlig
aus und liefert hinreichend präzise Ergebnisse. Bei physikalischen Theorien
müssen wir generell davon ausgehen, dass ihr Gültigkeitsbereich begrenzt ist,
dass wir sie als Näherung anzusehen haben, die nur unter bestimmten Voraussetzungen genaue Ergebnisse liefert. Wobei „genau" bedeutet, dass wir im
Rahmen unserer Messgenauigkeit keine Abweichung zwischen dem theoretisch
vorhergesagten und dem experimentell gefundenen Verhalten feststellen können. Auch Einsteins Theorie hat einen begrenzten Gültigkeitsbereich; um die
Gravitation unter extremen Bedingungen (wie sie z. B. in Schwarzen Löchern
oder in der Nähe des Urknalls vorkommen) zu beschreiben, muss sie durch
eine fundamentalere Theorie ersetzt werden, eine Theorie der „Quantengravitation", an der noch gearbeitet wird. Dadurch wird aber Einsteins Theorie
nicht falsch. Theorien machen innerhalb bestimmter Grenzen, die sich quantifizieren lassen, gute Vorhersagen und liefern gute Erklärungen, in dem Sinne
wie am Ende von Kap. 4 besprochen. Nur die QFT hat sich bisher als universell herausgestellt. Womöglich wird auch die Quantengravitation, wenn
sie gefunden ist, eine Variante der QFT sein. Aber vielleicht stellt sich auch
an irgendeinem Punkt heraus, dass die QFT selbst wieder mittels Reduktion
durch Ersetzen auf etwas ganz anderes zurückgeht.

Können wir sagen, dass die Newton'sche Theorie aus der Einstein'schen
logisch folgt, wie bei der Reduktion durch Verallgemeinerung? Das wäre
etwas ungenau, denn tatsächlich weichen die Vorhersagen der Newton'schen
Theorie in vielen Fällen (nämlich da, wo wir ihren Gültigkeitsbereich verlassen) von denen der Einstein'schen ab. Zudem sagt die Newton'sche Theorie,
dass die Gravitation ein Kraftfeld ist, und das folgt nicht nur nicht aus der
Einstein'schen Theorie, sondern steht sogar dazu im Widerspruch. Besser ist
also zu sagen: Aus der Einstein'schen Theorie folgt, warum die Welt unter

bestimmten Bedingungen (nämlich wenn die Krümmung der Raumzeit hinreichend schwach ist) so aussieht, *als ob* die Newton'sche Theorie gilt. Aus der Quantengravitation wiederum muss folgen, warum die Welt unter bestimmten Bedingungen so aussieht, *als ob* die Einstein'sche Theorie gilt.

Da also weder Newtons noch Einsteins Gravitation absolute Gültigkeit hat und die Quantengravitation noch auf sich warten lässt (und womöglich auch noch nicht das letzte Wort ist), wäre es vermessen zu sagen, Einstein habe recht und Newton unrecht. Vielmehr ist jede physikalische Theorie als ein solches *Als ob* anzusehen. Wir sollten nie davon ausgehen, dass wir mit einer Theorie die fundamentalen Einheiten der Wirklichkeit ergriffen haben. Alles kann sich auf der nächsten Ebene als etwas ganz anderes herausstellen. Eine Theorie ist als *richtig* anzusehen, wenn sie in ihren Grenzen korrekte Beschreibungen und Vorhersagen liefert. Deshalb sollte man auch sehr vorsichtig mit ontologischen Aussagen sein, also Aussagen darüber, was denn nun die „wirklich existierenden Dinge" sind. Da Reduktion durch Ersetzen unerwartet im Zuge des wissenschaftlichen Fortschritts auftritt (jede solche Entdeckung kommt quasi einer wissenschaftlichen Revolution gleich, die sich unmöglich vorhersagen lässt), können Dinge sich immer im Nachhinein als ein *Als ob* herausstellen.

Die bekannteste, aber auch schwierigste Reduktion durch Ersetzen ist der Schritt von der Klassischen Mechanik zur QM. Die Quantenwelt ist völlig anders als die Welt, die wir zu kennen meinen, und doch ist die QM eine korrekte und gesicherte Theorie, die allgemeinere Gültigkeit hat als die Klassische Mechanik. Da letztere auch von Newton stammt, war dies ein weiterer Anlass zu sagen, er habe unrecht gehabt. Das hat der arme Mann nicht verdient, denn auch die Klassische Mechanik ist korrekt in den Grenzen ihres Gültigkeitsbereichs. Aus der Sicht der QM freilich stellt es sich so dar, dass die Welt für uns im makroskopischen Bereich nur so aussieht, *als ob* sie sich „klassisch" verhält. Dieses *Als ob* herzuleiten, erweist sich allerdings in der QM als deutlich schwerer als in der ART.

Reduktion von effektiven Theorien
Eine andere Art der Reduktion mit Als-ob-Charakter ist die, die bei der Bildung sog. **effektiver Theorien** auftritt. Nehmen wir als Beispiel die Quantenchemie. Wenn Sie die Eigenschaften von Atomen und Molekülen aus der QM ableiten wollen, genügt es, die elektromagnetische Wechselwirkung zwischen positiv geladenen Atomkernen und negativ geladenen Elektronen zu berücksichtigen (inklusive der Wechselwirkungen der Elektronen untereinander). Dass der Atomkern seinerseits aus Protonen und Neutronen besteht, ist für diese Aufgabenstellung irrelevant. Aus der Sicht der Chemie ist der Atomkern eine unauflösliche Einheit. Das liegt daran, dass in der Physik grob gesprochen die

Energie, die benötigt wird, um eine Struktur aufzulösen (auflösen im Sinne eines Mikroskops), umgekehrt proportional zur Größe der Struktur ist. Da der Atomkern etwa 100.000-mal kleiner ist als das Atom, ist die Energie, die benötigt wird, um die Unterstruktur des Atomkerns zu „sehen", etwa 100.000-mal größer als die Energien, die in der Chemie involviert sind, insbesondere als die Energie der Elektronen. Die Elektronen sind völlig „blind" für diese Unterstruktur. Wenn Sie Chemie betreiben, können Sie deshalb so tun, *als ob* der Atomkern ein Elementarteilchen wäre.

Die QM der Protonen, Neutronen und Elektronen ist fundamentaler als die QM der Atomkerne und Elektronen. Von der ersten gelangen Sie zur zweiten durch einen mathematischen Schritt, der „Ausintegrieren von Freiheitsgraden" heißt. Das Ergebnis ist eine effektive Theorie.

In diesem Fall ist die Reduktion von der effektiven Theorie zur fundamentaleren Theorie inhaltlich gleichbedeutend mit der Reduktion durch Zerlegen. Sie gelangen von der effektiven Theorie zur Theorie der Protonen und Neutronen, indem Sie feststellen, dass der Atomkern eine Unterstruktur besitzt und sich aufspalten lässt. Der entscheidende Zusatz bei der effektiven Theorie ist aber die Aussage, dass diese Unterstruktur für bestimmte Probleme, z. B. die Chemie, keine Rolle spielt, und dass Sie sich den Zerlegungsschritt in diesem Fall sparen, die Unterstruktur vergessen können. Das heißt, dass die nichtfundamentale Theorie der Atomkerne und Elektronen für die Problemstellung (genauer: für den gewählten Energiebereich) fundamental genug ist und exakte Vorhersagen liefert. In dieser Hinsicht kann man die Reduktion bei effektiven Theorien als das genaue Gegenteil der Reduktion durch Zerlegen ansehen. Im letzteren Fall ist das Zerlegen das Entscheidende, das die Erkenntnis bringt. Im ersteren Fall besteht die Erkenntnis gerade darin, dass die Zerlegung unnötig ist.

Ein Beispiel für eine effektive Theorie, die nichts mit Zerlegen zu tun hat, kommt aus der sog. Kaluza-Klein-Theorie. Dies ist eine Theorie mit vier Raumdimensionen (also fünf Dimensionen, wenn man die Zeit dazurechnet). Die vierte Dimension erstreckt sich dabei anders als die drei anderen nicht ins Unendliche, sondern bildet eine Kreislinie mit einem winzigen Umfang, viele Größenordnungen kleiner, als Sie mit dem besten Mikroskop der Welt auflösen können. Sie können diese Dimension also niemals beobachten, sondern leben in einer effektiven Welt mit drei Raumdimensionen. Welchen Sinn hat die theoretische Einführung einer Dimension, wenn man diese sowieso nicht beobachten kann? Nun, die erstaunliche Erkenntnis von Kaluza und Klein bestand darin, dass mit diesem Schritt eine Vereinheitlichung von Elektromagnetismus und Gravitation erreicht werden kann. Wenn man die vierdimensionale Theorie mit Einstein'scher Gravitation ausstattet und dann den Schritt

„Ausintegrieren von Freiheitsgraden" entlang der vierten Dimension ausführt, ist das Ergebnis eine effektive Theorie in drei Raumdimensionen, in der Einstein'sche Gravitation *und* Maxwell'scher Elektromagnetismus vorhanden sind. Der Elektromagnetismus erweist sich also als Nebeneffekt der Gravitation. Eine wunderschöne Idee, die aber leider aus anderen theoretischen Überlegungen heraus zu Widersprüchen geführt hat und somit zumindest in dieser einfachen Form aufgegeben werden musste.

Die Sonderrolle der Physik

Die Hierarchie der Naturwissenschaften ist eine Hierarchie der Gebiete, Teilgebiete und Theorien. Die Ebenen dieser Hierarchie sind durch die vier genannten Formen der Reduktion miteinander verknüpft. In der Physik treten alle vier Formen gleichermaßen auf. In den anderen Gebieten überwiegt die Reduktion durch Zerlegen, die auch zu den meisten Debatten geführt hat. Daher bin ich besonders ausführlich darauf eingegangen. Besonders spannend finde ich allerdings die Reduktion durch Ersetzen, weil sie den „Gesamtcharakter" der Dinge verändert. Das spielt bei den Gedankengängen im weiteren Verlauf des Buches eine große Rolle.

Die Physik nimmt in dieser Hierarchie eine Sonderrolle ein, erstens weil sie an deren unterem Ende liegt und zweitens weil innerhalb der Physik eine größere Vielfalt an Reduktionsformen herrscht als anderswo, wie oben dargestellt. Aus Ersterem folgt, dass die prinzipiellen Grenzen der Physik auch die prinzipiellen Grenzen der Naturwissenschaft sind. Denn wenn sich etwas überhaupt naturwissenschaftlich ausdrücken lässt, dann lässt es sich *im Prinzip* auch physikalisch ausdrücken. Die praktischen Grenzen der Physik sind jedoch *nicht* die praktischen Grenzen der Naturwissenschaft. Denn da die Reduktion durch Zerlegen nur eine Reduktion *im Prinzip* ist und sich oft in der Praxis nicht ausführen lässt, kann jedes Gebiet der Naturwissenschaft zu Erkenntnissen gelangen, deren Herleitung aus der Physik praktisch unmöglich ist.

Oft bringt die Reduktion in konkreten Fällen auch gar kein neues Verständnis, ist nicht interessant. Es genügt zu wissen, dass und wie sie *im Prinzip* möglich ist, aber sie durchzuführen (z. B. die Struktur eines bestimmten Moleküls aus der QM abzuleiten), lohnt den Aufwand nicht. Schließlich hat jede Ebene ihre eigene Terminologie, d. h., Dinge und Konzepte werden sprachlich dort auf eine ganz bestimmte Weise zusammengefasst, die das Arbeiten und Verstehen auf dieser Ebene erleichtert. Zu einer anderen Ebene zu springen, bedeutet auch, in eine andere Terminologie zu wechseln, mit der man unter Umständen weniger vertraut und die auch weniger geeignet ist, die Vorgänge auf der höheren Ebene effizient zu beschreiben. Auch das ist eine Konsequenz der schwachen Emergenz; das Neue in der oberen Ebene verlangt nach neuen Ausdrucksformen.

Im Grunde ist die Situation ähnlich wie in der Softwareentwicklung. Je nach Problemstellung wird eine geeignete höhere Programmiersprache verwendet, die sich in Form von Konzepten ausdrückt, die der Denkweise des Entwicklers (Programmierers) und den Erfordernissen der Aufgabe gerecht wird und Dinge so zusammenfasst, dass ein effizientes Arbeiten möglich ist. Der Prozessor des Computers versteht aber nur eine kleine Anzahl von ganz bestimmten Instruktionen, die auf kleinen Gruppen von Bits (Einsen und Nullen) ausgeführt werden. Das Programm des Entwicklers muss also, um zu funktionieren, in diese **Maschinensprache** übersetzt werden. Das erledigt ein Übersetzungsprogramm namens **Compiler.** Auch das ist eine Form von Reduktion! Der Compiler verwandelt eine Textdatei (oder mehrere), die den Programmcode des Entwicklers enthält, in eine ausführbare Datei, die Instruktionen in Maschinensprache enthält. Es ist für den Entwickler nützlich zu wissen, wie der Compiler *im Prinzip* funktioniert, aber nur in seltenen Fällen wird er sich die Mühe machen, sich den für Menschen schwierig zu lesenden Code in Maschinensprache anzusehen.

Aufgrund der unterschiedlichen Terminologien der einzelnen Ebenen hat jede Naturwissenschaft ihre eigenen Ausdrucksformen und ihre eigene Schönheit. Der Reduktionismus *im Prinzip* schmälert nicht die Leistungen und schon gar nicht die Bedeutsamkeit auf den höheren Ebenen. Er führt aber dazu, dass die Physik für philosophische Fragestellungen eine ganz besondere Bedeutung hat, weil sie das Fundament der Hierarchie darstellt.

6

Physik

6.1 Geschichte und Überblick

Der Name der Physik stammt aus dem Griechischen, aber die eigentliche
Geschichte der Physik beginnt mit der Veröffentlichung von Isaac Newtons
Meisterwerk *Philosophiae Naturalis Principia Mathematica* (dt. *Die mathemati-
schen Prinzipien der Naturphilosophie*) im Jahr 1687. In diesem Werk definiert
Newton die Grundbegriffe der Physik, beschreibt das mathematische Rüst-
zeug, das nötig ist, um mit diesen Begriffen zu hantieren, und stellt das erste
Gesetz auf, das eine der Grundkräfte der Natur beschreibt: die Gravitation.

Newtons Arbeit entstand nicht aus dem Nichts; es gab gerade im 17.
Jahrhundert eine Reihe großer Wissenschaftler, die mit ihren Erkenntnissen
dazu den Weg bereiteten, u. a. Descartes, Galilei, Kepler, Huygens, Torricelli.
Da der ganz entscheidenden Begriff der *Kraft* aber erst bei Newton in seiner
endgültigen Form definiert wird, würde ich diese (zugegeben etwas streng)
noch zur *Vorgeschichte* der Physik rechnen.

Der Titel von Newtons Arbeit zeigt auch, dass die Physik aufs Engste mit
zwei anderen Disziplinen verknüpft ist: der Mathematik und der Philosophie.
Die vielseitigen Beziehungen in dieser Trinität sollen uns das ganze Buch hindurch beschäftigen.

Die Physik des 18. Jahrhunderts war im Wesentlichen damit beschäftigt,
Schlussfolgerungen aus Newtons Werk zu ziehen, das Terrain zu durchforsten,
das Newton abgesteckt hatte und das heute unter dem Namen **Klassische
Mechanik** bekannt ist. Neue mathematische Formalismen wurden aufgestellt, die geschicktere Rechnungen im Rahmen der Newton'schen Theorie
ermöglichten. Praktische Anwendungen wurden erschlossen (z. B. Baustatik,

© Springer-Verlag GmbH Deutschland, ein Teil von Springer Nature 2020
J.-M. Schwindt, *Universum ohne Dinge*,
https://doi.org/10.1007/978-3-662-60705-3_6

Ballistik, Schwingungsphänomene), und die Theorie, die zunächst nur für idealisierte punktförmige Objekte und für starre Körper galt, wurde auf Flüssigkeiten und Gase erweitert (Hydrodynamik). Es war ein sehr französisches Jahrhundert, und so wird die Physik dieser Zeit auch von französischen Namen dominiert: d'Alembert, Lagrange, Legendre, Laplace, Fourier, Coulomb. Eine Ausnahme bildeten die Schweizer Bernoulli und Euler, zwei Hauptbegründer der Hydrodynamik.

Anfang des 19. Jahrhunderts wandte man sich dann zunehmend neuen Gebieten zu, die außerhalb des Newton'schen Terrains lagen. Zum einen waren dies die elektrischen und magnetischen Phänomene, die bis dahin ein Kuriosum dargestellt hatten, von dem nicht klar war, wie es am Ende ins Bild passen würde. Der Schwerpunkt der Forschung lag zunächst in Frankreich (Coulomb und Ampere, nach denen auch heute noch die Einheiten für Ladung und Stromstärke benannt sind), verlagerte sich dann aber zunehmend nach Großbritannien, wo Faraday und Maxwell die entscheidenden Schritte zu einer einheitlichen **elektromagnetischen Theorie** machten, die obendrein das Licht als elektromagnetische Welle beschrieb und somit auch das Gebiet der Optik mit einschloss.

Zum anderen waren dies Phänomene, die mit Wärme zu tun haben und die sowohl bei der Konstruktion neuer Maschinen eine Rolle spielten, insbesondere der Dampfmaschine, die ganz entscheidend für die beginnende Industrialisierung war, als auch beim Ablauf chemischer Reaktionen, die ebenfalls zu dieser Zeit intensiv erforscht wurden. Heraus kam dabei die **Thermodynamik,** die Ende des 19. Jahrhunderts zur **Statistischen Mechanik** ausgebaut wurde, worin Wärme als statistische Verteilung von Bewegungen kleiner Teilchen – Atomen bzw. Molekülen – verstanden wird, aus denen Materie zusammengesetzt ist. An diesen Entwicklungen waren viele Forscher beteiligt, aber die wesentlichen Schritte zur Statistischen Mechanik wurden von Maxwell (Schottland), Boltzmann (Österreich) und Gibbs (USA) vollzogen.

Anfang des 20. Jahrhunderts ging es Schlag auf Schlag. Einstein stellte 1905 seine **Spezielle Relativitätstheorie** (SRT) auf, in der er Raum und Zeit zu einem gemeinsamen geometrischen Gefüge, der *Raumzeit,* zusammenfügte, womit er die kuriose Beobachtung erklärte, dass die Lichtgeschwindigkeit für jeden Beobachter gleich ist, egal wie schnell er vor einem Lichtstrahl davonläuft oder ihm entgegenkommt. Die SRT lässt auch den Elektromagnetismus in einem neuen Licht erscheinen, sie vereinfacht ihn. Mit ihrer Hilfe lassen sich die vier Gleichungen von Maxwell auf eine einzige Gleichung zurückführen. Die SRT ist sehr einfach, sie lässt sich problemlos mit der Mathematik der Mittelstufe formulieren. Dafür stellt sie unsere Intuition von Raum und Zeit auf eine harte Probe, weshalb sie von vielen Menschen als schwierig empfunden wird. Zehn Jahre später legte Einstein mit der **Allgemeinen Relativitätstheorie** (ART) nach, worin er eine *Krümmung* der Raumzeit einführte und damit das Phänomen der Gravitation auf reine Geometrie zurückführte.

Währenddessen wurden zahlreiche Experimente im Zusammenhang mit verschiedenen Formen von Strahlung und mit Atomen durchgeführt. Dies sicherte den Status der Atome als Bausteine der Materie und machte viele ihrer Eigenschaften zugänglich. Insbesondere wurde ihr innerer Aufbau aus Atomkern und Elektronenhülle deutlich. Ihr Verhalten war jedoch nicht mit der Newton'schen Physik und der Theorie des Elektromagnetismus in Einklang zu bringen. Man brauchte zur Beschreibung stattdessen eine ganz neue Theorie, die **Quantenmechanik** (QM), die um 1926 herum aufgestellt wurde, wobei der wesentliche Teil der Formulierung auf Schrödinger (Österreich), Heisenberg (Deutschland) und Dirac (England) zurückgeht. Die QM ist eine sehr seltsame Theorie, sie widerspricht unserer Intuition noch viel mehr als die beiden Einstein'schen Relativitätstheorien. Aber sie beschreibt das Verhalten der Atome mit unvergleichlicher Präzision und „erklärt" das gesamte Periodensystem der Elemente und das Zustandekommen chemischer Reaktionen.

Die Experimente mit Strahlung zeigten auch ein bisher unbekanntes Phänomen auf, die *Radioaktivität*. Mit der Zeit wurde klar, dass diese auf Vorgänge in Atomkernen zurückzuführen ist, insbesondere auf solche Vorgänge, die einen Atomkern in zwei kleinere aufspalten. Über die schädliche Wirkung der Strahlung auf den Organismus war jedoch noch nichts bekannt, was zu schweren Erkrankungen und dem frühzeitigen Tod zahlreicher Forscher führte, die unbesorgt mit radioaktiven Phänomenen experimentiert hatten. In den 1930er Jahren zeigte sich, dass der Atomkern aus Protonen und Neutronen besteht und dass deren Dynamik das Verhalten der Kerne und somit auch der Radioaktivität bestimmt. Die gewonnenen Kenntnisse reichten aus, um im Verlauf des Zweiten Weltkrieges die Atombombe zu entwickeln. Die Kräfte, die das Zusammenspiel der Protonen und Neutronen bestimmen, die sogenannte *schwache* und *starke Kernkraft,* wurden aber erst später genauer verstanden, im Rahmen der Teilchenphysik.

Auf Basis der ART und von Messungen mit immer besseren Teleskopen führten theoretische Arbeiten des Russen Friedmann und des Belgiers Lemaitre zusammen mit Beobachtungen des Amerikaners Hubble um 1929 herum zur Entdeckung der Expansion des Universums und somit des *Urknallmodells.* Dies legte den Grundstein für die moderne **Kosmologie,** also die Physik und die Geschichte des Universums als Ganzem, und war ganz entscheidend für unser heutiges Weltbild.

Die 1950er bis 1970er Jahre waren von der Elementarteilchenphysik geprägt. Immer neue Teilchen wurden entdeckt, die dann in eine gemeinsame Theorie eingebunden werden mussten. Theoretisches Rahmenwerk hierfür war die **Quantenfeldtheorie** (QFT), eine Weiterentwicklung der QM, die nicht nur die gesamte Seltsamkeit letzterer geerbt hat, sondern zusätzlich noch von nervenzerrüttenden mathematischen Schwierigkeiten geplagt wurde. Dennoch beschreibt sie Phänomene der Teilchenphysik mit nie dagewesener Präzision. Sie ist die mit Abstand universellste Theorie, die wir besitzen. Fast die gesamte Physik lässt sich auf sie zurückführen, nur ihre Anwendung auf die Gravitation ist noch nicht geklärt. Viele Physiker waren an ihrer Entwicklung beteiligt, der bekannteste von ihnen ist jedoch wahrscheinlich der Amerikaner Feynman. Im Lauf der 1970er Jahre konvergierte das Hin und Her aus neu entdeckten Teilchen und neuen Theorien (allesamt verschiedene Varianten von Quantenfeldtheorien) schließlich gegen eine Theorie, die alle bis dahin und auch alle seither gefundenen Teilchen umfasst: das **Standardmodell der Teilchenphysik.**

Die in diesem Überblick genannten Theorien und Gebiete bestimmen auch das heutige Physikstudium. Ein typisches Kursprogramm umfasst vier Grundvorlesungen in Theoretischer Physik: 1) Klassische Mechanik, 2) Elektromagnetismus und Spezielle Relativitätstheorie, 3) Quantenmechanik und 4) Thermodynamik bzw. Statistische Mechanik. Im weiterführenden Studium (Master) werden dann 5) Quantenfeldtheorie (bzw. Teilchenphysik) und 6) Allgemeine Relativitätstheorie angeboten, sowie 7) Kosmologie, wobei in letztere alle anderen Gebiete und Theorien hineinspielen.

6.2 Physikalische Theorien und Experimente

Was ist nun eigentlich eine physikalische Theorie? Diese Frage hat niemand genauer und klarer beantwortet als Pierre Duhem in seinem Meisterwerk *Ziel und Struktur der physikalischen Theorien* aus dem Jahr 1906 (frz. *La théorie physique, son objet et sa structure*); darum wollen wir ihn hier sprechen und seine Sichtweise darlegen lassen. Er definiert:

Eine physikalische Theorie ist ein System mathematischer Lehrsätze, die aus einer kleinen Zahl von Prinzipien abgeleitet werden und den Zweck haben, eine zusammengehörige Gruppe experimenteller Gesetze ebenso einfach, wie vollständig und genau darzustellen. (Duhem 1998, S. 21)[1]

Es sollen also Gesetzmäßigkeiten, die experimentell gefunden wurden, in einen gemeinsamen Zusammenhang gebracht und als logische Konsequenz

---

[1] Die Jahreszahl hier bezieht sich auf die deutsche Ausgabe.

einer kleinen Zahl von „Prinzipien" (in der Mathematik würde man sagen: Axiome), die die spezielle Theorie definieren, dargestellt werden. Bei der Aufstellung einer solchen Theorie sind nach Duhem vier fundamentale Operationen durchzuführen:

1. Die Definition und das Maß der physikalischen Größen
2. Die Wahl der Hypothesen
3. Die mathematische Entwicklung der Theorie
4. Der Vergleich der Theorie mit dem Experiment

Zu **Punkt 1:** Theorien beziehen sich auf bestimmte physikalische Größen. Dabei wird durch ein Maßsystem eine Verbindung zwischen mathematischen Symbolen, mit denen die Theorie gebildet wird, und den physikalischen Eigenschaften selbst hergestellt. Unter diesen ist noch zwischen einfachen und zusammengesetzten Eigenschaften zu unterscheiden:

Unter den physikalischen Eigenschaften, die wir darstellen wollen, wählen wir diejenigen, die wir als einfache Eigenschaften betrachten, aus, während wir die anderen als Gruppen und Kombinationen jener auffassen. Wir ordnen ihnen, durch geeignete Messmethoden, entsprechend viele mathematische Symbole, Zahlen, Größen zu. Diese mathematischen Symbole haben mit den Eigenschaften, die sie repräsentieren, von Natur aus keine Beziehung. Ihre einzige Beziehung ist die des Zeichens mit dem Bezeichneten. (Duhem 1998, S. 21)

In der Klassischen Mechanik beispielsweise sind Länge, Zeit und Masse die „einfachen" Eigenschaften. Alle anderen Eigenschaften sind daraus zusammengesetzt; beispielsweise ist eine Geschwindigkeit gleich der Länge einer zurückgelegten Strecke, geteilt durch die dafür benötigte Zeit. Länge kann durch ein Maßband gemessen werden, Zeit durch eine Uhr, Masse durch eine Waage (lassen wir hier einfachheitshalber die Schwierigkeit außer Acht, dass eine Waage für gewöhnlich das Gewicht misst, was nicht dasselbe ist wie die Masse). Durch diese Messmethoden werden den Eigenschaften Zahlenwerte zugewiesen, die mit bestimmten Einheiten versehen sind. Längen werden in Metern, Zeit in Sekunden, Massen in Kilogramm gemessen, Geschwindigkeiten dementsprechend in Metern pro Sekunde, und so weiter. In der Wärmelehre spielt die Temperatur eine fundamentale Rolle. Sie wird mit einem Thermometer gemessen und in Grad angegeben. So werden alle Eigenschaften, die wir zunächst sinnlich und qualitativ wahrnehmen (etwas fühlt sich warm oder kalt an), in Quantitäten übersetzt, mit denen eine Theorie dann arbeiten kann:

Das Universum, das sich unseren Sinnen als ein ungeheurer Zusammenhang von Qualitäten darbietet, müsste daher der Vernunft als System von Quantitäten offenbar werden. (Duhem 1998, S. 147)

In der Theorie werden diese Quantitäten durch bestimmte Symbole ausgedrückt, beispielsweise l für Länge, t für Zeit, m für Masse, T für Temperatur, wobei dann, um die Theorie auf eine konkrete Situation *anzuwenden*, konkrete Zahlenwerte für diese Symbole einzusetzen sind.

Zu **Punkt 2**, die Wahl der Hypothesen: Es sind einige Prinzipien zu wählen (wir können sie auch Grundannahmen, Axiome oder Postulate nennen; es können auch Gleichungen sein, die die Grundlage einer Theorie bilden), die hypothetische Zusammenhänge zwischen den physikalischen Größen beschreiben. In der Klassischen Mechanik wäre z. B. das dritte Newton'sche Postulat ein solches Prinzip: *actio* ist gleich *reactio*. Das soll heißen: Wenn ein Körper A eine Kraft auf einen Körper B ausübt, dann übt auch B eine genauso starke Kraft auf A aus, nur in der entgegengesetzten Richtung. Dieses Prinzip zeigt sich zum Beispiel im Rückstoß beim Abfeuern einer Schusswaffe: Der Rückstoß, den wir erfahren, ist genauso groß wie die Kraft, die die Kugel vorwärts aus dem Lauf schleudert (nur wird die Kugel wegen ihrer kleinen Masse viel stärker beschleunigt, weil Beschleunigung gleich Kraft geteilt durch Masse ist). Das Prinzip zeigt sich auch in der Gravitation (Schwerkraft): Die Erde zieht die Sonne genauso stark an, wie umgekehrt die Sonne die Erde anzieht. Bloß weil die Sonne etwa 300.000-mal schwerer ist als die Erde, schlägt sich das kaum in einer nennenswerten Bewegung der Sonne nieder; die Erde dreht sich um die Sonne, nicht umgekehrt.

In **Punkt 3** sind dann logische Schlussfolgerungen aus den Hypothesen abzuleiten, meist in Form von Gleichungen, die die physikalischen Größen zueinander in Beziehung setzen. Diese Herleitungen sind rein mathematisch. Die Hypothesen zusammen mit der Gesamtheit aller möglichen Schlussfolgerungen (im Prinzip sind das immer unendlich viele!) bilden dann die Theorie.

Entscheidend ist schließlich **Punkt 4**, der Vergleich mit dem Experiment. Er markiert den wesentlichsten Unterschied zwischen Physik und Mathematik. Denn die ersten drei Punkte sind quasi identisch zur Theoriebildung in der reinen Mathematik: Erstens Wahl der Grundbegriffe, zweitens Wahl der Axiome, die Zusammenhänge zwischen den Grundbegriffen definieren, drittens logische Ableitung von Lehrsätzen. In der Physik beinhaltet der erste

Punkt allerdings auch die Beschreibung von Messmethoden, die den vierten Punkt – Vergleich mit dem Experiment – erst ermöglichen, indem sie den Zusammenhang zwischen der mathematischen Größe und der Beobachtung im Experiment erst definieren. Der Vergleich mit dem Experiment ist auch das einzige Wahrheitskriterium einer Theorie:

Das Ziel jeder physikalischen Theorie ist die Darstellung experimenteller Gesetze. Die Worte Wahrheit, Sicherheit haben in Bezug auf eine solche Theorie nur eine einzige Bedeutung; sie drücken die Übereinstimmung der Schlussfolgerungen der Theorie mit den Gesetzmäßigkeiten, die die Beobachter festgestellt haben, aus. (Duhem 1998, S. 188)

Der Vergleich mit dem Experiment ist allerdings oft viel schwieriger, als es zunächst den Anschein hat. Eine Theorie enthält, wie gesagt, unendlich viele Schlussfolgerungen, die im Prinzip experimentell zu überprüfen wären. Zum anderen gibt es auch unendlich viele denkbare experimentelle Konstellationen, auf die die Theorie anwendbar wäre. Es gilt also, eine geeignete Auswahl zu treffen.

Außerdem besteht das Problem der Übersetzung zwischen Experiment und Theorie. Ausgangspunkt hierfür ist, wie gesagt, die Angabe der Messmethoden in Punkt 1:

Um in die Rechnungen die Bedingungen eines Experiments einzuführen, ist eine Übersetzung nötig, die die Sprache der konkreten Beobachtung durch die Sprache der Zahlen ersetzt. Um das Resultat, das die Theorie für ein gewisses Experiment voraussagt, konstatierbar zu machen, ist es nötig, die Aufgabe zu lösen, einen numerischen Wert in eine in der Sprache des Experimentes formulierte Angabe umzubilden. Die Maßmethoden sind, wie wir bereits gesagt haben, das Vokabularium, das diese beiden Übersetzungen ermöglicht. (Duhem 1998, S. 173)

Das ist jedoch nicht so trivial:
Wer aber übersetzt, fälscht; traduttore, traditore; es gibt niemals eine vollständige Übereinstimmung zwischen den zwei Texten, die Übersetzungen voneinander sind. Der Unterschied zwischen den konkreten Tatsachen, wie sie der Physiker beobachtet, und den numerischen Symbolen, durch die diese Tatsachen in den Rechnungen des Theoretikers dargestellt werden, ist außerordentlich. (Duhem 1998, S. 173)

Das Problem ist, dass die meisten Messmethoden recht indirekt sind und ihrerseits etliche physikalische Gesetze bereits *voraussetzen*, um gültig zu sein. Eine Uhr beispielsweise funktioniert aufgrund bestimmter physikalischer Gesetzmäßigkeiten. Bei einer altmodischen Pendeluhr war dies das Schwingungsverhalten eines Pendels. Bei einer Quarzuhr kommt ein deutlich komplizierter

Effekt zum Einsatz, nämlich „elektromechanische Resonanzschwingungen" kleiner Quarzkristalle. Noch schwieriger, aber auch noch genauer funktionieren moderne Atomuhren. Die physikalischen Gesetze, die die Mechanismen der jeweiligen Uhren bestimmen, müssen von einem Physiker bereits vorausgesetzt werden, damit er annehmen kann, dass die Ziffern, die die Uhr anzeigt, tatsächlich Sekunden bezeichnen, und damit er die Uhr verwenden kann, um in einem Experiment *andere* physikalische Gesetze zu überprüfen.

Misst er die Masse eines Gegenstands mit einer Waage, so muss er den Mechanismus der Waage als korrekt voraussetzen. Diese misst genau genommen eine Gewichtskraft, die auf sie ausgeübt wird, d. h., der Physiker muss zunächst einmal das Gravitationsgesetz annehmen und die Stärke des Schwerefeldes auf der Erdoberfläche kennen, um zu akzeptieren, wie die Waage eine Gewichtskraft in eine Masse übersetzt. Weiterhin muss er den inneren Mechanismus der Waage akzeptieren, also wie diese die Stärke der Gewichtskraft in die Anzeige einer Zahl umsetzt. Bei altmodischen Federwaagen geschah dies über eine Schraubenfeder, die proportional zur Kraft auseinandergezogen wurde, bei modernen elektromechanischen Waagen werden mehrere elektrische und mechanische Effekte miteinander verknüpft.

Misst er die Temperatur mit Hilfe eines altmodischen Quecksilberthermometers, so liest er tatsächlich die Höhe der Quecksilbersäule ab. Er muss *voraussetzen*, wie diese Höhe mit der Temperatur zusammenhängt, nämlich aufgrund der Ausdehnungseigenschaften des Quecksilbers. In seinem Versuchsprotokoll wird er aber nur die gemessene Temperatur festhalten. Von der Höhe einer Quecksilbersäule und von den theoretischen Gründen, warum er diese als Temperaturmessung interpretiert, wird er nichts schreiben.

Ein physikalisches Experiment ist die genaue Beobachtung einer Gruppe von Erscheinungen, die verbunden wird mit einer INTERPRETATION derselben; diese Interpretation ersetzt das konkret Gegebene, mit Hilfe der Beobachtung wirklich Erhaltene durch abstrakte und symbolische Darstellungen, die mit ihnen übereinstimmen auf Grund der Theorien, die der Beobachter als zulässig annimmt. [...]

Das Resultat der Operationen, die den physikalischen Experimentator beschäftigen, ist keineswegs die Konstatierung einer Gruppe konkreter Tatsachen. Es ist der Ausdruck eines Urteils, das gewisse abstrakte symbolische Begriffe mit einander verbindet, deren Abhängigkeit von den wirklich beobachteten Tatsachen allein durch die Theorien hergestellt wird. [...]

Keines der Worte, die bei dem Aussprechen des Resultates eines solchen Versuches verwendet werden, drückt direkt ein sichtbares und tastbares Objekt aus. Jedes von ihnen hat einen abstrakten und symbolischen Sinn. Der Sinn ist mit den konkreten Realitäten durch lange komplizierte theoretische Mittelglieder verbunden. [...]

Zwischen einem abstrakten Symbol und einer konkreten Tatsache kann eine Verbindung bestehen, niemals aber eine vollkommene Gleichheit. Das abstrakte Symbol kann keine adäquate Darstellung der konkreten Tatsache, die konkrete Tatsache niemals die strenge Verwirklichung des abstrakten Symbols sein. [...] Zwischen den bei der Ausführung eines Experimentes wirklich festgestellten Erscheinungen und dem Resultat dieses Experimentes, das vom Physiker formuliert wird, muss eine intellektuelle, sehr komplizierte Arbeit eingeschaltet werden, die einen Bericht über konkrete Tatsachen durch ein abstraktes und symbolisches Urteil substituiert. (Duhem 1998, S. 192 ff.)

In der Wahl der Messmethoden aus Schritt 1 bei der Aufstellung einer neuen Theorie sind also in der Regel bereits mehrere *andere* Theorien „versteckt", die als gültig vorausgesetzt werden müssen, damit die Methode akzeptiert werden kann. Auf diese Weise bauen physikalische Theorien aufeinander auf, hängen miteinander zusammen, und die ganze Physik bekommt dadurch einen holistischen Charakter. Dies gilt auch für die Begriffe, mit denen die Physik hantiert. Nur die einfachsten gehen ja direkt aus unserer sinnlichen Erfahrung hervor wie etwa Länge oder Zeit. Bereits der Begriff der Masse beinhaltet einiges an Abstraktion, noch viel mehr der Begriff der Energie. Diese Begriffe werden benutzt, weil sie sich im Wechselspiel von Experiment und Theorie *bewährt* haben. Sie bauen auch aufeinander auf. Der Elektromagnetismus beinhaltet Begriffe wie elektrische Ladung, Stromstärke, Spannung, elektrische und magnetische Feldstärke. Diese sind aus einem jahrhundertelangen Abstraktionsprozess hervorgegangen, aus einer riesigen Zahl von Beobachtungen, Befragungen der Natur in Experimenten und theoretischen Überlegungen dazu. Für die späteren Theorien werden sie aber vorausgesetzt, dienen als Basis für noch tiefere Abstraktionen wie etwa in der Atomphysik:

Die symbolischen Ausdrücke, die ein physikalisches Gesetz verbindet, sind nicht derartige Abstraktionen, die spontan aus der konkreten Realität hervorgehen; sie sind Abstraktionen, die aus einer langen, komplizierten, bewussten hundertjährigen Arbeit, die die physikalischen Theorien schuf, hervorgingen. Es ist unmöglich, das Gesetz zu verstehen, unmöglich es anzuwenden, wenn man diese Arbeit nicht geleistet, wenn man die physikalischen Theorien nicht kennt. [...]
 Ein physikalisches Gesetz ist eine symbolische Beziehung, deren Anwendung auf die konkrete Wirklichkeit erfordert, dass man eine ganze Gruppe von Theorien kenne und akzeptiere. [...]
 Die physikalische Wissenschaft ist ein System, das man als Ganzes nehmen muss, ist ein Organismus, von dem man nicht einen Teil in Funktion setzen kann, ohne dass auch die entferntesten Teile desselben ins Spiel treten, die einen in höherem, die anderen in geringerem, aber alle in irgend einem Grade. [...]

Wenn die Interpretation des kleinsten physikalischen Experimentes die Anwendung einer ganzen Gruppe von Theorien voraussetzt, wenn sogar die Beschreibung des Experimentes eine Menge abstrakter symbolischer Ausdrücke, deren Sinn die Theorien allein festlegen und deren Verbindung mit den Tatsachen sie allein kennzeichnen, erfordert, ist es wohl nötig, dass der Physiker sich entschließe, eine lange Kette von Hypothesen und Deduktionen zu entwickeln, bevor er den Versuch macht, den geringsten Vergleich zwischen dem theoretischen Gebäude und der konkreten Realität auszuführen. (Duhem 1998, S. 220 ff., 249, 272)

Dies zeigt, dass die Physik ein sehr mühsamer Prozess ist. Es räumt aber auch mit der Illusion auf, man könne Physik quasi im Vorbeigehen verstehen, eine der fortgeschrittenen Theorien in wenigen Sätzen zusammenfassen oder erklären. Das Erlernen der Physik erfordert Zeit, viel Zeit.

Der holistische Charakter der Physik bedeutet im Umkehrschluss: Wenn nun eine Diskrepanz zwischen Theorie und Experiment festgestellt wird, ist zunächst nicht klar, ob die konkrete Hypothese, die das Experiment zu prüfen meint, selbst damit widerlegt wurde, oder ob eine der zahlreichen Voraussetzungen, die in die Interpretation des Experiments eingingen, falsch war:

Ein physikalisches Experiment kann niemals zur Verwerfung einer isolierten Hypothese, sondern immer nur zu der einer ganzen theoretischen Gruppe führen. (Duhem 1998, S. 243)

Man muss daher zur Überprüfung, wo genau die Abweichung liegt, viele weitere Experimente zum Vergleich heranziehen, die von den verschiedenen Voraussetzungen und den verschiedenen Schlussfolgerungen der Theorie in unterschiedlicher Weise Gebrauch machen:

Die einzige experimentelle Kontrolle der physikalischen Theorie, die nicht unlogisch ist, besteht in dem Vergleich des vollständigen Systems der physikalischen Theorie mit der ganzen Gruppe experimenteller Tatsachen und in der Feststellung, ob diese durch jene in befriedigender Weise dargestellt wird. (Duhem 1998, S. 267)

Der Näherungscharakter der Theorien

Ein weiterer wichtiger Aspekt beim Vergleich zwischen Theorie und Experiment ist der Umgang mit Messungenauigkeiten. Denn auf Seite der Theorie werden konkrete Zahlenwerte in die Gleichungen eingesetzt, auf Seite des Experiments hat man es jedoch immer mit Beobachtungen und Messungen zu tun, die kleine Ungenauigkeiten aufweisen. Die Größe dieser Ungenauigkeiten hat der Experimentator abzuschätzen. Dies wird dann oft implizit dadurch ausgedrückt, dass auf eine bestimmte Anzahl von Dezimalstellen gerundet wird.

Wenn mir beispielsweise meine Waage anzeigt, dass ich 81,7 kg wiege, dann ist das so zu interpretieren, dass mein Gewicht zwischen 81,65 und 81,75 kg liegt; die Ungenauigkeit beträgt also etwa 0,1 kg. Auf Seite der Theorie ist dann wiederum abzuschätzen, wie sich die Ungenauigkeit in den Gleichungen fortsetzt.

Nehmen wir an, wir wollen eine Gleichung überprüfen, die im Rahmen einer Theorie auftritt. Die Gleichung verknüpft mehrere physikalische Größen miteinander. In dem Fall legt man in einem typischen Theorie-Experiment-Vergleich alle Werte bis auf einen fest und macht mittels der Gleichung eine Vorhersage für den verbliebenen Wert, den man dann wiederum mit dem Experiment vergleichen kann. Wenn nun aber die vorgegebenen Werte mit Ungenauigkeiten von der und der Größe behaftet sind (aufgrund der Ungenauigkeit ihrer Messung), wie groß ist dann die *theoretische* Ungenauigkeit der Vorhersage für den verbliebenen Wert, und wie vergleicht sich diese mit der *experimentellen* Ungenauigkeit bei der Messung ebendieses Wertes? Sind Theorie und Experiment im Einklang miteinander, wenn man all diese Ungenauigkeiten berücksichtigt? Dies sind die Fragen, die sich der Experimentalphysiker zu stellen hat.

In anderen Fällen ist eine Differentialgleichung zu prüfen, die die zeitliche Entwicklung einer physikalischen Größe beschreibt. In dem Fall wird zum Beispiel der Zahlenwert der Größe zu zwei verschiedenen Zeitpunkten gemessen. Der frühere Wert wird als Ausgangswert in die Gleichung eingesetzt und daraus eine Vorhersage für den späteren Wert abgeleitet, der wiederum mit dem gemessenen späteren Wert verglichen wird. Wenn nun aber der Ausgangswert mit einer Ungenauigkeit von der und der Größe behaftet ist, wie wirkt sich das auf die Ungenauigkeit der Vorhersage aus?

Hier gibt es „gutartige" und „bösartige" Fälle. Im gutartigen Fall ist die Ungenauigkeit der Vorhersage höchstens so groß wie die des eingesetzten Ausgangswertes. Im bösartigen Fall hat eine sehr kleine Ungenauigkeit im eingesetzten Wert eine sehr große Ungenauigkeit in der Vorhersage zur Folge. Wenn ich beispielsweise eine Billardkugel auf der Spitze eines Berges loslasse, so können Millimeter in der Ausgangsposition darüber entscheiden, auf welchem Weg die Kugel den Berg hinunterrollt.

Solche Überlegungen geben den Ausschlag, wie gut ein Vergleich zwischen Theorie und Experiment in einem gegebenen Fall durchgeführt werden kann. Es kann auch geschehen, dass eine Theorie zunächst vom Experiment bestätigt wird, dann aber, wenn neue experimentelle Methoden eine höhere Genauigkeit ermöglichen, als ungültig erkannt wird. Da aber niemals eine völlige Genauigkeit hergestellt werden kann, ist jede Theorie als eine **Näherung** anzusehen, die innerhalb bestimmter Genauigkeitsgrenzen gilt.

Außerdem sind Theorien in der Regel auf bestimmte **Skalen** eingeschränkt. Das heißt, sie gelten mit akzeptabler Genauigkeit, wenn die physikalischen Größen, mit denen sie hantiert, selbst in einem bestimmten Wertebereich, innerhalb bestimmter Größenordnungen liegen. Die Newton'sche Mechanik gilt mit hoher Genauigkeit, solange die Geschwindigkeiten aller an einem Experiment beteiligten Objekte deutlich kleiner sind als die Lichtgeschwindigkeit. Nähert man sich der Lichtgeschwindigkeit, ist die Newton'sche Mechanik nicht mehr ausreichend; man benötigt die SRT. Sie verliert ihre Gültigkeit auch auf sehr kleinen *Längen*skalen, im atomaren Bereich, wo die QM regiert. In der Teilchenphysik beobachtet man, dass das Verhalten sich ändert, je nachdem mit welchen Energien man Teilchen aufeinanderschießt. Hier ist also die *Energie*skala entscheidend. So treten beispielsweise unterhalb einer bestimmten Energie die elektromagnetische Kraft und die schwache Kernkraft als zwei unterschiedliche Kräfte mit unterschiedlichen Eigenschaften auf. Oberhalb dieser Energie jedoch vereinigen sich die beiden Kräfte zu einer einzigen Kraft.

So kommt der Fortschritt der Physik unter anderem dadurch zustande, dass größere Genauigkeiten oder bisher unerforschte Skalen in Reichweite der Experimente kommen, zum Beispiel höhere Energien in Teilchenbeschleunigern. Im Verlauf dieses Fortschritts kommt es auch vor, dass neue Begriffe eingeführt werden müssen und die alten in ihrem Gültigkeitsbereich eingeschränkt werden:

Ein physikalisches Gesetz ist provisorisch, nicht nur weil es angenähert, sondern auch weil es symbolisch ist. Es treten immer Fälle ein, in denen die Symbole, auf denen es ruht, nicht mehr geeignet sind, die Realität in befriedigender Weise darzustellen. [...]

Das will nicht sagen, dass ein physikalisches Gesetz während einer gewissen Zeit richtig und darauf falsch wird, denn es ist in jedem Augenblick weder richtig noch falsch. Es ist provisorisch, weil es die Tatsachen, auf die es angewendet wird, mit einer Annäherung darstellt, die den Physikern heute hinreichend erscheint, die ihnen aber eines Tages nicht mehr genügen wird. Ein derartiges Gesetz ist immer relativ, nicht weil es für einen Physiker richtig, für einen anderen falsch ist, sondern weil die Annäherung, die es besitzt, für den Gebrauch, den der eine Physiker von ihm machen will, ausreicht, nicht aber für den, den der andere im Auge hat. [...]

Das von der Theorie ausgeheckte mathematische Symbol passt sich der Wirklichkeit ebenso an, wie die Rüstung an den Körper eines mit Eisen geharnischten Ritters. Je verwickelter die Rüstung ist, um so schmiegsamer scheint das harte Metall zu werden. Die große Anzahl der Stücke, die ihn wie Schuppen bedecken, sichern einen viel vollkommeneren Kontakt zwischen dem Stahl und den beschützten Gliedern. Aber so zahlreich auch die Bestandteile der Rüstung seien, niemals wird sie genau die Gestalt des menschlichen Körpers annehmen. [...]

Jedem Gesetz, das die Physik formulieren wird, wird die Wirklichkeit früher oder später die rücksichtslose Widerlegung durch eine Tatsache entgegenstellen. Aber unermüdlich wird die Physik das widerlegte Gesetz verbessern, modifizieren und verwickelter machen, und es so durch ein umfassenderes Gesetz ersetzen, in dem die durch das Experiment aufgezeigte Ausnahme nun ihrerseits ihre Regel findet. In diesem unaufhörlichen Kampf, in dieser Arbeit, durch die die Gesetze fortwährend so vervollständigt werden, dass die Ausnahmen in ihnen Aufnahme finden, besteht der Fortschritt der Physik. [...]

Die Physik macht ihre Fortschritte nicht wie die Geometrie, die neue definitive, außer Diskussion stehende Lehrsätze zu den definitiven außer Diskussion stehenden Lehrsätzen, die sie schon besaß, hinzufügt. Sie macht Fortschritte, weil das Experiment ohne Unterlass neue Widersprüche zwischen den Gesetzen und den Tatsachen hervortreten lässt und weil die Physiker ohne Unterlass die Gesetze verbessern und modifizieren, damit sie genauer die Tatsachen darstellen. [...]

Die Physik [...] ist ein symbolisches Bild, dem fortwährende Verbesserungen mehr und mehr Ausdehnung und Einheit geben; die Gesamtheit der Theoreme gibt ein immer ähnlicheres Bild der Gesamtheit der experimentellen Tatsachen, während jedes Detail dieses Bildes abgeschnitten und isoliert vom Ganzen jede Bedeutung verliert und nichts mehr darstellt. (Duhem 1998, S. 227 ff., 273)

Viele Physiker hoffen jedoch, dass eines Tages eine Theorie gefunden wird, die eben doch eine perfekte „Ritterrüstung" darstellt – eine Theorie, die *alle* Tatsachen darstellt und durch kein Experiment mehr widerlegt wird (Diskussion in Kap. 8 und 9). Abgesehen von dieser Hoffnung ist der Hinweis, dass die Theorien der Physik Näherungen darstellen und provisorisch sind, ganz entscheidend zur richtigen Einordnung physikalischer Entdeckungen. Wie schon in Kap. 5 besprochen, stellen sowohl die Newton'sche als auch die Einstein'sche Theorie Näherungen dar, sie gelten innerhalb bestimmter Genauigkeitsgrenzen und innerhalb bestimmter *Skalen*. Der Bereich, in dem die Einstein'sche Theorie angewendet werden kann, ist weiter als der der Newton'schen Theorie. Aber das heißt nicht, dass die eine Theorie „recht" hat und die andere „unrecht".

Physik und Metaphysik

Ein umstrittener Punkt in Duhems Arbeit ist seine Ablehnung der Vorstellung, dass physikalische Theorien etwas *erklären*. Er begründet dies damit, dass sich die Physik von der Metaphysik abgrenzen müsse:

Wenn man eine physikalische Theorie als hypothetische Erklärung der materiellen Wirklichkeit betrachtet, bringt man sie in Abhängigkeit von der Metaphysik. Man gibt ihr damit eine Form, die keineswegs geeignet ist, ihr die Anerkennung der großen Mehrzahl der Denker zu verschaffen, man beschränkt im Gegenteil die Zustimmung auf jene, die sich zu der Philosophie bekennen, auf die sie sich beruft. (Duhem 1998, S. 20)

Zur Erläuterung beschreibt er, wie sich verschiedene philosophische Schulen (in einer Zeit vor der Aufstellung der Maxwell'schen Theorie des Elektromagnetismus) darum stritten, wie ein Magnetfeld zustande kommen könne. Jede dieser Schulen hatte ihre eigenen Vorurteile, wie die Wirklichkeit beschaffen sein müsse:

- Aus Sicht der *Peripatetiker* setzt sich alles substantiell aus *Stoff* und *Form* zusammen, wobei „Form" hier ein sehr weitgefasster Begriff ist, der alle denkbaren Eigenschaften umfassen kann, sowohl wahrnehmbare als auch verborgene, insbesondere also auch so etwas wie eine „magnetische" Eigenschaft.
- Aus Sicht der Anhänger *Newtons* jedoch musste alle Materie aus punktförmigen Massen bestehen, die bestimmte Kräfte aufeinander ausüben, auch über eine Distanz hinweg (Fernwirkung, wie in der Gravitation). Diese Kräfte waren durch Naturgesetze zu beschreiben. Zusätzliche Eigenschaften der Massenpunkte waren nicht erlaubt.
- Für die *Atomisten* waren jedoch Fernwirkungen reine Illusion. Materie musste aus kleinen harten Objekten, den Atomen, bestehen, die eine bestimmte Masse und eine bestimmte Gestalt hatten (insbesondere nicht einfach nur punktförmig). Diese Atome konnten nur durch Zusammenstöße aufeinander wirken. Über eine Distanz hinweg konnten sie sich auf keine Weise beeinflussen.
- Auch die *Cartesianer* glaubten nicht an Fernwirkung. Aus ihrer Sicht war der ganze Raum von einem homogenen, inkompressiblen „Fluidum" erfüllt, dessen wirbelförmige Bewegungen die Illusion von Materie im herkömmlichen Sinne erzeugen.

Jede dieser Schulen versuchte demgemäß Theorien des Magnetismus zu konstruieren, die mit ihren Vorurteilen im Einklang war. Keine dieser Theorien kam sehr weit, insbesondere fand jede nur Anhänger innerhalb ihres eigenen philosophischen Lagers. Daher, schließt Duhem, müsse man solche metaphysischen Vorurteile von vornherein aus der Physik heraushalten. Man dürfe jede Theorie nur als das verstehen, was sie ist, nämlich ein System mathematischer Lehrsätze zur kompakten Beschreibung experimentell gefundener Gesetzmäßigkeiten, ohne dabei zusätzliche Annahmen über die Beschaffenheit der Wirklichkeit zu machen. Der Preis, den man dafür zahlt, ist die Aufgabe der Theorie als *Erklärung* für irgendetwas. Denn wenn die mathematischen Lehrsätze nicht mehr mit einer Aussage über die Beschaffenheit der Wirklichkeit verknüpft werden, wenn sie nur rein mathematische Aussagen sind, die sich auf zum Teil komplizierte Weise auf experimentelle Resultate beziehen, so verlieren sie all das, was wir uns unter einer Erklärung vorstellen.

Heute kann man das sehr gut am Beispiel der QM beobachten. Diese Theorie beschreibt das Verhalten der Atome geradezu perfekt. Sie widerspricht jedoch all unseren Intuitionen, wie Materie beschaffen sei (Abschn. 7.6). Niemand, der die QM erlernt, hat dabei das Gefühl, dass damit irgendetwas wirklich in einem tieferen Sinn erklärt sei, nur im rein mathematischen Sinn: Wir verstehen beispielsweise, *wie* die Gleichungen der QM zu den Strukturen des Periodensystems der Elemente führen, insofern „erklärt" sie diese Strukturen. Aber wie eine Wirklichkeit beschaffen sein kann, dass sie so eine „unmögliche" Theorie wie die QM ermöglicht, bleibt unklar. Hier haben sich neue philosophische Schulen gebildet, die die QM auf unterschiedliche Weise *interpretieren*, ihre Verbindung mit der Wirklichkeit auf unterschiedliche Weise zu erfassen versuchen. Das Entscheidende ist aber gerade, dass die QM als physikalische Theorie völlig unabhängig von diesen Interpretationen funktioniert, als physikalische Theorie, die korrekte Vorhersagen für Experimente macht, ohne dabei etwas *erklären* zu müssen.

Die Unzufriedenheit vieler Physiker mit der QM zeigt aber auch, warum diese Thesen Duhems so umstritten sind. Wir wünschen uns eben doch eine Erklärung von einer Theorie. Ohne das Hoffen auf Erklärungen würde eine ganz wesentliche Motivation wegfallen, Physik zu betreiben. Und in den *klassischen* Theorien, also den Theorien vor der QM, sehen wir auch solche Erklärungen. Bei der SRT haben wir beispielsweise das Gefühl, dass sie uns etwas Reales über Raum und Zeit mitteilt und dass damit etwas *erklärt* ist, beispielsweise die Konstanz der Lichtgeschwindigkeit. Wir haben auch das starke Gefühl, dass die Physik gar nicht so gut funktionieren und gar nicht so viele Phänomene in so wenigen Gesetzen zusammenfassen könne, wenn diese Gesetze nicht die Wirklichkeit selbst widerspiegeln würden.

Das sieht allerdings auch Duhem, aber er sieht es als das, was es ist: ein Gefühl, eine Ahnung, ein Glaube. Daraus entwickelt er den Begriff der *naturgemäßen Klassifikation* und trennt diesen noch einmal vom Begriff der *Erklärung*:

Wenn wir auch nur die Gesetze der Phänomene gruppieren und nicht vorgeben, die unter ihnen verborgene Wirklichkeit zu erklären, so fühlen wir doch, dass die durch unsere Theorie hergestellten Gruppen den wirklichen Beziehungen zwischen den Dingen selbst entsprechen. [...]

So gibt uns die physikalische Theorie niemals die Erklärung der experimentellen Gesetzmäßigkeiten, niemals enthüllt sie uns die Realitäten, die sich hinter den wahrnehmbaren Erscheinungen verbergen. Aber je mehr sie sich vervollkommnet, um so mehr ahnen wir, dass die logische Ordnung, in der sie die Erfahrungstatsachen darstellt, der Reflex einer ontologischen Ordnung sei. [...]

Derart beweist uns die Analyse der Methoden, auf denen sich die physikalischen Theorien aufbauen, mit vollkommener Sicherheit, dass diese Theorien nicht als Erklärungen der experimentellen Gesetze auftreten können. Andererseits erfüllt uns ein wirklicher Glaube, den diese Analyse ebensowenig rechtfertigen wie bezähmen kann, dass diese Theorien nicht ein rein künstliches System, sondern eine naturgemäße Klassifikation seien. [...]

Dieser Charakter der naturgemäßen Klassifikation macht sich vor allem durch die Fruchtbarkeit der Theorie bemerkbar, die bisher nicht beobachtete Erfahrungstatsachen vorhersagt und deren Entdeckung beeinflusst. [...]

Dauerhaft und fruchtbar ist [in den meisten physikalischen Lehren] die in ihnen aufgewendete logische Arbeit, die die naturgemäße Klassifikation einer großen Zahl von Tatsachen durch Ableitung aus wenigen Prinzipien bewirkt, unfruchtbar und vergänglich dagegen jene Arbeit, die auf die Erklärung dieser Prinzipien aufgewendet wurde, um sie mit Annahmen über die Realitäten, die sich unter den wahrnehmbaren Erscheinungen verbergen, zu verknüpfen. (Duhem 1998, S. 29 ff., 46)

Mit den Worten von Karl Jaspers könnte man sagen: Dass die physikalischen Theorien eine tieferliegende Realität widerspiegeln, ist eine Wahrheit, aus der wir Physiker leben, nicht eine, die wir beweisen können. Und diese Wahrheit hat durch die QM eine gewisse Kränkung erfahren.

Die Metaphysik ist also aus den physikalischen Theorien herauszuhalten. Wie sieht es mit dem umgekehrten Fall aus? Sollen die Ergebnisse der Physik zur Diskussion metaphysischer oder generell philosophischer Belange herangezogen werden? Dazu äußert sich Duhem nicht, aber wenn man sich die Sache ansieht, ist klar, dass die Antwort Ja lauten muss. Die Physik kann zwar nicht bestimmen, wie die zugrunde liegende Realität beschaffen ist, aber sie kann doch starke Negativaussagen machen. Sie kann metaphysische Hypothesen ausschließen, die mit den Gesetzen der Physik in Widerspruch stehen. Denn zwar sind die Theorien der Physik nur Näherungen und Provisorien, aber dennoch sind sie oft im Rahmen ihres Gültigkeitsbereichs gut **gesichert**, d. h., sie beschreiben die beobachteten Phänomene in diesem Bereich in sehr guter Näherung und können damit sehr viel darüber sagen, wie sich die Dinge definitiv *nicht* verhalten. Allein damit kann man schon alle vier der eben diskutierten Schulen widerlegen: Atome sind weder harte Kügelchen, die nur über Stöße wechselwirken, noch sind sie punktförmige Massen im Newton'schen Sinn. Der Stoff- und Formbegriff der Peripatetiker ist so nicht haltbar, und auch das kartesische Fluidum ist nicht mit den bekannten physikalischen Gesetzmäßigkeiten im Einklang.

Die Astronomie und Kosmologie schließen mittlerweile Weltbilder mit einem ewig gleichbleibenden Kosmos aus, so wie sie schon lange Weltbilder ausschließen, in denen die Erde einen absoluten Mittelpunkt darstellt. Tatsächlich hat die Physik eine riesige Bandbreite an Aussagen von philosophischer Tragweite zu machen. Sie liefert zahlreiche Gesichtspunkte zu den Themen Raum, Zeit, Beschaffenheit der Materie, Geschichte des Universums, Entstehung der Erde, der Sonne und des Mondes, Determinismus und Zufall, Ursache und Wirkung. Sie eröffnet neue Perspektiven auf diese Themen, mit einer Vielschichtigkeit und so voller überraschender Aspekte, dass die Philosophen niemals von selbst darauf gekommen wären. Dabei stellt sie die Metaphysik vor große Herausforderungen: Die Realität muss so beschaffen sein, dass sie mit den bekannten Naturgesetzen in Einklang steht, sogar mit der QM. Denn so herum verhält es sich: Die Physik hat Forderungen an die Metaphysik zu stellen, nicht umgekehrt.

So kann die Physik zwar die tiefen Fragen über die Beschaffenheit der Realität nicht beantworten, aber sie hat eine breite und inspirierende Palette an Gesichtspunkten beizusteuern, die unser Nichtwissen auf eine deutlich höhere Stufe stellen.

Deswegen sollte ein Physiker zwar Physik und Metaphysik klar voneinander trennen. Aber er sollte darum nicht auf das Philosophieren verzichten. Denn da die Physik so schwierig und zeitaufwändig ist, braucht es schon die Physiker selbst, um den philosophisch relevanten Gehalt einer Theorie zu erkennen und weiterzudenken. Einem außenstehenden reinen Philosophen ist dies kaum möglich. Nichts anderes tut ja auch Duhem, der in seinem Werk geradezu eine Philosophie der Physik entwirft.

Schönheit und Abstraktion

Wir wollen hier noch drei weitere Aspekte der Physik kurz anreißen, die Duhem in seinem Buch hervorhebt. Da wäre zunächst einmal die *Schönheit*, die in den Theorien zum Ausdruck kommt:

Überall, wo Ordnung herrscht, herrscht auch Schönheit. Die Theorie bewirkt daher nicht nur, dass die Gruppe von physikalischen Gesetzen, die sie darstellt, leichter, bequemer und fruchtbringender anwendbar werden, sondern dass sie auch schöner wird. Verfolgt man den Gang einer der großen Theorien der Physik, wie sie sich majestätisch entfaltet, wie aus den ersten Hypothesen ihre geordneten Deduktionen folgen, wie ihre Ergebnisse eine Fülle experimenteller Gesetze bis ins kleinste Detail darstellen, dann ist es ausgeschlossen, dass man nicht von der Schönheit eines solchen

Baus hingerissen wird, dass man nicht eine solche Schöpfung des menschlichen Geistes als wahres Kunstwerk empfindet. (Duhem 1998, S. 27)

In der Tat ist dies etwas, das wohl jeder Physiker an der einen oder anderen Stelle empfinden wird, wenn er dieses Fach studiert. Die Schönheit, die sich da entfaltet, ist eine der größten Belohnungen für den, der sich der Physik widmet. Vorsicht ist hingegen bei dem Umkehrschluss geboten, dass eine als schön empfundene Hypothese auch Eingang in eine gültige Theorie finden müsse. Diese Versuchung hat schon so manchen Theoretiker auf Abwege geführt.

Zweitens ist zu erwähnen, dass Duhem die Abstraktionsfähigkeit dem Vorstellungsvermögen gegenüberstellt, sie als Gegensätze behandelt, und dabei erstere dem zweiten gegenüber klar bevorzugt. Dementsprechend äußert er sich sehr kritisch gegenüber Darstellungen der Physik, die auf Anschaulichkeit ausgerichtet sind. In einem heute etwas skurril anmutenden Kapitel stellt er die französisch-deutsche Herangehensweise der englischen gegenüber, die er für minderwertig hält (wobei er den großen Newton natürlich ausnimmt). Tatsächlich war es damals in der englischen Physik (d. h. an englischen Universitäten und in englischen Lehrbüchern) in Mode, die ganze Physik, insbesondere auch die Elektrodynamik, durch mechanische Modelle zu veranschaulichen und in entsprechende Bilder zu kleiden:

Der französische oder deutsche Physiker stellt sich im Raume, der zwei Konduktoren voneinander trennt, abstrakte Kraftlinien, die weder Dicke noch Existenz haben, vor. Der englische Physiker geht sofort daran, diese Linien zu materialisieren, sie bis zu den Dimensionen einer Röhre zu erweitern, die er aus vulkanisiertem Kautschuk herstellt. An Stelle einer Gruppe idealer Kraftlinien, die nur dem Verstande fassbar sind, hat er ein Bündel elastischer Bänder, die sichtbar und tastbar, mit ihren beiden Enden an der Oberfläche der zwei Konduktoren festgeklebt sind, sich in Spannung befinden, so dass sie sich zu verkürzen und gleichzeitig zu verdicken suchen. [...]

Vor uns liegt ein Buch, das die modernen Theorien der Elektrizität darlegen will. Es ist darin nur die Rede von Seilen, die sich auf Rollen bewegen, sich um Walzen winden, durch kleine Ringe hindurchgehen und Gewichte tragen, von Röhren, deren manche Wasser aufsaugen, andere anschwellen und sich wieder zusammenziehen, von Zahnrädern, die ineinander eingreifen oder an Zahnstangen geführt werden; wir glaubten in die friedliche und sorgfältig geordnete Behausung der deduktiven Vernunft einzutreten, und befinden uns in einer Fabrik. [...]

Zweifellos verdanken die mechanischen Theorien überall dort, wo sie Wurzeln schlagen und sich entfalten, ihre Entstehung und Entwicklung einer verminderten Abstraktionsfähigkeit, einem Siege der Vorstellungskraft über die Vernunft. [...]

Eine Bildergalerie ist keine Kette logischer Schlüsse. (Duhem 1998, S. 87 ff., 111)

Duhem warnt vor den negativen Folgen, sollte sich eine solche Vorgehensweise auch an französischen Schulen und Universitäten durchsetzen. Studenten der Physik sollen im Abstraktionsvermögen trainiert, nicht durch anschauliche, aber letztlich falsche Bilder eingelullt werden. Was können wir heute aus dieser Diskussion lernen? Die Darstellungen der Elektrizitätslehre mit Hilfe von fabrikähnlichen Bildern sind aus den Lehrbüchern verschwunden. Das Studium der Theoretischen Physik ist sehr abstrakt. Über zu hohe Anschaulichkeit kann man sich da heute nur selten beklagen. In populärwissenschaftlichen Darstellungen versucht man jedoch mehr denn je, anschaulich zu sein und hochkomplizierte, nur in der Sprache der höheren Mathematik ausdrückbare Zusammenhänge in für den Laien verständliche Bilder zu kleiden. Das kann manchmal durchaus dazu geeignet sein, eine erste Vorstellung zu vermitteln, worum es in einer Theorie eigentlich geht. Dennoch ist hier Vorsicht geboten. Diese Bilder verzerren die tatsächlichen Inhalte einer Theorie zumeist sehr stark, reißen Teile aus einem größeren Zusammenhang, können auch zu Missverständnissen und Fehlinterpretationen führen. Der Laie mag den Eindruck bekommen, endlich habe das mal einer so schön verständlich erklärt, endlich habe er die Sache verstanden. Aber dies sollte er richtig einordnen. Er hat nur einen ersten Eindruck erhalten, in vielen Fällen ein Zerrbild. Keinesfalls können ein paar Sätze und Bilder den Gehalt einer Theorie wirklich zusammenfassen, keinesfalls können sie ein Physikstudium ersetzen, das die Theorie und die Begriffe, die sie verwendet, sowie auch die mathematische Sprache, die sie benutzt, in vollem Umfang beschreibt und in den Gesamtkontext der Physik stellt, wo, wie wir gelernt haben, Theorien aufeinander aufbauen und ein holistisches Ganzes bilden.

Schließlich betont Duhem noch, dass das ganze Gebäude der Physik und der Naturwissenschaft insgesamt sich nicht allein auf Logik, sondern auch auf den *gesunden Menschenverstand* stützen muss, also wieder auf die Art von Wahrheit, aus der wir leben, aber die wir nicht beweisen können:

In diesem wie in allen anderen Fällen kann die Wissenschaft die Berechtigung ihrer eigenen Prinzipien, die ihre Methoden bestimmt und ihre Untersuchungen leitet, nur dartun, wenn sie sich auf den gesunden Menschenverstand beruft. Am Grunde unserer am klarsten formulierten, am strengsten abgeleiteten Lehren, finden wir immer wieder diesen ungeordneten Haufen von Tendenzen, Bestrebungen und Intuitionen. Es gibt keine Analyse, die so tiefgreifend wäre, um sie voneinander zu trennen, um sie in einfachere Elemente zu zerlegen. Keine Sprache ist genügend, genau und schmiegsam, um sie zu definieren und zu formulieren. Und doch sind die Wahrheiten, die uns der gesunde Menschenverstand offenbart, so klar und so gewiss, dass wir sie weder missverstehen, noch in Zweifel ziehen können. Noch mehr, alle wissenschaftliche Klarheit und Sicherheit ist nur ein Reflex ihrer Klarheit und eine Erweiterung ihrer Sicherheit. (Duhem 1998, S. 135 f.)

6.3 Physik und Mathematik

Physik und Mathematik sind eng miteinander verknüpft. Mathematik ist die Sprache, in der die physikalischen Theorien geschrieben sind. Die beiden Disziplinen haben sich stets gegenseitig befruchtet. Die Entwicklung der Infinitesimalrechnung durch Newton und Leibniz hat die Klassische Mechanik erst ermöglicht. Neue mathematische Erkenntnisse, Strukturen und Methoden fanden häufig nur kurz darauf Anwendungen in physikalischen Problemstellungen. Umgekehrt forderte die Physik regelmäßig die Mathematik heraus, verlangte nach Erweiterungen existierender Formalismen, nach neuen Methoden, inspirierte sie durch ihre Fragestellungen. Manchmal benutzten Physiker bereits intuitiv neue mathematische Konzepte für „Rechentricks", die erst im Nachhinein von den Mathematikern durch präzise Definitionen und eine dazugehörige Theorie fundiert und gerechtfertigt wurden (ein Beispiel ist die Theorie der Distributionen).

Manchmal haben Physiker ein intuitiv besseres Verständnis eines mathematischen Problems als die Mathematiker selbst, weil sie das Problem im Kontext eines physikalischen Systems verstehen, dessen Verhalten sie sich aus ihrer Erfahrung heraus gut vorstellen können. So erhielt zum Beispiel der Physiker Edward Witten die Fields-Medaille, die höchste Auszeichnung für Mathematiker.

Wir können uns fragen: Warum ist die Welt eigentlich so mathematisch, warum ist Mathematik die *richtige* Sprache, um physikalische Theorien zu formulieren, warum ist die Physik damit so erfolgreich? Muss das so sein? Ist die Welt intrinsisch mathematisch? Sollte uns das überraschen? Oder ist das etwas Menschengemachtes? Stülpen wir die Mathematik der Welt über? Stutzen wir sie mit der Mathematik zurecht?

Das sind schwierige Fragen. Wie die meisten Physiker glaube ich, dass wir mit der Physik eine *naturgemäße Klassifikation* in Duhems Sinn erreichen. Das Ganze funktioniert einfach viel zu gut, um nur etwas Aufgezwungenes, Übergestülptes zu sein. Die Mathematisierbarkeit großer Teile unseres Erfahrungsbereichs ist ein wesentlicher Aspekt, der aus der Realität selbst heraus kommt, nichts Menschengemachtes (dies ist ein Glaube, nicht etwas, das ich beweisen kann). Es bleibt aber die Frage, ob *alles* an der Welt auf fundamentaler Ebene mathematisch und *nur* mathematisch ist, wie z. B. Max Tegmark behauptet, oder ob es außerdem noch etwas anderes gibt. Diese Frage möchte ich auf Kap. 11 vertagen.

Ich denke, dass die Mathematisierbarkeit großer Teile unseres Erfahrungsbereichs Grundvoraussetzung dafür ist, dass wir überhaupt eine Welt als *gemeinsame Welt* erleben können. Das Gemeinsame kommt ja dadurch zustande, dass wir miteinander kommunizieren können und uns dabei, zumindest in vielen Fällen, auf etwas *einigen* können, zumindest ein paar *Fakten* gemeinsam anerkennen können. Wenn nun Kommunikation immer im Poetisch-Verschwommenen bleiben müsste, einfach weil die Welt poetisch-verschwommen und nicht mathematisch-exakt wäre, würde man mit Fakten, Einigkeit und Gemeinsamkeit nicht weit kommen. Nur weil wir uns auf *präzise* Fakten einigen können – Länge, Breite, Höhe, Gewicht, die Anzahl von Dingen, geometrische Formen, Datum, Uhrzeit u. s. w –, erreicht die Kommunikation ein Level, das man als *Austausch von Informationen* bezeichnen kann. Diese präzisen Fakten sind meines Erachtens nur in einer Welt möglich, die einige grundsätzliche mathematische Eigenschaften beinhaltet. Ein fortgeschrittenes Projekt wie die Naturwissenschaften, das auf einem sehr komplexen Netzwerk sehr präziser Fakten beruht, kann meines Erachtens nur funktionieren, wenn die Mathematisierbarkeit sehr weit geht. Ich denke also, dass Naturwissenschaft prinzipiell nur in einer Welt funktionieren kann, die einen hochgradig mathematischen Charakter hat.

Der Näherungscharakter physikalischer Theorien sorgt dafür, dass Physiker in vielerlei Hinsicht anders mit der Mathematik umgehen als die Mathematiker. Für den Mathematiker gibt es kein Ungefähr, er will Dinge exakt beweisen und berechnen, ohne jeden Zweifel und ohne jede Ungenauigkeit. Der Physiker hingegen will nur abschätzen. Die Rechnungen, die ihm im Rahmen einer Theorie auferlegt sind, sind oft sehr kompliziert. Deshalb schätzt er ab, welche Ausdrücke in seiner Rechnung nur so kleine Beiträge liefern werden, dass sie unter der Genauigkeitsgrenze liegen, die für das Problem, das er bearbeitet, relevant ist, und wird diese Ausdrücke einfach ignorieren und sich aufs Wesentliche beschränken.

Der Näherungscharakter impliziert auch, dass manches, was der Mathematiker als großes Problem ansieht, den Physiker völlig kalt lässt. So ist zum Beispiel in der Theorie der Flüssigkeiten bekannt, dass diese sich unter bestimmten Bedingungen gemäß bestimmter Differentialgleichungen verhalten, den Navier-Stokes Gleichungen. Es ist aber ein ungelöstes mathematisches Problem, ob diese Gleichungen unter bestimmten Bedingungen überhaupt Lösungen besitzen. Es ist sogar eines der sieben Millenium-Probleme, auf deren

Lösung ein Preis von einer Million Dollar ausgeschrieben ist. So mancher Mathematiker meint, es müsse einen Physiker doch beunruhigen, dass eine Gleichung, die in seinen Theorien vorkommt, sich womöglich gar nicht lösen lasse. Aber der Physiker bleibt ganz gelassen. Denn der Mathematiker meint natürlich eine *exakte* Lösung. Der Physiker aber weiß, dass die Navier-Stokes-Gleichung in seinem Fall nur als Näherung zu verstehen ist. Er weiß sogar, auf welcher Skala sie etwa ihre Gültigkeit verliert (spätestens auf der atomaren Skala, wo die Materie „körnig" ist und nicht mehr die Eigenschaft einer gleichförmigen Flüssigkeit hat). Er sucht gar nicht nach exakten Lösungen. Er kennt den Bereich, in dem die Gleichungen eine gute Näherung darstellen, und ist in der Lage, in diesem Bereich näherungsweise Lösungen zu ermitteln und deren qualitatives Verhalten zu beschreiben.

Es ist also in vielen Fällen gerechtfertigt, wenn der Physiker mit der Mathematik in einer Weise umgeht, die der Mathematiker als voreilig oder unpräzise empfindet. Es gibt aber auch andere Fälle, in denen Physiker tatsächlich mit der Mathematik schludern, in einer Weise, die auch durch den Näherungscharakter der Theorien nicht zu rechtfertigen ist. Dies geschieht manchmal, um schneller „auf gut Glück" numerische Resultate zu produzieren, die sich dann mit einem Experiment vergleichen und im Erfolgsfall publizieren lassen. Ein besonders schwerer Fall war der Umgang mit der Quantenfeldtheorie (QFT) in deren Anfangsjahren. Unter korrekter Verwendung der Mathematik kam bei dem damals verwendeten Formalismus bei fast jeder Rechnung „unendlich" heraus. Weil man damit nichts anfangen konnte, benutzte man alle möglichen Tricks, um diese Unendlichkeiten loszuwerden. Diese Tricks waren recht willkürlich gewählt und hatten mit sauberer Mathematik nicht viel zu tun. Seltsamerweise produzierten sie aber Resultate, die mit dem Experiment übereinstimmten. Deshalb setzte sich die Methode durch. Das war eine weitere Bedeutung der in Kap. 2 erwähnten „Shut up and calculate" Mentalität. Hier ging es nun nicht darum, die Philosophie zu ignorieren, sondern die Mathematik. Grundsätzlich falsche Rechnungen waren durchzuführen, weil sie zu den richtigen Resultaten führten. Erst später, in der Theorie der sogenannten *Renormierungsgruppe,* die einen wesentlichen Aspekt der QFT beschreibt (Abschn. 7.7), wurde die Sache aufgeklärt, und die Resultate konnten mit *korrekter* Mathematik verstanden werden.

7

Die Grundpfeiler der Physik

Im Folgenden wollen wir uns die *gesicherten* Theorien der Physik genauer ansehen, also diejenigen Theorien, deren Gültigkeit innerhalb eines bestimmten Bereichs – ihres jeweiligen Zuständigkeitsbereichs – durch eine Fülle von Experimenten bestätigt und abgesichert wurde. Es wird dargestellt, wovon diese Theorien jeweils handeln, welche Begriffe sie verwenden, und was sie zu unserem Weltbild beizutragen haben.

Vieles davon – besonders in den hinteren Teilen – klingt zugegebenermaßen unglaubwürdig, und wir Physiker würden es selbst nicht glauben, wenn uns die Natur nicht dazu zwingen würde. Da dies ein populärwissenschaftliches Buch ist, muss ich auf den Einsatz höherer Mathematik verzichten, also auf die Sprache, in der diese Theorien nun einmal formuliert sind. Eine Übersetzung in die Begriffe der Alltagssprache, in Form von Metaphern und Erklärungen, ist bis zu einem gewissen Grad möglich, aber eben nur bis zu einem gewissen Grad. Zugleich sind solche Darstellungen auch immer anfällig für Missverständnisse. Ich versuche schon, einige der mir bekannten, recht verbreiteten Missverständnisse zu vermeiden, die ich an Lesern populärwissenschaftlicher Literatur beobachtet habe, dies kann jedoch niemals vollständig gelingen.

Dieses Kapitel kann daher nur, wie in Kap. 1 angekündigt, eine „Schatzkarte" sein, die dem Leser einen Überblick und einige Anregungen verschafft. Es soll zudem die mathematisch begabten unter den Lesern ermutigen, sich nicht mit diesen Erklärungen zufriedenzugeben, sondern selbst in die Sphären höherer Mathematik einzudringen und die Theorien in ihrer natürlichen Sprache zu studieren.

Einzig im Fall der SRT nehme ich es mir heraus, ein wenig von der eigentlichen mathematischen Grundlage der Theorie vorzuführen. Das ist möglich,

© Springer-Verlag GmbH Deutschland, ein Teil von Springer Nature 2020
J.-M. Schwindt, *Universum ohne Dinge*,
https://doi.org/10.1007/978-3-662-60705-3_7

weil diese Theorie mathematisch gesehen die einfachste von allen ist; sie ist mit der Mathematik der Mittelstufe zu bewältigen. Wenn Ihnen dies bereits zu viel ist (manche Menschen empfinden eine starke Abneigung gegen alles, was sie auf ihre Erlebnisse mit der Schulmathematik zurückwirft), dürfen Sie den entsprechenden Abschnitt getrost überspringen. Das gilt natürlich auch für alle anderen Abschnitte, in denen es Ihnen „zu bunt" wird.

7.1   Klassische Mechanik

Wie am Ende von Kap. 3 besprochen, war die Entwicklung der *Differenti-alrechnung* entscheidend für die Geburt der Physik der Neuzeit. Mit deren Begriffen konnte Newton arbeiten, als er 1687 die *Philosophiae Naturalis Principia Mathematica* veröffentlichte, das wichtigste Buch in der Physikgeschichte (oft einfach mit *Principia* abgekürzt; jeder Physiker weiß sofort was gemeint ist). Der Titel ist Programm: Die Naturphilosophie wird auf mathematische Prinzipien gegründet. Genau das ist Physik. Das Werk ist vollgestopft mit einfallsreichen geometrischen Konstruktionen. Die Geometrie galt damals noch als Königsdisziplin in der Mathematik, besonders nach den Arbeiten von René Descartes wenige Jahrzehnte zuvor. In moderneren Darstellungen wird viel weniger Geometrie verwendet, sondern fast ausschließlich Algebra. Bei der Differentialrechnung hat sich die Schreibweise von Leibniz durchgesetzt, nicht die von Newton. Aus diesen Gründen und weil es in Latein verfasst wurde (wie damals fast alle wissenschaftlichen Werke), ist das Werk für einen Physiker von heute nur schwer lesbar. Dennoch ist es der Ausgangspunkt und der Grundstein der gesamten Physik.

Kräfte
Die zentrale Erkenntnis, die in den *Principia* zum Ausdruck kommt, ist, dass die **Kraft** der zentrale Begriff für das Verständnis der Natur ist. Die Gesetzmäßigkeiten der Physik sind Gesetzmäßigkeiten von Kräften. Newton hat den umgangssprachlichen Begriff der Kraft in eine präzise mathematische Definition verwandelt: Kraft ist Masse mal Beschleunigung. (Das heißt zum Beispiel: Wenn Ihr Auto doppelt so schwer ist wie das Ihres Nachbarn, muss Ihr Motor die doppelte Kraft aufbringen, um die gleiche Beschleunigung zu erzielen.)
    Eine andere Erkenntnis ist, dass man Kräfte miteinander verrechnen kann: Wenn Sie eine Hantel am ausgestreckten Arm halten, dann wird diese von der Schwerkraft nach unten gezogen. Sie müssen die gleiche Kraft in der entgegengesetzten Richtung ausüben, um die Hantel in Position zu halten, also eine Beschleunigung zu verhindern.

In physikalischen Problemen sind die Kräfte oft durch eine vorgegebene Situation festgelegt. Die Kräfte können entweder konstant sein oder von der Position oder von der Zeit abhängen. Division durch die Masse ergibt die daraus resultierende Beschleunigung, und daraus lässt sich mit Hilfe der Differentialrechnung der gesamte Bewegungsablauf bestimmen.

Das allgemeinste Kraftgesetz, das Newton fand, war das der **Gravitation** (Schwerkraft). Es sorgt dafür, dass Dinge zu Boden fallen, es hält den Mond auf seiner Bahn um die Erde, die Erde und die anderen Planeten auf ihrer Bahn um die Sonne und die Sonne auf ihrer Bahn um das Zentrum der Milchstraße (von Letzterem wusste Newton noch nichts). Das Gravitationsgesetz besagt, dass zwei Gegenstände sich immer gegenseitig anziehen, mit einer Kraft proportional zu den beiden Massen, und umgekehrt proportional zum Quadrat des Abstands. (Bei doppeltem Abstand ist die Kraft zum Beispiel viermal geringer.)

Eine typische physikalische Aufgabe könnte nun lauten: „Gegeben sei ein Planet, der eine Sonne mit folgender Masse umkreist, wobei der Planet zum Ausgangszeitpunkt t_0 folgende Position und folgende Geschwindigkeit relativ zu der Sonne hat. Berechnen Sie die genaue Flugbahn." Als Ergebnis erhält man, dass die Flugbahn eine Ellipse ist, deren Parameter durch die Anfangsbedingungen festgelegt sind.

Außer der Gravitation kennt man heute noch drei weitere Grundkräfte. Die bekannteste davon ist die elektromagnetische Kraft, die je nach Situation als Elektrizität oder Magnetismus auftritt, oder eine Kombination von beidem. Zusätzlich gibt es noch zwei „Kernkräfte" – eine „starke" und eine „schwache" –, die ihren Namen daher haben, dass ihre Reichweite sehr kurz ist, etwa so kurz, wie ein Atomkern groß ist. Die starke Kernkraft hält den Atomkern zusammen (der aufgrund seiner positiven Ladung sonst auseinandergerissen würde), die schwache ist für diverse radioaktive Reaktionen verantwortlich.

Alle Kräfte, die wir heute kennen, gehen auf diese Grundkräfte zurück. Wenn zum Beispiel zwei Objekte zusammenstoßen (zum Beispiel Billardkugeln, oder mein Kopf mit der Wand), warum durchdringen sie einander nicht einfach, wie die Geister in manchen Gruselfilmen, sondern üben eine so starke Kraft aufeinander aus? (Dass die Kraft sehr stark ist, sieht man daran, dass die Geschwindigkeitsänderung nur in dem sehr kurzen Zeitpunkt des Zusammenpralls stattfindet, die Beschleunigung, Geschwindigkeitsänderung pro Zeit, daher sehr groß ist.) Warum fällt meine Tasse nicht einfach durch die Tischplatte hindurch? Tatsächlich durchdringen sich die Elektronenhüllen der äußersten Atomlagen der beiden Objekte ein kleines bisschen, aber hierbei wird die elektrische Abstoßung zwischen den Elektronen so groß, dass die Objekte nicht weiter eindringen können, sondern zurückgestoßen werden.

Feste Körper sind also nur deshalb fest, weil eine elektrische Abstoßung zwischen ihren negativ geladenen „Elektronenhäuten" herrscht, wenn diese sich zu nahe kommen. Alle Stöße, Reibungen, ja eigentlich alle Kräfte, mit denen wir im Alltag vertraut sind, außer der Schwerkraft, gehen auf elektromagnetische Kräfte zurück – sogar chemische Reaktionen, aber das ist ein anderes Kapitel. Letztlich ist also quasi jeder Motor ein Elektromotor im weiteren Sinn, es sei denn, er wird durch einen Kernreaktor betrieben, dann sind die Kernkräfte im Spiel.

Von den Grundkräften kannte Newton damals nur die Gravitation. Über Elektrizität und Magnetismus war schon einiges bekannt, aber nicht genug, dass man ein präzises Kraftgesetz daraus hätte formulieren können. Bis dahin sollten noch 150 Jahre vergehen. Von Atomkernen wusste man erst recht nichts. Aber die Vorstellung, dass die ganze Vielfalt der Naturerscheinungen aus einfachen mathematischen Gesetzen hervorgeht, die sich auf Kräfte beziehen, so wie Newton den Begriff definiert hat, die gab es damals schon.

Eine weitere Erkenntnis aus Newtons Werk ist, dass die Kräfte, die an einem Vorgang beteiligt sind, sich immer zu null addieren. Insbesondere gilt, wenn an einem Vorgang nur zwei Objekte A und B beteiligt sind, dann erfahren sie entgegengesetzte Kräfte (*actio* ist gleich *reactio*). Bereits in Kap. 6 haben wir den Rückstoß beim Abfeuern einer Schusswaffe als Beispiel für dieses Prinzip genannt. Der Rückstoß auf den Schützen ist genauso groß wie die Kraft, die die Kugel nach vorn schleudert, nur in der entgegengesetzten Richtung. Da der Schütze aber viel schwerer ist, erfährt er immerhin eine viel geringere Beschleunigung. Wenn er sich beim Schuss irgendwo anlehnt, dann geht der Rückstoß auf die gesamte Erde über. Deren Masse ist aber so groß, dass die Beschleunigung, die sie durch die Kraft erfährt, verschwindend gering ist.

Für die Gravitation gilt das Gleiche: Der Mond zieht die Erde genauso stark an wie die Erde den Mond. Dadurch beschreibt die Erde kleine „Schlenker" auf ihrer Bahn um die Sonne. Da sie etwa 80-mal schwerer ist als der Mond, sind diese Schlenker gerade 80-mal kleiner als die elliptische Bahn, mit der sich der Mond um die Erde bewegt. Von den Schlenkern merken wir auf der Erde nichts. Aber die Schwerkraft des Mondes macht sich außerdem durch die Gezeiten bemerkbar. Die Seite der Erde, die dem Mond gerade am nächsten ist, wird von ihm etwas stärker angezogen als die entgegengesetzte Seite. Dadurch wird die Erde in Richtung des Mondes etwas in die Länge gezogen. Der feste Teil der Erde kann darauf nicht reagieren. Dafür ist die Rotation der Erde zu schnell, sie neigt dem Mond alle paar Stunden eine andere Seite zu, eine Verformung des Gesteins würde jedoch viel länger dauern. Aber der flüssige Teil der Erdoberfläche, also das Meer, kann reagieren; das Wasser steigt in Richtung des Mondes, und auf der gegenüberliegenden Seite auch, um die Erde ein paar Meter in die Länge zu ziehen.

Auch die Sonne kommt etwas ins Schlenkern durch die Gravitation, die die Planeten auf sie ausüben. Hierbei macht sich Jupiter am stärksten bemerkbar, der mit Abstand schwerste Planet, 300-mal schwerer als die Erde, aber immer noch 1000-mal leichter als die Sonne.

Aus der Regel, dass sich die Kräfte in einem physikalischen System insgesamt gegenseitig aufheben (also zu null addieren), folgt der **Impulserhaltungssatz**. Der **Impuls** eines Objekts ist das Produkt aus seiner Masse und seiner Geschwindigkeit. Die Kraft, die auf das Objekt wirkt, ist die Ableitung (momentane Änderung) seines Impulses. Wenn die Kräfte eines Systems sich zu null addieren, dann heißt das, dass die Änderung des Gesamtimpulses (also der Summe der Impulse der einzelnen Objekte) verschwindet. Der Gesamtimpuls ist demnach konstant („erhalten"). Erhaltungssätze sind sehr praktisch. Zum einen sind sie Prinzipien, an denen man sich orientieren kann. Zum anderen kann man sie beim Rechnen oft ausnutzen, um mit einer „Abkürzung" zur Lösung eines Problems zu gelangen.

Die Vorstellung, dass die Welt eine große Maschine ist, eine Art Uhrwerk, wurde schon vor Newton von einigen Philosophen geäußert. Mit Newtons Physik wurde die Idee aber erstmals in großem Umfang ausgearbeitet und bekam ein präzises mathematisches Fundament. Ein „Gott" müsste nur zweierlei festlegen: Erstens die Anfangsbedingungen zu einem initialen Zeitpunkt, d. h. die Positionen, Geschwindigkeiten und Massen aller Materieteilchen zu diesem einen Zeitpunkt (mit dem Elektromagnetismus bräuchte man noch die elektrischen Ladungen, aber das war in Newtons Zeit noch nicht bekannt), und zweitens die allgemeinen Kraftgesetze, wie z. B. das Gravitationsgesetz. Dann ließe sich der Ablauf der gesamten Weltgeschichte daraus berechnen. Die Bewegungen aller Teilchen zu allen Zeiten sind dann bereits in einem einzigen Zeitpunkt, in den Anfangsbedingungen „codiert". So wie es mit dem Sonnensystem bekanntermaßen der Fall ist, die Planeten rotieren unabänderlich, solange sie bestehen, in ihren Bewegungen um die Sonne, es kann dort keine Überraschungen geben (es sei denn, ein Fremdkörper dringt ins Sonnensystem ein), alles ist für die Ewigkeit festgelegt. Die Überraschungen, die wir erleben, liegen nur an unserer Unkenntnis der genauen Positionen aller Teilchen und an unserer mangelnden Rechenkapazität – wie im bereits angesprochen Beispiel des Würfels, dessen Wurfergebnis wir aus diesen praktischen Gründen nicht vorhersagen können (Kap. 1).

Energie

Der bekannteste aller Erhaltungssätze ist wahrscheinlich der Energieerhaltungssatz. Dabei lässt sich gar nicht so leicht erklären, was Energie eigentlich ist. Der Begriff der Energie ist sehr viel schwieriger als der der Kraft oder des

Impulses. Trotzdem ist der Begriff in aller Munde, wegen seiner praktischen Bedeutung. Energie kann „gespeichert" und „umgewandelt" werden. Wir sagen, Energie werde „erzeugt" oder „verbraucht", aber das sind nur umgangssprachliche Ausdrücke für bestimmte Arten der Energieumwandlung. Wir sprechen von „Energiequellen", wenn es darum geht, dass wir bestimmte Formen von Energie in andere, für uns nützliche Formen verwandeln können.

Man braucht einiges an Mathematik, um zu verstehen, was der Begriff in der Physik genau bedeutet. Grob gesagt macht er sich eine bestimmte Eigenschaft eines bestimmten Typs von Kräften zunutze. Zu diesen sogenannten konservativen Kräfte („konservativ" im Sinne von „erhaltend", eben weil sie die Energie erhalten) gehören insbesondere die Gravitation und die elektrische Kraft. Weil Erhaltungssätze so praktisch sind, macht es Sinn, sich eine Größe mathematisch so zu definieren, dass sie erhalten bleibt, selbst wenn sie recht unanschaulich ist, um dann später beim Rechnen davon zu profitieren. Genauso kommt die Energie zustande. Für die konservativen Kräfte kann man sich zwei Größen definieren, die „potentielle" und die „kinetische Energie", so dass eine Erhöhung der einen immer zu einer entsprechenden Verringerung der anderen führt, ihre Summe also konstant (erhalten) ist. Die kinetische oder Bewegungsenergie ergibt sich dabei aus den Geschwindigkeiten der beteiligten Objekte, die potentielle Energie dagegen aus ihren Positionen relativ zueinander.

Die magnetische Kraft ist nicht konservativ, d. h., man kann für sie keine potentielle Energie definieren. Zum Glück ist sie aber so geartet, dass sie die kinetische Energie nicht ändert: Sie beschleunigt geladene Objekte orthogonal zu ihrer Bewegungsrichtung, so dass sich nur die Richtung der Geschwindigkeit ändert, nicht aber ihr Betrag. Auch hier bleibt also die Energie erhalten.

Andere Formen von Energie lassen sich auf kinetische und potentielle zurückführen. Zum Beispiel ist „elektrische Energie" ein verkürzter Ausdruck für „potentielle Energie, die mit der elektrischen Kraft assoziiert ist". Wärme ist nichts anderes als die ungeordnete Bewegungsenergie vieler Teilchen (wenn es warm ist, heißt das, die Teilchen wuseln schnell; wenn es kalt ist, wuseln sie langsam). Chemische Energie ist die elektrische Energie von Molekülen. Bei einer chemischen Reaktion werden Moleküle in andere Moleküle verwandelt. Wenn deren potentielle Energie geringer ist, heißt das nach dem Energieerhaltungssatz, es wurde Energie „freigesetzt", also in Wärme umgewandelt (die neuen Moleküle wuseln schneller als die alten), oder, bei einer Explosion, in nach außen gerichtete Bewegung. Kernenergie ist potentielle Energie im Atomkern, assoziiert sowohl mit den Kernkräften als auch mit der elektrischen Kraft zwischen den Protonen im Atomkern). Strahlungsenergie ist auch kinetische Energie, nämlich die der Teilchen, aus denen die Strahlung besteht.

Wegen des „Welle-Teilchen-Dualismus" von Strahlung, auf den wir später zu sprechen kommen, ist die Lage hier aber etwas komplizierter.

Der Energieerhaltungssatz wird oft als ein tiefes physikalisches Prinzip vorgestellt. In der Klassischen Mechanik erscheint er aber eher wie ein mathematischer Trick, der sich bei einer großen Anzahl physikalischer Gesetze anwenden lässt. Die tiefere Bedeutung des Energiebegriffs wird erst in der SRT und ART sowie in der QM ersichtlich. Zugleich verliert aber in der ART der Energieerhaltungssatz seine Gültigkeit. Zum Beispiel verliert Strahlung in einem expandierenden Universum an Energie, ohne dass diese in eine andere Form umgewandelt wird.

Freiheitsgrade

Bei ausgedehnten Körpern wie etwa Planeten, Billardkugeln oder fliegenden Messern muss man außer der Geschwindigkeit des Körpers als Ganzem auch noch die Rotation berücksichtigen (die Erde dreht sich nicht nur um die Sonne, sondern auch um „ihre eigene Achse"). Auch davon handelt die Klassische Mechanik. Hier kommt ein Haufen neuer Begriffe hinzu, wie etwa Drehgeschwindigkeit, Drehimpuls, Drehmoment und Rotationsenergie (auch das eine Form von Bewegungsenergie), die aber große Ähnlichkeit mit den bisherigen Begriffen haben. Wenn der Körper nicht kugelförmig ist, etwa beim fliegenden Messer, treten neue Komplikationen auf, je nachdem, um welche Achse der Körper sich dreht. Interessante Kreiselbewegungen sind die Folge.

Damit die Aufgabe übersichtlich bleibt, ist es wichtig, dass es sich um starre Körper handelt, d. h., es gibt an ihnen keine hin und her schwabbelnden oder schlackernden Einzelteile wie beim Menschen. Das ist natürlich schon bei einem Planeten eine eher grobe Näherung. (Tatsächlich sorgt z. B. das Hin- und Herschwabbeln der Gezeiten auf der Erde für eine Reibung, die die Rotation der Erde auf Dauer verlangsamt.) Bei Billardkugeln trifft sie viel besser zu.

Ein **Freiheitsgrad** ist eine zeitabhängige Variable, die den Zustand bzw. die Position eines physikalischen Systems beschreibt. Ein punktförmiges Teilchen hat drei Freiheitsgrade, nämlich seine Position im dreidimensionalen Raum, die durch drei Koordinaten beschrieben wird (üblicherweise x, y, z). Bei einem starren Körper gibt es drei weitere Freiheitsgrade, die seine Orientierung im Raum beschreiben.

Die Anzahl der Freiheitsgrade bestimmt die Anzahl der unabhängigen Bewegungs- oder Veränderungsmöglichkeiten eines physikalischen Systems. Damit bestimmt sie auch die Anzahl der Bewegungsgleichungen, die Sie lösen müssen, um das Verhalten des Systems vorherzusagen.

Als **Klassische Mechanik** bezeichnen wir den Bereich der Physik, in dem 1) die Definitionen und Gesetzmäßigkeiten gelten, die von Newton aufgestellt wurden und 2) die Anzahl der Freiheitsgrade begrenzt ist. Um die Anzahl der Freiheitsgrade überschaubar zu halten, muss man oft gewisse Idealisierungen vornehmen (z. B. das Vernachlässigen des Geschwabbels der Planeten). Wie brauchbar diese Idealisierungen sind, hängt vom Einzelfall und der konkreten Problemstellung ab.

Dadurch lässt sich die Klassische Mechanik von anderen Bereichen der Physik abgrenzen. Wird die Anzahl der Freiheitsgrade unendlich, haben wir es mit Feldtheorie zu tun. Bleibt die Anzahl endlich, ist aber so riesig, dass uns nur gewisse statistische Größen daran interessieren, so betreiben wir Statistische Mechanik. In der QM verlieren die Newton'schen Regeln auf mikroskopischen Skalen ihre Gültigkeit. In den beiden Relativitätstheorien werden Raum und Zeit neu zusammengefügt, so dass zahlreiche Newton'sche Definitionen und Regeln modifiziert werden müssen.

7.2 Klassische Feldtheorie

Die Klassische Mechanik handelt von Systemen mit endlich vielen Freiheitsgraden: eine kleine Anzahl von „punktförmig" gedachten Teilchen mit bestimmten Massen (ein für alle Mal festgelegt), die sich durch den Raum bewegen und die durch ihre Positionen und Geschwindigkeiten beschrieben werden, oder aber feste ausgedehnte Körper, bei denen noch zusätzlich ihre Form (ein für alle Mal festgelegt) und ihre Orientierung im Raum anzugeben ist.

Anders sieht es bei Flüssigkeiten und Gasen aus. (Im Englischen fasst das Wort *fluid* die beiden unter einem gemeinsamen Begriff zusammen. Im Deutschen gibt es diesen Begriff leider nicht, daher müssen wir immer von Flüssigkeiten und Gasen sprechen.) Diese bestehen zwar letztlich auch aus kleinen Teilchen (Atomen oder Molekülen), aber erstens ist es nicht praktikabel, mit den einzelnen Positionen und Geschwindigkeiten von so einer riesigen Anzahl von Teilchen zu rechnen, zweitens wusste man bis etwa 1900 kaum etwas von deren Eigenschaften, und drittens ist die Newton'sche Mechanik auf viele Aspekte dieser Teilchen gar nicht anwendbar, es gelten hier nämlich die Gesetze der QM. Bereits im 18. Jahrhundert wurden die Flüssigkeiten und Gase im Detail untersucht und durch physikalische Gleichungen beschrieben, ohne dass man dabei auf irgendwelche Teilchen Bezug nehmen musste.

Flüssigkeiten und Gase füllen bestimmte Bereiche des Raumes aus. Sie sind im Gegensatz zu Feststoffen beliebig verformbar und zum Teil komprimierbar (Flüssigkeiten nur in geringem Maß, Gase sehr viel stärker). Um dem

Rechnung zu tragen, muss man die Konzepte der Mechanik etwas erweitern. Man stellt sich das Volumen, das von der Flüssigkeit oder dem Gas ausgefüllt wird, in kleine Einheiten unterteilt vor. Anstatt der Gesamtmasse betrachtet man die **Dichte,** also die Masse pro Volumeneinheit. Diese kann sich von Ort zu Ort unterscheiden (bei Flüssigkeiten wie gesagt nur geringfügig, bei Gasen stärker) und sich mit der Zeit ändern. Sie ist also eine Funktion von Ort und Zeit, wohingegen in der Mechanik alles nur eine Funktion der Zeit war. Die Dichte wird mit dem griechischen Buchstaben ρ abgekürzt, als Funktion wird sie demnach $\rho(x, y, z, t)$ geschrieben, denn sie hängt von den drei Koordinaten des Ortes und von der Zeit ab. Wir wissen zum Beispiel, dass die Atmosphäre der Erde nach oben hin immer dünner wird. Wenn z also die Koordinate ist, die die Höhe über dem Erdboden darstellt, dann nimmt ρ bei zunehmendem z immer weiter ab.

Wenn Flüssigkeiten oder Gase sich bewegen, sagt man, sie *strömen.* Auch die Strömungsgeschwindigkeit kann von der genauen Position abhängen und mit der Zeit variieren. Sie wird mit $\vec{v}$ abgekürzt, als Funktion lautet sie $\vec{v}(x, y, z, t)$. Der kleine Pfeil bedeutet, dass sie ein **Vektor** ist; sie hat einen Betrag und eine Richtung, im Gegensatz zur **skalaren** Größe ρ, die nur einen Betrag hat. Bei ρ und $\vec{v}$ handelt es sich um **Felder;** so nennt man alle Größen, die von Ort und Zeit abhängen. Ein Feld hat unendlich viele Freiheitsgrade: Sein Wert kann an jedem Punkt im Raum separat variieren – nicht völlig unabhängig, dafür sorgen die physikalischen Gleichungen, aber doch so, dass unendlich viele Zahlenwerte benötigt werden, um die exakte Situation zu einem gegebenen Zeitpunkt zu beschreiben.

Dichte und Strömungsverhalten werden durch verschiedene Arten von Kräften beeinflusst, die in der Theorie der **Hydrodynamik** beschrieben werden. Ein Fluss fließt von der Quelle zum Meer, letztlich durch die Schwerkraft, die auf jede einzelne Volumeneinheit des Wassers wirkt, aber auch durch den **Druck** (ein ganz wichtiges Konzept in der Hydrodynamik) der nachströmenden Flüssigkeit, der das Ganze vorwärtsschiebt. Ebenfalls eine Rolle spielt die **Viskosität,** ein Maß dafür, wie stark sich benachbarte Flüssigkeitsschichten aneinander reiben. Die langsameren Schichten versuchen so die schnelleren aufzuhalten, die schnelleren versuchen die langsamen mitzureißen. Besonders gut kann man das bei Honig beobachten, einer Flüssigkeit mit einer sehr hohen Viskosität.

Die Gleichungen, die dieses Verhalten in allgemeiner Form beschreiben, heißen **Navier-Stokes-Gleichungen.** Sie sind ausgesprochen kompliziert, es sind *gekoppelte partielle Differentialgleichungen:* Differentialgleichungen, weil sie Ableitungen enthalten; gekoppelt, weil die Gleichungen voneinander abhängen, man kann sie nur alle gemeinsam lösen, nicht einzeln; partiell, weil die

Ableitungen, anders als in der Mechanik, nicht nur zeitliche, sondern auch räumliche Abhängigkeiten beschreiben. Änderungen kommen in verschiedenen Richtungen vor: Dichte und Strömungsgeschwindigkeit ändern sich mit der Zeit, variieren aber auch mit dem Ort. Bei einem Fluss fließt das Wasser in der Mitte schneller als in der Nähe der Ufer, an der Oberfläche schneller als in der Nähe des Grundes. Für jede Richtung muss man eine separate Ableitung bilden, also eine separate Änderung berechnen, die jeweils nur einen Teil des Gesamtverhaltens beschreibt, daher der Ausdruck „partiell".

Die Gleichungen sind so kompliziert, dass sie sich in bestimmten Situationen selbst mit Näherungsmethoden nur relativ schwer lösen lassen, und zwar wenn *Turbulenzen* auftreten, kleine Strudel oder Verwirbelungen, wie Sie das bei fließenden Gewässern in der Nähe von Stromschnellen beobachten können; in der Luft kennen Sie das von den Turbulenzen, die Sie im Flugzeug erleben. Diese Strudel und Wirbel lassen sich nur sehr schwer genau vorhersagen. Aus Sicht der Mathematiker ist noch nicht einmal klar, ob die Gleichungen in solchen Fällen überhaupt Lösungen besitzen. Diese Frage zu klären, ist der Inhalt eines der sieben Millenium-Probleme, für die ein Preisgeld von einer Million Dollar ausgesetzt ist. Dies haben wir bereits in Abschn. 6.3 besprochen und auch klargestellt, warum ein Physiker sich darüber nicht besonders zu beunruhigen braucht.

Wellen

Ein typisches Phänomen in der Feldtheorie ist die Ausbreitung von **Wellen**. Am vertrautesten sind uns die Wasserwellen, beispielsweise im Meer: Durch die verschiedenen Kräfte, die dort wirken, hebt und senkt sich das Wasser. Es bilden sich *Wellenberge* (Orte, an denen das Wasser am höchsten steht) und *Wellentäler* (Orte, an denen das Wasser am niedrigsten steht). Die Wellenberge bewegen sich in einer bestimmten Richtung. Dabei sind es nicht die einzelnen Wasserteilchen, die sich mit der Welle mitbewegen. Die einzelnen Wasserteilchen bewegen sich im Wesentlichen nur auf und ab, nicht vorwärts. Die Bewegung der Wellenberge kommt dadurch zustande, dass sich das Wasser in jedem Moment an einigen Stellen hebt und an anderen senkt (das Herabsinken des Wassers an einer Stelle drückt es an der benachbarten Stelle nach oben), und zwar so, dass die Stelle, wo es gerade am höchsten steht, sich relativ gleichmäßig in einer bestimmten Richtung verschiebt. Zwei wichtige Begriffe sind Wellenlänge und Frequenz: Die **Wellenlänge** ist der Abstand zwischen zwei Wellenbergen, die **Frequenz** ist die Anzahl der Wellenberge, die innerhalb eines bestimmten Zeitintervalls an einer Stelle vorbeitreiben.

Bei **Schallwellen** ist es der Druck, der abwechselnd höhere und tiefere Werte annimmt. Überdruck und Unterdruck wechseln sich in kurzen Abständen ab, werden durch die Kräfte, die Überdruck und Unterdruck auf ihre unmittelbaren Umgebung ausüben, weitergegeben, mit einer bestimmten Geschwindigkeit, der *Schallgeschwindigkeit,* die von dem Medium, also dem Stoff abhängt, in dem sich der Schall ausbreitet. In Luft beträgt sie etwas mehr als 300 Meter pro Sekunde.

Schallwellen werden typischerweise durch Vibrationen ausgelöst, die auf das Medium (z. B. Luft) einwirken. Besonders kunstvoll geschieht das mit Musikinstrumenten. Diese sind so konstruiert, dass sie jeweils auf eine ganz bestimmte charakteristische Weise vibrieren. Die Vibration wirkt auf die Luft ein, führt zu schnellen Abfolgen von Über- und Unterdruck am Rand des Instruments, die sich als Schallwellen durch die Luft fortpflanzen, wo sie dann an anderer Stelle wieder ein Stück feste Materie zum Vibrieren bringen können, zum Beispiel unser Trommelfell, was dazu führt, dass wir die Musik *hören.* Ähnlich ist es mit dem Sprechen: Die Vibration unserer Stimmbänder in Kombination mit der Form, die wir unseren Lippen und unserer Zunge in diesem Moment geben, erzeugt ein spezifisches Muster an Schallwellen, die unseren Mund verlassen, sich durch die Luft fortpflanzen und an anderer Stelle wieder etwas zum Vibrieren bringen, z. B. ein Trommelfell oder ein Mikrofon.

Daran zeigt sich auch, dass Wellen zum Übertragen von Informationen geeignet sind. Ein *Sender* überträgt seine eigenen Vibrationen, deren spezifisches Muster eine Information codiert, auf das Medium, das diese Information in Form einer Welle zu einem oder mehreren *Empfängern* trägt, wo sie wieder in Vibrationen umgesetzt wird, aus denen sich die Information auslesen lässt. In unserem Gehirn wird die Vibration des Trommelfells in die sinnliche Wahrnehmung von Klängen und das Erkennen von Sprache übersetzt. Die Frequenz der Schallwellen entspricht dabei der wahrgenommenen Tonhöhe. Der „Kammerton" a entspricht z. B. einer Frequenz von 440 Hertz, also 440 Überdruckphasen pro Sekunde. Jede Oktave verdoppelt bzw. halbiert die Frequenz.

Eine andere wichtige Eigenschaft von Wellen ist, dass man sie **überlagern** kann; der Fachausdruck dafür lautet **Superposition** oder **Interferenz.** Das bedeutet, dass Wellen, die von verschiedenen Quellen ausgehen, sich nicht gegenseitig stören. Sie überlagern sich in dem Sinn, dass die jeweiligen Über- und Unterdrücke der einzelnen Wellen sich einfach aufsummieren. Beim Empfänger, z. B. unserem Trommelfell, kommt es nun zu einem Vibrationsmuster, das gerade der Summe der einzelnen Wellen entspricht. Wenn von zwei Wellen jeweils gerade ein Überdruck ankommt – nehmen wir an, in beiden Fällen gleich stark –, so summieren sie sich zu einem doppelt so großen Gesamtüberdruck auf, das Trommelfell wird doppelt so stark aus seiner Ruheposition ausgelenkt, wie das bei jeder Welle separat der Fall gewesen wäre *(konstruktive Interferenz)*. Kommt hingegen von der einen Welle gerade ein Überdruck, von der anderen ein Unterdruck an, so heben sie sich gegenseitig auf, das Trommelfell wird gar nicht ausgelenkt *(destruktive Interferenz)*.

Entscheidend für die Übertragung von Informationen ist, dass die einzelnen Bestandteile beim Empfänger wieder herausgefiltert werden können, obwohl es dort ja nur ein einziges Vibrationsmuster gibt, das der Summe der einzelnen Muster entspricht. Unser Gehirn ist erstaunlich gut darin. Obwohl jedes einzelne Musikinstrument bereits eine Überlagerung von Vibrationen verschiedener Frequenzen erzeugt – das ist es gerade, was den spezifischen Klang jedes Instruments ausmacht –, haben wir die Fähigkeit, einem ganzen Orchester zuzuhören und dabei die einzelnen Instrumente herauszuhören, aus dem Hin- und Herschwingen von nur zwei Trommelfellen, sogar nur einem, wenn wir auf einem Ohr taub sind. Aus winzigen Unterschieden im Vibrationsmuster sind wir imstande, die Stimme eines Bekannten eindeutig zu identifizieren, wir können sie sogar in einem vollen Raum aus dem gleichzeitigen Gemurmel etlicher Menschen herausfiltern, wieder allein aus dem Hin- und Herschwingen von nur zwei Trommelfellen.

Kraftfelder

Aus dem Schulunterricht kennen wir den Ausdruck *Feld* in der Physik vor allem als *Kraftfeld*. In der Newton'schen Gravitationstheorie wirkt jeder Körper gemäß seiner Masse auf jeden anderen Körper ein, übt eine Schwerkraft aus. Dass diese Kraft über den leeren Raum hinweg aus der Ferne wirkt, fanden viele schwer vorstellbar, also wurde davon gesprochen, dass jeder Körper den gesamten Raum mit einem *Kraftfeld (Schwerefeld* oder *Gravitationsfeld)* durchsetzt, in dem sich die anderen Körper dann bewegen. In dieser Vorstellung ist es nicht mehr der ferne andere Körper B, der die Kraft auf einen gegebenen Körper A ausübt, sondern das Kraftfeld an der Stelle, an der sich A gerade befindet. Dies ist jedoch eine reine Vorstellung, die sich unsere Anschauung bildet. Für die Gleichungen, die die Bewegungen der Körper mit Hilfe der Newton'schen Gravitation beschreiben, macht es keinen Unterschied, ob wir sie uns so vorstellen, dass sie direkt aus der Ferne wirkt, oder übertragen durch ein Kraftfeld.

Das ändert sich in der ART, der Gravitationstheorie von Einstein, die präziser ist als die von Newton. Die ART ist eindeutig eine Feldtheorie, eine direkte Wirkung über die Ferne hinweg gibt es darin nicht. Änderungen an einer Stelle (zum Beispiel eine Bewegung des Körpers B) breiten sich immer nur schrittweise mit Hilfe eines Feldes durch den Raum hinweg aus, mit Lichtgeschwindigkeit, und das Feld an der Stelle von A ist es, das eine Wirkung auf A ausübt. Was das für ein Feld ist, besprechen wir in Abschn. 7.4.

Eine der wichtigsten Feldtheorien ist die Theorie des **Elektromagnetismus** von James Clerk Maxwell. Ausgangspunkt dieser Theorie ist, dass es **elektrische Ladungen** gibt, eine abstrakte Eigenschaft von Materie, ein Zahlenwert, der sich jedem Stück Materie zuweisen lässt. Diese Ladungen beeinflussen durch ihr Vorhandensein an einem bestimmten Ort und zusätzlich durch ihre Bewegungen zwei Vektorfelder, also zwei physikalische Größen, die jeweils Betrag und Richtung haben und mathematisch durch Funktionen des Ortes und der Zeit dargestellt werden. Diese Vektorfelder heißen **elektrisches Feld** und **Magnetfeld.** Man kann diese Felder als abstrakte Eigenschaften des Raumes charakterisieren: Jeder Punkt des Raumes hat zu jedem Zeitpunkt zwei Eigenschaften, die sich jeweils durch einen Betrag und eine Richtung ausdrücken lassen, und diese zwei Eigenschaften nennt man elektrisches Feld und Magnetfeld. Diese Felder wiederum üben Kräfte auf alle elektrischen Ladungen aus. Es gibt also eine gegenseitige Beeinflussung: Die Ladungen beeinflussen die Felder, die Felder wiederum die Ladungen. Über die Felder können daher die Ladungen gegenseitig aufeinander einwirken: Zwei positive Ladungen stoßen sich ab, ebenso zwei negative. Eine positive und eine negative Ladungen hingegen ziehen sich an. Die Felder beeinflussen sich auch gegenseitig: Eine zeitliche Änderung des Magnetfeldes hat Auswirkungen auf das elektrische Feld und umgekehrt.

Das genaue Verhalten dieser Wechselwirkungen wird durch die **Maxwell-Gleichungen** beschrieben. Wie in der Hydrodynamik sind es gekoppelte partielle Differentialgleichungen, aber zum Glück etwas einfacher als die Navier-Stokes-Gleichungen. Die Lösungen dieser Gleichungen sind vielfältig. Unzählige elektrische und magnetische Phänomene lassen sich daraus ableiten, unzählige technische Anwendungen daraus konstruieren.

Zu den Lösungen der Gleichungen gehören auch die **elektromagnetischen Wellen,** die sich mit Lichtgeschwindigkeit durch den Raum ausbreiten, etwa 300.000 Kilometer pro Sekunde, also etwa eine Million Mal schneller als die Schallgeschwindigkeit in Luft. Bei diesen Wellen sind es die Beträge der beiden Felder, die einem ständigen Auf und Ab ausgesetzt sind. Sie schließen das mit ein, was wir als Licht wahrnehmen. Genauer gesagt ist es ein kleiner Teilbereich des **elektromagnetischen Spektrums,** also der gesamten Bandbreite an möglichen Wellenlängen elektromagnetischer Wellen, die wir als **Licht** wahrnehmen, nämlich der Bereich zwischen etwa 400 und 800 Nanometern. Die genaue Wellenlänge ist das, was wir als *Farbe* erkennen, 400 Nanometer sehen wir als Violett, 800 Nanometer als Rot. Deshalb wird der unsichtbare Bereich oberhalb von 800 Nanometern als *infrarot* bezeichnet, der unsichtbare Bereich unterhalb von 400 Nanometern als *ultraviolett.* Auch die unsichtbaren Bereiche des Spektrums haben bestimmte Auswirkungen auf uns oder lassen sich für bestimmte technische Anwendungen nutzen. Deshalb haben bestimmte Bereiche des Spektrums Namen, die wir mit diesen Auswirkungen und Anwendungen assoziieren: Röntgenstrahlung, Mikrowellen, Radiowellen u. s. w.

Für elektromagnetische Wellen gilt das Gleiche wie für Schallwellen: Mit ihnen lassen sich Informationen übertragen. Es funktioniert damit sogar noch besser, denn elektromagnetische Wellen haben oft im Gegensatz zu Schall eine sehr große Reichweite. Sie werden auch durch den luftleeren Raum übertragen, deshalb können wir die Sterne sehen, aber nicht hören. Wenn die Wellenlänge groß genug ist (Radiowellen), durchdringen sie auch Wände und andere Hindernisse. Ein Sender lässt Ladungen vibrieren, was zur Aussendung der Wellen führt. Ein Empfänger setzt die Wellen wieder in vibrierende Ladungen um und filtert den Anteil heraus, an dem er interessiert ist, z. B. einen bestimmten Radiosender oder ein bestimmtes Telefongespräch. Denn auch bei diesen Wellen gilt das Prinzip der Überlagerung: Alle Radiofrequenzen, alle Telefongespräche der Mobilfunknetze, die in unserer Umgebung zugänglich sind, strömen gleichzeitig durch uns hindurch; unsere Geräte müssen nur wissen, wie sie an den für sie bestimmten Anteil herankommen.

7.3   Spezielle Relativitätstheorie

Die SRT ist die mit Abstand einfachste Theorie in der Physik. Sie lässt sich in wenigen Zeilen hinschreiben. Die Schulmathematik aus der Mittelstufe reicht aus, um sie zu verstehen. Sie brauchen keine Differentialgleichungen zu lösen, sondern es genügt, Quadrate zu bilden und Wurzeln zu ziehen.

Warum wurde sie dann erst so spät, nämlich im Jahr 1905, entdeckt? Dafür gibt es zwei Gründe. Zum einen werden ihre Effekte erst sichtbar, wenn man es mit Geschwindigkeiten in der Nähe der Lichtgeschwindigkeit zu tun hat. Zum anderen widerspricht sie unserer Intuition. Bereits in der Schulphysik lernen wir, dass man nicht „Äpfel mit Birnen" vergleichen darf, dass also z. B. räumliche Abstände, Zeit und Masse drei verschiedene physikalische Größen sind, die nicht miteinander verrechnet werden dürfen und mit unterschiedlichen Einheiten versehen sind (Meter, Sekunde und Kilogramm in zivilisierten Ländern; ein archaisches Kuddelmuddel aus überlieferten Maßeinheiten in den angelsächsischen). Die SRT sagt nun entgegen diesen Warnungen, dass Raum und Zeit eben doch miteinander zu verrechnen sind. Wahrscheinlich war wirklich ein genialer Außenseiter wie Einstein nötig, um sich da heranzutrauen.

Die SRT wurde notwendig, nachdem Michelson und Morley 1887 ein seltsames Ergebnis bei einem ausgefeilten Experiment erhalten hatten. Aus dem Straßenverkehr ist bekannt, dass sich bei einem Frontalzusammenprall

die Geschwindigkeiten addieren, bei einem Auffahrunfall hingegen subtra-
hieren, weshalb ersterer sehr viel schlimmere Konsequenzen hat als letzterer.
Wenn bei einem Frontalzusammenstoß das eine Auto 100 km/h fährt, das
andere 70 km/h, dann prallen sie relativ zueinander mit einer Geschwindigkeit von 170 km/h zusammen. Beim Auffahrunfall hingegen, wenn das hintere
Auto 100 km/h fährt, das vordere 70 km/h, dann ist die relative Aufprallge-
schwindigkeit nur 30 km/h. Grob gesagt fanden Michelson und Morley, dass
diese Regel im Falle der Lichtgeschwindigkeit nicht gilt. Wenn Sie vor einem
Lichtstrahl, der sich mit der Lichtgeschwindigkeit c auf Sie zubewegt, mit der
Geschwindigkeit v davonlaufen, dann sollte der Lichtstrahl mit einer Relativgeschwindigkeit $c - v$ bei Ihnen auftreffen, wie beim Auffahrunfall. Wenn
Sie hingegen mit der Geschwindigkeit v auf ihn zulaufen, sollte die Relativgeschwindigkeit $c + v$ sein, wie beim Frontalzusammenstoß. Beim Experiment
kam jedoch heraus, dass die Relativgeschwindigkeit in beiden Fällen wieder c
ist. Die einfachsten Regeln der Addition und Subtraktion schienen nicht mehr
zu gelten!

18 Jahre später lieferte Einstein die Erklärung mit der SRT. Er erhob darin
die Konstanz der Lichtgeschwindigkeit zum Prinzip und stellte davon ausgehend allerlei Überlegungen an, mit Spiegeln, fahrenden Zügen, hin und her
fliegenden Signalen; mit Personen, die Uhren vergleichen und sich versuchen
darauf zu einigen, was „gleichzeitig" bedeutet. Damit kam er schließlich auf
die Struktur der Raumzeit, auf die all das zurückging. Diese Überlegungen
sind zum Teil recht kompliziert, dominieren aber nach wie vor die populärwissenschaftliche Darstellung des Themas.

Ich möchte hier einen anderen Weg gehen. Wenn man die Struktur der
Raumzeit, die die SRT beschreibt, einmal verstanden hat, ist es meines Erachtens einfacher, sie bei der Beschreibung der Theorie zum Ausgangspunkt zu
nehmen, anstatt die Konstanz der Lichtgeschwindigkeit. Die Konstanz der
Lichtgeschwindigkeit sowie alle anderen Aspekte der Theorie folgen dann aus
dieser Struktur. Erstaunlicherweise wird dieser einfachere Weg in der Literatur nirgends (soweit mir bekannt ist) gewählt. Die folgende Darstellung feiert
daher womöglich hier ihre Premiere.

Vielleicht ist es auch Geschmackssache, welcher Weg einfacher ist. Die
Struktur der Raumzeit ist eine recht mathematische Angelegenheit, die Konstanz der Lichtgeschwindigkeit hingegen ist das, was wir ein **physikalisches
Prinzip** nennen. Es kann daher sein, dass Mathematiker in der Regel eher dazu
tendieren, Ersteres als einfacher zu empfinden und Physiker Letzteres. Es geht
aber auch um die Frage, was von den beiden als grundlegender anzusehen ist.

In meinen Augen ist die Sichtweise zu bevorzugen, dass die Konstanz der Lichtgeschwindigkeit aus der Struktur der Raumzeit folgt und nicht umgekehrt. Die Struktur der Raumzeit ist grundlegender. Generell scheint es unter Theoretischen Physikern zwei Positionen zu geben: Die einen finden physikalische Prinzipien sehr wichtig und fundamental (die Energieerhaltung, die Konstanz der Lichtgeschwindigkeit etc.) und wollen sie in jeder Theorie soweit möglich als Ausgangspunkt nehmen. Die anderen finden, dass solche Prinzipien eher Folgeerscheinungen der mathematischen Strukturen einer Theorie sind und dass es irreführend ist, sie als quasi „gottgegeben" an den Anfang zu stellen. Einstein gehört der ersten Gruppe an, ich der zweiten.

Der amerikanische Wissenschaftsphilosoph Tim Maudlin führt in einem Interview den zweiten Standpunkt weiter aus. Dabei bezieht er sich als Beispiel auf die „Mutter aller Prinzipien", die Energieerhaltung:

Es stimmt nicht, dass dieses Prinzip buchstäblich ein grundlegendes Axiom jedweder physikalischer Theorie ist. [...] Das Vertrauen, das man darin setzt, ergibt sich aus der Tatsache, dass es in einem sehr weiten Feld von Anwendungen funktioniert. Manchmal kann es sogar hergeleitet werden. [...] Aber letztlich ist die Tatsache, dass das Prinzip funktioniert, ein explanandum, kein explanans: es ist etwas, das sich aus der zugrundeliegenden Dynamik ergeben muss. (Tim Maudlin, zit. in Schlosshauer 2011, S. 208 f.)

Das ähnelt dem, was ich bereits in Abschn. 7.1 zur Energieerhaltung gesagt habe. Aber zurück zur SRT.

Die zwei Postulate der SRT

Die Struktur der **Raumzeit** lässt sich in zwei Postulaten zusammenfassen:

1. Raum und Zeit bilden ein gemeinsames vierdimensionales Kontinuum (drei Dimensionen für den Raum, eine für die Zeit). Sie können daher mit denselben Einheiten ausgedrückt werden. Das heißt, man kann Sekunden in Kilometer umrechnen, in etwa so wie Zoll in Zentimeter. Der Umrechnungsfaktor beträgt: 1 s = 299.792 km.
2. Es gibt einen einzigen Unterschied zwischen der Zeit- und den Raumdimensionen: Wenn bei einem rechtwinkligen Dreieck eine Kathete in Zeitrichtung liegt, dann gilt der Satz des Pythagoras mit Minus- statt mit Pluszeichen (Abb. 7.1). Auf diese Weise sind Abstände von Punkten in der Raumzeit definiert.

Ich möchte an dieser Stelle ausnahmsweise und das einzige Mal in diesem Buch einige kleine Rechnungen vorführen, um diese beiden Punkte zu illustrieren.

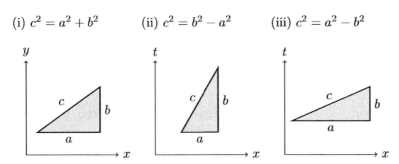

(i) $c^2 = a^2 + b^2$ (ii) $c^2 = b^2 - a^2$ (iii) $c^2 = a^2 - b^2$

Abb. 7.1 Modifizierter Satz des Pythagoras in der Raumzeit. (i) „Normaler" Satz des Pythagoras in zwei Raumdimensionen. (ii) und (iii) Modifizierter Satz mit einer Kathete a im Raum und einer Kathete b in Zeitrichtung, wobei im einen Fall b länger ist als a, im anderen kürzer

Sie werden sehen, dass die Rechnungen sehr einfach sind, ansonsten würde ich mich das auch nicht trauen, sondern hätte Angst, meine Leser zu verlieren. Die beiden Aussagen zur Struktur der Raumzeit strapazieren unsere Intuition (Umrechnung von Sekunde in Kilometer! Verkehrter Satz des Pythagoras!), aber nicht unsere Rechenkünste.

Aus dem ersten Postulat folgt zunächst, dass Geschwindigkeiten „dimensionslose" Größen sind, also Zahlen ohne Maßeinheiten. Normalerweise werden Geschwindigkeiten in Metern pro Sekunde angegeben (oder in davon abgeleiteten Einheiten, wie etwa Kilometer pro Stunde). Die Sekunde kann man nach dem ersten Postulat in Meter umrechnen. Sie erhalten dann „Meter pro Meter", was zu verstehen ist als „Meter in Raumrichtung pro Meter in Zeitrichtung". Das ist analog zur Steigung von Straßen. Wenn Sie ein Straßenschild mit dem Warnhinweis über eine Steigung von 10 % sehen, dann heißt das, dass es beim Zurücklegen von zehn Metern in horizontaler Richtung gleichzeitig einen Höhenmeter nach oben geht. Auch dort hat man die Einheit „Meter pro Meter", diesmal zu verstehen als „vertikale Meter pro horizontale Meter". Die Einheit Meter hebt sich quasi weg; entscheidend ist, dass es 1/10 so viel nach oben wie nach vorn geht, was das Gleiche bedeutet wie 10 %. Exakt das Gleiche gilt nun auch für Geschwindigkeiten. Eine Geschwindigkeit von 1/10 bedeutet, dass es bei zehn Metern in Richtung Zukunft einen Meter vorwärts geht. Sie können die gleiche Überlegung auch in der Einheit Sekunde durchführen. Gleichermaßen können Sie nämlich sagen: Die Geschwindigkeit von 1/10 bedeutet, dass es bei zehn Sekunden in Richtung Zukunft eine Sekunde im Raum vorwärts geht, also 299.792 Kilometer. Die Verwirrung, die Sie vielleicht bei solchen Sätzen empfinden, kommt nur daher, dass wir nicht daran gewöhnt sind, Meter und Sekunde als gleichwertige Einheiten zu verwenden, die sich nur um einen Umrechnungsfaktor unterscheiden, wie Zoll und

Zentimeter. Das ist aber gerade der springende Punkt bei der SRT: Raum und Zeit sind gleichwertig, bis auf die Sache mit dem Satz des Pythagoras.

Um ein Gefühl für diese Zahlen in realistischen Fällen zu bekommen: Welchem Zahlwert entspricht die Geschwindigkeit von 30 Metern pro Sekunde? Nun, 30 Meter pro Sekunde heißt so viel wie 30 Meter geteilt durch 1 Sekunde, heißt so viel wie 30 Meter geteilt durch 300.000 Kilometer (wir runden ein klein wenig, um die Rechnung zu vereinfachen), heißt so viel wie 30 Meter geteilt durch 300.000.000 Meter, heißt so viel wie 1/10.000.000. Also ist die Geschwindigkeit 30 Meter pro Sekunde dasselbe wie die Geschwindigkeit ein Zehnmillionstel (ohne Maßeinheit).

Die Geschwindigkeit mit dem Wert 1 hat einen besonderen Namen. Sie heißt **Lichtgeschwindigkeit.** Das ist so, weil Licht sich mit dieser Geschwindigkeit bewegt. In meiner Darstellung liegt die Erkenntnis, dass Licht sich mit dieser Geschwindigkeit bewegt, am Ende. Die Verwendung des Namens Lichtgeschwindigkeit für die Geschwindigkeit mit dem Wert 1 ist daher ein Vorgriff auf künftige Erkenntnisse. Ein Objekt mit dieser Geschwindigkeit (also z. B. ein Lichtstrahl) kommt in einem Zeitintervall von einer Sekunde eine Strecke von einer Sekunde, also 299.792 Kilometer voran. Oben habe ich die Lichtgeschwindigkeit c genannt. Meine Aussage lautet also, dass $c = 1$ ist.

Nun zum zweiten Postulat, der Sache mit dem Satz des Pythagoras. Betrachten wir zunächst eine rein räumliche Situation. Nehmen wir an, wir haben zwei Punkte A und B in einer Ebene. Die Ebene wurde mit einem kartesischen Koordinatensystem („x- und y-Achse") überdeckt, und zwar so, dass A im Ursprung, also im Punkt mit den Koordinaten (0,0), liegt. Nehmen wir an, in diesem Koordinatensystem hat B die Koordinaten (3,4). Das heißt, um von A nach B zu kommen, müssen wir drei Längeneinheiten in x-Richtung und vier Längeneinheiten in y-Richtung gehen. Nach dem Satz des Pythagoras ist der Abstand s der Punkte A und B gegeben durch $s = \sqrt{3^2 + 4^2} = \sqrt{25} = 5$.

Der Abstand s ist natürlich unabhängig davon, was für ein Koordinatensystem wir uns ausgesucht haben. Wir können das Koordinatensystem drehen oder verschieben. Dann ändern sich die Koordinaten der Punkte A und B, aber ihr Abstand bleibt der gleiche. Zum Beispiel können wir das Koordinatensystem so drehen, dass B auf der x-Achse liegt. Dann hat B die Koordinaten (5,0), und s errechnet sich mit der gleichen Methode zu $s = \sqrt{5^2 + 0^2} = \sqrt{25} = 5$ (Abb. 7.2).

Das lässt sich noch etwas präzisieren und verallgemeinern. Eine Vorschrift, wie man aus den Koordinaten zweier Punkte den Abstand errechnet, heißt **Metrik.** Wie die Metrik genau aussieht, hängt allgemein von zwei Dingen ab: von den geometrischen Eigenschaften des Raumes und vom gewählten

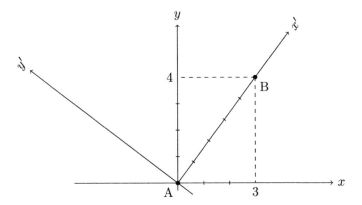

Abb. 7.2 Bei einer Drehung des Koordinatensystems bleiben Abstände erhalten und lassen sich nach derselben Vorschrift berechnen. Hier hat B im Koordinatensystem (x, y) die Koordinaten $(3, 4)$, im Koordinatensystem (x', y') die Koordinaten $(5, 0)$. Der Abstand zu A ist $5 = \sqrt{3^2 + 4^2} = \sqrt{5^2 + 0^2}$

Koordinatensystem[1]. In einem euklidischen Raum – also einem Raum, in dem die euklidischen Axiome der Geometrie gelten – und mit einem kartesischen Koordinatensystem – also einem Koordinatensystem mit geraden, senkrecht zueinander stehenden Achsen – gilt: Wenn A die Koordinaten (x_1, y_1) und B die Koordinaten (x_2, y_2) hat, dann beträgt der Abstand s von A und B

$$s = \sqrt{(x_2 - x_1)^2 + (y_2 - y_1)^2} \qquad (7.1)$$

Der Abstand s ist unabhängig von der Wahl des Koordinatensystems. Als Physiker sagt man: Er ist **physikalisch,** was so viel heißen soll wie: Er hängt nicht von meinen selbst gewählten Konventionen ab. Die Koordinaten selbst hängen natürlich von der Wahl des Koordinatensystems ab, sie sind nicht physikalisch. Gl. (7.1), mit der s aus den Koordinaten bestimmt wird, hängt *teilweise* vom Koordinatensystem ab: Sie gilt nämlich nur für *kartesische* Koordinatensysteme. Wenn Sie also von einem kartesischen Koordinatensystem in ein anderes kartesisches Koordinatensystem wechseln, ändern sich zwar die Koordinaten, aber die Gleichung, mit der s und die Koordinaten verknüpft sind, bleibt dieselbe, wie in unserem Beispiel. Wenn Sie hingegen von einem kartesischen in ein Polarkoordinatensystem wechseln (Sie kennen das vom Bild eines Radarschirmes: Jeder Punkt wird durch seinen Abstand vom Mittelpunkt und durch eine Richtung, also einen Winkel, charakterisiert), ändern sich sowohl die Koordinaten, als auch der Zusammenhang zwischen s und den

---

[1]Hinweis für Mathematiker: Ja, man kann eine Metrik auch koordinatenunabhängig definieren. Ich spreche hier aber explizit von der koordinatenabhängigen Variante.

Koordinaten. Zwei kartesische Koordinatensysteme sind immer durch Drehung, Verschiebung und/oder Spiegelung miteinander verknüpft. Daraus folgt, dass Drehungen, Verschiebungen und Spiegelungen genau die Operationen sind, die man auf ein kartesisches Koordinatensystem anwenden kann, ohne die Metrik zu ändern.

Jetzt ersetzen wir die y-Achse durch eine Zeitachse t, d. h., wir betrachten eine Ebene mit einer Raumdimension x und einer Zeitdimension t (und vergessen der Einfachheit halber für den Moment die übrigen beiden Raumdimensionen). Diesmal nehmen wir an, dass A die Koordinaten $(0,0)$ und B die Koordinaten $(4,5)$ hat. A und B sind keine Punkte im Raum, sondern Punkte in der Raumzeit. Die erste Koordinate beschreibt die räumliche Position entlang einer Geraden, der x-Achse, und die zweite Koordinate definiert den Zeitpunkt. Im SRT-Jargon heißen solche Punkte der Raumzeit **Ereignisse.** Die beiden Koordinaten legen das Wo und Wann der Ereignisse fest: Das Ereignis B findet an der Position mit der Ortskoordinate 4 und zum Zeitpunkt mit der Zeitkoordinate 5 statt. Das bedeutet übrigens, dass man sich mit 4/5, also 80 % der Lichtgeschwindigkeit bewegen muss, um von A nach B zu kommen (fünf Einheiten in die Zukunft, vier Einheiten in x-Richtung, das macht eine Geschwindigkeit von 4/5). Ob die Einheiten dabei Meter oder Sekunde oder Zoll sind, spielt keine Rolle, Hauptsache, Sie nehmen dieselbe Einheit für den räumlichen und den zeitlichen Abstand. Das zweite Postulat besagt nun, dass für A und B ein raumzeitlicher Abstand s definiert ist, und zwar mit Hilfe eines modifizierten Satzes des Pythagoras: $s = \sqrt{5^2 - 4^2} = \sqrt{9} = 3$ (Abb. 7.3). Der Gesamtabstand ist also wegen des Minuszeichens *kleiner* als die beiden Koordinatenabstände. Im Raum allein wäre das undenkbar!

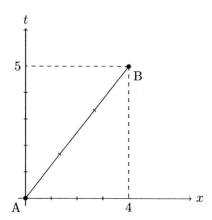

Abb. 7.3 Durch den modifizierten Satz des Pythagoras ist der Abstand der Ereignisse A und B nicht $\sqrt{5^2 + 4^2} \approx 6,4$, sondern $\sqrt{5^2 - 4^2} = 3$

Diese Art von Abstand ist also doppelt ungewohnt: Erstens sind wir gewohnt, räumliche und zeitliche Abstände getrennt zu betrachten. Der Abstand, der hier festgelegt wurde, bezieht sich jedoch gewissermaßen auf eine „Diagonale" quer durch Raum und Zeit. Zweitens ist der Gesamtabstand kleiner als die beiden rechtwinklig zueinander liegenden Teilabstände, aus denen er zusammengesetzt ist, was nach unserem Gefühl „unmöglich" oder schlecht definiert klingt. Dennoch ist dieser Abstand das entscheidende Maß in der SRT und der Grund, die logische Ursache für all ihre Effekte. Wieder gilt, dass der Abstand s unabhängig davon ist, welches Koordinatensystem wir wählen. (So ist es im Postulat gemeint, es soll ein *physikalischer* Abstand sein.)

Zeitdilatation

Man kann ein Koordinatensystem als das **Bezugssystem** eines Beobachters ansehen. Dabei gehen wir davon aus, dass der Beobachter „egozentrisch" denkt und sich selbst in den Mittelpunkt eines Koordinatensystems stellt. Das Koordinatensystem bezieht sich auf ihn, deshalb nennt man es sein Bezugssystem. „In den Mittelpunkt stellen" heißt, dass er für sich selbst zu allen Zeiten die Ortskoordinate $x = 0$ in Anspruch nimmt. Die Zeitachse ist die Menge aller Punkte mit $x = 0$; sie besteht aus allen Ereignissen, die am Ort des Beobachters stattfinden, ist also gewissermaßen das „Hier" des Beobachters. (Etwas flapsiger formuliert: Die Zeitachse ist immer da, wo der Beobachter gerade ist.)

Nehmen wir an, zwei Beobachter, Erwin und Otto, bewegen sich relativ zueinander mit konstanter Geschwindigkeit. Aus Erwins Sicht (in Erwins Bezugssystem) ist er selbst in Ruhe. Otto kommt auf ihn zu, begegnet ihm zu einem bestimmten Zeitpunkt und bewegt sich dann wieder von ihm weg, ohne anzuhalten. Aus Ottos Sicht ist Otto in Ruhe, Erwin kommt auf ihn zu, begegnet ihm und entfernt sich wieder. Nehmen wir weiter an, das Koordinatensystem aus unserem Beispiel oben ist das Bezugssystem von Erwin. Die beiden begegnen sich dort im Punkt A. Nach der Begegnung bewegt Otto sich von A nach B, relativ zu Erwin also mit 80 % der Lichtgeschwindigkeit.

Die Zeitachsen der beiden Bezugssysteme sind gegeneinander geneigt: Sie nähern sich an, schneiden sich im Ereignis der Begegnung (der einzige Moment, wo das Hier der beiden identisch ist) und entfernen sich von da aus wieder, ganz genau so wie die Beobachter selbst. In Ottos Bezugssystem liegt B auf seiner Zeitachse – wir nennen sie t', um sie von Erwins Zeitachse zu unterscheiden – denn es ist ja ein Ereignis im „Hier" von Otto (Abb. 7.4).

Die Koordinaten von B sind in Ottos Bezugssystem $(0, \tau)$, wobei der Wert τ noch zu bestimmen ist. Er ist dadurch festgelegt, dass mit dem „modifizierten Pythagoras" wieder $s = 3$ herauskommen muss, weil s ja unabhängig

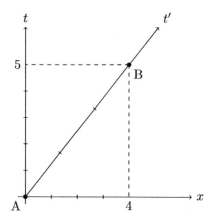

Abb. 7.4 Ottos Zeitachse läuft durch A und B. Durch den modifizierten Satz des Pythagoras erscheint sie gewissenmaßen in die Länge gezogen („Zeitdilatation")

vom Bezugssystem ist, $s = \sqrt{\tau^2 - 0^2} = \sqrt{\tau^2} = \tau$. Also muss $\tau = 3$ sein. Und allgemeiner: Die **Eigenzeit** τ eines gleichförmig bewegten Beobachters entspricht immer der raumzeitlichen Länge s, die er zurückgelegt hat. Otto hat also zwischen A und B nur drei Zeiteinheiten zurückgelegt, für Erwin waren es aber fünf Zeiteinheiten, zwischen denselben beiden Punkten! Für Otto vergeht zwischen den Ereignissen A und B weniger Zeit als für Erwin! Dieses Phänomen heißt **Zeitdilatation** und wurde tatsächlich beobachtet. Hier konnten wir es direkt aus den Postulaten zur Struktur der Raumzeit ableiten, ohne die Konstanz der Lichtgeschwindigkeit zu benutzen und von hin und her laufenden Signalen zu sprechen (wie es alle anderen mir bekannten populärwissenschaftlichen Bücher tun).

Diese Darstellung hat außerdem den Vorteil, einen bestimmten Aspekt betonen zu können: In den „herkömmlichen" Darstellungen wird uns erklärt, dass Raum- und Zeitabstände relativ sind, d. h. vom Bezugssystem abhängen. Hier habe ich erklärt, dass es da etwas gibt, das nicht relativ, sondern absolut („physikalisch", unabhängig vom Bezugssystem) ist, nämlich den raumzeitlichen Abstand s. Und gerade die Absolutheit von s ist der Grund dafür, warum Raum- und Zeitabstände jeweils für sich genommen relativ sein müssen. In meinen Augen ist dieser Aspekt sehr wichtig.

Wenn Otto am Punkt B umkehrt und mit 80 % der Lichtgeschwindigkeit zu Erwin zurückkehrt, wird er ihm im Punkt C wieder begegnen, wobei C in Erwins Bezugssystem die Koordinaten (0,10) hat. Der raumzeitliche Abstand von B und C ist wieder 3, was auch wieder Ottos Eigenzeit auf diesem Weg ist. Also ist Erwin zwischen A und C um zehn Zeiteinheiten gealtert, Otto nur um sechs (Abb. 7.5). Schnelles Reisen hält jung. Dieses Phänomen ist unter dem

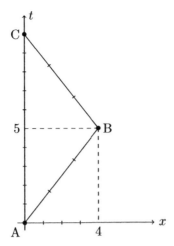

Abb. 7.5 „Zwillingsparadoxon". Otto ist auf dem Weg A–B–C um sechs Zeiteinheiten gealtert, Erwin auf dem direkten Weg von A nach C hingegen um zehn. In Zeitrichtung ist der direkte Weg nicht der kürzeste, sondern der längste

Namen **Zwillingsparadoxon** bekannt. (Es wurde ursprünglich als Geschichte von zwei Zwillingen erzählt, die nach einer solchen Reise auf einmal nicht mehr gleich alt waren.)

Lorentz-Transformation
Die allgemeine Metrik für Punkte mit Koordinaten (x_1, t_1) und (x_2, t_2) lautet:

$$s = \sqrt{|(x_2 - x_1)^2 - (t_2 - t_1)^2|} \qquad (7.2)$$

Die Betragsstriche bedeuten hierbei, dass der Ausdruck unter der Wurzel umzudrehen ist, also $(t_2 - t_1)^2 - (x_2 - x_1)^2$, wenn die Zeitdifferenz $|t_2 - t_1|$ größer ist als der räumliche Positionsunterschied $|x_2 - x_1|$, wie in unserem Beispiel. Denn schließlich kann man aus negativen Zahlen nicht die Wurzel ziehen. Wieder kann man sich nun überlegen, welche Koordinatentransformationen man anwenden kann, ohne die Form der Metrik (Gl. 7.2) zu ändern. Bei der euklidischen Metrik waren dies Koordinatentransformationen, die durch Verschiebung, Spiegelung oder Drehung zustande kamen. Hier haben wir es aber mit einer Raum- und einer Zeitachse zu tun, und man kann nachrechnen, dass herkömmliche Drehungen eines solchen Koordinatensystems die Metrik ändern. Stattdessen funktionieren sog. **Lorentz-Transformationen,** die ich gleich charakterisieren werde.

Die Diagonale (Winkelhalbierende) zwischen der t- und der x-Achse von Erwins Bezugssystem besteht aus den Punkten mit gleichen Koordinaten, $x =$

t. Zwei beliebige Punkte auf dieser Diagonalen haben den Raumzeitabstand null, denn es ist $(t_2 - t_1) = (x_2 - x_1)$, und somit verschwindet der Ausdruck unter der Wurzel. Das ist ebenfalls ungewohnt. Bei „normalen" Metriken wie etwa der euklidischen ist die Aussage „A und B haben den Abstand null" identisch zu „A und B sind derselbe Punkt". Bei der seltsamen Metrik der SRT gilt das nicht mehr. Der Weg zwischen zwei Punkten der Diagonalen verläuft mit Lichtgeschwindigkeit: Für jede Einheit in x-Richtung geht es auch eine Einheit in t-Richtung. Das heißt, so schnell das Licht auch reist, es legt doch immer nur den Raumzeitabstand null zurück. Das lässt sich auch so ausdrücken, dass die Zeitdilatation die Reisezeit des Lichtes (im Bezugssystem des Lichtes) auf null zusammenschnurren lässt. Das heißt, aus unserer Sicht braucht das Licht von der Sonne zur Erde etwa 8 Minuten und legt dabei eine räumliche Distanz von 150 Millionen Kilometer zurück. Könnten wir auf einem Lichtstrahl reiten, würden wir aber feststellen, dass aus dieser Perspektive keine 8 Minuten, sondern genau null Sekunden vergehen und wir in dieser Zeit eine Strecke der Länge null zurücklegen. Das ist auch der Grund, warum eine höhere Geschwindigkeit als die Lichtgeschwindigkeit rein logisch nicht möglich ist, solange die SRT gilt. Die Lichtgeschwindigkeit lässt bereits alles auf null zusammenschnurren. Mehr geht nicht.

Der Raumzeitabstand s zweier Punkte ist unabhängig vom Bezugssystem. Da Raumzeitabstand null immer Lichtgeschwindigkeit bedeutet, folgt daraus das Prinzip der Konstanz der Lichtgeschwindigkeit, das für Einstein der Ausgangspunkt war (sowohl von seinen theoretischen Überlegungen wie auch von der experimentellen Situation her, nach dem Michelson-Morley-Experiment): Raumzeitabstand null bleibt Raumzeitabstand null, in jedem Bezugssystem.

Für die Lorentz-Transformation fordern wir nicht nur, dass s auch nach der Transformation gleich null ist, sondern s muss sich auch immer noch aus Gl. 7.2 als null ergeben. Man kann sich (mit etwas Mathematikkenntnis) schnell überlegen, dass dazu die Diagonale zwischen den „alten" Achsen auch im neuen Koordinatensystem noch die Winkelhalbierende zwischen den „neuen" Achsen sein muss. Bei der Transformation ins Bezugssystem von Otto haben wir gesehen, dass die t'-Achse im Vergleich zur ursprünglichen t-Achse gekippt ist. Damit daraus eine Lorentz-Transformation wird, muss die x'-Achse in die Gegenrichtung geneigt sein, auf die t'-Achse zu, um die Winkelhalbierende wie gewünscht zu erhalten (Abb. 7.6). Eine etwas ausführlichere Rechnung (die ich Ihnen hier erspare) zeigt, dass dann auch alle anderen Raumzeitabstände wieder mit der Metrik (Gl. 7.2) richtig herauskommen. Die Lorentz-Transformation sagt Otto also, wie er seine x'-Achse zu setzen hat (die t'-Achse ist wie gesagt durch die Bewegung vorgegeben), damit aus Gl. 7.2 auch für ihn die richtigen Abstände folgen.

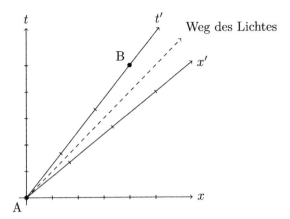

Abb. 7.6 Lorentz-Transformation. (x, t) ist das Bezugssystem von Erwin, (x', t') das von Otto während seines Weges von A nach B. Ein Lichtstrahl läuft entlang der Diagonalen (bzw. Winkelhalbierenden), in beiden Bezugssystemen

Die x'-Achse ist die Menge aller Punkte mit $t' = 0$, d. h., aus der Sicht von Otto finden die Ereignisse auf der x'-Achse gleichzeitig statt (allerdings nur in einem sehr abstrakten Sinn, denn in Wirklichkeit brauchen Signale, zum Beispiel Lichtimpulse, die von irgendwo auf der x'-Achse ausgesandt werden, eine gewisse Weile, um Otto zu erreichen, d. h., er erlebt sie *nicht* gleichzeitig; nur wenn er die Laufzeiten der Signale zurückrechnet, kommt er darauf, dass sie vom Zeitpunkt $t' = 0$ stammen). Da die x'-Achse im Vergleich zur x-Achse geneigt ist, heißt das, Otto und Erwin haben nicht die gleiche Vorstellung, was „gleichzeitig" ist. **Gleichzeitigkeit ist relativ, hängt vom Bezugssystem ab.** Das widerspricht unserer normalen Zeitvorstellung, in der es eine eindeutige Gegenwart gibt, eine klare Abgrenzung zwischen Vergangenheit und Zukunft.

Die Metrik (Gl. 7.2) erlaubt es uns, zwischen drei Arten von Strecken zu unterscheiden: Eine Strecke zwischen zwei Ereignissen (x_1, t_1) und (x_2, t_2) heißt **raumartig,** wenn die räumliche Distanz $|x_2 - x_1|$ größer ist als die zeitliche Distanz $|t_2 - t_1|$. Wenn die zeitliche Distanz größer ist, heißt sie **zeitartig.** Wenn räumliche und zeitliche Distanz gleich sind, heißt sie **lichtartig.** Ob eine Strecke raum-, zeit- oder lichtartig ist, ist unabhängig vom Bezugssystem.

Diese Unterscheidung ermöglicht es uns, wenn wir wollen, zu sagen: Wir verwenden Sekunden, um die Länge von zeitartigen Distanzen zu messen, und Meter für raumartige Distanzen. Diese Wiedereinführung der unterschiedlichen Zuordnung von Meter und Sekunde hat den Vorteil, dass sie an unsere Messgeräte besser angepasst sind. Unsere Maßstäbe sind nun einmal in Metern und unsere Uhren in Sekunden geeicht. Der Nachteil ist, dass die Lichtgeschwindigkeit nicht mehr gleich 1 ist, weil die Gleichheit 1 s = 299.792 km verworfen wird. Dadurch erhalten alle Formeln in der SRT zahlreiche

Faktoren mit Potenzen von c (c, c^2, c^3, c^4), was sie schwerer lesbar und schwerer verständlich macht, und die c-Faktoren dienen letztlich doch nur dazu, die Umrechnung von Meter in Sekunde und umgekehrt quasi „durch die Hintertür" zu bewerkstelligen. Wegen dieser Vor- und Nachteile setzen die theoretischen Physiker meist $c = 1$ (bejahen also die Aussage, dass Meter und Sekunde sich ineinander umrechnen lassen, und vermeiden dadurch die c-Faktoren in den Formeln), wohingegen die Experimentalphysiker dies nicht tun. Dies ist ein Beispiel für das häufiger auftretende Phänomen, dass Theoretiker und Experimentatoren unterschiedliche Konventionen verwenden, weshalb beim Dialog eine gewisse Menge an „Übersetzung" nötig ist. Die Theoretiker bevorzugen kurze, prägnante Gleichungen, die die mathematische Struktur klarmachen, ohne durch unnötige Faktoren „verwässert" zu werden. Die Experimentatoren bevorzugen Gleichungen, die an die gewohnten Maßsysteme angepasst sind, auch wenn sie dadurch zusätzliche Umrechnungsfaktoren in Kauf nehmen müssen. Ich bin Theoretiker, deshalb bleibt es bei $c = 1$.

Für raumartige Distanzen gilt folgende interessante Aussage: Wenn die Distanz zwischen zwei Ereignissen, P und Q, raumartig ist, dann lassen sich Bezugssysteme finden, in denen P zeitlich vor Q liegt, sowie Bezugssysteme, in denen Q zeitlich vor P liegt, und solche, in denen P und Q gleichzeitig sind. Mit anderen Worten: Die zeitliche Reihenfolge von P und Q ist beliebig. Das bedeutet, wenn es möglich wäre, ein Signal von P nach Q zu schicken, dann gäbe es Bezugssysteme, in denen das Signal ankommt, bevor es losgeschickt wurde, was generell als widersprüchlich angesehen wird. Oder allgemeiner: Wenn es irgendeinen kausalen Zusammenhang zwischen P und Q gäbe, zum Beispiel in der Weise, dass P als Ursache für Q anzusehen ist, dann gäbe es Bezugssysteme, in denen die Wirkung vor der Ursache stattfindet. Daher gehen die meisten davon aus, dass es nicht nur unmöglich ist, von P nach Q zu reisen, sondern dass es generell keinen Signalaustausch und keinerlei kausalen Zusammenhang zwischen P und Q geben kann. Kausale Zusammenhänge laufen immer entlang zeit- oder lichtartiger Strecken.

Masse und Energie

Bisher haben wir uns nur mit Distanzen und Geschwindigkeiten im Rahmen der SRT befasst. Wie sieht es mit der allgemeinen Dynamik aus, also mit Kräften, Impulsen, Massen, Energien? In der Newton'schen Mechanik gingen all diese Begriffe letztlich aus der Geschwindigkeit und ihrer Änderung, der Beschleunigung, hervor: Eine Kraft ist proportional zur Beschleunigung, die sie verursacht, und die Masse des beschleunigten Objekts ist der Faktor, der zu dieser Proportionalität gehört. Masse mal Geschwindkigkeit wiederum definiert den Impuls. In der SRT ist das Problem, das sich dabei stellt, dass man Geschwindigkeiten nicht einfach addieren kann. Das Michelson-Morley-Experiment zeigt ja schon, dass $c + v$ wieder c ist. Aus demselben Grund funktioniert die Beschleunigung auch nicht mehr wie gewohnt: Wenn Sie ein Objekt, das sich schon mit Lichtgeschwindigkeit bewegt, zu beschleunigen versuchen, indem Sie eine Kraft darauf anwenden, dann wird das Objekt dadurch nicht schneller. (Ein weiterer Grund, warum Geschwindigkeiten größer als c nicht möglich sind!)

Die Frage ist, ob sich durch neue Definitionen die Beziehungen zwischen den Begriffen Kraft, Impuls, Masse, Energie einerseits und Geschwindigkeit bzw. Beschleunigung andererseits so verallgemeinern lassen, dass andere nützliche Beziehungen aus der Newton'schen Physik in die SRT hinübergerettet werden können, insbesondere der Energie- und Impulserhaltungssatz. Dabei ist auf Konsistenz zu achten: Die neuen Definitionen und Beziehungen müssen in allen **Inertialsystemen** gelten, also in allen gleichförmig bewegten Bezugssystemen. Alle Inertialsysteme sind nämlich durch Lorentz-Transformationen miteinander verknüpft, und die SRT sieht sie alle als gleichwertig an: Wenn man per Lorentz-Transformation von einem System zu einem anderen übergeht, muss die Form der Gleichungen gewahrt bleiben, auch wenn die Zahlenwerte sich ändern (ähnlich wie bei der Diskussion der Metrik oben).

Es zeigt sich, dass dies möglich ist. Dazu muss allerdings die Masse in den Begriff der Energie miteinbezogen werden: Die **relativistische Energie** eines Objekts ist definiert als Newton'sche Masse plus Bewegungsenergie. (Für die Bewegungsenergie gilt eine andere Formel als bei Newton, die aber für kleine Geschwindigkeiten fast dieselben Werte ergibt.) Zugleich muss auch die Definition „Impuls ist Masse mal Geschwindigkeit" abgewandelt werden zu „Impuls ist relativistische Energie mal Geschwindigkeit". Daher wird die relativistische Energie auch **relativistische Masse** genannt. Dies ist gerade die Aussage von Einsteins berühmter Formel $E = mc^2$, die bei uns, weil $c = 1$ ist, einfach $E = m$ lautet. Die Newton'sche Masse wird in diesem Zusammenhang auch als **Ruhemasse** bezeichnet, weil dies der Wert der relativistischen Masse in einem Bezugssystem ist, in dem das Objekt in Ruhe ist und daher keine Bewegungsenergie hat. In der heutigen Theoretischen Physik ist man allerdings zumeist wieder dazu übergegangen, mit dem Begriff Masse und dem Symbol m einfach die Ruhemasse zu bezeichnen, während zwischen relativistischer Masse und relativistischer Energie nicht unterschieden wird, weil beides ohnehin dasselbe ist. Beides nennt man in diesem Zusammenhang einfach Energie und verwendet das Symbol E. Einsteins berühmte Formel wird so zu der Trivialität $E = E$. Dies ist ein Beispiel dafür, wie große Erkenntnisse von der dazu passenden Terminologie komplett absorbiert werden können.

Masselose Objekte, also Objekte mit Ruhemasse null, sind ein Spezialfall. Für sie lässt sich die Konsistenz nur erreichen, wenn man annimmt, dass sie sich mit Lichtgeschwindigkeit bewegen. Hier schließt sich der Kreis: Photonen, die Elementarteilchen des Lichtes, sind masselos, daher *müssen* sie sich mit Lichtgeschwindigkeit bewegen und begründen so das Zustandekommen diese Begriffs. Oder umgekehrt: Daraus, dass sich Licht mit Lichtgeschwindigkeit bewegt, kann man schließen, dass Licht masselos ist.

In diesem Abschnitt habe ich Ihnen außer den merkwürdigen Postulaten der SRT auch einige Rechnungen und mathematische Argumentationen vorgesetzt, die mit Quadraten, Wurzeln, Betragsstrichen und Koordinatensystemen hantieren. Ich hoffte, Ihnen dies zumuten zu dürfen. Ohne diese Mathematik lässt sich in meinen Augen die ganze Tragweite der Struktur der Raumzeit nicht wirklich klarmachen.

Raum und Zeit bilden ein gemeinsames Kontinuum. Erst der seltsame modifizierte Satz des Pythagoras stellt einen Unterschied zwischen Raum und Zeit her und ist gleichzeitig der Grund für die besonderen Eigenschaften der Lichtgeschwindigkeit und die merkwürdige Relativität von Zeitdauer und Gleichzeitigkeit. In weiteren logischen Schritten erzwingt er auch die Gleichwertigkeit von Masse und Energie.

Außerdem habe ich Ihnen einige unterschiedliche Sichtweisen unter den Physikern auseinandergesetzt, z. B. die unterschiedlichen Präferenzen von Theoretikern und Experimentatoren, sowie die unterschiedliche Herleitung einer Theorie, je nachdem, ob man von einem physikalischen Prinzip oder von einer mathematischen Struktur ausgeht.

Noch eine Bemerkung zum Schluss: Ich habe schon öfter das Vorurteil gehört, die SRT beschreibe nur Inertialsysteme, keine beschleunigten Bezugssysteme. Für beschleunigte Bezugssysteme sei dann die ART zuständig. Das ist aber falsch. Inertialsysteme sind zwar in der SRT (wie übrigens auch in der Newton'schen Mechanik) der natürliche Ausgangspunkt, weil die Naturgesetze und die Struktur der Raumzeit sich hier in besonders einfacher Form darstellen lassen. Aber natürlich hält Sie nichts davon ab, in die Koordinaten eines beschleunigten Bezugssystems zu wechseln. Sie brauchen dafür keine neue Theorie, es ist ja nur eine Koordinatentransformation. Wie viel Zeit für einen beschleunigten Beobachter vergeht, welche Entfernungen er misst, wie die Energiebilanz für ihn aussieht etc., all das lässt sich problemlos mit der SRT berechnen. Bei der ART kommen die Schwerkraft (Gravitation) und die Krümmung der Raumzeit in Spiel; das hat aber nichts mit Beschleunigungen im Allgemeinen zu tun, nur mit den speziellen Beschleunigungen, die durch die Schwerkraft hervorgerufen werden.

7.4 Allgemeine Relativitätstheorie

Die ART war Einsteins zweiter Geniestreich. Während die SRT mehr oder weniger zwingend aus dem Ergebnis des Michelson-Morley-Experiments folgt, war die ART zunächst ein reines Gedankenkonstrukt. Wie zuvor die SRT leitete Einstein sie aus einem *physikalischen Prinzip* ab. Diesmal hing das Prinzip mit der Gravitation zusammen. Die Gravitation ist die einzige Kraft, die alle Objekte gleichermaßen beschleunigt. Dass ein Blatt Papier langsamer zu Boden fällt als ein Stein, liegt einzig und allein am Luftwiderstand, der das Blatt viel stärker abbremst. Im luftleeren Raum würden alle Gegenstände genau gleich schnell fallen. Bei der elektrischen Kraft hingegen hängt die Beschleunigung vom Verhältnis von Masse und elektrischer Ladung ab, und bei den anderen Kräften ist es noch komplizierter. Einsteins Überlegung war nun: Wenn alle Gegenstände, solange kein Widerstand vorhanden ist, genau gleich fallen, dann stellt der freie Fall in irgendeinem Sinn einen natürlichen „Normalzustand" dar, wohingegen in der SRT und auch schon bei Newton die gleichförmig bewegten Bezugssysteme den „Normalzustand" darstellen. Dort muss die Abweichung vom Normalzustand, also von der gleichförmigen Bewegung, durch eine Kraft erklärt werden. Nach der neuen Theorie muss stattdessen die Abweichung vom freien Fall durch eine Kraft erklärt werden.

Wir stehen auf dem Boden, weil der Boden durch seine Festigkeit eine Kraft auf uns ausübt, die der Gravitation genau entgegengesetzt ist und uns dadurch vom freien Fall ins Bodenlose abhält. Wenn ich auf einer Waage stehe, die mein Gewicht als 80 kg anzeigt, dann heißt das, dass zwischen mir und der Waage eine Kraft von 785 Newton herrscht. In Wirklichkeit misst die Waage nämlich eine Kraft (die standardmäßig in der Einheit Newton ausgedrückt wird), keine Masse, aber ihre Skala geht freundlicherweise davon aus, dass diese Kraft durch Gravitation auf der Erdoberfläche zustande kommt, und übersetzt ausgehend von dieser Annahme die Kraft in eine Masse (ausgedrückt in Kilogramm). Ich kann diese Situation nun auf zwei Weisen interpretieren: 1) Es ist die Gravitation, die mich mit 785 Newton nach *unten* drückt, oder 2) es ist die Waage (mitsamt dem festen Boden darunter), die mich mit 785 Newton nach *oben* drückt und mich dadurch vom freien Fall abhält. Beide Interpretationen sind gleichwertig. Daran ist noch nichts Besonderes, solange ich sehe, dass ich nicht beschleunigt werde. Dann kann ich mir nämlich leicht überlegen, dass beides richtig ist: Die Gravitation zieht mich nach unten, die Waage (und der Boden) hält dagegen. Die Kräfte sind ausgeglichen, daher stehe ich unbewegt auf der Stelle.

Doch was, so Einsteins Überlegung, wenn ich *nicht* sehe, ob ich beschleunigt werde, etwa wenn ich in einem Raumschiff irgendwo im Weltraum herumfliege und nur spüre, dass mich eine Kraft auf den Boden drückt. Nehmen wir an, ich kann nicht sehen, ob irgendwelche Himmelskörper in der Nähe sind. Dann habe ich keine Möglichkeit festzustellen, ob das Raumschiff nur bei gleichbleibender Geschwindigkeit die durch einen Himmelskörper in der Umgebung ausgelöste Schwerkraft ausgleicht oder ob es im schwerelosen Raum beschleunigt. Ich kann nur sagen: Ich werde **relativ zum freien Fall** beschleunigt, ohne zu wissen, ob dieser freie Fall gerade den Absturz auf einen Himmelskörper bedeuten würde oder schwereloses Schweben im leeren Raum. Dass die Situation des freien Falles (und eben nicht mehr die gleichförmig bewegten Inertialsysteme der Newton'schen Mechanik und der SRT) der Bezugspunkt allen anderen Kräfte ist, erhob Einstein 1907 zum Prinzip, dem **Äquivalenzprinzip.**

Die Gravitation wird dadurch auf den Status einer **Scheinkraft** herabgestuft. Das ist so ähnlich wie mit der Zentrifugalkraft: Wenn Sie Karussell fahren, werden Sie durch eine Zentri*petal*kraft auf einer Kreisbahn gehalten. Die Zentripetalkraft wirkt nach *innen,* zum Mittelpunkt des Karussells hin, und hält Sie davon ab, geradeaus weiterzufliegen, weg vom Karussell. Als Karussellfahrer haben Sie aber stattdessen das Gefühl, dass eine Kraft versucht, Sie nach *außen* zu ziehen (so ähnlich wie wenn Sie mit dem Auto schnell in die Kurve gehen), eine Zentri*fuga*lkraft, auch Fliehkraft genannt. Aus dieser Perspektive *kompensiert* die Zentripetalkraft die Zentrifugalkraft, so wie die Kraft des Bodens auf ihre Füße die Schwerkraft kompensiert und Sie vom Sturz ins Erdinnere abhält. Die Zentrifugalkraft empfinden Sie aber nur, weil Sie sich mit dem Karussell mitdrehen, Ihr Bezugssystem also kein Inertialsystem ist, sondern rotiert. In einem Inertialsystem (und das sind in der Klassischen Mechanik und der SRT wie gesagt die „natürlichen" Systeme) gibt es nur die Zentripetalkraft. Die Zentrifugalkraft ist daher eine Scheinkraft.

In der ART verhält es sich mit der Gravitation genau wie mit der Zentrifugalkraft: Wenn Sie sie als Kraft spüren (die Sie z. B. gegen den Boden drücken, Ihrem Gewicht entsprechend), dann nur deshalb, weil Sie sich nicht in einem „natürlichen", also frei fallenden Bezugssystem befinden. Das Entscheidende an der Gravitation ist, dass „frei fallen" für alle dasselbe bedeutet. Alle Objekte haben bei gleicher Anfangsposition und -geschwindigkeit im freien Fall exakt dieselbe Flugbahn. Deshalb kam Einstein auf die grandiose Idee, auch die Gravitation auf die Geometrie der Raumzeit zurückzuführen, wie er es zuvor schon erfolgreich mit der Lichtgeschwindigkeit getan hatte.

Da die Bahnen des freien Falls aber nun einmal in den meisten Fällen gekrümmt sind (für einen Planeten heißt z. B. „frei fallen", dass er sich auf einer Ellipsenbahn um die Sonne bewegt), musste Einstein dazu den Begriff der **Krümmung** in diese Geometrie einbauen. Die Mathematik dazu ist sehr viel schwerer als die der SRT, wo alles geradlinig ist. Einstein war ein sehr intuitiver, „physikalischer" Denker. Schwierige Mathematik war nicht unbedingt seine größte Stärke. Zum Glück fand er, dass der Mathematiker Bernhard Riemann etwa 50 Jahre zuvor die entscheidenden Methoden, die **Riemann'sche Geometrie,** entwickelt hatte, um gekrümmte Räume zu beschreiben. Dennoch brauchte er acht Jahre, bis er im November 1915 die ART präsentieren konnte, ein Meisterwerk an Eleganz und Schönheit, aus ein paar genialen Überlegungen geboren, mit konsequenter Mathematik großgezogen. Oft bringt ja der Umgang der Physiker mit der Mathematik die Mathematiker zum Kopfschütteln (Abschn. 6.3). Die ART ist jedoch ein Gegenbeispiel, das höchsten mathematischen Ansprüchen an Präzision und Gründlichkeit genügt.

Noch besser war, dass die Theorie relativ schnell durch Beobachtungen bestätigt wurde. Ihre erste Vorhersage war, dass die Bahnen von Planeten, die ihre jeweilige Sonne in relativ geringer Entfernung umkreisen, leicht von der Form einer Ellipse abweichen. Diese Abweichung („Periheldrehung") war beim Merkur bereits beobachtet worden. Im Falle des Merkur geht ein Großteil dieser Abweichung auf den Einfluss der anderen Planeten zurück, aber es blieb ein Rest, der auf eine Erklärung wartete, die dann durch Einsteins Theorie geliefert wurde. Die zweite Vorhersage war die Ablenkung von Lichtstrahlen in der Nähe schwerer Körper (auch Licht, obwohl masselos, „fällt frei"). Dies wurde im Mai 1919 bei einer Sonnenfinsternis bestätigt: Sterne, deren Licht auf dem Weg zu uns dicht an der Sonne vorbeikam, wirkten im Vergleich zu ihrer eigentlichen Position leicht verschoben, da das Licht einen kleinen Bogen gemacht hatte. Diese Beobachtung wurde als der große Triumph der ART gefeiert. Die Erfolge gingen weiter: Expansion des Universums, Schwarze Löcher und Gravitationswellen sind alles Phänomene, die von der ART beschrieben werden. Die kosmische Expansion wurde 1929 von Hubble entdeckt, wir werden darauf zurückkommen.

Schwarze Löcher sind Regionen der Raumzeit, die sehr stark gekrümmt sind, und zwar in einer Weise, dass nichts daraus entweichen kann, weder Materie noch Licht noch irgendeine Art von Information. Für viele Jahrzehnte waren Schwarze Löcher ein interessantes Forschungsgebiet der Theoretischen Physik. Seit den 1990er Jahren haben sich die astronomischen Beobachtungsmethoden aber so stark verbessert, dass zahlreiche Schwarze Löcher auch in der „realen Welt" nachgewiesen wurden. Das Bekannteste ist das Schwarze Loch im Zentrum unserer Milchstraße, das vier Millionen Mal so „schwer" ist wie unsere Sonne, also eine vier Millionen Mal so starke Raumzeitkrümmung beinhaltet. Stephen Hawking hat dem Thema Schwarze Löcher, das eines seiner Spezialgebiete war, 40 Seiten in seiner *Kurzen Geschichte der Zeit* gewidmet. Wenn Sie also mehr darüber erfahren wollen, lesen Sie am besten den Klassiker.

Expansion des Universums und Schwarze Löcher sind mit leicht abgewandelten Definitionen auch in der Newton'schen Physik denkbar; tatsächlich wurde über letztere bereits im 18. Jahrhundert spekuliert, lange vor Einstein. Gravitationswellen haben jedoch kein solches Pendant, sie treten erst in der Einstein'schen Theorie auf. Es handelt sich dabei um leichte Verzerrungen der Raumzeit, die sich mit Lichtgeschwindigkeit ausbreiten. Ihr experimenteller Nachweis im Jahr 2016, 100 Jahre nachdem Einstein sie vorhergesagt hatte, war daher noch einmal ein ganz besonderer Triumph der ART.

Die Krümmung der Raumzeit

Was sollen wir uns nun unter einer gekrümmten Raumzeit vorstellen? Erfahrung haben wir immerhin mit gekrümmten Flächen, zum Beispiel einer Kugeloberfläche. Um eine gekrümmte Fläche mit einem Koordinatensystem zu überdecken, braucht es auch gekrümmte Koordinatenlinien. Bei einer Kugeloberfläche nimmt man zumeist ein Netz aus Längen- und Breitengraden. Ein Punkt auf dieser Fläche ist dann durch die Angabe seines Längen- und Breitengrades bestimmt; dies sind seine Koordinaten (mit Ausnahme der beiden Pole, wo der Längengrad nicht definiert ist). Regeln, die auf einer flachen Ebene gelten, sind hier nichts wert, z. B. die Winkelsumme im Dreieck: Zeichnen Sie auf der Kugeloberfläche ein Dreieck, so werden Sie feststellen, dass die Winkelsumme immer größer ist als 180°. Besonders klar wird das, wenn Sie ein Dreieck aus einem Viertel des Äquators bilden, indem Sie die Enden mit dem Nordpol verbinden. Dieses Dreieck hat drei rechte Winkel, die Winkelsumme ist also 270°. Bei kleinen Dreiecken jedoch, die nur einen winzigen Bruchteil der Kugeloberfläche bedecken und daher „so gut wie flach" sind, ist die Winkelsumme fast genau 180°. Die **Krümmung** der Fläche ist, ganz grob gesprochen, ein Maß dafür, wie sehr sich die Winkelsumme ändert (weg vom Standardwert 180°), wenn man die Fläche des Dreiecks vergrößert. Wenn die Winkelsumme größer wird (wie bei der Kugeloberfläche), spricht man von **positiver** Krümmung, wenn sie kleiner wird, von **negativer.**

Auch Längenbeziehungen wie der Satz des Pythagoras und seine Verallgemeinerung, der Kosinussatz, gelten auf gekrümmten Flächen nicht mehr. In der flachen Ebene ist der Abstand zwischen zwei Punkten A und B definiert als die Länge der geraden Verbindungsstrecke AB. Von allen Wegen ist der gerade Weg der kürzeste, also können wir auch sagen: Der Abstand von A und B ist die Länge des *kürzesten* Verbindungsweges. Auf einer gekrümmten Fläche gibt es in der Regel keinen geraden Weg, aber die zweite Definition lässt sich übertragen: Der Abstand ist weiterhin als kürzester Verbindungsweg definiert. Diese Wege heißen **Geodäten.** In der flachen Ebene sind die Geodäten die Geraden. Auf der Kugeloberfläche sind es die **Großkreise,** also die Kreise, die den vollen Umfang der Kugel umfassen. Dazu gehören der Äquator und die Längengrade. Bei zwei Punkten auf dem Äquator ist also klar, dass der kürzeste Verbindungsweg auch den Äquator entlangläuft. Welchen Weg wird ein Flugzeug von Frankfurt nach San Francisco nehmen? Wenn wir von kleinen Umwegen aufgrund der Erdrotation und von Wind- und Wetterverhältnissen absehen, wird es versuchen, die kürzeste Verbindung zu nehmen. Dazu wird der Großkreis ermittelt, auf dem die beiden Städte liegen, und das Flugzeug wird diesen Großkreis entlangfliegen, der erstaunlicherweise über Grönland führt, viel weiter nördlich, als die meisten auf Anhieb erwartet hätten. Auf der flachen Ebene gibt es immer nur einen kürzesten Verbindungsweg. Auf der gekrümmten Fläche gilt das in den meisten Fällen auch, aber in Spezialfällen kann es auch mehrere geben. Für Nord- und Südpol z. B. ist jeder beliebige Längengrad ein kürzester Verbindungsweg.

Eben haben wir die Krümmung als Maß für die Änderung der Winkelsumme im Dreieck charakterisiert. Eine andere Variante ist über den Umfang von Kreisen definiert: In der flachen Ebene ist der Umfang eines Kreises 2π mal der Radius. Das heißt, wenn der Radius vergrößert wird, wächst der Umfang um denselben Faktor. Auf der Erdoberfläche (als Beispiel für eine näherungsweise Kugeloberfläche) nehmen wir nun den Nordpol als Ausgangspunkt und entfernen uns von ihm. In regelmäßigen Abständen messen wir die Länge des Kreises, der den Nordpol im gleichen Abstand umrundet, also des Breitengrades, auf dem wir stehen. Diese Kreislänge vergleichen wir mit unserem Abstand vom Nordpol. Am Anfang stellen wir fest, dass das Verhältnis der beiden Längen 2π ist. Je weiter wir uns vom Nordpol entfernen, desto größer wird aber die Abweichung von diesem Wert. Wenn wir den Äquator erreichen, ist das Verhältnis von Kreisumfang (also Länge des Äquators, der Erdumfang) und Abstand vom Nordpol (ein Viertel des Erdumfangs) gleich 4, also sehr viel weniger als $2\pi \approx 6,3$. Entfernen wir uns weiter, werden die Breitengrade sogar wieder kürzer, bis wir am Ende den Südpol erreichen, ein Breitengrad der Länge null. Das gibt uns die Möglichkeit, die Krümmung als Maß dafür zu verstehen, wie sich das Verhältnis von Kreisumfang und Radius ändert (weg vom Standardwert 2π), wenn man letzteren vergrößert. Wird das Verhältnis kleiner, wie bei der Kugeloberfläche, so ist die Krümmung positiv; wird es größer, ist sie negativ.

Eine dritte mögliche Charakterisierung – vielleicht die bekannteste – läuft über das Verhalten von Parallelen. Bei positiver Krümmung nähern sich zwei Geodäten, die an einer Stelle parallel verlaufen, aneinander an und schneiden sich schließlich. Das gilt zum Beispiel für die Längengrade der Erdoberfläche: Am Äquator verlaufen sie parallel zueinander, an den Polen schneiden sie sich. Bei negativer Krümmung bewegen sich die Parallelen hingegen voneinander weg, laufen auseinander. Am Verhalten der Parallelen sieht man auch explizit, dass es sich um eine *nichteuklidische* Geometrie handelt: Das Parallelenaxiom gilt nicht.

Im Allgemeinen ist die Krümmung von Flächen ungleichmäßig. Auf der realen Erdoberfläche z. B. gibt es Berge und Täler, und deren Oberflächen sind ihrerseits auf kleinerem Raum gekrümmt. In dem Fall sprechen wir von der Krümmung an einer bestimmten Stelle und können diese quantifizieren, indem wir Kreise oder Dreiecke in einer kleinen Umgebung dieser Stelle vermessen. Die Krümmung ist dann eine **lokale** Eigenschaft, hängt also von der genauen Position ab.

Die oben genannten Charakteristiken lassen sich von gekrümmten Flächen auf höhere Dimensionen (dreidimensionale Räume, vierdimensionale Raumzeiten) übertragen, auch wenn wir uns dann unter der Krümmung nicht mehr so leicht etwas vorstellen können. Wir sollten dabei an Winkel- und Längenverhältnisse denken, oder an das Verhalten von Parallelen, die von denen im euklidischen Raum bzw. denen in der Raumzeit der SRT abweichen. Diese Abweichungen führen dazu, dass die kürzeste Verbindung von zwei Punkten keine Gerade mehr ist. Die Riemann'sche Geometrie, die die mathematische Grundlage der ART ist und die Einstein zwischen 1907 und 1915 so mühsam erlernen musste, beschreibt, wie die Krümmung und die Form der Geodäten aus der *Metrik* hervorgehen, also aus einer Verallgemeinerung der Beziehung in Gl. 7.1 oder in Gl. 7.2. Die Metrik ist nun auch nicht mehr in der ganzen Raumzeit die gleiche, sondern hängt vom Ort und der Zeit ab und lässt sich somit als ein *Feld* auffassen. Die ART ist daher eine *Feldtheorie,* die das Verhalten dieses Feldes beschreibt.

Um Missverständnisse zu verringern (ganz vermeiden lassen sie sich bei populärwissenschaftlichen Darstellungen nie), möchte ich noch den Begriff der **Einbettung** erklären, bevor wir von der Mathematik zur Physik zurückkehren. Die zweidimensionale Kugeloberfläche ist in einen dreidimensionalen Raum **eingebettet.** Das sagt schon der Name: Wir stellen sie uns als Oberfläche eines dreidimensionalen Gebildes, einer Kugel, vor. Sie teilt den Raum quasi in ein Innen und Außen. Wir können uns diese Fläche aber auch ohne die Einbettung denken (wenn auch nicht wirklich vorstellen), als Fläche mit bestimmten, abstrakt definierten Abständen und Krümmungseigenschaften, ohne uns die dritte Dimension, das Innere und Äußere, in das sie eingebettet ist, dazuzudenken.

Einfacher lässt sich das an der Kreislinie erklären: Wir kennen den Kreis als eine Form in zwei Dimensionen. Die Kreislinie selbst ist aber eindimensional, eine Linie eben. Können wir sie auch als ein rein eindimensionales Gebilde definieren, ohne eine zweite Dimension hinzuzuziehen? Ja, können wir. Wir sagen einfach: Eine Kreislinie ist eine Linie von endlicher Länge, deren Anfangs- und Endpunkt wir miteinander *identifizieren,* d. h., wir sagen einfach per Definition, dass der Endpunkt E „derselbe" Punkt ist wie der Anfangspunkt A. Daraus folgt dann, dass es eigentlich gar keinen Anfangs- und Endpunkt gibt: Wenn wir uns nach rechts über E hinausbewegen, kommen wir links bei A wieder herein, eben weil wir die beiden Punkte als identisch definiert haben. Bei dieser Definition ist der uns bekannte zweidimensionale Kreis eine *Einbettung* dieser abstrakten Kreislinie. Um die Identität von A und E zu *realisieren,* biegen wir die Linie in Richtung einer zweiten Dimension herum, so dass wir A und E miteinander „verkleben" können. Wenn wir das Biegen dabei vollkommen gleichmäßig anstellen, ist das Ergebnis der zweidimensionale Kreis, die Kreislinie ist in zwei Dimensionen *eingebettet.*

Der große Bruder der Kreislinie ist der Torus. Den Torus kann man abstrakt definieren als ein Rechteck, bei dem die obere mit der unteren und die linke mit der rechten Seite *identifiziert* ist. Das kennt man von manchen alten Computerspielen: Ein Objekt, das rechts aus dem Bildschirm heraus wandert, kommt links wieder herein und umgekehrt; oder ein Objekt, das oben aus dem Bildschirm heraus wandert, kommt unten wieder herein. Auf diese Weise definiert, ist der Torus ein flaches, zweidimensionales Gebilde. Aus der Literatur sehr viel bekannter ist der *eingebettete* Torus, d. h., der Torus wird im dreidimensionalen Raum *realisiert,* indem man die obere Seite herunterbiegt und mit der unteren verklebt, und den entstehenden „Schlauch" dann noch einmal zu einem Reifen krümmt, damit man auch die rechte mit der linken Seite verkleben kann. Der entstandene eingebettete Torus hat die Form eines Ringes, Bagels oder Donuts, und so stellt ihn sich der Laie im Allgemeinen vor. Daher wird der Torus in der populärwissenschaftlichen Literatur oft als Gebilde mit genau einem Loch charakterisiert. Der abstrakte Torus hat aber gar kein Loch, das Loch kommt nur durch die Einbettung zustande.[2]

Für die ART ist wichtig, sich die gekrümmte Raumzeit nicht so vorzustellen, dass sie durch Einbettung zustande kommt. Das heißt, die Krümmung kommt nicht daher, dass die Raumzeit beispielsweise in Richtung einer zusätzlichen fünften Dimension verbogen wird. Viele gekrümmten Räume lassen sich auch gar nicht so einfach in einen flachen höherdimensionalen Raum einbetten. Bereits das negativ gekrümmte Äquivalent zur Kugeloberfläche, die „hyperbolische Ebene", kann nicht in einem flachen dreidimensionalen Raum realisiert werden.

---

[2]Allerdings haben Mathematiker den Begriff des „Loches" so erweitert, dass auch der abstrakte Torus ein Loch hat. Es ist alles eine Frage der Definition.

Die Einstein'schen Feldgleichungen

Das Kernstück der ART sind die **Einstein'schen Feldgleichungen.** Bei diesen Gleichungen stehen auf der linken Seite rein geometrische Ausdrücke, die mit der Krümmung der Raumzeit zusammenhängen. Auf der rechten Seite stehen Ausdrücke, die die Materie beschreiben, die sich in dieser Raumzeit bewegt, insbesondere deren Energie und Impuls. Die Masse ist dabei, wie aus der SRT bekannt, ein Teil der Energie. Das lässt sich so interpretieren, dass die Materie die Krümmung *verursacht.*

Ein frei fallendes Objekt, also ein Objekt, das durch keine andere Kraft als die Gravitation beeinflusst wird, bewegt sich auf einer Geodäte durch die Raumzeit. Die Geodäten wiederum sind durch die Geometrie festgelegt, insbesondere durch die Krümmung. Die Beeinflussung ist also gegenseitig: Die Materie bestimmt die Krümmung der Raumzeit und diese wiederum die Bewegung der Materie.

Weiter oben habe ich gesagt, eine Geodäte ist die kürzeste Verbindung zwischen zwei Punkten. Das gilt aber nur bei Punkten, deren Abstand raumartig ist. Bei zeitartigen Abständen ist sie die *längste* Verbindung der beiden Punkte. Das liegt daran, dass bei zeitartigen Wegen jeder Umweg die Distanz kürzer und nicht länger macht. Erinnern wir uns an Erwin und Otto. Erwin bewegte sich geradlinig von A nach C und legte dabei einen Raumzeitabstand von zehn Einheiten zurück. Otto dagegen bewegte sich im Zickzack, zuerst von A nach B, dann zurück nach C, ein Umweg, aber er legte nur sechs Einheiten zurück; er ist weniger gealtert (Abb. 7.5). Die kürzeste Verbindung zwischen zwei zeitartig auseinanderliegenden Ereignissen ist immer null: Ein Lichtstrahl legt immer den Raumzeitabstand null zurück. Um auf dem kürzesten Weg von A nach C zu reisen, reiten Sie auf einem Lichtstrahl weg von Erwin (also noch viel schneller als Otto) und wechseln dann auf einen Lichtstrahl in Gegenrichtung, zurück zu Erwin. Die zurückgelegte Raumzeitdistanz ist null. Daher ist der gerade Weg, den Erwin beschreitet, der *längste* Weg. In einer gekrümmten Raumzeit ist es dann entsprechend kein gerader Weg, sondern eine Geodäte.

Ein frei fallendes Objekt bewegt sich also auf einer Geodäten. Die Sonne erzeugt eine eher schwache Krümmung der Raumzeit in ihrem Umfeld, die Geodäten weichen daher nur geringfügig von Geraden ab. Freies Fallen heißt bei Planeten, dass sie sich auf einer Ellipsenbahn um die Sonne bewegen. Eine Ellipse sieht nun aber nach einer sehr starken Abweichung von einer Geraden aus. Wie passt das zusammen? Na, Sie müssen sich die Bahn in der Raumzeit und nicht die im Raum anschauen. Während die Erde etwa 900 Millionen Kilometer auf ihrer Bahn um die Sonne zurücklegt, bewegt sie sich auch ein Jahr in die Zukunft. In der Raumzeit ist das keine Ellipse, sondern eine Schraubenlinie. Ein Jahr entspricht einer Distanz von genau einem Licht-jahr (der Umrechnungsfaktor von der Zeiteinheit Jahr in die Längeneinheit Lichtjahr ist genau 1:1, weil die Lichtgeschwindigkeit genau 1 ist), das sind 9,5 Billionen Kilometer, also 10.000-mal soviel wie der Umfang der Ellipse. Die Schraubenlinie ist also wirklich beinahe gerade. Wenn Sie die Schrau-benlinie (mit einer einzigen Windung) auf einem Papier mit 10 m Länge aufzeichnen, dann ist der Radius der Windung gerade einmal 0,15 mm groß. Das ist weniger als die Dicke eines normalen Bleistiftstriches. Die Linie sieht auf dem Papier also genau wie eine Gerade aus. Die Krümmung ist in der Tat sehr gering.

Eine der bemerkenswertesten und tragischsten Geschichten im Zusammen-hang mit der ART ist die von Karl Schwarzschild. Als Einstein seine Feld-gleichungen im November 1915 veröffentlichte, sah er, dass sie sehr schön, aber auch sehr kompliziert waren. Er ging davon aus, dass man sie in fast allen Fällen nur mit Näherungsmethoden lösen konnte. (Lösen heißt hier, für bestimmte Materiekonfigurationen die Metrik als Funktion von Ort und Zeit so zu bestimmen, dass die Gleichungen erfüllt sind; aus der Metrik folgt dann alles Weitere, insbesondere die Geodäten und damit die Flugbahnen der frei fallenden Körper.) Auch sein Ergebnis zur Periheldrehung des Merkur hatte er mit so einer Näherungsmethode gefunden. Umso erstaunter war er, als er wenige Wochen später einen Brief von Schwarzschild erhielt, in dem dieser die *exakte* Lösung vorführte, aus der die Periheldrehung folgte, ohne irgendwelche Näherungen. *„Die folgenden Zeilen führen also dazu, Hrn. Einsteins Resultat in vermehrter Reinheit erstrahlen zu lassen"*, schrieb Schwarzschild in dem Aufsatz, der kurz danach, Anfang 1916, veröffentlicht wurde. Diese Lösung der Ein-stein'schen Feldgleichungen, die **Schwarzschild-Lösung,** ist auch heute noch die wichtigste bekannte Lösung. Sie beschreibt die Geometrie der Raumzeit in der Umgebung einer punktförmigen oder kugelsymmetrischen Massenver-teilung wie etwa der Sonne, eines Planeten oder eines Schwarzen Loches. Sie zeigt auch, dass die Newton'sche Gravitation in normalen Fällen (also in hinrei-chender Entfernung von der zentralen Masse, z. B. der Sonne) fast dieselben Flugbahnen vorhersagt wie die ART, dass diese Abweichungen aber größer werden, wenn man sich der zentralen Masse nähert oder wenn diese Masse sehr groß ist.

Schwarzschild, der Direktor des Astrophysikalischen Observatoriums Pots-dam, hatte sich im allgemein verbreiteten Enthusiasmus freiwillig zur Armee gemeldet, um am Ersten Weltkrieg teilzunehmen. Nach einiger Zeit an der Ostfront erkrankte er schwer und kam ins Krankenhaus. Sowohl an der Front als auch im Krankenhaus hielt er sich ständig zu den neuesten physikali-schen und astronomischen Forschungsergebnissen auf dem Laufenden. Einige seiner wichtigsten Arbeiten stammen aus dieser Zeit. Einsteins Aufsatz zur ART erhielt er noch im November 1915, im Krankenhaus. Innerhalb weniger Tage fand er, vom Krankenbett aus, seine berühmte Lösung. Schwarzschild starb wenige Monate später an den Folgen seiner Krankheit, auf der geistigen Höhe seines Schaffens.

Kosmologische Lösungen

Eine andere wichtige Klasse von Lösungen sind die **kosmologischen Lösungen**. Man geht davon aus, dass das Universum im Großen und Ganzen in allen Richtungen des Himmels mehr oder weniger gleich aussieht. Damit ist gemeint, dass die Sterne und Galaxien im Universum eine ähnliche Rolle spielen wie die Berge und Täler auf der Erde: Wenn man nahe heranzoomt, bilden sie stark variierende Regionen unterschiedlicher Krümmung. Aber aus größerer Entfernung ist die Erde eine fast völlig symmetrische Kugel; die Berge und Täler sind kleine Unebenheiten, die die Gleichförmigkeit im Großen nur geringfügig stören. Die kosmologischen Lösungen beschreiben so ein gleichförmiges Universum im Großen, ohne die kleinen Raumzeitberge und -täler zu berücksichtigen, die diese Gleichförmigkeit beim Hereinzoomen stören.

Diese kosmologischen Lösungen haben erstaunlicherweise einige Eigenschaften, die so manche Besonderheit der SRT wieder rückgängig machen. Daher ist die Kosmologie in mancher Beziehung näher an der Newton'schen Physik als an der SRT. Betrachten wir der Einfachheit halber nur kosmologische Lösungen mit **Urknall,** d. h. mit einem zeitlichen Anfang, in dem der Raum keinerlei Ausdehnung hatte (alles war in einem Punkt zusammengedrängt). Von diesem Moment an begann das Universum zu expandieren, d. h., die Dinge darin begannen sich voneinander zu entfernen. Es sieht so aus, dass eine solche Lösung der Einstein'schen Feldgleichungen das Universum, in dem wir leben, recht gut beschreibt (dazu mehr in Abschn. 7.9).

Wenn es einen solchen zeitlichen Anfang gibt, dann können wir wieder eine absolute Zeit definieren (was in der SRT nicht möglich war): Die absolute Zeit eines Ereignisses A ist durch den Abstand zwischen A und Urknall definiert. Der Abstand kann dabei wieder als *längste* Verbindungslinie definiert werden (er ist eindeutig zeitartig). So können wir sagen, A findet soundso viele Jahre nach dem Urknall statt. Auf diese Weise können wir auch Zeit und Raum säuberlich voneinander trennen, z. B. können wir sagen: „das Universum drei Minuten nach dem Urknall", und damit meinen wir den **Raum** drei Minuten nach dem Urknall, und das ist die Menge aller Ereignisse (Raumzeitpunkte), die drei Minuten nach dem Urknall stattfinden. Nur deshalb können wir von einem „Alter des Universums" sprechen.

Ebenso können wir wieder ein absolutes Ruhesystem finden: Wir definieren einfach, wer sich auf der längsten Verbindungslinie zwischen Urknall und einem Ereignis A entlangbewegt, befindet sich in Ruhe (das geht, weil es tatsächlich nur eine solche längste Verbindungslinie zwischen dem Urknall und A gibt), d. h., die Punkte auf so einer Linie definieren wir als „denselben Raumpunkt" (denn wer in Ruhe ist, bleibt immer am selben Raumpunkt). Man muss sich klarmachen, dass das eine Besonderheit ist. In der SRT sind alle gleichförmig bewegten Bezugssysteme gleichberechtigt, man kann von keinem in einem absoluten Sinn sagen, es sei in Ruhe, denn jedes bewegt sich ja relativ zu allen anderen. Damit kann man in der SRT auch nicht sagen, „Ich bin am selben Raumpunkt wie vorhin", denn derselbe Raumpunkt ist über die Zeit hinweg überhaupt nicht definiert. In den kosmologischen Lösungen der ART geht das alles auf einmal wieder.

Auch die Grenze der Lichtgeschwindigkeit gilt nicht mehr. Die Expansion ist so beschaffen, dass Objekte, die im eben definierten kosmologischen Sinn in Ruhe sind, sich trotzdem voneinander entfernen. Ein expandierendes Universum bedeutet, dass die Abstände von ruhenden Objekten sich ständig erhöhen. Diese Art von Expansion kommt mathematisch durch die Eigenschaften der kosmologischen Metrik zustande. Wenn wir sie in der Alltagssprache verstehen wollen, ist meines Erachtens die beste Vorstellung, die wir uns machen können, dass zwischen zwei Raumpunkten neuer Raum entsteht, ohne dass sich die Punkte im eigentlichen Sinne voneinander wegbewegen. Je weiter zwei Punkte voneinander entfernt sind, desto schneller erhöht sich ihr Abstand. Da zwei Raumpunkte beliebig weit voneinander entfernt sein können – es gibt kosmologische Lösungen, in denen der Raum unendlich ist –, ist dieser Abstandserhöhung keine Grenze gesetzt. Wir können die Abstandserhöhung in Form einer Geschwindigkeit ausdrücken. Es ist keine Geschwindigkeit im eigentlichen Sinn, denn die Objekte sind ja in Ruhe. Trotzdem hat „Erhöhung des Abstands pro Sekunde" die Form einer Geschwindigkeit. Diese kann wie gesagt beliebig groß sein, insbesondere größer als die Lichtgeschwindigkeit.

Auch die Krümmung des Raums ist in einer solchen Lösung eindeutig definiert, nicht nur die Krümmung der Raumzeit, und zwar weil wir Raum und Zeit so fein säuberlich voneinander trennen und verabsolutieren konnten. Wenn der Raum positiv gekrümmt ist, verhält er sich ähnlich wie eine Kugeloberfläche, nur mit einer Dimension mehr (die Kugeloberfläche hat zwei Dimensionen, der Raum drei). Insbesondere ist das Universum dann endlich, und wenn wir immer geradeaus fliegen, kommen wir irgendwann zum Ausgangspunkt zurück, wie bei einer Reise um die Erde. Wenn der Raum flach oder negativ gekrümmt ist, dann ist die Sache etwas schwieriger zu entscheiden. Wir kommen in Abschn. 7.9 darauf zurück.

Eine wichtige Eigenschaft der ART ist, dass der Energieerhaltungssatz dort im Allgemeinen nicht mehr gilt. Das sieht man besonders deutlich in den kosmologischen Lösungen: Ein Lichtstrahl wird durch die Expansion auseinandergezogen, dabei erhöht sich entsprechend auch die Wellenlänge. Die Energie von Licht hängt aber antiproportional mit seiner Wellenlänge zusammen. Bei dem Auseinanderziehen geht daher Energie verloren, ohne dass diese in eine andere Form übertragen wird.

In SRT und ART bilden Raum und Zeit eine Einheit, die Raumzeit. Die Zeit verhält sich darin wie eine vierte Raumdimension. Der einzige Unterschied ist das Minuszeichen im Satz des Pythagoras. Warum nehmen wir Raum und Zeit dann so unterschiedlich wahr? Folgt dieser so radikal empfundene Unterschied wirklich allein aus diesem einen Minuszeichen? Inwieweit können wir unserer Wahrnehmung in diesem Punkt überhaupt trauen? Diese Frage stellt sich insbesondere, weil wir bestimmte ontologische Vorstellungen mit der Zeit verbinden: Die Vergangenheit existiert *nicht mehr,* die Zukunft existiert *noch nicht.* Aber welchen Sinn ergeben diese Sätze, wenn wir erkennen, dass Raum und Zeit ein gemeinsames Ganzes darstellen, eine Raumzeit, die quasi *auf einmal* gegeben ist, vom zeitlichen Anfang bis zum Ende, ein sogenanntes **Blockuniversum?** Wir werden darauf zurückkommen.

Normalerweise meinen wir mit „Universum" die Gesamtheit des Raumes, nicht die Gesamtheit der Raumzeit. Wenn wir vom Alter des Universums sprechen, meinen wir den *Raum jetzt,* der einen bestimmten Abstand vom Urknall hat. Aber dass wir überhaupt von einem *Raum jetzt* so eindeutig sprechen können, ist nur wegen einer Besonderheit der kosmologischen Lösungen möglich; es ist nichts, was irgendeine Bedeutung auf der Ebene der fundamentalen Gesetze der SRT oder ART hat. Besser wäre es, die Raumzeit selbst zu meinen, wenn wir vom Universum sprechen. Aber die Raumzeit hat kein Alter, denn sie enthält die gesamte Zeit von Anfang bis Ende.

7.5   Statistische Mechanik

Bereits in der griechischen Antike waren sich einige Philosophen sicher, dass alle Materie aus **Atomen** zusammengesetzt ist, kleinen unteilbaren Partikeln, von denen es nur wenige verschiedene Sorten gibt (vier oder fünf nach damaliger Auffassung) und aus deren Zusammenspiel die ganze Vielfalt der beobachtbaren Welt hervorgeht. Nachdem das finstere Mittelalter überwunden war, nahmen einige Naturwissenschaftler der Neuzeit die Hypothese wieder auf. Es war aber zunächst nur eine metaphysische Spekulation, die sich nicht beweisen ließ. Mit den gewaltigen Fortschritten der Physik und Chemie im 19.

Jahrhundert wurde die Hypothese aber immer plausibler. In der Chemie kristallisierte sich die Existenz von chemischen Elementen heraus, Substanzen, die chemische Verbindungen miteinander eingehen konnten, selbst aber nicht wieder Verbindungen von anderen Substanzen waren. Das ließ sich damit erklären, dass jedes Element aus einer bestimmten Atomsorte besteht, chemische Verbindungen hingegen aus Molekülen, also Teilchen, die aus mehreren Atomen fest zusammengesetzt sind. Da es ziemlich viele Elemente gibt, etwa 100, hatte sich dadurch die Anzahl der Atomsorten im Vergleich zur Antike etwa um das 20-Fache erhöht.

Mit Hilfe von Atomen lassen sich auch die drei Aggregatszustände – fest, flüssig, gasförmig – verstehen. Im Feststoff befinden sich die Atome (oder Moleküle, bei Verbindungen) in festen Positionen. Sie können zwar ein wenig hin und her zittern, aber nicht ihre Lage zueinander verändern, ähnlich wie die Zuschauer in einem Fußballstadion. Bleiben wir einen Moment bei dieser Analogie. Wenn das Fußballspiel zu Ende ist, schmilzt die Masse der Fans zu einer Flüssigkeit: Sie verlassen ihre festen Plätze und strömen dem Ausgang entgegen. Sie bewegen sich immer noch dicht an dicht, aber ihre relativen Positionen zueinander sind nicht mehr starr. Das Volumen der Menschenmasse bleibt gleich, sie ist nicht komprimierbar (weil alle sich ja schon dicht aneinander gedrückt bewegen), aber ihre Form ist veränderlich. Hinter dem Ausgang verdampfen die Zuschauer zu einem Gas: Sie verlieren den Körperkontakt, dehnen sich aus (also nicht die einzelne Person dehnt sich aus, aber die Gesamtheit der Menschenmenge), indem sie in alle Richtungen auseinanderströmen.

Im 18. Jahrhundert kam die Dampfmaschine als eines der wichtigsten Hilfsmittel der Industrie auf. Die Dampfmaschine ist ein Beispiel für eine **Wärmekraftmaschine,** bei der, wie der Name schon sagt, Wärme dazu verwendet wird, um eine Kraft auszuüben und so mechanische Arbeit zu verrichten. Dies wird mit Hilfe eines Gases bewerkstelligt, in diesem Fall Wasserdampf, das bei Erwärmung bestrebt ist, sein Volumen auszudehnen, und einen Druck auf seine Begrenzungsflächen ausübt. Eine dieser Begrenzungsflächen ist ein beweglicher Kolben, der dadurch (vom Gas aus gesehen) nach außen gedrückt wird. Somit ist bereits klar, dass **Wärme** als eine **Form von Energie** anzusehen ist, die von der Wärmekraftmaschine in Bewegungsenergie umgewandelt wird. Der **erste Hauptsatz der Thermodynamik** ist nichts anderes als der klassische Energieerhaltungssatz, der um den Begriff der Wärme erweitert wurde. Die Wärme ihrerseits wird bei Wärmekraftmaschinen typischerweise durch chemische Reaktionen erzeugt, z. B. der Verbrennung eines fossilen Rohstoffs. Wärme dient also als Bindeglied bei der Umsetzung von chemischer Bindungsenergie in klassische Bewegungsenergie.

Die umgekehrte Umwandlung, nämlich von Bewegungsenergie in Wärme, geschieht durch **Reibung.** Reiben Sie Ihre Handflächen aneinander, dann wissen Sie, was ich meine. Reibung bremst alles uns herum aus, denn sie entsteht überall da, wo sich zwei Grenzflächen gegeneinander bewegen. Wegen der Reibung muss ein Fahrzeug immerzu Energie aufwenden, um in Bewegung zu bleiben, denn die Reibung entzieht dieser Bewegung immerzu Energie und wandelt sie in Wärme um. Damit ist die Reibung für das größte Missverständnis der Physikgeschichte verantwortlich: Die meisten Naturwissenschaftler vor Newton dachten, dass der Begriff der Kraft über die *Bewegung* zu definieren ist. Man brauche eine Kraft, um ein Ding in Bewegung zu setzen und um es in Bewegung zu halten. Ohne Kraft bleibe alles stehen. Deshalb missverstanden sie die Bewegung des Mondes und der Planeten. Sie dachten, eine Kraft müsse diese Himmelskörper permanent anschieben, damit sie nicht stehen bleiben, und wunderten sich, wie das geschehen sollte. Erst Newton klärte das Missverständnis auf: Gerade *ohne* Wirken einer Kraft bleiben die Dinge in gleichförmiger Bewegung. Dass dies beim Rutschen und Rollen, beim Ziehen und Schieben auf der Erde nicht der Fall ist, liegt einzig und allein daran, dass die Reibung eine Kraft ist, die alles ständig ausbremst und daher durch eine Gegenkraft überwunden werden muss. Die Himmelskörper bewegen sich im luftleeren Raum, auf sie wirkt keine Reibung, und daher müssen sie auch nicht ständig angeschoben werden.

Thermodynamik ist der Fachbegriff für Wärmelehre. Sie beschäftigt sich unter anderem

- mit dem Zusammenhang zwischen Temperatur, Druck und Dichte von Gasen,
- mit der Wärmemenge (also Energiemenge), die bei einer gegebenen Temperatur in einer gegebenen Menge einer bestimmten Substanz enthalten ist,
- mit dem dynamischen Ausgleich von Temperaturdifferenzen (Wärmeleitung),
- mit Wärmekraftmaschinen und damit zusammenhängenden zyklischen Prozessen,
- mit Zusammenhängen zwischen Wärme und Magnetismus und
- mit bestimmten Aspekten chemischer Reaktionen.

Darin ist Wärme zunächst einmal eine physikalische Größe, die nicht weiter erklärt wird, deren genaue Bedeutung also zunächst unklar bleibt. In der zweiten Hälfte des 19. Jahrhunderts gelang es jedoch, vor allem durch Maxwell, Boltzmann und Gibbs, der Thermodynamik durch die **Statistische Mechanik** eine tiefere theoretische Grundlage zu geben. Darin werden Wärme und alle damit zusammenhängenden Phänomene aus dem statistischen Verhalten der kleinsten Teilchen erklärt, der Atome oder Moleküle. Die Atomhypothese ist also ganz entscheidend zum Verständnis dieser Dinge.

Erst Anfang des 20. Jahrhunderts war man so weit, dass man Atome direkt in Experimenten nachweisen konnte. Bis dahin meldeten immer noch einige Physiker Zweifel an bzw. bestanden darauf, dass man zwar alles sehr schön erklären könne, wenn man so tue, *als ob* alles aus Atomen bestünde, dass Atome aber rein theoretische Konstrukte seien, denen man besser keine reale Existenz zuschreiben solle. Besonders der Physiker und Wissenschaftstheoretiker Ernst Mach (der mit einigen anderen Gedanken Einstein zu seiner ART inspirierte) vertrat diese Auffassung.

Im 20. Jahrhundert entwickelten die Dinge sich rasant weiter. Schnell wurde klar, dass das, was man als Atome bezeichnete, gar nicht unteilbar war, sondern aus Elektronen, Protonen und Neutronen bestand. Die große Anzahl der verschiedenen Atomsorten kam nur daher, dass sich diese Teilchen in verschiedenen Mengen miteinander kombinieren ließen. Im Grunde ist also das Wort „Atom" in seiner heutigen Bedeutung deplatziert, denn unteilbar sind nur die Elementarteilchen.

Was besagt nun die Statistische Mechanik? Sie erklärt Wärme als ungerichtete Bewegung der kleinsten Teilchen (Atome oder Moleküle) einer Substanz. Von der mechanischen Bewegungsenergie unterscheidet sie sich dadurch, dass sie *ungerichtet* ist, sich also jedes Teilchen für sich und unabhängig von den anderen auf engem Raum bewegt, so dass die Gesamtheit dieser Bewegungen von außen nicht zu erkennen ist. Wie viel Bewegungsfreiheit die Teilchen dabei haben, hängt unter anderem vom Aggregatzustand ab. Im Festkörper können sie nur an ihren festen Positionen hin und her zittern, in einer Flüssigkeit können sie sich auch drehen und aneinander vorbei bewegen, im Gas können sie sogar ein ganzes Stückchen fliegen, bis sie mit dem nächsten Teilchen zusammenstoßen. Durch die ständigen Wechselwirkungen miteinander gleichen sich die unterschiedlichen Bewegungsrichtungen gegenseitig aus, Energie und Impuls werden hin und her übertragen, es entsteht eine ganz bestimmte statistische Verteilung von Geschwindigkeiten und Energien. Der Mittelwert dieser Verteilung entspricht einer bestimmten **Temperatur.** Wenn einem Objekt Wärme zugeführt wird, z. B. durch Reibung, Strahlung oder elektrischen Strom, dann verteilt sich die Energie durch die ständigen Stöße und sonstigen Wechselwirkungen der Teilchen gleichmäßig und erhöht den statistischen Mittelwert der Energie pro Teilchen, d. h., die Temperatur steigt.

Am **absoluten Nullpunkt,** bei ca. −273 °C, ist die Energie pro Teilchen gleich null. Kälter geht es nicht. Aus physikalischer Sicht ist es sinnvoll, die

Einheiten der Temperatur so zu wählen, dass am absoluten Nullpunkt der Temperaturwert null ist, und nicht etwa $-273\,°$. Daher benutzt man in der Physik die Kelvin-Skala, die die gleichen Gradabstände benutzt wie die Celsius-Skala, aber um $-273\,°$ nach „links" verschoben ist, so dass sie am Nullpunkt den Wert null hat.

Die Statistische Mechanik unterscheidet zwischen **Makrozustand** und **Mikrozustand** eines physikalischen Systems. Der Makrozustand ist das, was man als makroskopischer Beobachter davon sieht oder messen kann: äußere Form, chemische Zusammensetzung, Masse, Volumen, Druck, Temperatur, Magnetisierung etc. Der Mikrozustand hingegen enthält den exakten Zustand jedes einzelnen Teilchens, d. h. die jeweilige Position, Geschwindigkeit und ggf. andere Einzelheiten wie Rotation und magnetisches Moment. Der Makrozustand hängt nur von statistischen Zusammenfassungen (Mittelwerten) des Mikrozustands ab. Wir müssen den Mikrozustand nicht kennen, um mit dem Makrozustand Thermodynamik zu betreiben.

Ein Makrozustand stellt ein **Ensemble** von Mikrozuständen dar: Die statistischen Mittelwerte, die den Makrozustand kennzeichnen, können sich aus einer riesigen Anzahl von verschiedenen Mikrozuständen ergeben. Welcher davon realisiert ist, können wir unmöglich wissen. Aus der Temperatur ergibt sich nur der *Mittelwert* der Geschwindigkeiten, aber nicht die tatsächliche Geschwindigkeit jedes einzelnen Teilchens. In der Theorie wird daher der Makrozustand als die *Gesamtheit* der Mikrozustände aufgefasst, für die die Mittelwerte diverser physikalischer Größen mit den Werten des Makrozustands kompatibel sind. Diese Gesamtheit ist hier mit dem Begriff Ensemble gemeint. Es ist nur für theoretische Zwecke ein sinnvoller Begriff, denn wir gehen zumeist davon aus, dass in der Natur nur genau einer dieser Mikrozustände realisiert ist, wir kennen ihn nur nicht, weil wir nicht alle Teilchen auf einmal vermessen können. Der Ensemble-Begriff drückt auch eine Zugehörigkeit aus: Ein Mikrozustand X *gehört zum* Makrozustand A, wenn die statistischen Mittelwerte in X kompatibel mit A sind.

Entropie

Einer der wichtigsten Begriffe in der Statistischen Mechanik ist die **Entropie.** Die Entropie eines Makrozustands ist definiert über die Menge an Information, die benötigt wird, um einen Mikrozustand innerhalb dieses Makrozustands eindeutig zu charakterisieren. In populärwissenschaftlichen Darstellungen wird die Entropie oft als Maß der „Unordnung" eines Zustands charakterisiert. Der Zusammenhang wird an einem Beispiel klar. Nehmen wir an, ich betreibe Statistische Mechanik mit meinen Büchern. Jedes Buch repräsentiert ein „Teilchen", das sich irgendwo in meinem Wohnzimmer aufhält. Zuerst ist alles sehr aufgeräumt. Der Makrozustand lautet: „Alle Bücher stehen im Regal." Dann kann ich den Zustand der einzelnen Bücher (also den Mikrozustand) relativ leicht beschreiben: Jedes Buch ist geschlossen und steht aufrecht; die Reihenfolge von links nach rechts und von oben nach unten kann ich einfach aufzählen. Dann kommt ein Bekannter mit seinem dreijährigen Sohn zu Besuch. Letzterer zieht wahllos Bücher heraus, legt sie auf den Boden, blättert darin herum, nimmt noch mehr Bücher heraus, verteilt sie über das ganze Zimmer. Den entstehenden Makrozustand könnte man in der Alltagssprache als unordentlich bezeichnen: „Die Bücher liegen kreuz und quer im Zimmer verteilt." Im Sinne der Entropie bedeutet es, dass ich jemandem, der das Zimmer nicht sieht, sehr viele Informationen geben muss, um den Mikrozustand, also den Zustand jedes einzelnen Buches, zu beschreiben: Die genauen Koordinaten im Raum, wo es sich befindet; in welche Richtung es gedreht ist; ob es aufgeschlagen ist und, wenn ja, auf welcher Seite. Es sind sehr viel mehr Informationen nötig als im ersten, „geordneten" Makrozustand. Die Entropie ist also höher. Die Tatsache, dass viel mehr Information zur Beschreibung des Mikrozustands nötig ist, liegt wiederum daran, dass es im „ungeordneten" Fall viel mehr Möglichkeiten gibt, wie die Bücher positioniert, orientiert und aufgeschlagen sein können. Die Information, die ich gebe, muss zwischen diesen Möglichkeiten unterscheiden und ausdrücken, *welche* davon realisiert ist.

Da der Entropiebegriff essentiell mit Information zu tun hat, ist es nicht verwunderlich, dass er sich auch in den Computerwissenschaften als nützlich erweist, z. B. im Bereich der Datenkompression. Nehmen wir an, Sie haben eine Datei der Größe 10 MB. Diese Datei besteht dann aus etwa 80 Millionen Bits (1 Byte sind 8 Bits, 1 MB sind 1024 mal 1024 Bytes), wobei jedes Bit den Wert 1 oder 0 hat. Wenn die Einsen und Nullen völlig zufällig verteilt sind, dann muss man wirklich ihre exakte Folge angeben, um den Inhalt der Datei eindeutig zu beschreiben. Die Entropie ist maximal, man kann die Datei nicht weiter komprimieren. Das entgegengesetzte Extrem tritt auf, wenn die Datei nur aus Einsen besteht. Dann brauchen Sie, um den Inhalt zu beschreiben, nicht 80 Millionen mal „Eins" zu sagen, sondern es genügt die Aussage: „Die Datei enthält 80 Millionen Einser hintereinander." Es herrscht maximale „Ordnung", d. h., die Entropie ist minimal, und die Datei lässt sich bestens komprimieren. Für fast alle realistischen Dateien liegt die Wahrheit in der Mitte, d. h., es finden sich bestimme Muster, die sich häufig wiederholen (z. B. wiederkehrende Worte in einer Textdatei), oder gleichförmige Abschnitte (z. B. blauer Himmel in einer Bilddatei). Jedes dieser Muster führt dazu, dass man einen Teil des Dateiinhalts zusammenfassen kann, man also etwas weniger Information braucht, so dass am Ende die Entropie irgendwo zwischen dem minimalen und dem maximalen Wert liegt. Je kleiner die Entropie, desto stärker lässt sich die Datei komprimieren.

Der direkte Zusammenhang zwischen Entropie und Wärme besteht darin, dass ein physikalisches System mehr Entropie hat, wenn es wärmer ist. Nehmen wir zum Beispiel ein Gas, das in einem festen Volumen eingeschlossen ist. Dann wird der Mikrozustand durch die Positionen und Geschwindigkeiten der Teilchen charakterisiert. Falls das Gas aus Molekülen besteht (und nicht aus einzelnen Atomen), sind noch deren Rotationen und Vibrationen relevant. Nehmen wir an, das Gas ist zuerst kalt und wird dann erwärmt. Wie ändert sich die Informationsmenge, die benötigt wird, um den Mikrozustand zu beschreiben? Für die Positionen der Teilchen ändert sich nichts, da wir annehmen, dass das Volumen nicht verändert wird. Nach der Erwärmung sind die Teilchen jedoch im Schnitt schneller als vorher. Die Geschwindigkeiten folgen einer bestimmten statistischen Verteilung, manche sind immer noch sehr langsam, manche sind deutlich schneller als der Durchschnitt. Entscheidend ist, dass die Verteilung nach der Erwärmung *breiter* ist als vorher. Man kann sagen, es stehen den Teilchen mehr verschiedene Geschwindigkeiten zur Verfügung. Es gibt also mehr Möglichkeiten, zwischen denen unterschieden werden muss. (Im Prinzip gibt es, zumindest in der Klassischen Physik, also ohne Berücksichtigung der QM, unendlich viele Möglichkeiten, wenn wir eine Geschwindigkeit absolut genau, also auf unendlich viele Nachkommastellen festlegen wollen. Aber wie überall sonst in der Physik gehen wir von einem endlichen Auflösungsvermögen aus, d. h., wir wollen die Geschwindigkeit nur mit einer bestimmten Genauigkeit, sagen wir, auf einen Millimeter pro Sekunde genau festlegen. Dann können wir die Möglichkeiten abzählen. Berücksichtigt man hingegen die QM, so ergibt sich die Endlichkeit – und somit Abzählbarkeit – der Zustände direkt aus der Theorie.) Das Gleiche gilt auch für die Rotationen und Schwingungen der Moleküle, sie haben nach der Erwärmung ebenfalls mehr Möglichkeiten zur Verfügung. Das heißt, die Entropie ist gestiegen.

Entropie spielt bei chemischen Reaktionen eine große Rolle. Nehmen wir an, ein Gemisch von Substanzen kann zwei verschiedene Reaktionen eingehen, die eine führt zum Makrozustand A, die andere zum Makrozustand B. Auf Teilchenebene werden die Reaktionen durch die QM beschrieben, die uns sagt, mit welcher Wahrscheinlichkeit Mikrozustände in A oder B erreicht werden. Sagen wir, es kommt heraus, dass ein Mikrozustand in B im Schnitt etwa eine Million Mal wahrscheinlicher erreicht wird als ein Mikrozustand in A. Aber A hat eine höhere Entropie, und zwar so, dass für A eine Milliarde Mal so viele Mikrozustände zur Verfügung stehen wie für B. Beide Informationen zusammen ergeben, dass die Reaktion vorrangig nach A abläuft, weil die höhere Anzahl der Mikrozustände die geringere Wahrscheinlichkeit pro Mikrozustand um das Tausendfache überwiegt.

Der Zweite Hauptsatz und die Richtung der Zeit

Der Zweite Hauptsatz der Thermodynamik besagt, dass die Entropie eines isolierten Systems (also eines Systems, das keine Teilchen oder Energie mit seiner Umgebung austauscht), niemals abnimmt. Es gibt **reversible Prozesse,** bei denen die Entropie gleich bleibt, und **irreversible Prozesse,** bei denen sie zunimmt (reversibel bedeutet umkehrbar, irreversibel unumkehrbar). Ein Makrozustand ist im **Gleichgewicht,** wenn seine Entropie maximal ist, d. h., wenn es keine Möglichkeit gibt, seine Entropie weiter zu erhöhen (es sei denn, man hebt die Isolation auf und führt ihm von außen Energie zu, z. B. indem man ihn aufheizt). Aus dem zweiten Hauptsatz folgt, dass isolierte Systeme langfristig ein solches Gleichgewicht anstreben. Da Entropie nur zunehmen kann, kann sich ein solches System nicht vom Gleichgewicht entfernen. Mit jedem irreversiblen Prozess kommt es dem Gleichgewicht hingegen etwas näher.

Für viele Systeme kann man relativ einfach ausrechnen, wie ein Gleichgewichtszustand aussieht. Es stellt sich in diesen Fällen heraus, dass im Gleichgewicht alles ziemlich gleichmäßig verteilt ist. An jeder Stelle des Systems herrscht die gleiche Temperatur, die gleiche Dichte, der gleiche Druck; jede Teilchensorte ist gleichmäßig über den Raum verteilt, und die verschiedenen Teilchensorten stehen in bestimmten, festen Verhältnissen zueinander, die durch die Details ihrer möglichen Reaktionen bestimmt sind.

Letzterer Umstand bedeutet, dass das über die Entropie definierte Gleichgewicht insbesondere auch das **chemische Gleichgewicht** beinhaltet. Bei chemischen Reaktionen und ihren Entsprechungen in der Teilchenphysik werden bestimmte Teilchensorten in andere Teilchensorten verwandelt. Reaktionen können immer in beide Richtungen ablaufen, d. h. zu jeder *Hin*reaktion gibt es auch eine *Zurück*reaktion. Im chemischen Gleichgewicht sind die Verhältnisse zwischen den Anzahlen der jeweiligen Teilchen derart, dass die Reaktion in beide Richtungen genau gleichhäufig stattfindet, so dass sich an den Verhältnissen nichts ändert.

So ein Gleichgewichtszustand hört sich eigentlich ziemlich ordentlich an. Daher mag es verwundern, dass er mit maximaler Entropie einhergeht, die ja schließlich ein Maß für die „Unordnung" ist. Daran sieht man, dass „Unordnung" als Metapher für Entropie eben doch nur begrenzt anwendbar ist. Ebenfalls interessant ist, dass der Makrozustand mit maximaler Entropie besonders einfach ist, d. h., man braucht besonders *wenig* Information, um ihn zu beschreiben (Temperatur, Dichte etc., die überall gleich sind). Dafür braucht man besonders *viel* Information, um einen Mikrozustand darin festzulegen. Bei einem Nichtgleichgewichtszustand braucht man mehr Information für dem

Makrozustand („an dieser Stelle ist es ein bisschen wärmer, dort ein bisschen kälter"), dafür weniger für den Mikrozustand.

Wenn wir es bei einem System mit starren Körpern zu tun haben, können sich deren Teilchen nicht miteinander vermischen, die Körper bleiben separat. In diesem Fall kann das Gleichgewicht der Teilchenverteilung nicht angestrebt werden; die zugehörigen irreversiblen Prozesse, die eine Durchmischung der Körper bewirken würden, finden nicht statt (man müsste die Körper dazu schmelzen und ineinanderfließen lassen). Aber es wird immerhin noch das Gleichgewicht der Temperatur angestrebt, d. h., Temperaturunterschiede werden langfristig ausgeglichen.

Aus der Gleichverteilung der Temperatur im Gleichgewicht ergibt sich die Folgerung, dass Temperaturunterschiede sich von selbst immer nur verringern, nicht vergrößern. Es fließt nicht von selbst Wärme von einem kalten zu einem wärmeren Teilsystem, sondern nur umgekehrt (deshalb braucht unser Kühlschrank ständige Energiezufuhr, um die allmähliche Angleichung an die Außentemperatur zu verhindern). Diese Aussage wird selbst oft als zweiter Hauptsatz der Thermodynamik bezeichnet. Historisch gesehen hat der zweite Hauptsatz viele verschiedene Formulierungen durchlaufen und wurde immer wieder etwas anders verstanden. Zunächst war er eine reine Erfahrungstatsache darüber, wie bestimmte thermodynamische Prozesse ablaufen, welche sich umkehren lassen und welche nicht etc. Die Rückführung auf den Entropiebegriff erfolgte erst später. Aber selbst mit dem theoretischen Fundament der Statistischen Mechanik ist die Sache nicht so klar. Bis heute ist er sicher das am heißesten diskutierte Stück Physik aus dem 19. Jahrhundert. Der zweite Hauptsatz ist kein echtes physikalisches Grundgesetz wie etwa die Maxwell-Gleichungen, so wie ja generell die Statistische Mechanik nur mit Hilfe statistischer (also mathematischer) Methoden *Folgerungen* aus den Grundgesetzen zieht.

Also, wie folgt der zweite Hauptsatz aus den physikalischen Grundgesetzen? Die schockierende Antwort lautet: gar nicht! Im Gegenteil, aus den Grundgesetzen folgt direkt, dass der zweite Hauptsatz falsch ist. Das liegt an der Zeitumkehrsymmetrie der Naturgesetze. Diese Symmetrie besagt, dass jede zeitliche Entwicklung genauso gut vorwärts wie rückwärts ablaufen kann. Genauer gesagt: Wenn ein System sich innerhalb eines bestimmten Zeitraums vom Mikrozustand A in einen Mikrozustand B entwickelt, dann kann es sich auch im selben Zeitraum in der umgekehrten Richtung, von B nach A, entwickeln. Man braucht dazu nur die Geschwindigkeiten aller Teilchen im Zustand B in die entgegengesetzte Richtung zu drehen, dann läuft das ganze Geschehen rückwärts ab und endet bei A.

Sie können sich das anhand unseres Planetensystems leicht vorstellen. Nehmen wir an, eine Raumsonde filmt das Sonnensystem für ein paar Jahre von außen. Lassen wir den Film vorwärts und rückwärts ablaufen. Beide Versionen sehen gleichermaßen realistisch aus, der einzige Unterschied ist, dass alle Bewegungen in die umgekehrte Richtung laufen. Und tatsächlich ist die Rückwärtsversion eine genauso gute Lösung der Gravitationsgesetze (egal ob man die Newton'sche oder Einstein'sche Theorie zugrunde legt) wie die Vorwärtsversion. Dasselbe gilt auch für alle anderen bekannten Naturgesetze. (Bei einigen bestimmten Naturgesetzen, nämlich denen der schwachen Kernkraft, müssen zusätzlich noch rechts und links vertauscht und Teilchen durch ihre Antiteilchen ersetzt werden – zum Begriff der Antimaterie später mehr –, was aber qualitativ keinerlei Einfluss auf unsere Diskussion hat.) Für die ART bedeutet das, dass man jede Raumzeit auch „auf den Kopf stellen", also die Zeitrichtung einfach umkehren, Zukunft und Vergangenheit vertauschen kann.

Daraus folgt für die Entropie, dass es zu jedem Prozess, bei dem die Entropie zunimmt, auch den entgegengesetzten Prozess gibt, bei dem sie abnimmt. Der zweite Hauptsatz ist also falsch. Er gilt noch nicht einmal statistisch, d. h., es ist noch nicht einmal so, dass eine Zunahme der Entropie *mit höherer Wahrscheinlichkeit* auftritt als eine Abnahme. Denn es gibt eine genaue Eins-zu-eins-Beziehung zwischen theoretisch möglichen Systemen, bei denen sie zunimmt, und solchen, bei denen sie abnimmt.

Wie passt das nun zusammen? Wir sehen doch eindeutig, dass viele Prozesse nur in einer Richtung ablaufen. Ein Glas fällt zu Boden und zersplittert in Scherben, aber dass Scherben spontan vom Boden aufspringen und sich zu einem Glas zusammensetzen, hat noch niemand beobachtet – ebenso wenig, dass ein Steak in der heißen Pfanne vom gebratenen in den rohen Zustand übergeht. Dass wir als Greise zur Welt kommen und als Säuglinge sterben, gibt es nur im Film über Benjamin Button. Stellen Sie sich vor, wie es aussähe und sich anfühlen würde, wenn unsere Verdauung und Nahrungsaufnahme rückwärts abliefe. Das alles wirkt reichlich absurd. Der zweite Hauptsatz und die Irreversibiltät vieler Prozesse sind doch eindeutig korrekt.

Die Lösung des Problems liegt interessanterweise nicht in den Naturgesetzen, sondern in der speziellen *Lösung* der Naturgesetze, die unsere Welt darstellt. Der zweite Hauptsatz ist direkt mit dem Problem der Zeitrichtung und der Kausalität verknüpft. Auf der Ebene der Mikrozustände, also der Teilchen, ist keine Zeitrichtung definiert. Da alles genauso gut vorwärts wie rückwärts ablaufen und jede Raumzeit einfach auf den Kopf gestellt werden kann, gibt es keine Unterscheidung zwischen früher und später. Da Ursache und Wirkung auf diese Weise beliebig vertauschbar sind, gibt es auch keine Kausalität. Es ist ein großer Irrtum zu denken, dass deterministische Theorien uns kausale

Zusammenhänge erklären. Im Gegenteil, sie lösen den Begriff der Kausalität komplett auf, weil man den Zustand zur Zeit t_1 genauso gut aus dem Zustand zur Zeit t_2 berechnen kann wie umgekehrt. Früher oder später spielt keine Rolle.

Für einen makroskopischen Beobachter, der nur die Makrozustände kennt, stellt sich die Sache anders dar. Sehen wir uns das Beispiel mit dem zu Boden fallenden Glas etwas genauer an. Beim Aufprall auf den Boden erhöht sich die Entropie deutlich: Erstens bricht das Glas auseinander, die Scherben verteilen sich „unordentlich" auf dem Boden; zweitens wird die Bewegungsenergie E des fallenden Glases in die Wärmemenge Q verwandelt, die sich durch den Boden auf den gesamten Planeten verteilt. Der große Entropieunterschied zwischen Makrozustand A (ganzes Glas fällt) und Makrozustand B (Scherben liegen auf dem Boden, Planet Erde hat Wärmemenge Q aufgenommen) bedeutet, dass die Zahl N_A der verschiedenen Mikrozustände, die zum Makrozustand A gehören, sehr viel kleiner ist als die Zahl N_B der Mikrozustände, die zum Makrozustand B gehören. Nehmen wir an, der Boden ist am Ort des Aufpralls hart genug und das Glas schnell genug, dass man mit Sicherheit vorhersagen kann, dass das Glas zersplittert. Das heißt, wenn wir A voraussetzen (also mit dem fallenden Glas beginnen), entwickelt sich daraus mit hundertprozentiger Wahrscheinlichkeit B. Der Mikrozustand ist irrelevant, das Geschehen lässt sich allein anhand der Makrozustände erzählen und verstehen.

Aufgrund der Zeitumkehrsymmetrie der mikroskopischen physikalischen Gesetze lässt sich das gesamte Geschehen zeitlich umkehren. Das heißt, es kann passieren, dass der Makrozustand B (Scherben liegen auf dem Boden) in den Makrozustand A′ (ganzes Glas steigt nach oben, Planet Erde hat Wärmemenge Q abgegeben) übergeht. Stellen Sie sich den rückwärts ablaufenden Vorgang genau vor. Es gab N_A Mikrozustände von A, bei denen A zu B führt, also gibt es auch N_A Mikrozustände von B, bei denen B zu A′ führt. Aber die gesamte Anzahl N_B der Mikrozustände in B ist wie gesagt um einen riesigen Faktor größer als das. Daher bilden die N_A Mikrozustände, die die Scherben hochspringen lassen und ein Glas bilden, nur einen winzigen Anteil in der Gesamtheit aller Mikrozustände in B (Abb. 7.7).

Anschaulich ist das klar: Eine große Menge von Teilchen des Bodens muss quasi „konspirativ" zusammenarbeiten, um gemeinsam den liegenden Scherben einen Schubs in genau die richtige Richtung zu verpassen; zusätzlich müssen die Teilchen an den Rändern der Scherben „konspirativ" zusammenarbeiten, um sich mit den Rändern der anderen Scherben so exakt zu verkleben, dass ein zusammenhängendes Glas ohne sichtbare Risse und Schrammen entsteht. Für den ersten Teil, also den Schubs, muss sich die Wärme des Bodens spontan in den Punkten unter den Scherben zusammenziehen, und zwar so, dass die

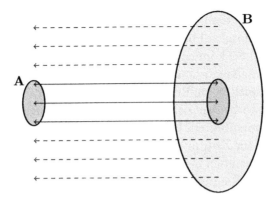

Abb. 7.7 Ein Makrozustand A entwickelt sich zu einem Makrozustand B mit höherer Entropie. Höhere Entropie heißt, zu B gehören viel mehr mögliche Mikrozustände als zu A. Wegen Zeitumkehrinvarianz können auf Ebene der Mikrozustände alle Vorgänge auch rückwärts ablaufen. Es laufen also genauso viele Mikrozustände von A nach B wie von B nach A. Diese machen jedoch nur einen winzigen Anteil *aller* Mikrozustände in B aus. Wenn B gegeben ist, beträgt also die Wahrscheinlichkeit, dass B sich zu A entwickelt, quasi null

Teilchen, die sich unter den Scherben befinden, alle zur selben Zeit gemeinsam eine kleine Bewegung in dieselbe Richtung ausführen. Diese Bewegung gibt den Scherben den Schubs nach oben. Sie ist der exakte Rückwärtsablauf der Bewegung, die im ersten Fall (Glas fällt und zersplittert) von den auftreffenden Scherben im Boden verursacht wird.

Damit ist klar, was der Unterschied zwischen den beiden Richtungen des Ablaufs ist: Im ersten Fall lässt sich das Geschehen vom Makrozustand her verstehen, das Glas fällt zu Boden und muss zersplittern. Im zweiten Fall lässt sich das Geschehen nur von den Mikrozuständen her verstehen, das heißt, man muss die genauen Bewegungen aller Teilchen kennen, um zu erkennen, warum etwas passiert. Diese Mikrozustände sind, bezogen auf den Makrozustand B′, so unwahrscheinlich, so „konspirativ", dass sie uns völlig unnatürlich vorkommen. Außerdem können wir die Teilchen ja gar nicht alle einzeln beobachten; das heißt, wenn es jemals passieren sollte, dass Scherben plötzlich hochspringen und ein Glas bilden, wird uns das wie ein Wunder, wie ein „Eingriff Gottes" vorkommen. Die Kausalkette ist für uns nur in der einen Zeitrichtung erkennbar, nämlich im ersten Fall, wo das Glas zu Boden fällt und die Entropie zunimmt.

Das lässt sich verallgemeinern. Nehmen wir an, Sie bekommen ein Stück Raumzeit in die Hand gedrückt, eingerahmt zwischen zwei Zeitpunkten t_1 und t_2. Sie wissen nicht, wo oben und unten ist, also ob t_1 früher oder später als t_2 ist. Sie wissen nur, dass das Stück Raumzeit, das Sie in den Händen halten, die Geschichte des Universums zwischen diesen zwei Zeitpunkten darstellt. Auf mikroskopischer Ebene macht es keinen Unterschied, wie herum die Geschichte abläuft. Sie können nachrechnen, wie der Mikrozustand am Zeitpunkt t_1 sich zum Mikrozustand am Zeitpunkt t_2 entwickelt oder umgekehrt. Die Reihenfolge spielt keine Rolle. Nun sollen Sie aber jemandem erklären, was zwischen diesen beiden Zeitpunkten geschieht, ohne die ganze komplizierte Rechnung vorzuführen. Und da sind Sie erleichtert, als Sie feststellen, dass die Entropie am Zeitpunkt t_2 deutlich kleiner ist als am Zeitpunkt t_1. Dann können Sie nämlich *definieren,* dass t_2 den *Anfang* darstellt und t_1 das *Ende.* Denn in dieser Richtung lässt sich das Geschehen auf natürliche Weise in Form von Makrozuständen erzählen (fallende Gläser; bratende Steaks; Säuglinge, die zu Greisen werden). Ursache und Wirkung lassen sich auf dieser Ebene verstehen. In der Gegenrichtung müssten Sie hingegen jedes einzelne Teilchen ins Spiel bringen und zeigen, wie es mit den anderen zusammenwirkt, um eine bestimmte Wirkung zu erzielen, wie bei den spontan hochspringenden Scherben. **Nur aus makroskopischer Sicht macht die Richtung der Zeit einen Unterschied. Nur aus makroskopischer Sicht gibt es Ursache und Wirkung in eindeutiger Reihenfolge, also eine Kausalität.**

Der Urknall könnte den Anfang oder das Ende des Universums darstellen, auf mikroskopischer Ebene spielt das keine Rolle. Aber in der Nähe des Urknalls ist die Entropie sehr gering und steigt, je weiter man sich davon entfernt. Deshalb sehen wir den Urknall als Anfang, nicht als Ende, und können die Geschichte des Universums so herum viel besser verstehen und erzählen. Wir sagen, das Universum hat sich vom Urknall bis heute entwickelt, und heutige Ereignisse wurden durch frühere verursacht. Wir erinnern uns an die Vergangenheit, die Zukunft ist ungewiss. Aus der umgekehrten Zeitrichtung betrachtet, in der der Urknall das Ende ist, sehen wir die Zukunft voraus, während wir unserer Geburt entgegenstreben, und wissen nichts über die Vergangenheit. Diese Sicht widerspricht unserem Erleben und unserem Verständnis der Kausalität, aber aus mikroskopischer Sicht ist sie genauso richtig wie die andere.

Die Logik, die zum zweiten Hauptsatz der Thermodynamik führt, ist somit folgende: Wir leben in einem Universum, das sehr asymmetrisch in der Zeit ist, und zwar so, dass die Entropie in einer Richtung beständig zunimmt. Diese Richtung ist für uns als makroskopische Wesen die natürliche Zeitrichtung, also die Richtung, in der wir Vergangenheit und Zukunft unterscheiden und in der wir kausale Zusammenhänge verstehen. Dass die Entropie nur zu-, aber nicht abnimmt, ist einfach eine Umschreibung der Tatsache, dass wir die Zeitrichtung natürlicherweise so *gewählt* haben, dass sie zunimmt.

Warum das Universum eine derart starke zeitliche Asymmetrie aufweist, was seine Entropie angeht, ist eine noch unbeantwortete Frage. Die derzeit bekannten Naturgesetze *erlauben* eine solche Asymmetrie, scheinen sie jedoch nicht gerade zu begünstigen. Es kann aber durchaus sein, dass es noch unbekannte Naturgesetze gibt, die ein neues Licht auf dieses Verhalten werfen. Eine ausführlichere Behandlung dieses vielschichtigen Themas finden Sie in dem Buch *From Eternity to Here* (Carroll 2010).

In den meisten Aufgabenstellungen der Statistischen Mechanik (oder Thermodynamik) wird eine Zeitrichtung bereits vorausgesetzt, und es werden Anfangsbedingungen in Form von Makrozuständen vorgegeben. In diesem Fall gilt der zweite Hauptsatz *statistisch:* Von wenigen „konspirativen" Mikrozuständen abgesehen, werden sich diese Zustände fast immer zu Makrozuständen mit gleicher oder höherer Entropie hin entwickeln. Würde man hingegen Endzustände statt Anfangszustände vorgeben und diese zurückrechnen, dann erhielte man das Gegenteil des zweiten Hauptsatzes: Der Anfangszustand hätte fast immer die gleiche oder höhere Entropie als der Endzustand. Man würde also ein Ergebnis erhalten, das nicht mit der Realität übereinzustimmen scheint. Da man die Richtung der Zeit aber bereits vorausgesetzt hat, wird man diesen zweiten Weg nicht einschlagen, sondern immer alles vom Anfangszustand her rechnen (sich entwickeln lassen), nicht vom Endzustand. Der Makrozustand am Ende enthält dann nicht mehr genug Information, um den Anfangszustand daraus zurückzugewinnen.

7.6   Quantenmechanik

Sie denken wahrscheinlich, SRT, ART und die Sache mit der Zeitumkehr sind schon ziemlich merkwürdige Theorien. Doch das ist alles noch nichts im Vergleich zur QM. An Merkwürdigkeit kann es keine andere Theorie mit der QM aufnehmen. Sie löst tausende Probleme, macht exakte Vorhersagen über das Verhalten mikroskopischer und zum Teil auch makroskopischer Objekte. Aber für den gesunden Menschenverstand ergibt sie nicht den geringsten Sinn. Deshalb waren viele Physiker auch nur sehr widerwillig bereit, sie zu akzeptieren. SRT und ART waren ein Triumph des Geistes. Aus klaren, eindeutigen Überlegungen und physikalischen Prinzipien heraus wurden die Theorien abgeleitet und bestanden die experimentellen Tests. Ähnlich ästhetisch hatten sich bereits Newtons Mechanik und die Maxwell'sche Theorie des Elektromagnetismus präsentiert. Auch die Statistische Mechanik beruht auf klaren mathematischen Prinzipien. Nichts dergleichen bei der QM. Keinerlei schönes Prinzip stand dahinter, keine klaren Überlegungen. Man kann sagen, die

Natur hat uns gewaltsam dazu gezwungen, die ganzen grässlichen Puzzleteile zu einem noch grässlicheren Gesamtbild zusammenzusetzen, das so unglaublich gut funktioniert, dass wir es nie wieder loswerden. Mit vielen der anderen Theorien ist jeweils nur ein Name verknüpft: Newton'sche Mechanik, Maxwell'sche Elektrodynamik, Einsteins ART und SRT. Bei der Statistischen Mechanik haben Maxwell, Boltzmann und Gibbs die Hauptarbeit geleistet. Für die QM waren jedoch ziemlich viele Physiker nötig, um die Puzzleteile zusammenzusetzen: Planck, Einstein, Bohr, Heisenberg, Schrödinger, Dirac, Pauli, Born, de Broglie, Jordan, von Neumann, Wigner, später noch Bell und Everett.

Die QM war ein Einschnitt in der Geschichte der Naturwissenschaften. Viele vergleichen sie mit der kopernikanischen Revolution oder mit Darwins Evolutionstheorie. Für den Wissenschaftstheoretiker Thomas Kuhn ist sie ein typisches Beispiel für eine wissenschaftliche Revolution und einen Paradigmenwechsel. In der Physik markiert sie eine Trennung: zwischen Klassischer Physik und Quantenphysik.

Der seltsame Kontrast der QM besteht darin, dass sie einerseits eine sehr fundamentale und universelle Theorie ist, die in einer riesigen Vielfalt von Situationen exakte mathematische Beschreibungen liefert und Vorhersagen macht, andererseits aber keinen wirklichen Erklärungsrahmen, kein Weltbild liefert. Man sieht ihr nicht an, was sie eigentlich „bedeutet" und von was für „Dingen" sie handelt. Bis heute versuchen Physiker und Philosophen, ihre Bedeutung, ihren Sinn zu entschlüsseln. Es gibt fast so viele Interpretationen der QM, wie es Physiker gibt, die sich damit beschäftigen. Und wie so oft ist jeder davon überzeugt, dass seine Interpretation die einzig richtige ist (das trifft natürlich auch auf mich zu). Es ist jedoch nur eine kleine Minderheit von Physikern, die sich mit diesen Fragen beschäftigt, denn für eine wissenschaftliche Karriere ist es nicht besonders förderlich, da man zu keinem eindeutigen Ergebnis kommt (höchstens eindeutig für einen selbst) und sich ideologischen Grabenkämpfen aussetzt. Mit anderen Worten: Man betreibt nicht wirklich Naturwissenschaft, sondern Metaphysik. Allerdings gibt es hin und wieder ein wirklich wissenschaftliches Resultat, das bestimmte Interpretationen der QM als unhaltbar ausschließt.

Interessanterweise ist die Frage der Interpretation völlig irrelevant für den naturwissenschaftlichen Gehalt der QM. Man kann wunderbar mit ihr rechnen und ihre Vorhersagen im Experiment testen, ohne sich die geringsten Gedanken über die Bedeutung zu machen. Dieser Kontrast zwischen wissenschaftlicher Exaktheit und gleichzeitiger Unklarheit der Bedeutung ist es, was die QM so einmalig macht. Er ist auch die Grundlage für die sprichwörtliche „Shut up and calculate" Mentalität, die in der Physik seit Mitte des 20.

Jahrhunderts dominiert (noch sehr verstärkt durch die Eigenschaften der QFT; Abschn. 7.7): Rechne einfach und mach dir nicht so viele Gedanken.

Anfang des 20. Jahrhunderts war klar, dass Atome aus einem sehr kleinen Atomkern und einer Hülle bestehen, in der die Elektronen herumwuseln. Die entscheidende Frage war, wie ein solches Atom stabil sein konnte: Wenn die Elektronen sich nicht bewegen, stürzen sie wegen der elektrischen Anziehung in den Atomkern. Wenn sie sich jedoch um den Atomkern herumbewegen, müssen sie nach der Maxwell'schen Theorie Strahlung aussenden, verlieren dadurch Energie und stürzen ebenfalls in den Atomkern. Irgendwie müssen die Elektronen sich gleichzeitig bewegen und nicht bewegen, damit das Atom bestehen bleibt. Die Lösung ist, dass die Elektronen sich in einem **stationären Zustand** befinden. Sie bilden eine Art Wolke, die sich zwar dreht (einen Drehimpuls hat), dabei aber so symmetrisch ist, dass sie ihre Form bei der Drehung nicht ändert, d. h., die Ladungsverteilung ist in jedem Moment die gleiche. Dazu ist es aber nötig, dass die Elektronen sich nicht wie punktförmige Teilchen verhalten, sondern wie ausgedehnte Wolken.

Außerdem wurde klar, dass diese Wolken nur in ganz bestimmten Formen und Zuständen auftreten. Nicht jeder beliebige Drehimpuls war erlaubt, nicht jeder beliebige mittlere Abstand vom Atomkern, nicht jede beliebige Energie, sondern nur ganze bestimmte diskrete Werte. Dies ließ sich schließlich dadurch erklären, dass die Elektronen bestimmte Schwingungseigenschaften haben, etwas Wellenartiges, und diese Schwingungen haben in der Wolke um den Atomkern ganz bestimmte Frequenzen.

Mathematisch wird das Ganze durch die **Schrödinger-Gleichung** beschrieben (aufgestellt von Erwin Schrödinger im Jahr 1925), die Grundgleichung der QM. In dieser Gleichung wird ein Elektron durch eine **Wellenfunktion** dargestellt, eine mathematische Funktion, die jedem Punkt im Raum eine komplexe Zahl zuordnet. Was für eine physikalische Größe diese komplexe Zahl beschreibt (also was sie „bedeutet"), bleibt zunächst offen. Eigentlich werden physikalische Größen immer durch *reelle* Zahlen beschrieben, das Auftreten von *komplexen* Zahlen ist hier bereits die erste Merkwürdigkeit. Die Schrödinger-Gleichung legt fest, wie diese Funktion sich mit der Zeit ändert. In ganz bestimmten Fällen besteht die zeitliche Änderung in einer reinen „Phasenrotation" (einer Version von Schwingungen, die nur mit komplexen Zahlen möglich ist), ohne dass die Funktion ihre Form ändert. Das sind die stationären Zustände, nach denen wir im Atom suchen. Die Schrödinger-Gleichung zeigt auch, wie sich jedem stationären Zustand eine Energie zuordnen lässt, und zwar ist die Energie proportional zu der Frequenz der Phasenrotation.

Wie schon erwähnt, lässt sich die gesamte Chemie aus dieser Logik ableiten; jede chemische Reaktion ist ein Beleg für die Richtigkeit der Schrödinger-Gleichung. Man kommt dabei auch nur mit dem unproblematischsten Teil der QM in Berührung; über alles, was im Folgenden gesagt wird, muss man sich in der Chemie keine Gedanken machen.

Welle-Teilchen-Dualismus

Das Problem ist, dass sich Elektronen eben doch oft wie punktförmige Teilchen verhalten und nicht wie Wellen. Wenn man den Ort eines Elektrons durch eine Messung bestimmt, dann ist es immer nur ein einziger Ort, nicht eine ausgedehnte Wolke oder eine Welle. Kann das Elektron denn gleichzeitig ein ausgedehntes wellenartiges Objekt und ein punktförmiges Teilchen sein? Noch merkwürdiger ist, dass sich die Position eines Elektrons, die man bei der Messung seines Ortes findet, nicht vorhersagen lässt. Stattdessen findet man eine gewisse Wahrscheinlichkeitsverteilung für den Aufenthaltsort (so eine Verteilung kann man experimentell ermitteln, indem man denselben Versuch viele Male ausführt und mit den Ergebnissen Statistik betreibt). Die Wahrscheinlichkeit, ein Elektron an einem bestimmten Ort zu finden, ist proportional zum Quadrat des Betrags seiner Wellenfunktion an diesem Ort. Die komplexe Zahl, die die Wellenfunktion einem Ort zuschreibt, codiert also unter anderem die **Aufenthaltswahrscheinlichkeit** des Elektrons an diesem Ort.

Es gibt also Situationen, in denen entscheidend ist, dass das Elektron gleichmäßig über einen Bereich des Raumes verteilt ist, z. B. im Atom, wo es eine Wolke um den Atomkern bildet. In diesem Fall geht aus der Wellenfunktion erstens die Dichte der Wolke an jeder Stelle hervor und somit auch, wie die elektrische Ladung des Elektrons im Atom verteilt ist. Zweitens beschreibt sie ein Schwingungsverhalten. Wenn das Elektron nicht an ein Atom gebunden ist, sondern frei umherschwirrt, dann kann dieses Schwingungsverhalten zu Interferenzerscheinungen führen, wie man es von anderen Wellen aus der Optik oder Akustik kennt. In solchen Situationen tritt der **Wellencharakter** des Elektrons hervor. Zum anderen gibt es Situationen, in denen das Elektron als punktförmiges Teilchen auftritt **(Teilchencharakter),** und in diesem Fall ist die Wellenfunktion das Maß für die Aufenthaltswahrscheinlichkeit des Teilchens. Das Elektron ist ein **Quantenobjekt,** es vereinigt in sich sowohl Wellen- als auch Teilcheneigenschaften, wobei manchmal eher das eine, manchmal eher das andere zutage tritt. Das ist der sogenannte **Welle-Teilchen-Dualismus** in der QM. Die Wellenfunktion ist interessanterweise für beides zuständig: Im einen Fall beschreibt sie die Welle selbst, im anderen Fall liefert sie Wahrscheinlichkeiten.

Es gibt Experimente, die Wellen- und Teilchencharakter miteinander kombinieren. Diese strapazieren den gesunden Menschenverstand ganz besonders. Das bekannteste dieser Experimente ist der **Doppelspalt,** bei dem ein Elektron durch zwei schmale Schlitze in einer Wand hindurchgeschossen wird. Auf der anderen Seite, in einiger Entfernung von der Wand, steht ein Schirm, der den Auftreffpunkt des Elektrons registriert. Auf dem Weg verhält sich das Elektron wie eine Welle; es durchläuft beide Schlitze zugleich, breitet sich auf der anderen Seite aus und interferiert dabei mit sich selbst. Beim Auftreffen auf dem Schirm verhält es sich wie ein Teilchen; es kommt an genau einem Punkt an (obwohl es doch gerade noch wellenartig verteilt war). Wenn man den Versuch viele Male wiederholt, stellt man fest, dass die statistische Verteilung der Auftreffpunkte gerade dem Quadrat des Betrags der Wellenfunktion entspricht, die sich aus dem wellenartigen Interferieren des Elektrons mit sich selbst ergibt. Dieser Versuch ist ein Klassiker. Sie finden wesentlich ausführlichere Darstellungen und Erläuterungen in der Literatur oder im Internet.

Bei der genannten Variante des Versuchs durchläuft das Elektron als Welle beide Schlitze zugleich. Was passiert, wenn man einen Elektronendetektor an jedem der beiden Spalte aufstellt? Sprechen die Detektoren beide an, weil das Elektron ja beide Wege gleichzeitig nimmt? Nein, denn Detektoren stellen eine Ortsmessung im Bereich der Schlitze dar, daher verhält sich das Elektron bereits an dieser Stelle wie ein Teilchen, und nur einer der Detektoren vermeldet seine Ankunft. Welcher der beiden Detektoren das ist, hängt vom Zufall ab. Die Wellenfunktion hat an beiden Spalten die gleiche Amplitude, daher ist die Wahrscheinlichkeit bei beiden genau gleich.

Man kann sogar erst im letzten Moment, und zwar wenn das Elektron bereits unterwegs ist, entscheiden, ob man schnell die Detektoren vor die Schlitze schiebt oder ob man es beim Schirm in einiger Entfernung belässt, wie in der ersten Variante des Versuchs. Dann „weiß" das Elektron auf seinem Weg noch gar nicht, ob es wellenartig beide Schlitze zugleich oder teilchenartig nur einen von beiden anpeilen muss (ein sog. **Delayed-Choice-Experiment**). Trotzdem wird es sich im Moment der Messung so verhalten, wie es von ihm erwartet wird.

In ähnlicher Manier lassen sich noch raffiniertere Versuche entwerfen, die darauf ausgerichtet sind, das Elektron (oder Photon, wie wir gleich sehen werden) auszutricksen. Und austricksen möchte man es, weil dieses plötzliche Umschalten von Welle auf Teilchen uns widersinnig erscheint. Wenn Sie mehr über diese Versuche wissen möchten, recherchieren Sie über das Mach-Zehnder-Interferomenter oder lesen eines der hervorragenden Bücher von Anton Zeilinger.

Bereits lange vor der Aufstellung der Schrödinger-Gleichung fanden Max Planck (1900) und Albert Einstein (1905), dass auch Licht (bzw. ganz allgemein elektromagnetische Strahlung) nur in „quantisierter" Form vorkommt[3]. Die Energie des Lichtes setzt sich aus bestimmten Portionen („Quanten") zusammen, und die Energie einer einzelnen Portion ist, wie beim Elektron, proportional zur Frequenz. Der Unterschied ist nur, dass die Frequenz beim Elektron die Frequenz von etwas sehr Abstraktem, nämlich der Wellenfunktion, ist, während der Wellencharakter beim Licht bereits aus dem *klassischen* Elektromagnetismus, der Maxwell'schen Theorie ersichtlich ist: Nach dieser klassischen Theorie besteht Licht aus sich wellenartig ausbreitenden Vibrationen des elektrischen und magnetischen Feldes. Es sind also die Frequenzen dieser Vibrationen, die die Größe der Energieportionen bestimmen.

An den einzelnen Energieportionen lassen sich wiederum, mit Hilfe geeigneter Detektoren, Ortsmessungen durchführen. Dabei stellt sich heraus, dass die Portionen sich genauso verhalten wie ein Elektron: Sobald man den Ort misst, schrumpft die Portion, die sich eben noch wie eine ausgedehnte Welle verhalten hat, sofort auf einen Punkt zusammen, und die Funktion, die eben noch die wellenartige Verteilung von elektrischem und magnetischem Feld beschrieben hat, beschreibt nun die Wahrscheinlichkeit, auf *welchen* Punkt die Portion zusammenschrumpft. Licht besteht also auch aus Quantenobjekten, den **Photonen,** die sowohl Wellen- als auch Teilchencharakter haben, und zwar analog zum Elektron; auch hier wird die Welle zum Maß für die Aufenthaltswahrscheinlichkeit. Das Doppelspaltexperiment lässt sich mit Photonen genauso durchführen wie mit Elektronen.

Das hat eine gewisse Ironie, denn es war eine jahrhundertelange Streitdiskussion, ob Licht aus Wellen oder Teilchen besteht, bis Maxwell mit seiner Theorie, die alle Erkenntnisse zu dem Thema in großer Pracht vereinigte, den Streit zugunsten der Wellen entschied. Endlich war alles klar, die große Streitfrage ein für alle mal geklärt: Licht besteht aus Wellen, nicht aus Teilchen. Die Gegner gaben auf. Und nun wird das alles wieder rückgängig gemacht und in einen Kompromiss umgewandelt: Licht besteht sowohl aus Wellen als auch aus Teilchen; es kommt auf die Art der Messung an, die man daran macht.

Der Welle-Teilchen-Dualismus ist universell, alles besteht aus Quantenobjekten; der Unterschied zwischen Materie, Kraftfeldern und Strahlung verschwindet. Photonen und Elektronen sind nur Beispiele, die besonders wichtig sind, aber es gibt zahlreiche andere, auf die wir noch zu sprechen kommen. Leider hat sich im allgemeinen Sprachgebrauch eine etwas verwirrende Ungenauigkeit eingeschlichen: Man spricht im Allgemeinen von Elementar*teilchen*

---

[3]Für die Arbeit an diesem Thema bekam Einstein den Nobelpreis, nicht für die SRT oder ART.

statt von Elementar*quanten*. Elementarteilchen sind aber Quantenobjekte, sie haben sowohl Wellen- wie auch Teilchencharakter.

Die Quantennatur von Photon *und* Elektron erklärt auch, warum bestimmte Substanzen Licht mit ganz bestimmten Wellenlängen absorbieren und ausstrahlen. Die stationären Zustände eines Elektrons in einem Atom haben nach der Schrödinger-Gleichung ganz bestimmte Energien („Energieniveaus"). Um in ein höheres Niveau zu gelangen, muss die Energiedifferenz zwischen den beiden Zuständen absorbiert werden, zum Beispiel in Form eines Photons, das genau diese Energie hat. Und ein Photon mit einer bestimmten Energie hat eben eine bestimmte Frequenz und somit auch eine bestimmte Wellenlänge. Fällt das Elektron hingegen in ein tieferes Niveau, so wird ein Photon mit der entsprechenden Energie (nämlich der Energiedifferenz zwischen den beiden Niveaus) ausgestrahlt.

Zufall

Mit der QM scheint sich auch der Zufall auf fundamentaler Ebene in die Physik einzunisten. Alle Theorien, die wir bisher besprochen haben, waren deterministisch. Aus dem exakten Zustand der Welt zu einem einzigen Zeitpunkt (Positionen und Geschwindigkeiten aller klassischen Teilchen; elektromagnetisches Feld an jedem Punkt des Raumes) folgen mit mathematischer Präzision die exakten Zustände der Welt zu jedem anderen Zeitpunkt. Das Universum läuft ab wie ein Uhrwerk, es gibt keine Zufälle und keine Freiheiten.

In der QM jedoch scheint der Zufall real zu sein (die Freiheit lassen wir erst einmal aus dem Spiel). An welchem Punkt des Raumes ein konkretes Elektron oder Photon auftaucht, ist *prinzipiell* dem Zufall unterworfen, wobei sich die statistischen Wahrscheinlichkeiten aus der Wellenfunktion ergeben. Diese Eigenschaft der QM stieß auf großes Misstrauen, insbesondere bei Einstein. Für ihn war eine Gewissheit: *„Gott würfelt nicht!"*, einer seiner berühmtesten Sätze. Deshalb war er bis zuletzt überzeugt, dass die QM noch nicht der Weisheit letzter Schluss sein konnte.

Im Lauf der Zeit zeichneten sich drei grundsätzlich verschiedene Haltungen ab, die man dem Zufall in der QM entgegenbringen kann:

1. Der Zufall ist real und kann nicht auf irgendeine Unkenntnis unsererseits zurückgeführt werden. Gott würfelt eben doch. Dies ist die Position der **Kopenhagener Deutung,** der Sichtweise einer Mehrheit unter den Pionieren der QM.
2. Der Zufall ist nur eine Illusion, die wie bei der Klassischen Physik dadurch zustande kommt, dass wir nicht den exakten Zustand kennen. In Wirklichkeit gibt es **verborgene Variablen** (auch verborgene Parameter genannt),

um die die QM ergänzt werden muss und die sie wieder zu einer deterministischen Theorie machen. Wären uns diese geheimnisvollen Variablen nicht verborgen, so könnten wir mit Sicherheit vorhersagen, an welchem Punkt genau das Elektron oder Photon auftaucht. Im Lauf der Jahrzehnte, in denen die Konsequenzen der QM immer weiter durchdacht wurden – ein langwieriger Prozess, da die QM unseren erlernten Denkgewohnheiten so sehr entgegensteht, dass selbst mathematisch sehr einfache Schlussfolgerungen jahrzehntelang einfach nicht gesehen wurden –, erschien diese Möglichkeit aber immer unwahrscheinlicher. Es zeigte sich, dass verborgene Variablen einige sehr unschöne und unplausible Eigenschaften haben müssten, um nicht mit den geprüften Vorhersagen der QM im Widerspruch zu stehen. Die einzige Variante der QM dieser Art, die heute noch eine gewisse Anhängerschaft aufweisen kann, ist die sog. **Bohm'sche Mechanik,** die wir hier aber nicht diskutieren wollen.

3. Der Zufall ist nur eine Illusion, die aber auf eine ganz andere Ursache zurückgeht als im vorigen Punkt. In Wirklichkeit nämlich ist auch bei einer Ortsmessung das Elektron (oder Photon oder was auch immer) weiterhin über den Raum verteilt. Es kommt uns nur so vor, als ob das Ergebnis der Ortsmessung ein einziger Punkt ist. Dies ist der Ansatz der **Viele-Welten-Interpretation,** die wir weiter unten ausführlich diskutieren werden.

Messproblem und Unschärferelation

Eine weitere verbreitet als unschön angesehene Besonderheit der QM ist die **Mystifizierung des Messprozesses.** Von der Klassischen Physik und dem gesunden Menschenverstand her ist man gewohnt, dass bei einer Messung einer bestimmten Eigenschaft eines bestimmten Objekts diese Eigenschaft schon vorher vorhanden ist. Die Messung bringt sie nur ans Licht. Wenn ich an einem Thermometer die Temperatur meines Wohnzimmers ablese, dann gehe ich nicht davon aus, dass meine Messung die Temperatur *erzeugt,* sondern sie zeigt sie mir nur an. Das Zimmer hat die Temperatur, unabhängig davon, ob da ein Thermometer steht oder nicht. Außerdem weiß ich, dass die Messung selbst nach bekannten physikalischen Regeln erfolgt; es ist also auch klar, *wie* die Zimmertemperatur mein Thermometer dazu bringt, den entsprechenden Zahlenwert anzuzeigen.

Bei der Ortsmessung an einem Quantenobjekt gilt das nicht mehr. Der punktförmige Ort, angezeigt durch ein Klicken oder Aufblitzen eines Detektors, ist eine Eigenschaft, die das Objekt vor der Messung gar nicht hatte, denn vorher war das Objekt (z. B. Elektron, Photon) ausgedehnt und wellenartig. Es scheint, dass der Detektor die Eigenschaft des Objekts, einen bestimmten Ort zu haben, erst *erzeugt.* Wie kann das sein? Es ist auch völlig unklar, *wie* das physikalisch geschieht. Wie kann der Detektor das ausgedehnte Objekt zu einem Punkt zusammenziehen? Dieses Zusammenziehen wird auch als **Kollaps der Wellenfunktion** bezeichnet. Was genau passiert also bei diesem Kollaps, wann und wie findet er statt, und wann und wie entscheidet sich eigentlich, an *welchem* Punkt er stattfindet? Diese Reihe von Fragen bildet das berühmte **Messproblem** der QM.

Dazu gehört auch, dass der Experimentator mit seiner Messung darüber zu entscheiden scheint, *welchen* Eigenschaften er in dem Quantenobjekt zur Existenz verhilft. Es gibt nämlich Eigenschaften, die sich gegenseitig ausschließen. Wenn wir den Ort eines Quantenobjekts messen, sorgen wir dafür, dass es eine klar definierte Position im Raum hat. Wir bringen seinen Teilchencharakter zum Vorschein. Dafür müssen wir in Kauf nehmen, dass das Objekt einen völlig „unscharfen" Impuls hat, und zwar wird der Impuls umso unschärfer, je genauer wir den Ort messen. Wir erinnern uns: Der Impuls eines Objekt ist definiert als Masse mal Geschwindigkeit, zumindest für nichtrelativistische Objekte, also Objekte, deren Geschwindigkeit deutlich kleiner als die Lichtgeschwindigkeit ist. Wenn wir uns für den Moment auf Elektronen beschränken (Photonen bewegen sich immer mit Lichtgeschwindigkeit), dann können wir die Unschärfe des Impulses auch als Unschärfe der Geschwindigkeit interpretieren. Die Masse eines Elektrons ist hingegen in jedem Fall eindeutig festgelegt. Wenn wir stattdessen den Impuls messen, bringen wir die Welleneigenschaften des Objekts zum Vorschein. Dadurch wird dann der Ort unscharf. Das Elektron wird zur Elektronenwolke. Je genauer wir den Impuls messen, desto unschärfer wird der Ort und desto ausgedehnter also die Elektronenwolke.

Ort und Impuls eines Quantenobjekts schließen sich gegenseitig aus, sie sind **komplementär** – ein Begriff, den Niels Bohr dafür geprägt hat: Beide Eigenschaften sind prinzipiell in dem Quantenobjekt angelegt, aber der Experimentator muss sich entscheiden, welche von beiden er zum Vorschein bringen will, und schließt damit die andere aus. In welchem Maße sich die Genaugkeiten der beiden Eigenschaften gegenseitig ausschließen, ist mathematisch in der **Heisenberg'schen Unschärferelation** festgelegt. Außer Ort und Impuls gibt es auch noch andere Paare von komplementären Eigenschaften, die sich gegenseitig ausschließen.

Ursprünglich dachten viele, die Unschärferelation käme durch die Wechselwirkung der Messvorrichtung mit dem Quantenobjekt zustande, durch eine Art Rückstoß. Das heißt, man dachte sich, dass das Quantenobjekt zwar beide Eigenschaften besitzt, aber durch die Wechselwirkung, die zur Messung der einen Eigenschaft nötig ist, wird die andere so unkoordiniert verändert, dass keine Aussage mehr darüber möglich ist. Das ist jedoch eine Fehlinterpretation. Man kann zeigen, dass die Annahme, dass beide Eigenschaften eines komplementären Paares gleichzeitig gegeben sind, zu Widersprüchen führt, völlig unabhängig von der Einwirkung eines Messgeräts.

Zustandsraum und Schrödingers Katze

Aus der Wellenfunktion ergibt sich die Wahrscheinlichkeitsverteilung des gemessenen Ortes im Falle einer Ortsmessung, aber auch die Wahrscheinlichkeitsverteilung des gemessenen Impulses im Falle einer Impulsmessung lässt sich daraus ableiten, ebenso wie die Wahrscheinlichkeitsverteilungen für viele andere potentiell zu messende Eigenschaften. Andere Eigenschaften, wie etwa Masse und elektrische Ladung, sind immer eindeutig festgelegt. Es gibt aber auch noch weitere Eigenschaften, z. B. den *Spin* eines Elektrons (eine Eigenschaft, die wir uns in einer etwas vagen Analogie als „Eigenrotation" vorstellen können), die ebenfalls Unschärfen aufweisen und daher in Form von Wahrscheinlichkeiten angegeben werden müssen, die aber nicht aus der Wellenfunktion ableitbar sind. Um auch diese Eigenschaften in der QM unterzubringen, muss das Konzept der Wellenfunktion erweitert werden zum noch abstrakteren **Zustandsvektor.** Der Zustandsvektor ist Element einer bestimmten mathematischen Struktur, des sogenannten **Zustandsraumes** des Quantenobjekts. Der Zustandsvektor enthält die Wellenfunktion als einen Bestandteil, aber er enthält eben auch noch andere Bestandteile, die beispielsweise den Spin des Quantenobjekts beschreiben (bzw. dessen Wahrscheinlichkeitsverteilung). In der Literatur werden Wellenfunktion und Zustandsvektor oft nicht voneinander getrennt. Oft sagt man „Wellenfunktion", wo eigentlich ein Zustandsvektor gemeint ist.

Der Engländer Paul Dirac hat in den 1930er Jahren eine Schreibweise für Zustandsvektoren eingeführt, die auch heute noch verwendet wird, nämlich $| \cdots \rangle$, wobei für $\cdots$ irgendwelche Symbole oder Bezeichnungen einzusetzen sind, die den Zustand charakterisieren. Diese Notation wollen wir mit Hilfe von **Schrödingers Katze** illustrieren. Um die Verrücktheit der QM auf den Punkt zu bringen, hat Erwin Schrödinger das Gedankenexperiment einer quantenmechanischen Katze erfunden, das eine hohe Berühmtheit auch unter Nichtphysikern erlangt hat. Bei diesem grausamen Gedankenexperiment geht es darum, dass eine Katze in eine Kiste gesperrt wird, wo sie durch einen quantenmechanischen Prozess, der an irgendeinen Tötungsmechanismus gekoppelt wird, mit einer Wahrscheinlichkeit von 50 % getötet wird. Da es sich um eine quantenmechanische Katze handeln soll, wird ihr Zustand durch einen Zustandsvektor beschrieben, der Wahrscheinlichkeitsverteilungen für alle potentiellen Eigenschaften der Katze in ihrem jetzigen Zustand beinhaltet. Da es hier ausschließlich um die Eigenschaft „tot oder lebendig" geht, bezeichnen wir mit |tot⟩ den Zustandsvektor einer toten Katze, mit |lebendig⟩ den einer lebenden.

Eine entscheidende Eigenschaft von Vektoren ist, dass man sie addieren kann. Wir können also rein mathematisch den Zustand |tot⟩ + |lebendig⟩ bilden. Dieser Zustandsvektor beschreibt die Überlagerung einer toten und einer lebendigen Katze. Dass |tot⟩ und |lebendig⟩ gleich große Anteile an dieser Summe haben, impliziert nach den Regeln der QM, dass eine Messung der „tot oder lebendig"-Eigenschaft mit 50 % Wahrscheinlichkeit eine tote und mit 50 % Wahrscheinlichkeit eine lebende Katze hervorbringt. Dies ist genau der Überlagerungszustand, der in dem Gedankenexperiment beschrieben wird. Eine „Messung" könnte in dem Fall darin bestehen, dass der Experimentator die Kiste öffnet und nachsieht, ob die Katze tot oder lebendig ist. Das Erstaunliche an der QM ist nun, dass erst die Messung diese Eigenschaft „hervorbringt". Bevor der Experimentator die Kiste öffnet, ist die Katze, je nach Sichtweise, gleichzeitig tot und lebendig, oder weder tot noch lebendig.

Ein Großteil der Verwirrung, die durch eine solche Darstellung hervorgerufen wird, kommt dadurch zustande, dass zur Beschreibung eines quantenmechanischen Vorgangs **zwei verschiedene Sprachen** notwendig sind. Da ist zum einen die Sprache, die verwendet wird, um das Experiment darzustellen. Diese hantiert mit Gegenständen, die wir sehen, anfassen und im Raum verorten können, in diesem Fall eine Kiste, eine Katze sowie die technischen Gegenstände, die zu ihrer potentiellen Tötung verwendet werden. Abgesehen von ein paar technischen Fachausdrücken ist diese Sprache im Großen und Ganzen identisch zu unserer Alltagssprache. Zum anderen ist da die rein mathematische Sprache der Zustandsvektoren, die in einem abstrakten Zustandsraum „leben". Der Zusammenhang zwischen den beiden Sprachen ist allein dadurch gegeben, dass mit Hilfe der Zustandsvektoren Wahrscheinlichkeiten für den Ausgang des Experiments vorhergesagt werden können.

Diese „Zweisprachigkeit" haben wir bereits in Kap. 6 ausführlich diskutiert, und zwar für die *gesamte* Physik, nicht nur für die QM. Sie besteht ja tatsächlich auch bereits in der Klassischen Physik. Experimentelle Gegebenheiten müssen in die mathematische Sprache der Theorie übersetzt werden, und umgekehrt. Der Unterschied zwischen Klassischer Physik und QM besteht jedoch darin, dass in der Klassischen Physik die Übersetzung viel weniger Probleme bereitet. Sie lässt unsere Weltvorstellung intakt. Die mathematische Sprache der Klassischen Mechanik handelt von Massen, die im Raum verteilt sind, und zwar in demselben Raum, der in unserer Vorstellung die Welt konstituiert (in unserer Vorstellung ist die Welt der Raum mit der Gesamtheit der „Dinge" darin). Jedes Massenstück hat dabei einen Satz klar definierter Eigenschaften, die zu jedem Zeitpunkt eindeutig gegeben sind. So stellen wir uns die Welt vor.

Dadurch entsteht die Illusion, dass die mathematischen Objekte, mit denen die Theorie hantiert, die Dinge der Welt eins zu eins vollständig abbilden und in ihrer Gesamtheit mit der Welt quasi gleichzusetzen sind.

In der QM jedoch wird diese Illusion durchbrochen. Die mathematischen Objekte der Theorie „leben" in einem völlig abstrakten Zustandsraum, der ganz anders ist als der Raum, der in unserer Vorstellung die Welt konstituiert. Die Übersetzung zwischen den mathematischen Objekten der Theorie und den experimentellen Gegebenheiten bzw. den „Dingen" der Welt ist kompliziert. Der Zusammenhang, der dieser Übersetzung zugrunde liegt, besteht letzlich nur darin, dass mit Hilfe der mathematischen Objekte Wahrscheinlichkeiten für Ergebnisse von Experimenten berechnet werden können. Aber während wir in der Klassischen Mechanik noch mit halbwegs gutem Gewissen sagen konnten, die Dinge um uns herum „bestehen aus" den Massenpunkten der Theorie, können wir in der QM nicht mehr sagen, die Dinge „bestehen aus" Zustandsvektoren. Die zwei Sprachen bleiben getrennt.

Diese Trennung ist nur einer der Punkte, mit denen die QM unserer Intuition Gewalt antut. Ein anderer ist, dass sie einen Riss in unsere Vorstellung von den materiellen Dingen reißt. Sie zeigt nämlich, dass Dinge zu gewissen Zeiten oder in gewissen Konstellationen gar nicht die eindeutigen Eigenschaften haben, die wir ihnen intuitiv zuschreiben. So verhält es sich mit unserer quantenmechanischen Katze, die sich in einem Überlagerungszustand aus tot und lebendig befindet. Es ist jedoch nur ein Gedankenexperiment. Für eine echte Katze ist ein solcher Zustand ausgeschlossen. Es zeigt sich nämlich, dass derartige Überlagerungen nur dann Bestand haben, wenn das Objekt extrem gut von seiner Umgebung isoliert ist, viel besser als man eine Katze jemals isolieren könnte. Man müsste sie mit Vakuum umgeben und auf den absoluten Temperaturnullpunkt herunterkühlen, und wie Sie sich mit etwas Fantasie vorstellen können, würde selbst dann nicht $|\text{tot}\rangle + |\text{lebendig}\rangle$, sondern nur noch $|\text{tot}\rangle$ übrigbleiben. Die Notwendigkeit einer solch strengen Isolation stellt auch die Entwicklung von Quantencomputern vor große Herausforderungen. In einem Gedankenexperiment kann man jedoch über diese Schwierigkeit hinwegsehen, um einen Punkt der Theorie zu veranschaulichen.

Bei einer „Messung" des Zustands der Katze, also beim Öffnen der Kiste, entscheidet sich dann, ob die Katze tot oder lebendig ist. Dieser Moment stellt auch den Übergang zwischen den beiden Sprachen dar: Die weltliche (oder „klassische") Sicht einer Katze mit bestimmten Eigenschaften ist vor diesem Moment nicht akkurat. Stattdessen muss ihr Zustand in einem abstrakten Zustandsraum dargestellt werden. Nach diesem Moment ist jedoch die weltliche Sicht angemessen. Die Katze ist entweder tot oder lebendig. Dieser Übergang bei quantenmechanischen Experimenten wird auch als

Heisenberg-Schnitt bezeichnet. Aber wann genau findet er statt? In dem Moment, wo sich der Deckel der Kiste hebt? In dem Moment, wo das Bild einer lebendigen oder toten Katze auf der Retina des Experimentators erscheint? In dem Moment, wo die Information in sein Bewusstsein dringt? Diese Frage lässt sich für alle quantenmechanischen Experimente stellen: Wann genau gilt eine Messung als erfolgt? Sie gehört zu den Rätseln des Messproblems. Um uns ihr nähern zu können, müssen wir uns einem anderen großen Kuriosum der QM widmen: der Verschränkung.

Verschränkung

Ein Elektron (bzw. seine räumliche Verteilung) wird durch eine Wellenfunktion beschrieben. Wahrscheinlich denken Sie, bei zwei Elektronen sind es dann natürlich zwei Wellenfunktionen. Das ist aber falsch! Während für ein einzelnes Elektron eine Wellenfunktion in einem dreidimensionalen Raum zuständig ist, gehört zu zwei Elektronen immer noch nur eine Wellenfunktion, aber in einem sechsdimensionalen Raum. Für drei Elektronen ist es immer noch nur eine Wellenfunktion, aber in neun Dimensionen. Warum ist das so? Weil die Aufenthaltswahrscheinlichkeiten der Elektronen nicht unabhängig voneinander sind. Bei zwei Wellenfunktionen würde jede der beiden die Aufenthaltswahrscheinlichkeit des jeweiligen Elektrons beschreiben, *unabhängig* voneinander. Aber Elektronen sind negativ geladen und stoßen einander ab. Daher ist die Wahrscheinlichkeit, das zweite Elektron an einer Stelle zu finden, deutlich geringer, wenn das erste sich gerade in der Nähe dieser Stelle aufhält. Wir müssen also mit der *kombinierten* Wahrscheinlichkeit rechnen, dass Elektron 1 sich an Position A *und* Elektron 2 an Position B befindet, und das geht nur, wenn man beide Positionen (sechs Koordinaten, nämlich drei für jedes der beiden Elektronen) in einer einzigen Wellenfunktion unterbringt.

   Diese wechselseitige Abhängigkeit nennt man **Verschränkung.** Die Merkwürdigkeiten, die aus diesem Aspekt der QM hervorgehen, sind noch viel größer als die bisher genannten wie Unschärferelation und Welle-Teilchen-Dualismus. Denn letztlich stehen alle Teilchen über Ketten von Wechselwirkungen mit allen anderen irgendwie in Verbindung. Ein fester Körper ist deshalb fest, weil alle seine Atome in einer langen Kette von elektrischen Kräften „in Reih und Glied" gehalten werden. Schubsen wir den Körper an seinem linken Ende an, so bewegt sich nicht nur sein linkes Ende in die Richtung des Stoßes, sondern durch die Kette von Wechselwirkungen wird der Stoß bis ans andere Ende durchgereicht, der Körper bewegt sich als Ganzes. In Flüssigkeiten und Gasen stoßen ständig Teilchen zusammen, beeinflussen sich gegenseitig. Auch unsere Wahrnehmung funktioniert nur, weil wir über Wechselwirkungen mit den Dingen verbunden sind. Das Licht beispielsweise, das sie aussenden oder reflektieren, trifft auf unsere Augen und erzeugt dort eine Reaktion.

Daraus folgt, dass alles letztlich mit allem verschränkt ist, dass man also genau genommen alle Teilchen in einer einzigen Wellenfunktion zusammenführen muss, der **Wellenfunktion des Universums.** Dazu ist gar nicht einmal nötig, dass jedes Teilchen direkt mit jedem anderen interagiert. Es genügt, wenn Teilchen 1 auf Teilchen 2 einwirkt, Teilchen 2 auf Teilchen 3, Teilchen 3 auf Teilchen 4 u. s. w. Bereits dies bewirkt, dass keine Gruppe von Teilchen völlig unabhängig vom Rest der Welt ist und somit eine Gesamtwellenfunktion des Universums herangezogen werden muss.

Warum funktionieren die Rechnungen mit Wellenfunktionen, die sich auf einzelne Elektronen beziehen, dann trotzdem oft so gut? In der Tat handelt es sich dabei immer nur um Näherungen. Einzelne Teilchen lassen sich – zumindest für einen gewissen Zeitraum – viel besser vom Rest der Welt isolieren als ein makroskopischer Gegenstand, und für diesen Zeitraum werden sie sehr akkurat durch separate Wellenfunktionen beschrieben. Sobald eine Wechselwirkung stattfindet, müssen wir aber auf eine gemeinsame Wellenfunktion aller an der Wechselwirkung beteiligten Teilchen zurückgreifen.

Wenn zwei Teilchen zu einer gewissen Zeit miteinander wechselwirken, kann es geschehen, dass ihre Verschränkung danach noch lange aufrechterhalten bleibt. Das hängt zum Teil mit den Erhaltungssätzen zusammen, die auch in der QM noch gelten, zum Beispiel dem Impulserhaltungssatz: Wenn zwei Teilchen miteinander interagieren, dann bleibt dabei die Summe ihrer Impulse erhalten. In sogenannten *Streuexperimenten* werden zwei Teilchen aufeinander geschossen, sie interagieren in einem bestimmten Bereich und Zeitraum miteinander, wonach sie in verschiedene unbestimmte, nur durch Wahrscheinlichkeiten festgelegte Richtungen auseinanderfliegen. Durch den Impulserhaltungssatz hängen die Richtungen, die die Teilchen nach dem Zusammenstoß nehmen, voneinander ab, sie sind miteinander verschränkt. Wenn beispielsweise das eine Teilchen nach links oben fliegt, muss das andere nach rechts unten fliegen. Die QM erfordert nun aber, dass die Richtung jedes der beiden Flüge unbestimmt bleibt, so lange, bis sie gemessen wird.

Nehmen wir an, ein Ring von Detektoren ist um das Experiment herum errichtet. Bevor die Teilchen den Detektorenring erreichen, werden sie durch eine gemeinsame Wellenfunktion beschrieben. Diese enthält einen Anteil, in dem das erste Teilchen nach links oben und das zweite nach rechts unten fliegt, aber auch einen Anteil, in dem das erste nach rechts oben und das zweite nach links unten fliegt, und viele andere Anteile. Erst in dem Moment, in dem die Teilchen den Detektorenring erreichen, entscheidet sich, welchen Weg sie denn nun wirklich genommen haben. Durch die Verschränkung sind die Entscheidungen der beiden Teilchen voneinander abhängig. Wenn der Detektor oben links die Ankunft des ersten Teilchens vermeldet, muss der Detektor unten rechts die Ankunft des zweiten vermelden. Springt hingegen der Detektor oben rechts an, muss dies gleichzeitig auch für den Detektor unten links gelten.

Die Krux ist nun, dass die QM zwingend erfordert, dass bis unmittelbar vor dem Auftreffen auf dem Detektorenring die Richtung der Teilchen nicht feststeht. Wegen der Abhängigkeit durch Verschränkung muss die Entscheidung auf beiden Seiten zugleich fallen. Das strapaziert unsere Vorstellungskraft in hohem Maße: Wie kann denn das untere Teilchen „wissen", für welche Richtung (links oder rechts) sich das obere entschieden hat? Die Teilchen sind mittlerweile ein gutes Stück voneinander entfernt und haben keine Möglichkeit mehr, Informationen auszutauschen. Die Entscheidung scheint „global" zu fallen, auf beiden Seiten zugleich, aufeinander abgestimmt, aber paradoxerweise ohne dass eine solche Abstimmung tatsächlich stattfinden kann. Es war Albert Einstein, der als Erster auf dieses Verhalten hinwies; er sprach von einer **spukhaften Fernwirkung.** Bis heute wurden immer ausgeklügeltere Experimente aufgestellt, die diese spukhafte Fernwirkung auf immer eindrucksvollere Weise demonstrierten. Sie ist auch ein entscheidender Bestandteil neuer Technologien wie der Quantenkryptographie und dem Quantencomputer.

Kopenhagener Deutung

Die Verschränkung wirft auch ein ganz neues Licht auf den quantenmechanischen Messprozess und die damit verbundenen Probleme. Fassen wir jedoch zuerst die bisher dargestellte Sichtweise zusammen, die als **Kopenhagener Deutung** der QM bekannt ist. Der Name kommt daher, dass sie im Wesentlichen auf die Zusammenarbeit von Niels Bohr und Werner Heisenberg im Jahr 1927 zurückgeht, während Heisenberg zu Gast bei Bohr an dessen Institut in Kopenhagen war. Bohr hat diese Interpretation der QM danach in der berühmt gewordenen *Bohr-Einstein-Debatte* in langen Briefwechseln gegen Einstein verteidigt, der sie als unplausibel und widersinnig empfand, was er unter anderem durch sein Beispiel mit der spukhaften Fernwirkung untermauerte. Tatsächlich ist der Ausdruck „Kopenhagener Deutung" nicht sehr genau abgegrenzt. Es kursieren verschiedene Varianten davon, die sich in ihrem Fokus und einigen Details unterscheiden. Man fasst damit eine ganze Reihe von Sichtweisen aus der Zeit der Pioniere der QM zusammen. Ich möchte hier darstellen, was aus meiner Sicht der Kern dieser Deutung ist, muss aber darauf hinweisen, dass manche die Deutung etwas anders deuten (die Deutung der Kopenhagener Deutung ist selbst ein weites Feld).

Kern der Kopenhagener Deutung ist aus meiner Sicht, dass Wissenschaft eine Tätigkeit des Menschen ist und auch als solche verstanden werden muss. Der Mensch kennt nicht die wahre Realität, die seinen Theorien und seinem eigenen Handeln zugrunde liegt. Er entwickelt Theorien anhand von Experimenten und benutzt die Theorien, um Ergebnisse weiterer Experimente vorherzusagen. In der QM gelingt diese Vorhersage nur in Form von Wahrscheinlichkeiten, man kann nur statistische Aussagen machen. Dabei stellt sich heraus, dass in der QM, in sehr viel höherem Maß als in anderen Bereichen der Physik, zwei verschiedene Sprachen nötig sind, um Theorie und Experimente zu beschreiben. Die Sprache der Experimente ist im Wesentlichen die Sprache der Klassischen Physik und handelt von materiellen Gegenständen in Raum und Zeit, die zu einem Versuchsaufbau zusammengefügt werden, wobei ein Gegenstand die Rolle eines Messgeräts übernimmt, das im Wesentlichen eine Eigenschaft des untersuchten Objekts misst, die sich in der Sprache der Klassischen Physik ausdrücken lässt, beispielsweise Ort oder Impuls eines Elektrons oder die Polarisation eines Photons. Die Sprache der Theorie jedoch handelt von Wellenfunktionen bzw. Zustandsvektoren, die in einem völlig abstrakten Zustandsraum leben. Weder die eine noch die andere Sprache stellt die absolute Realität dar. Insbesondere sind Wellenfunktionen bzw. Zustandsvektoren nur Hilfsmittel, die dem Physiker die bestmögliche Vorhersage liefern. Der Kollaps der Wellenfunktion im Moment der Messung ist nicht etwas, das „tatsächlich" stattfindet (es gibt allerdings Varianten der Kopenhagener Deutung, die das anders sehen), sondern stellt nur die Grenze dar, wo wir dieses Hilfsmittel durch die bei der Messung neu gewonnene Information aktualisieren müssen.

Die separate Sprache der Theorie ist nötig, weil manche Eigenschaften der untersuchten Quantenobjekte *komplementär* sind – wie etwa Ort und Impuls –, d. h., beide Eigenschaften sind in dem Objekt potentiell angelegt, aber nur eine von beiden lässt sich zu einem gegebenen Zeitpunkt festlegen – ein Umstand, der sich in der Sprache der Klassischen Physik nicht korrekt ausdrücken lässt. Bei dieser Komplementarität kommt dem Beobachter (oder Experimentator) eine entscheidende Rolle zu. Es liegt in seiner Entscheidung, welche der beiden komplementären Eigenschaften er in dem Objekt hervorbringen, welcher er zur Konkretisierung verhelfen möchte. Sein Versuchsaufbau, der Messprozess, der dadurch initialisiert wird, bestimmt den Charakter des Objekts (z. B. Welle oder Teilchen), der dabei von einer Möglichkeit zu etwas Gegebenem wird.

Viele-Welten-Interpretation

Diese Sichtweise ist heute den meisten Physikern zu mystisch. In der Tat bleibt dabei ja völlig offen, was beim Messprozess eigentlich geschieht. Man könnte auf die Idee kommen, zu sagen: Nun ja, vielleicht liegt es eben außerhalb der menschlichen Möglichkeiten, den Messprozess selbst zu verstehen, wir müssen die Bescheidenheit der Kopenhagener Deutung akzeptieren. Aber das ist falsch. Der Messprozess lässt sich ganz konkret und dynamisch verstehen und entmystifizieren, indem man Messgerät und Beobachter selbst in Form von quantenmechanischen Zustandsvektoren beschreibt. Dabei hilft uns das Konzept der Verschränkung.

Um dies zu illustrieren, nehmen wir das Beispiel eines **Qubits,** eines Quantenobjekts mit einer binären Eigenschaft, die bei einer Messung nur zwei verschiedene Werte annehmen kann. Qubits lassen sich auf vielerlei Weisen realisieren. Ein bekanntes Beispiel ist der Spin des Elektrons, der, entlang einer bestimmter Achse gemessen, nur zwei mögliche Ausprägungen hat („spin-up", „spin-down"). Die Zustandsvektoren, die diese beiden Werte repräsentieren, wollen wir $|Q0\rangle$ und $|Q1\rangle$ nennen. Der Wert dieser binären Eigenschaft soll mit einem Messgerät gemessen werden. Für dieses müssen wir nun ebenfalls Zustandsvektoren einführen. Sagen wir, $|M-\rangle$ ist der Zustandsvektor des Geräts vor der Messung, $|M0\rangle$ der Zustandsvektor des Geräts, wenn es den Wert 0 anzeigt, $|M1\rangle$ der Zustandsvektor, wenn es den Wert 1 anzeigt.

Nehmen wir an, vor der Messung befindet sich das Qubit im Zustand $|Q0\rangle$. Dann ist der Gesamtzustand aus Qubit und Messgerät durch $|Q0\rangle|M-\rangle$ gegeben. Bei der Messung interagiert das Qubit mit dem Messgerät (ansonsten könnte das Messgerät ja nichts messen). Die Dynamik dieser Wechselwirkung kann vollständig in der Sprache der Zustandsvektoren beschrieben werden, und zwar mit Hilfe der **Schrödinger-Gleichung,** die für die zeitliche Entwicklung aller Zustandsvektoren zuständig ist. An ihrem Ende, also nach der Messung, steht der Zustand $|Q0\rangle|M0\rangle$, d. h., die Wechselwirkung hat dazu geführt, dass das Messgerät den Wert 0 anzeigt, passend zum Qubit, das sich tatsächlich im Zustand $|Q0\rangle$ befindet. Ist das Qubit hingegen im Zustand $|Q1\rangle$, dann lautet der Anfangszustand $|Q1\rangle|M-\rangle$, und die Dynamik gemäß Schrödinger-Gleichung führt bei der Messung zu einem Endzustand $|Q1\rangle|M1\rangle$, das Messgerät zeigt den Wert 1 an.

Das Spiel lässt sich mit dem Beobachter (Experimentator) weitertreiben, wenn wir für diesen ebenfalls Zustandsvektoren einführen. Sagen wir $|B-\rangle$ ist der Zustand des Beobachters vor der Messung, $|B0\rangle$ der Zustand des Beobachters, wenn er den Wert 0 vom Messgerät abgelesen hat, $|B1\rangle$, wenn er den Wert 1 abgelesen hat. (Der Quantenmechaniker sagt oft einfach „Zustand" statt „Zustandsvektor", muss dabei aber im Hinterkopf behalten, dass er mit „Zustand" eben genau dieses abstrakte mathematische Konstrukt meint.) Das Ablesen des Messgeräts findet ebenfalls durch eine Wechselwirkung statt, diesmal zwischen Messgerät und Beobachter (Licht wird vom Messgerät abgestrahlt und trifft auf das Auge des Beobachters). Diese kann nun ebenfalls vollständig in der Sprache der Zustandsvektoren beschrieben werden, mit Hilfe der Schrödinger-Gleichung. Für ein Qubit im Zustand $|Q0\rangle$ ist nun die Abfolge für den Gesamtzustand aus Qubit, Messgerät und Beobachter folgendermaßen:

1. $|Q0\rangle|M-\rangle|B-\rangle$: Am Anfang kennt weder das Messgerät noch der Beobachter den Zustand des Qubits.
2. $|Q0\rangle|M0\rangle|B-\rangle$: Nach der Wechselwirkung zwischen Qubit und Messgerät kennt das Messgerät den Zustand des Qubits. Der Beobachter hat das Gerät jedoch noch nicht abgelesen und befindet sich daher noch im Ausgangszustand
3. $|Q0\rangle|M0\rangle|B0\rangle$: Nach der Wechselwirkung zwischen Messgerät und Beobachter, also dem Ablesen, kennt auch der Beobachter den Zustand des Qubits.

Die Wechselwirkungen beinhalten also eine Weitergabe von Information. Nehmen wir an, außerhalb des Labors wartet ein Kollege des Beobachters darauf, dass dieser ihm das Ergebnis der Messung mitteilt. Dann könnten wir diesen Kollegen ebenfalls durch einen Zustandsvektor beschreiben, völlig analog zum Beobachter selbst, und die Mitteilung des Ergebnisses als eine Wechselwirkung zwischen Beobachter und Kollege, beschrieben in der Sprache der Zustandsvektoren, durch die Schrödinger-Gleichung. Ist das nicht eine wunderbare Erklärung für alles? Wird so nicht die ganze „Mystik" der Kopenhagener Deutung *ad absurdum* geführt? Wird nicht auch die strikte Trennung der zwei Sprachen überflüssig, indem man einfach *alles* in der Sprache der Zustandsvektoren behandelt?

Ganz so einfach ist es nicht. Das Unheimliche geschieht bei Überlagerungszuständen. Nehmen wir an, das Qubit befindet sich im Zustand $|Q0\rangle + |Q1\rangle$, also einer Überlagerung aus 0 und 1. Dann lautet der Anfangszustand $(|Q0\rangle + |Q1\rangle)|M-\rangle|B-\rangle$, was dasselbe ist wie $|Q0\rangle|M-\rangle|B-\rangle + |Q1\rangle|M-\rangle|B-\rangle$. Die Schrödinger-Gleichung hat nun die Eigenschaft, dass sich die Bestandteile einer Summe von Zustandsvektoren völlig unabhängig voneinander entwickeln. Das bedeutet, der Bestandteil $|Q0\rangle|M-\rangle|B-\rangle$ entwickelt sich gerade so, wie wir es oben diskutiert haben, nämlich über den Zwischenzustand $|Q0\rangle|M0\rangle|B-\rangle$ weiter zu $|Q0\rangle|M0\rangle|B0\rangle$. Völlig analog dazu entwickelt sich der zweite Bestandteil der Summe, $|Q1\rangle|M-\rangle|B-\rangle$, über den Zwischenzustand $|Q1\rangle|M1\rangle|B-\rangle$ weiter zu $|Q1\rangle|M1\rangle|B1\rangle$. Der Endzustand lautet also $|Q0\rangle|M0\rangle|B0\rangle + |Q1\rangle|M1\rangle|B1\rangle$.

Was bedeutet das? Das Qubit, das Messgerät und der Beobachter sind miteinander verschränkt, ihre Zustände sind nicht mehr unabhängig voneinander, sondern aufeinander bezogen. Zum Null-Anteil des Qubits gehören ein Messgerät, das den Wert 0 anzeigt, und ein Beobachter, der den Wert 0 abgelesen hat. Zum Eins-Anteil des Qubits gehören ein Messgerät, das den Wert 1 anzeigt, und ein Beobachter, der den Wert 1 abgelesen hat. Der Gesamtzustand nach der Messung ist eine Überlagerung aus diesen beiden Optionen. Ursprünglich lag die Überlagerung in dem Qubit allein, sein Zustand hatte einen Null- und einen Eins-Anteil. Durch die Wechselwirkung, zunächst zwischen Qubit und Messgerät, dann zwischen Messgerät und Beobachter, wird die Information (0 oder 1) des jeweiligen Anteils an das Messgerät und dann an den Beobachter weitergegeben. Dadurch wird aber auch der Überlagerungszustand übertragen. Das Messgerät ist nun „gespalten" in ein Messgerät, das 0 anzeigt, und eines, das 1 anzeigt. Der Beobachter ist gespalten in einen, der den Wert 0 abliest, und einen, der den Wert 1 abliest.

Es geschieht also etwas ganz anderes als in der Kopenhagener Deutung. Dort hatte jede Messung ein einziges Resultat, ein eindeutiges Ergebnis. Jetzt hat die Messung *beide Resultate gleichzeitig.* Der Beobachter selbst ist zu einer gespaltenen Persönlichkeit geworden, wobei seine beiden Anteile (derjenige, der 0, und derjenige, der 1 abgelesen hat) sich fortan völlig unabhängig voneinander weiterentwickeln, ohne etwas voneinander mitzubekommen. Die beiden Varianten des Beobachters werden ihrerseits mit ihrer Umwelt wechselwirken, mit ihr kommunizieren. Dadurch wird die Aufspaltung immer weiter nach außen getragen, so dass schließlich die ganze Welt davon erfasst wird. Die ganze Welt ist dann eine Überlagerung aus einer Welt, in der der Wert 0, und einer, in der der Wert 1 gemessen wurde.

Im Fall von Schrödingers Katze verhält es sich dann ebenso: In dem Moment, in dem der Beobachter die Kiste öffnet, spaltet er sich auf in einen Beobachter, der eine tote, und einen, der eine lebende Katze sieht. Durch weitere Wechselwirkungen des Beobachters mit seiner Umwelt spaltet sich die ganze Welt auf in eine, in der die Katze tot ist, und eine, in der sie lebt.

Die meisten Messungen lassen mehr als zwei mögliche Ergebnisse zu. In dem Fall spaltet sich die Welt in so viele Varianten auf, wie die Messung mögliche Ergebnisse hat. Sie werden vielleicht denken, das sind ja dann in vielen Fällen unendlich viele, weil es ja oft ein kontinuierliches Spektrum an Möglichkeiten gibt, beispielsweise wenn wir den Ort eines Teilchens messen. Aber tatsächlich hat jede Messung eine endliche Auflösung, man erhält nie ein beliebig genaues Ergebnis. Diese endliche Auflösung bestimmt dann, in wie viele verschiedene Zweige sich das Weltgeschehen verzweigt. Wenn Sie beispielsweise mit einer Auflösung von einem Zehntel Millimeter eine Position entlang einer zehn Zentimeter langen Achse bestimmen, sind es 1000.

Aber ergibt das denn wirklich einen Sinn? Wenn wir eine Messung durchführen, dann sehen wir doch tatsächlich nur ein Ergebnis, und nicht etwa mehrere gleichzeitig. Sind wir so schizophren, dass wir einfach nicht *mitbekommen,* dass wir alle möglichen Ergebnisse gleichzeitig sehen? Aber die Schrödinger-Gleichung sagt genau das vorher: Die verschiedenen Zweige des Weltgeschehens sind fortan völlig unabhängig voneinander. Jeder Anteil des Beobachters empfindet sich daher als der einzige, er bekommt von den anderen nichts mit.

Da wir aber auch nicht *beweisen* können, dass all die anderen Varianten der Welt bzw. von uns selbst auch da sind, handelt es sich um eine *Interpretation* der QM, dass es sich so verhält, und nicht etwa um eine naturwissenschaftliche Aussage. Es ist die sogenannte **Viele-Welten-Intepretation.** Sie wurde erstmals 1957 von Hugh Everett in seiner Dissertation formuliert. Die Arbeit stieß damals auf völlige Ablehnung. Erst in den 1970er Jahren, angeregt durch weiterführende Arbeiten von Bryce DeWitt (der auch den Namen *Many Worlds Interpretation* geprägt hat), fand sie in breiteren Kreisen Anerkennung und erfreut sich seither zunehmender Beliebtheit.

Ich möchte hier betonen, dass die Viele-Welten-Interpretation die einfachste und – bis zu einem gewissen Punkt – plausibelste Interpretation der QM ist:

- Da Messgeräte und Beobachter aus Atomen, also Quantenobjekten, zusammengesetzt sind, ist es völlig korrekt, sie selbst als Quantenobjekte aufzufassen, die demnach zutreffend durch Zustandsvektoren beschrieben werden.
- Die Schrödinger-Gleichung hat sich in allen Bereichen der QM als die korrekte Gleichung bewährt, die die zeitliche Entwicklung von Quantenobjekten beschreibt.
- Angewandt auf Messgeräte, Beobachter und deren Umgebung sagt die Schrödinger-Gleichung eindeutig eine Aufspaltung des globalen Zustandsvektors vorher; die Viele-Welten-Interpretation ist also eine direkte Konsequenz der Schrödinger-Gleichung.
- Die Viele-Welten-Interpretation beschreibt („erklärt") den gesamten Messvorgang dynamisch mit Hilfe einer einzigen Gleichung. Sie beschreibt also, *wie* die Messung physikalisch stattfindet. In der Kopenhagener Deutung hingegen bleibt der Messvorgang völlig mysteriös.
- Es gibt auch viele andere physikalische Prozesse, in denen Verschränkung ganz ähnlich wie in einem Messprozess stattfindet. Der Messprozess wird also noch zusätzlich dadurch entmystifiziert, dass er ein physikalischer Vorgang wie viele andere ist.
- Die erzwungene „Zweisprachigkeit" der Kopenhagener Deutung entfällt. Alles wird zutreffend in der Sprache der Zustandsvektoren beschrieben.

- Auch die *spukhafte Fernwirkung* wird durch die Viele-Welten-Interpretation entzaubert. Eine Abstimmung verschränkter Objekte über große Distanzen ist nicht mehr nötig. Nehmen wir an, die Quantenobjekte A und B sind miteinander verschränkt, so dass ein bestimmtes Messergebnis X bei einer Messung an A immer in Kombination mit einem Messergebnis Y an B auftritt. Wenn A und B dabei weit voneinander entfernt sind, war von einer spukhaften Fernwirkung die Rede: Es sah so aus, als müssten sich die beiden Quantenobjekte über die Distanz abstimmen, damit immer die richtige Kombination auftritt. Aber in der Viele-Welten-Interpretation finden alle möglichen Messergebnisse tatsächlich statt. Dabei landen die über Verschränkung zusammengehörigen Werte im selben Zweig des Weltzustands, so dass sie immer gemeinsam beobachtet werden. Für das Landen im selben Zweig ist keine Fernabstimmung nötig, es ergibt sich einfach aus der Dynamik der Schrödinger-Gleichung.
- Der Zufall, der Einstein ein solcher Dorn im Auge war, verschwindet so aus der QM. Quantenmechanische Ereignisse werden als zufällig *empfunden*, weil wir einfach nichts davon mitbekommen, dass alle anderen möglichen Ereignisse auch stattgefunden haben, nur eben in einem anderen Zweig des Weltzustands.

Bis zu einem gewissen Punkt ist also die Viele-Welten-Interpretation die einfachste und plausibelste Interpretation der QM. Aber auch sie hat ihre Grenzen. Ein häufig geäußerter Kritikpunkt ist, dass man die Wahrscheinlichkeiten, die in der Kopenhagener Deutung eine zentrale Rolle spielen und die wir ja auch tatsächlich experimentell reproduzieren können, aus der Viele-Welten-Interpretation nicht ableiten kann. Eine Wahrscheinlichkeit experimentell zu reproduzieren, heißt, Statistik zu betreiben und sich relative Häufigkeiten anzusehen. Nehmen wir an, wir haben ein Qubit auf eine bestimmte Weise präpariert, und die QM (in der Kopenhagener Deutung) sagt vorher, dass bei diesem Ausgangszustand die Wahrscheinlichkeit, den Wert 1 zu messen, 75 % beträgt. Dann können wir das überprüfen, indem wir das gleiche Experiment viele Male durchführen. Wenn wir es 100-mal durchführen, und dabei 73-mal den Wert 1 bekommen, werden wir diese Vorhersage als bestätigt ansehen (wir erwarten nicht, *genau* 75 Treffer zu bekommen, denn es gibt immer gewisse statistische Fluktuationen). Wenn wir dagegen nur 50-mal den Wert 1 erhalten, werden wir die Vorhersage als widerlegt ansehen. Es gibt in der Statistik klar definierte Verfahren zu entscheiden, wann eine statistische Aussage im Rahmen bestimmter Grenzen als bestätigt und wann als widerlegt anzusehen ist (es ist sehr unwahrscheinlich, aber nicht unmöglich, bei einer Wahrscheinlichkeit von 75 % nur 50 Treffer aus 100 Versuchen zu erhalten).

In der Sichtweise der Viele-Welten-Interpretation spaltet sich der Zustand der Welt bei jedem Versuch in zwei separate Zweige auf, einen für jedes der beiden möglichen Ergebnisse. Bei jedem Versuch verdoppelt sich die Anzahl der Zweige; wenn wir mit nur einem Zweig beginnen, haben wir nach 100 Versuchen 2^{100} Zweige, eine riesige Zahl mit etwa 30 Dezimalstellen. Das Problem ist nun, dass in diesen 2^{100} Zweigen im Durchschnitt 50-mal der Wert 0 und 50-mal der Wert 1 erzielt wird. In fast allen Zweigen werden daher die Beobachter zu dem Ergebnis kommen, dass die Wahrscheinlichkeit für den Wert 1 50 % beträgt und nicht etwa 75 %, wie die Kopenhagener Deutung vorhersagt und wie wir in tatsächlichen Experimenten finden.

Der Zufall ist in der Viele-Welten-Interpretation von vornherein etwas Subjektives. In Wirklichkeit finden alle Möglichkeiten tatsächlich statt. Aber jeder Anteil des Beobachters *empfindet* die für ihn realisierte Möglichkeit als die einzige, und zwar als eine zufällig zustande gekommene. Auch die Wahrscheinlichkeit, die er diesem zufälligen Ergebnis zuweist, ist subjektiv. Um die gesamten *tatsächlich* gefundenen experimentellen Verhältnisse der QM korrekt wiederzugeben, muss die Viele-Welten-Interpretation eine *Vorhersage* machen, welche Wahrscheinlichkeiten die Beobachter den Ergebnissen subjektiv zuweisen. Diese Vorhersage muss mit den Wahrscheinlichkeiten der Kopenhagener Deutung übereinstimmen, denn diese Wahrscheinlichkeiten sind es, die wir in Ergebnissen nach zahlreichen Experimenten tatsächlich finden. Aber nun stellt sich heraus, dass die Viele-Welten-Interpretation vorhersagt, dass in der großen Mehrheit der Zweige die Beobachter zu anderen Ergebnissen kommen (nämlich in unserem Beispiel 50 % statt 75 %). Es *gibt* solche Zweige, in denen die Anzahl der gefundenen Einsen mit der Wahrscheinlichkeit von 75 % kompatibel sind, aber sie sind stark in der Minderheit. Je mehr Experimente man durchführt, umso stärker sind sie in der Minderheit. Aus Sicht der Kritiker der Viele-Welten-Interpretation zeigt das, dass diese zu falschen Ergebnissen kommt und daher gar nicht wirklich eine Interpretation der QM ist, sondern eine andere Theorie darstellt (da sie andere Vorhersagen macht), und zwar eine, die durch die experimentellen Gegebenheiten widerlegt wurde.

Das Problem an dieser Argumentation ist, dass überhaupt nicht klar ist, wie wir uns das Wandern unseres subjektiven Ich-Gefühls durch die Viele-Welten-Zweige vorstellen sollen. Nach einer Messung finde ich mich, aus meiner subjektiven Sicht, in einem der Zweige wieder, die jeweils ein bestimmtes Ergebnis repräsentieren. Ich bin „das gleiche Ich" wie vorher (bzw. fühle mich als solches), und von anderen Ichs, die in den anderen Zweigen gelandet sind, weiß ich nichts, obwohl auch diese nach der Viele-Welten-Interpretation existieren. Die Kritiker der Viele-Welten-Interpretation sagen nun, es sei ein Problem, dass nur ein zahlenmäßig kleiner Anteil der Zweige mit den experimentell gefundenen Wahrscheinlichkeiten kompatibel ist. Aber ist das wirklich ein Problem? Es wäre dann eins, wenn alle Zweige vor unserem Sich-subjektiv-in-einem-der-Zweige-Wiederfinden völlig gleichberechtigt wären. Dann würden wir uns subjektiv völlig zufällig durch den sich verzweigenden Baum der Möglichkeiten bewegen und typischerweise in solchen Zweigen landen (einfach weil sie stark in der Überzahl sind), in denen wir zu dem Ergebnis kommen, die Wahrscheinlichkeit für den Wert 1 sei 50 % und nicht etwa 75 %. Aber es ist überhaupt nicht klar, ob die Zweige in Hinsicht auf unser subjektives Sichwiederfinden gleichberechtigt sind, oder wie man das überhaupt beurteilen soll. Daher hängt das Argument mit den Wahrscheinlichkeiten aus meiner Sicht etwas in der Luft.

Max Tegmark hat ein Experiment vorgeschlagen, mit dem sich jeder selbst von der Richtigkeit der Viele-Welten-Interpretation überzeugen kann. Dieses Experiment spielt mit dem Sich-subjektiv-in-einem-der-Zweige-Wiederfinden. Der Trick besteht darin, Schrödingers Katzenexperiment auf sich selbst anzuwenden, und zwar immer wieder, also Russisches Quanten-Roulette zu spielen. Setzen Sie sich einer Vorrichtung aus, die Sie durch irgendeinen Quantenvorgang mit einer Wahrscheinlichkeit von 50 % tötet. Nach der Kopenhagener Deutung ist es mit einer Wahrscheinlichkeit von 50 % aus mit Ihnen, und mit 50 % Wahrscheinlichkeit haben Sie Glück gehabt und leben weiter (vorausgesetzt, Sie empfinden das als Glück). Nach der Viele-Welten-Interpretation sind Sie nach dem Experiment sowohl tot als auch lebendig, in zwei separaten Zweigen des Weltgeschehens. In dem Zweig, in dem Sie tot sind, gibt es jedoch das subjektive Ich nicht mehr, als das Sie sich wiederfinden könnten. Deshalb finden Sie sich notgedrungen in dem Zweig wieder, in dem Sie leben.

Führen Sie das Experiment viele Male hintereinander aus. Nach der Kopenhagener Deutung sind Sie mit Sicherheit nach einigen Versuchen tot (so ist das nun einmal beim Russischen Roulette). Wenn jedoch die Viele-Welten-Interpretation korrekt ist, finden Sie sich jedes Mal als lebendiger Mensch wieder. Es wird Ihnen wie ein Wunder vorkommen, aber es ist nur die Logik des sich verzweigenden Baumes der Möglichkeiten, die alle real geworden sind. Probieren Sie es aus, gehen Sie ein Risiko ein! Für manche Wahrheiten muss man dem Tod ins Angesicht blicken.

Na ja, vielleicht überlegen Sie es sich noch einmal, ich werde Ihnen nämlich jetzt erklären, warum die Viele-Welten-Interpretation falsch ist. Für uns Physiker ist der Umgang mit der QM in der Praxis dadurch geprägt, dass wir permanent zwischen den zwei Sprachen („klassische" Sprache der „Dinge" im Raum und Sprache der Zustandsvektoren im Zustandsraum) hin und her springen. Dabei haben die Zustandsvektoren für uns eine Bedeutung dadurch, dass sie sich auf die „Dinge" der klassischen Sprache *beziehen;* sie drücken statistische Aussagen über deren Eigenschaften aus. Diese Bezüge drücken wir dadurch aus, dass wir den Zustandsvektoren bestimmte Bezeichnungen geben. Beispielsweise benutzen wir die Bezeichnung $|Q1\rangle|M1\rangle|B1\rangle$ für einen Zustandsvektor, der sich auf ein Qubit, einen Messapparat und einen Beobachter bezieht, und die 1 symbolisiert jeweils eine bestimmte Eigenschaft, die wir an diesen Dingen beobachten können. (Das Qubit ist genau genommen kein „Ding" der klassischen Sprache, aber die 1-Eigenschaft, die wir an ihm messen, hat ihre Bedeutung genau dadurch, dass sie auf eine bestimmte Weise gemessen werden kann, durch den Messapparat, also durch ein „Ding" im Raum.)

Die Viele-Welten-Interpretation besagt nun, dass man der QM auf den Grund geht, indem man *nur* die Sprache der Zustandsvektoren verwendet. Damit streicht man aber alle Bezüge, die dem Zustandsvektor erst seine Bedeutung geben. Der Zustandsvektor beschreibt nicht mehr den Zustand *von* irgendetwas, er ist ein völlig eigenständiges Objekt. Wenn wir nun einen Zustandsvektor mit $|M1\rangle$ bezeichnen, dann nicht mehr, weil er sich auf ein Messgerät mit einer bestimmten Eigenschaft bezieht, sondern weil er durch sein intrinsisches Verhalten und seine Wechselwirkung mit dem Zustandsvektor des Beobachters in diesem den *Eindruck* eines Dings namens Messgerät erzeugt. Aber auch dieser Satz ist nicht richtig, denn auch der Zustandsvektor „des Beobachters" bezieht sich ja nicht mehr auf ein „Ding" (oder gar ein „Subjekt") namens Beobachter, sondern erzeugt nur durch sein intrinsisches Verhalten bzw. durch seine Wechselwirkung mit weiteren Zustandsvektoren den *Eindruck,* einen Beobachter darzustellen.

Es ist sogar noch komplizierter: Durch die globale Verschränkung von allem mit allem gibt es ja eigentlich nicht einmal einen separaten Zustandsvektor $|M1\rangle$, sondern genau genommen nur den Zustandsvektor des gesamten Universums, nennen wir ihn $|X\rangle$. Streng genommen kann man sich in der Viele-Welten-Interpretation nur noch mit der Dynamik dieses globalen Zustandsvektors beschäftigen. Die gesamte „klassische Welt der Dinge" muss auf höchst komplizierte Weise aus dem Verhalten von $|X\rangle$ *emergieren.* Aber vielleicht ist das ja möglich?

Nein, ist es nicht. Das Problem kann in zwei Teile zerlegt werden:

1. Wie soll man, ohne jedes Zurückgreifen auf die „klassische" Sprache, eine sinnvolle Zerlegung des globalen Zustandsraumes $Z_{\text{Universum}}$ in „kleinere" Zustandsräume finden,

$$Z_{\text{Universum}} = Z_{\text{Objekt1}} \times Z_{\text{Objekt2}} \times \cdots, \tag{7.3}$$

deren Elemente sich dann hinterher als Zustände einzelner Objekte interpretieren lassen, als „Teilchen" oder andere Gegenstände in einer „Welt"? Erst eine solche Zerlegung ermöglicht es, dass wir den globalen Zustandsvektor als aus *Bestandteilen* zusammengesetzt interpretieren können, z. B. als

$$|X\rangle = |Q0\rangle|M0\rangle|B0\rangle|R\rangle, \qquad (7.4)$$

wobei R hier für den „Rest der Welt" steht.

2. Wenn eine solche sinnvolle Zerlegung einmal gefunden ist, lässt sich jede zeitliche Entwicklung von $|X\rangle$ als Wechselwirkung zwischen den einzelnen Bestandteilen interpretieren. Nun stellt sich die Frage, wie diese Wechselwirkungen dazu führen, dass gewisse Bestandteile uns (mit „uns" sind nun ebenfalls bestimmte Bestandteile des globalen Zustandsvektors gemeint) als Objekte mit bestimmten „klassisch" beschreibbaren Eigenschaften erscheinen.

Diese zweite Frage lässt sich tatsächlich beantworten: Hat man den Zustandsraum erst einmal in Bestandteile (Faktoren) zerlegt, dann folgt aus deren Wechselwirkungen (die wie immer mit der Schrödinger-Gleichung beschrieben werden) ein Mechanismus namens **Dekohärenz,** dessen Beschreibung über den Rahmen dieses Buches hinausgeht, der aber dazu führt, dass wir – in jedem Zweig des sich stetig aufspaltenden Viele-Welten-Geschehenes – ein bestimmtes Objekt mit bestimmten Eigenschaften sehen.

Der wirklich schwierige Teil des Problems ist jedoch der erste, die Zerlegung des Zustandsraumes. Ich habe in Schwindt (2012) argumentiert, dass er unlösbar ist. Der globale Zustandsvektor im globalen Zustandsraum enthält einfach nicht genug Information, um uns einen Hinweis zu geben, wie diese Zerlegung durchzuführen ist. Sie erscheint völlig willkürlich. Aber erst nach diesem Akt der Willkür erzählt der globale Zustandsvektor eine Geschichte von „Dingen" in einer „Welt". Der Inhalt dieser Geschichte, die Vorhersagen über das Verhalten von „Dingen", kommen also nicht aus dem Verhalten des globalen Zustandsvektors – wie es die Viele-Welten-Interpretation erfordern würde –, sondern aus einer willkürlich darübergelegten Struktur, einer Zerlegung des globalen Zustandsraumes. Die Viele-Welten-Interpretation kann daher nicht halten, was sie verspricht.

Wenn man Duhem gelesen hat, erscheint sie von vornherein methodisch fragwürdig. Duhem betont, dass bei physikalischen Theorien immer eine Übersetzung stattfinden muss zwischen den mathematischen Begriffen der Theorie und den Beobachtungen des Experiments. Die Kopenhagener Deutung definiert klar, wie diese Übersetzung stattzufinden hat, also wie die Zustandsvektoren sich auf bestimmte Gegebenheiten eines Experiments beziehen. Physik ist in diesem Sinne immer *zweisprachig;* diese Zweisprachigkeit tritt nur in der QM durch ihre speziellen Eigenschaften ganz besonders hervor. Die Viele-Welten-Interpretation versucht nun diese Zweisprachigkeit aufzulösen, indem sie den Beobachter eines Experiments und den gesamten Vorgang des Beobachtens selbst in die abstrakte Sprache der Theorie übersetzt. Damit erzeugt sie aber letztlich nur ein mathematisches Konstrukt, das *nichts mehr bedeutet,* aus dem man auch durch Rechnungen keine physikalische Bedeutung mehr herauspressen kann.

Schade. Zu Anfang haben wir noch gesagt, dass die Viele-Welten-Interpretation *bis zu einem gewissen Punkt* die einfachste und plausibelste aller Interpretationen der QM ist. Vielleicht hat sie ja doch einen Wert? In der Tat kann man sie als eine sinnvolle *Ergänzung* zur Kopenhagener Deutung auffassen. In der Kopenhagener Deutung stellte sich die Frage, an welcher Stelle in einem Messvorgang der *Heisenberg-Schnitt* stattfindet, d. h. bis zu welchem Moment die Sprache der Zustandsvektoren anzuwenden ist (im Physikerjargon: wann der „Kollaps der Wellenfunktion" geschieht). Die Viele-Welten-Interpretation bietet eine Perspektive, aus der heraus sich sagen lässt: Es ist beliebig. Der Kollaps der Wellenfunktion ist nicht etwas, das tatsächlich *geschieht,* es ist nur ein Ausdruck für unseren Übergang von der einen Sprache zur anderen. *Wann genau* wir von der einen Sprache zur anderen übergehen, ist aber egal. Auch der Messapparat und der Beobachter können durch Zustandsvektoren ausgedrückt werden, der Messvorgang selbst kann als quantenmechanischer Prozess verstanden werden. Bloß *irgendwann* müssen wir den Übergang von der einen Sprache zur anderen eben durchführen, wir müssen den Zustandsvektor auf etwas *beziehen,* das wir beobachten, weil er von sich allein aus *nichts bedeutet.*

Doch was ist nun „real"? Die vielen Welten der Viele-Welten-Interpretation sind eine Vorstellung, die die Mathematik der QM in uns hervorruft. Aber die klassische *eine* „Welt der Dinge" ist ebenfalls nur eine Vorstellung, die sich unser Alltagsverstand bildet. Wie genau sich diese Vorstellungen auf die Realität beziehen, wissen wir nicht. Aber können wir vielleicht ein bisschen mehr darüber sagen? Können wir z. B. herausfinden, ob eine der beiden Vorstellungen (viele Welten vs. eine Welt) der Realität näher kommt? Ja, führen Sie das Russische Quanten-Roulette durch! Wenn Sie sich nach 1000 Versuchen noch als lebender Mensch wiederfinden, können Sie mit Sicherheit sagen, dass an den vielen Welten etwas dran ist. (Bei zehn Versuchen könnten Sie noch auf Ihren persönlichen Schutzengel verweisen, aber 1000 Versuche, das macht selbst der hartnäckigste Schutzengel nicht mit.) Gibt es eine weniger lebensgefährliche Methode, das herauszufinden? Ich weiß es nicht.

7.7   Quantenfeldtheorie

Die QM, wie wir sie im vorhergehenden Abschnitt diskutiert haben, ist zunächst *nichtrelativistisch,* d. h., sie berücksichtigt noch nicht die SRT und schon gar nicht die ART. Wellenfunktionen beschreiben die Verteilung eines Quantenobjekts im *Raum;* die Entwicklung eines Zustands mit der *Zeit* wird durch die Schrödinger-Gleichung beschrieben, unabhängig davon, ob der Zustand in Form einer Wellenfunktion ausgedrückt wird oder nicht. Raum und Zeit scheinen hier wenig miteinander zu tun zu haben. Zudem scheint durch den *nicht-lokalen* Charakter der QM, der z. B. bei der **spukhaften Fernwirkung** zum Ausdruck kommt, die Grenze der Lichtgeschwindigkeit verletzt zu sein: Für verschränkte Zustände von zwei Quantenobjekten findet die Entscheidung, welcher der möglichen Zustände realisiert wird, simultan auf beiden Seiten statt, egal wie weit diese räumlich auseinanderliegen. Im Zusammenhang mit der Relativitätstheorie sollten beim Wörtchen „simultan" sofort die Alarmglocken klingeln: Eine absolute Gleichzeitigkeit ist dort überhaupt nicht definiert.

Das letzte Problem wird aus meiner Sicht durch die Viele-Welten-Interpretation gelöst, die beschreibt, wie die Entscheidung für einen Zustand in Form einer Verschränkung mit den Beobachtern *dynamisch* über einen gewissen Zeitraum hinweg und eben nicht instantan zustande kommt. Wie besprochen, stellt die Viele-Welten-Interpretation aus meiner Sicht keine für sich alleinstehende Wahrheit dar, aber sie hat eine besondere Perspektive zu bieten, die einen Beitrag zum Verständnis der QM leistet, und mit diesem Beitrag ist insbesondere das Problem der spukhaften Fernwirkung gelöst (Abschn. 7.6).

Das erstere Problem, nämlich der nichtrelativistische Charakter der Schrödinger-Gleichung, wurde bereits Ende der 1920er Jahren angegangen, indem man diese Gleichung erweiterte, so dass sie die typische relativistische Raum-Zeit-Symmetrie aufwies. Dadurch ergaben sich aber neue Probleme, Inkonsistenzen, die schließlich zeigten, dass die ganze Vorstellung dessen, was ein Teilchen (bzw. ein Quantenobjekt) ist, noch ein weiteres Mal modifiziert werden musste. Das Ergebnis war die relativistische QFT.

Bereits in der Klassischen, also Newton'schen Physik hatten wir den Übergang von der Klassischen Mechanik, die von isolierten punktförmigen Teilchen bevölkert ist, zur Klassischen Feldtheorie vollzogen, in der der gesamte Raum von Feldern besetzt wird. Ein ähnlicher Übergang vollzieht sich nun auch in der Quantenphysik. Die QM handelt von einzelnen Quantenobjekten, die jeweils die klassischen Teilchen *ersetzen,* im Sinne einer *Reduktion durch Ersetzen.* Diese Quantenobjekte (die wie gesagt aufgrund eines sprachlichen Fehlgriffes immer noch als Teilchen bezeichnet werden) haben bestimmte Zustände, die

Wahrscheinlichkeitsverteilungen für bestimmte Eigenschaften beschreiben, die wir in Experimenten messen können. Viele diese Eigenschaften haben eine direkte Entsprechung in der Welt der klassischen Teilchen, beispielsweise Ort und Impuls.

Die QFT handelt von **Quantenfeldern,** die die klassischen Felder *ersetzen,* im Sinne einer *Reduktion durch Ersetzen.* Für diese Quantenfelder gelten die gleichen formalen Regeln wie in der QM: Die Quantenfelder befinden sich in bestimmten Zuständen, die Elemente eines bestimmten Zustandsraumes sind. Ein solcher Zustand bestimmt Wahrscheinlichkeitsverteilungen für bestimmte Eigenschaften des Quantenfeldes, die sich in Experimenten messen lassen. Das Problem ist jedoch, dass der Zustandsraum der QFT sich viel schwieriger verstehen lässt als der Zustandsraum der QM. Deshalb werden Problemstellungen in der QFT nur selten anhand des allgemeinen Zustandsraumes, sondern immer noch anhand von Teilchen behandelt, nur dass das Wort „Teilchen" nun wieder etwas anderes bedeutet.

In der QM ist ein Teilchen ein Quantenobjekt, das sich in einem bestimmten Zustand befindet. In der QFT ist ein Teilchen selbst ein Zustand, nämlich ein bestimmter Zustand eines Quantenfeldes. Das Quantenobjekt ist nun das Quantenfeld, und die Tatsache, dass da ein Teilchen ist, charakterisiert einen bestimmten Zustand dieses Quantenfeldes. Aus einem *Objekt* ist somit der *Zustand* eines anderen Objekts geworden.

Um dies etwas klarer zu machen, denken wir an die Zustände eines Elektrons im Atom. Wie Sie bereits wissen, kann ein Elektron in der Hülle eines Atoms nur ganz bestimmte Energien haben. Nehmen wir an, es befindet sich im Zustand mit der niedrigsten Energie. (In altmodischer Sprache würde das heißen: Es befindet sich in der innersten Schale.) Nun kann es aus diesem Zustand heraus in einen Zustand höherer Energie *angeregt* werden, in dem es, z. B. durch Stöße oder durch Absorption von Licht, Energie aufnimmt. Aus diesem höheren Zustand kann es wiederum durch einen ähnlichen Prozess in einen noch höheren Zustand angeregt werden. Es kann aber auch durch Abgabe von Energie auf den niedrigeren Zustand zurückfallen.

Bei Quantenfeldern wird der Zustand mit der niedrigsten Energie **Vakuum** genannt. Durch verschiedene Arten von Wechselwirkungen kann das Quantenfeld aus diesem Zustand heraus in einen Zustand höherer Energie angeregt werden. Dieser Zustand heißt dann „ein Teilchen". Eine weitere Anregung überführt diesen in einen noch höheren Zustand mit dem Namen „zwei Teilchen" u. s. w. Umgekehrt kann durch Abgabe von Energie ein Zweiteilchenzustand in einen Einteilchenzustand „zurückfallen", ebenso ein Einteilchenzustand ins Vakuum. In der QFT ändert sich daher die Anzahl der Teilchen andauernd.

Da es in der QFT ebenso wie in der QM Überlagerungszustände gibt, können Zustände mit unterschiedlichen Teilchenzahlen überlagert werden. Ein Zustand des Quantenfeldes kann ein bisschen Vakuum, ein bisschen Einteilchenzustand und ein bisschen Zweiteilchenzustand sein. Die Anzahl der Teilchen ist nun eine Quanteneigenschaft wie jede andere und kann in der Regel nur in Form von Wahrscheinlichkeiten angegeben werden.

Die Wellenfunktion eines Teilchens, aus der sich Wahrscheinlichkeitsverteilungen für Ort und Impuls ableiten lassen, spezifizieren einen Zustand weiter. Das heißt, es gibt unendlich viele mögliche Einteilchenzustände (der Vakuumzustand kann auf unendlich viele verschiedene Weisen zu einem Einteilchenzustand angeregt werden). Das, was wir aus der QM als Wellenfunktion kennen, spezifiziert in der QFT, von *welchem* Einteilchenzustand die Rede ist.

Für Photonen ist diese Sichtweise relativ naheliegend. Wir wissen bereits von der „Existenz" eines elektromagnetischen Feldes und sind mit der Tatsache vertraut, dass ein Photon eine Art Quantenverkörperung dieses Feldes ist. Wie steht es hierbei nun mit dem Vakuum? In der Alltagssprache benutzen wir das Wort „Vakuum" für ein Raumvolumen, in dem sich keine Materieteilchen (Atome bzw. deren Bestandteile: Elektronen, Protonen, Neutronen) aufhalten. Mit dieser Bedeutung kann es durchaus einen Lichtstrahl im Vakuum geben, deshalb ist ja auch oft von der Lichtgeschwindigkeit im Vakuum die Rede. Im Sinne der QFT ist aber der Vakuumzustand des elektromagnetischen Quantenfeldes gerade dadurch gegeben, dass alle Werte des Feldes überall mit einer Wahrscheinlichkeit von 100 % gleich null sind, dann ist nämlich die Energie des Feldes am geringsten. In diesem Sinne bedeutet „Vakuum" also insbesondere auch die Abwesenheit von Licht. Wird das elektromagnetische Feld nun durch Wechselwirkung mit einer elektrischen Ladung angeregt, so geschieht dies gerade dadurch, dass die Ladung ein Photon „aussendet". Werden viele Photonen durch solche Reaktionen in der gleichen Richtung ausgesandt, so bilden sie elektromagnetische Strahlung, also das, was wir als einen Lichtstrahl wahrnehmen, sofern sich die Wellenlänge (die in dem konkreten Photonenzustand festgelegt ist) im sichtbaren Bereich des Spektrums befindet.

Für Elektronen ist die Sichtweise der QFT hingegen überraschend. Es folgt nämlich, dass es ein sogenanntes Elektronfeld geben muss, dessen Anregung das Elektron ist. Anders als das elektromagnetische Feld tritt das Elektronfeld nicht in der Form eines klassischen, makroskopischen Feldes auf, sondern in Form kleiner Gruppen von Elektronen, die in der Regel an Atomkerne gebunden sind.

Eine wichtige Vorhersage der QFT ist die Existenz von **Antimaterie.** Zu jedem geladenen Feld gibt es nämlich zwei verschiedene Einteilchenanregungen, eine mit positiver und eine mit negativer Ladung, aber ansonsten mit identischen Eigenschaften, insbesondere mit identischer Masse. Zum

negativ geladenen Elektron muss es also einen positiv geladenen Zwillings-
bruder geben, ein **Antiteilchen,** das sogenannte **Positron,** das ebenfalls eine
Anregung des Elektronfeldes ist. Dieses wurde bereits 1929 von Dirac vorhergesagt und wenig später nachgewiesen; ein erster großer Erfolg in dieser frühen
Phase der Entwicklung der QFT.

Sowohl die QM als auch die QFT sind Quantentheorien, d. h., sie verwenden den Quantenformalismus mit seinen Zuständen und Wahrscheinlichkeitsaussagen und den damit einhergehenden Verständnisschwierigkeiten, was den
Messprozess angeht. Die QM handelt von Teilchen, die Zustände *haben,* die
QFT von Teilchen, die Zustände *sind,* nämlich Zustände von Feldern. Die
QM kann dabei auf die QFT zurückgeführt werden, im Sinne einer *Reduktion
durch Ersetzen.* Es gibt verschiedene Typen von Feldern, von denen die QFT
handeln kann, und diese können im Rahmen der QFT vollständig klassifiziert
werden. Die QFT ist damit immer noch ein recht allgemeiner Formalismus.
In der Natur kommen nur ganz bestimmte Felder vor, und indem man diese
spezifiziert, konkretisiert man den allgemeinen Formalismus der QFT auf eine
bestimmte Ausprägung. Die Ausprägung, die vom Elektronfeld (und somit
von dessen Teilchenzuständen, den Elektronen und Positronen), vom elektromagnetischen Feld (bzw. dessen Teilchenzuständen, den Photonen) und deren
Wechselwirkungen handelt, ist die **Quantenelektrodynamik (QED).**

Die einfachste QFT, die vom Elektronfeld und dem elektromagnetischen
Feld handelt, ist nicht die QED, sondern eine Theorie ohne Wechselwirkungen. In dieser Minimaltheorie existieren die beiden Felder friedlich nebeneinander her, ohne sich gegenseitig zu beeinflussen. Eine Welt, die von dieser
Theorie beherrscht wird, wäre äußerst langweilig. Es wäre eine Welt ohne elektromagnetische Kräfte. Der Zustand der Felder würde sich niemals ändern.
Eine von Anfang bis Ende der Zeit gleichbleibende Anzahl von Photonen,
Elektronen und Positronen würde mit ewig konstanten Impulsen den Raum
durchziehen, ohne aufeinander zu achten und ohne dass jemals etwas geschieht.

In der QED hingegen gibt es eine Wechselwirkung zwischen den Feldern,
die sich auf der Ebene der Teilchenzustände in Form heftiger Reaktionen darstellt: Elektronen und Positronen können das elektromagnetische Feld anregen,
also Photonen erzeugen, die dann von einem anderen Elektron oder Positron
wieder absorbiert werden können. Die Impulse der Elektronen und Positronen
ändern sich dabei in einer Weise, die aus klassischer Sicht so aussieht, als hätte
eine Newton'sche Kraft gewirkt, die aus einem klassischen elektromagnetischen
Feld hervorgegangen ist. Auf diese Weise wird der klassische Elektromagnetismus auf die QED zurückgeführt (wieder im Sinne einer *Reduktion durch
Ersetzen*).

Besonders explosiv wird es, wenn ein Elektron auf ein Positron trifft: Die beiden löschen sich gegenseitig aus und erzeugen dabei ein Photon, dessen Energie

gerade der Summe der Energien (inklusive Masse) von Elektron und Positron entspricht (auch hier gilt der Energieerhaltungssatz). Bei diesem Prozess hat sich also die Zahl der Teilchen, die aus dem Elektronfeld kommen, um zwei verringert, die Zahl der Photonen hingegen um eins erhöht. Weil so immer nur ein Elektron und ein Positron auf einmal vernichtet werden, bleibt die Differenz aus der Anzahl der Elektronen und der Anzahl der Positronen immer konstant. (Dies gilt nur im Rahmen dieser Theorie. Wenn wir andere Wechselwirkungen hinzurechnen, die über die QED hinausgehen und andere Felder involvieren, ändert sich das Bild etwas, aber selbst dann zeigt sich, dass die Differenz aus der Elektronen- und Positronenanzahl über fast die gesamte Geschichte des Universums hinweg nur geringfügig geschwankt haben kann.) Heute Finden wir im gesamten Weltraum eine riesige Anzahl an Elektronen, aber so gut wie gar keine Positronen. Dies lässt sich so interpretieren, dass es schon im frühen Universum einen Überschuss an Elektronen gegeben haben muss. Elektronen und Positronen vernichteten sich damals gegenseitig, und nur der Überschuss an Elektronen blieb übrig. Gleiches gilt auch für andere Teilchen-Antiteilchen-Paare, wie etwa Protonen und Antiprotonen. Wäre damals stattdessen ein Überschuss an Positronen und Antiprotonen übriggeblieben, so würden wir heute aus diesen bestehen, und alle Bezeichnungen wären vertauscht: Die Elektronen und Protonen wären für uns dann die Antimaterie.

Weil die QED zeitumkehrinvariant ist, ist zu jedem Prozess auch der entgegengesetzte Prozess möglich. Wenn also ein Elektron und ein Positron sich unter Erzeugung eines Photons gegenseitig vernichten können, dann muss es auch möglich sein, dass ein Photon in ein Elektron und ein Positron zerfällt (denn genauso sieht es aus, wenn man die Elektron-Positron-Vernichtung rückwärts ablaufen lässt). Einzige Bedingung dafür ist, wegen der Energieerhaltung, dass die Energie des Photons mindestens doppelt so groß sein muss wie die Masse des Elektrons. Das ist mehrere Größenordnungen höher als die Energie der Photonen des sichtbaren Lichtes. Heute sind solch energiereiche Photonen selten, aber in der heißen Frühphase des Universums waren sie allgegenwärtig und erzeugten so ständig neue Teilchen-Antiteilchen-Paare. Erst als das Universum so weit abgekühlt war, dass derart energiereiche Photonen stark ausgedünnt waren, konnte eine dauerhafte Elektronen-Positronen-Vernichtung einsetzen.

Die QED lässt sich vom Elektron auch auf alle anderen elektrisch geladenen Teilchen verallgemeinern, insbesondere auch auf das Proton. Protonen sind jedoch komplizierter, weil sie erstens keine Elementarteilchen sind (sie haben eine Substruktur aus sogenannten Quarks), und weil sie zweitens zumeist in Atomkernen gebunden sind, wofür eine andere Wechselwirkung, nämlich die starke Kernkraft verantwortlich ist.

Die mathematischen Probleme der QFT

Die QFT ist in mathematischer Hinsicht sehr anspruchsvoll. Viele Aspekte an ihr sind noch unverstanden. Es gibt eigentlich nur zwei Typen von Situation, in denen der Umgang mit ihr einigermaßen geklärt ist: Streuvorgänge und Zerfälle. Von einem **Streuvorgang** spricht man, wenn zwei (in manchen Fällen auch mehr) Teilchen sich aufeinander zu bewegen, bei der Begegnung (dem Zusammenstoß) miteinander reagieren und dann die Teilchen, die aus dieser Begegnung hervorgehen, wieder auseinanderfliegen. Die Teilchen, die aus der Begegnung hervorgehen, können dieselben Teilchen sein wie vor der Begegnung, z. B. zwei Elektronen, die sich einfach nur durch die elektrische Abstoßung gegenseitig von ihrer ursprünglichen Bahn ablenken. Oder es können neue Teilchen daraus hervorgehen, weil Quantenfelder durch die Reaktion zu einer höheren Teilchenzahl angeregt werden. Die neuen Teilchen können zusätzlich zu den alten entstehen oder diese ersetzen.

Bei einem **Zerfall** hat man am Anfang ein Teilchen, das dann zu einem bestimmten Zeitpunkt verschwindet und durch mehrere neue Teilchen ersetzt wird (ein Quantenfeld fällt auf ein tieferes Energieniveau zurück, andere werden auf ein höheres Niveau angeregt). Der Zeitpunkt des Zerfalls kann wie üblich nur in Form von Wahrscheinlichkeiten vorhergesagt werden. Üblicherweise gibt man sie in Form einer **Halbwertszeit** an, das ist der Zeitpunkt, zu dem das Teilchen mit einer Wahrscheinlichkeit von 50 % zerfallen ist. Man kennt das von radioaktiven Zerfällen von Atomkernen. Hier haben wir das Gleiche, nur auf der Ebene der Elementarteilchen.

Beide Typen von Vorgängen, Streuvorgänge und Zerfälle, haben eines gemeinsam: Die Wechselwirkung ist nur für einen sehr kurzen Zeitraum aktiv, nämlich im Moment des Zusammenstoßes bzw. Zerfalls. Vorher und nachher sind die Teilchen des Anfangs- bzw. Endzustands entweder allein oder weit voneinander entfernt, ohne aufeinander einzuwirken.

Womit wir jedoch im Rahmen der QFT deutlich weniger gut umgehen können, sind gebundene Zustände wie etwa Atome, bei denen der Zusammenhalt dadurch zustande kommt, dass Kräfte *permanent* wirken, nicht nur für einen kurzen Augenblick. Das einfachste Atom, das Wasserstoffatom, das nur aus einem Proton und einem Elektron besteht, ist in der QM eine der leichtesten Übungen. Alle Physikstudenten lernen in ihrer QM-Grundvorlesung, wie seine Zustände zu berechnen sind, als Beispiel dafür, was die QM leisten kann. In der QFT jedoch ist das Wasserstoffatom ein ausgesprochen schwieriger Fall. Wir wissen, dass die QM auf die QFT zurückgeführt werden kann, im Sinne einer *Reduktion durch Ersetzen*. Diese Reduktion jedoch im Falle des Wasserstoffatoms durchzuführen, ist eine überraschend unangenehme Herausforderung, die noch auf eine elegante Lösung wartet.

Für Streu- und Zerfallsprozesse gibt es eine sehr erfolgreiche Methode, die sogenannte **Störungsrechnung,** um das Ergebnis vorherzusagen. „Ergebnis" bedeutet hierbei: eine Wahrscheinlichkeitsverteilung für die nach dem Prozess vorhandenen Teilchen sowie deren Energien und Impulse. Die Methode besteht darin, einen bestimmten Anfangs- und Endzustand anzunehmen und die verschiedenen Zwischenzustände, über die der Anfangszustand zum Endzustand gelangen kann, aufzusummieren, woraus sich dann am Ende folgern lässt, mit welcher Wahrscheinlichkeit der Anfangszustand zum gewählten Endzustand gelangt.

Richard Feynman hat 1949 ein berühmt gewordenes Schema entwickelt, um die Rechnungen, die sich aus dieser Methode ergeben, zu visualisieren: die **Feynman-Diagramme.** Ein Streuprozess wird durch eine unendliche Anzahl von Diagrammen repräsentiert. Jedes Diagramm steht für einen bestimmten mathematischen Ausdruck, der einen bestimmten Weg vom Anfangszustand über eine bestimmte Reihe von Zwischenzuständen zum Endzustand beschreibt. Jedes Diagramm repräsentiert also einen der unendlich vielen Ausdrücke, die im Rahmen der Störungsrechnung aufzusummieren sind. Ein Beispiel für ein solches Diagramm ist in Abb. 7.8 dargestellt.

Wir haben es hier mit vier verschiedenen Ebenen zu tun:

1. An der Basis steht die eigentliche QFT, eine Theorie, die von Quantenfeldern und deren Zuständen handelt.
2. Darauf aufbauend gibt es eine Näherungsmethode, die Störungsrechnung, mit der sich Wahrscheinlichkeiten für Streu- und Zerfallsprozesse näherungsweise ausrechnen lassen. Eine Näherungsmethode ist es deshalb, weil wir unendlich viel rechnen müssten, um alle der unendlich vielen Ausdrücke zu berechnen, die für einen einzigen Streuprozess relevant sind. Man muss sich daher auf einige wenige Ausdrücke beschränken, von denen

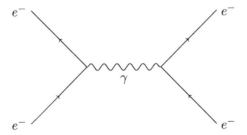

Abb. 7.8 Einfaches Beispiel für ein Feynman-Diagramm. Zwei Elektronen (e^-) werden aneinander gestreut. Das Diagramm symbolisiert einen bestimmten mathematischen Beitrag zu der Streuung, der als Austausch eines einzelnen „virtuellen Photons" (γ) verstanden werden kann. Die Zeit verläuft von unten nach oben

man annimmt, dass sie den Hauptbeitrag liefern. Das klappt erstaunlich gut, was ein ziemliches Wunder ist, wie wir gleich sehen werden. Die Ergebnisse dieser Rechnungen lassen sich dann mit experimentellen Resultaten vergleichen.

3. Die mathematischen Ausdrücke lassen sich durch graphische Symbole, die zu Feynman-Diagrammen zusammengefügt werden, visualisieren. Diese Visualisierung hilft dem Physiker rein psychologisch beim Rechnen und bei der Kommunikation. Die Diagramme dienen als Erinnerungsstütze, mit welchen Ausdrücken man gerade zu arbeiten hat, und lassen sich bei Vorträgen bequem zeichnen, „veranschaulichen" dadurch den mathematischen Prozess, den man beschreibt.

4. Schließlich gibt es noch die Metaphern aus der Alltagssprache, die wir sowohl unter Physikern verwenden, um miteinander zu kommunizieren, als auch im Gespräch mit Laien, denen wir den Inhalt unserer Arbeit zu erklären versuchen. Diese Metaphern sind oft aus den Objekten der Klassischen Physik entlehnt. Zum Beispiel sprechen wir von „Teilchen", die erzeugt oder vernichtet werden. Das ist eine Metapher oder, wenn Sie so wollen, ein „Spitzname", der in der QFT einer bestimmten Sorte mathematischer Ausdrücke gegeben wird. Durch die Verwendung dieses Spitznamens wird im Zuhörer oder Leser eine bestimmte Assoziation hervorgerufen, ein bestimmtes Bild, das seine Vorstellung aus dem Begriff „Teilchen" bildet. Dieses Bild hat zumeist aber nur wenig mit dem zu tun, was der mathematische Ausdruck tatsächlich besagt.

Die Teilchen der Klassischen Mechanik werden auf die Quantenobjekte der QM zurückgeführt, dann noch weiter auf bestimmte Zustände von Quantenfeldern. Da es sich jeweils um eine *Reduktion durch Ersetzen* handelt, verändert sich der Charakter der Objekte dabei völlig. Dennoch wird der Begriff von der klassischen Ebene bis zur QFT hinuntergereicht und weiterverwendet, so als ob es sich dabei nicht um etwas ganz anderes handeln würde. Wir werden in Abschn. 9.2 darauf zurückkommen.

Eine Rechtfertigung dieser Verwendung von Sprache ergibt sich allein durch das Funktionieren der Reduktion: Die Zustände der Quantenfelder verhalten sich in bestimmten Situation so, dass sie das Verhalten eines klassischen Teilchens simulieren.

Die Störungsrechnung hat zwei große Probleme: die Unendlichkeit und die Unendlichkeit. Man findet nämlich schnell, dass die Rechnung für fast jeden Summanden (also für fast jedes Feynman-Diagramm) unendlich ergibt. Es gibt dann einige Tricks, kleine Modifikationen der Rechnung, mit denen sich diese Unendlichkeiten beseitigen lassen und stattdessen jedes Diagramm mit einem konkreten, endlichen Zahlenwert ausstatten. Zunächst war nicht klar, warum diese Tricks eigentlich funktionieren sollen. Erst im Lauf der folgenden Jahrzehnte wurden die Zusammenhänge, die dahinter stehen, immer klarer.

Der Formalismus, der hierbei angewendet wird, heißt **Renormierung.** Er macht davon Gebrauch, dass jedes Experiment, jede Messung, eine begrenzte räumliche Auflösung hat und in diesem Sinne auf einer bestimmten **Skala** stattfindet, die durch den Grad der Auflösung gegeben ist. Ein Lichtmikroskop beispielsweise arbeitet mit sichtbarem Licht, also elektromagnetischer Strahlung einer Wellenlänge um 500 Nanometer herum. Dieses Licht wird an der Struktur, die man untersuchen möchte, auf eine bestimmte Weise reflektiert und erzeugt dadurch das Bild, das wir im Mikroskop sehen. Das Lichtmikroskop hat eine natürliche Grenze: die Wellenlänge des Lichtes. Strukturen, die kleiner sind als etwa 500 Nanometer, kann das Lichtmikroskop nicht auflösen. Man sagt daher, die *Skala* des Lichtmikroskops sei 500 Nanometer. Mit dem Elektronenmikroskop, das Elektronenstrahlung mit einer Wellenlänge von etwa 1 Nanometer verwendet, lassen sich Strukturen bis zu einer minimalen Größe von 1 Nanometer auflösen; dies ist die *Skala* des Elektronenmikroskops. Der Formalismus der Renormierung zeigt auf, dass die *Skala* eines Prozesses immer zu berücksichtigen ist und dass auch die Parameter einer Theorie von der *Skala* abhängen. Zu diesen Parametern gehören insbesondere die „Konstanten", die die Stärke einer Wechselwirkung festlegen. In der QFT sind diese „Konstanten" also gar nicht mehr konstant, sondern hängen von der Skala ab.

Es besteht eine gewisse Verwandtschaft zwischen dem Thema der Renormierung und der Mathematik der *fraktalen Geometrie:* Wenn Sie fragen, wie lang die Küste von Norwegen ist, so muss die Antwort lauten: Das hängt von der *Skala* ab, auf der Sie messen, also von der räumlichen Auflösung, die Sie berücksichtigen wollen. Eine Küstenlinie ist ein *fraktales* Gebilde: Je genauer Sie hinsehen, desto mehr Buchten und Fjorde werden sichtbar, die die Länge der Küste durch ihre „Verschnörkelung" jeweils vergrößern. Wenn Sie immer weiter auflösen, immer tiefer in die Strukturen hineinzoomen, werden immer weitere Unterstrukturen sichtbar, kleine Windungen der Küstenlinie, Einbuchtungen innerhalb der Einbuchtungen u. s. w., und die Antwort auf die Frage nach der Gesamtlänge der Küstenlinie wird sich immer weiter vergrößern. Ähnlich verhält es sich auch mit den Strukturen der QFT, und der Formalismus der Renormierung zeigt, in welcher Weise. Eine sinnvolle Antwort erhält man immer nur, wenn man eine endliche Auflösung voraussetzt. Die Größe dieser Auflösung ist in der Regel durch die experimentellen Gegebenheiten festgelegt. Auf diese Weise werden die Unendlichkeiten in den einzelnen Summanden der Störungsrechnung beseitigt.

Wenn man die Unendlichkeiten durch Renormierung beseitigt hat, bleibt aber immer noch ein Problem: Die einzelnen Summanden sind nun zwar endlich, aber ihre Gesamtsumme ist immer noch unendlich. Eine Summe mit unendlich vielen Summanden wird in der Mathematik **Reihe** genannt. Eine Reihe kann trotz der unendlich vielen Summanden einen endlichen Wert ergeben (man sagt, sie **konvergiert**), z. B. $\frac{1}{2} + \frac{1}{4} + \frac{1}{8} + \frac{1}{16} + \cdots = 1$. Hier ist jeder Summand nur halb so groß wie der vorige, und das hat zur Folge, dass alle unendlich vielen Summanden zusammen nur den Wert 1 ergeben. Entscheidend hierbei ist, dass die Summanden schnell genug immer kleiner werden. Die Summanden der Störungsrechnung werden auch tatsächlich zunächst immer kleiner, die Summe scheint gegen einen bestimmten Wert zu *konvergieren*. Leider lässt sich zeigen (wie schon Freeman Dyson 1952 herausfand), dass sie ab einem gewissen Punkt auch wieder größer werden und dass die Reihe am Ende eben doch nicht konvergiert.

Erstaunlicherweise waren die Physiker durch diese Erkenntnis nur wenig beunruhigt. Damals war auch die Renormierung noch nicht richtig verstanden, man kannte nur die Rechentricks, mit denen man endliche Werte erhält, ohne jedoch zu verstehen, warum sie eigentlich funktionieren. Man fand dann, dass man mit diesen Tricks und wenn man nur die ersten paar Summanden der Reihe (die ersten paar Feynman-Diagramme) berücksichtigte, erstaunlicherweise korrekte Vorhersagen für Streu- und Zerfallsprozesse erhielt. Die Vorhersagen waren nicht nur korrekt, sondern sogar unglaublich präzise, auf viele viele Nachkommastellen genau, die genauesten Vorhersagen, die in den Naturwissenschaften jemals gemacht wurden.

Man muss sich das auf der Zunge zergehen lassen: Die präzisesten Vorhersagen aller Zeiten wurden mit (aus damaliger Sicht) unmathematischem Hexenwerk vollbracht, mit verbotenen Tricks, die aus unerfindlichen Gründen zu funktionieren scheinen. In den metaphysischen Unwägbarkeiten der QM hatten wir einen Ursprung der „Shut up and calculate"-Mentalität erkannt. In den Zaubereien der Störungsrechnung finden wir den zweiten, vielleicht noch prägenderen Ursprung. Die Rechnung ergibt das experimentell reproduzierte Ergebnis, also denk lieber nicht zu viel darüber nach.

Zum Glück ist die QFT nicht auf diesem Level stehen geblieben. Mit der Renormierung war die Behebung des ersten Problems mit der Unendlichkeit verstanden. Das zweite Problem, die fehlende Konvergenz der Störungsrechnung, zog auch dann noch erstaunlich wenig Aufmerksamkeit auf sich. In Einführungskursen zur QFT wird es kaum erwähnt. Es waren eher Mathematiker, die die Problematik verstanden und Antworten lieferten, warum das Ganze trotzdem funktioniert. Für Mathematiker und Physiker empfehle ich das lehrreiche und zugleich unterhaltsame Paper *How I Learned to Stop*

Worrying and Love QFT (Helling 2011). Seine Zusammenfassung beginnt mit den Worten:

The material in these notes will not be useful for any concrete calculation in quantum field theory that a physicist might be interested in. But they might give him or her some confidence that the calculation envisaged has a chance to be meaningful.

Ein wichtiger Schritt über „Shut up and calculate" hinaus.

Zusammenfassend sei gesagt: Die Methode der Störungsrechung funktioniert, liefert extrem präzise Vorhersagen, und es gibt bei näherer Betrachtung gute mathematische Gründe, *warum* sie funktioniert (bei oberflächlicher Betrachtung sieht sie dagegen wie Hexenwerk aus).

Der Formalismus der Renormierung beschreibt, wie sich die Details einer Theorie ändern, wenn man die *Skala* (die Auflösung) ändert, auf der man sie betrachtet. Im einfachsten Fall heißt das einfach, dass sich bestimmte Parameterwerte einer Wechselwirkung kontinuierlich verändern, wenn die *Skala* kontinuierlich verändert wird. Es gibt aber auch dramatischere Änderungen, sogenannte **Phasenübergänge,** bei denen sich sich das gesamte Verhalten der Felder sprunghaft ändert.

Außerdem liefert die Renormierung Übergänge von fundamentalen zu **effektiven Theorien,** bei denen die Quantenfelder einer fundamentaleren Theorie durch Quantenfelder einer weniger fundamentalen Theorie ersetzt werden. Zum Beispiel wissen wir, dass Protonen und Neutronen in gewissem Sinne aus noch „kleineren" Teilchen (wieder in einer sehr metaphorischen Sprechweise) zusammengesetzt sind, den **Quarks.** Diese werden von einer QFT beschrieben, in der die Quarkteilchen Anregungen von Quarkquantenfeldern sind.

Im Gegensatz zu Elektronen oder Photonen können Quarks jedoch niemals einzeln auftreten, sondern nur in Kombination, zum Beispiel in Form von Protonen und Neutronen. Wenn die Skala eines Experiments größer ist als die Größe des Protons oder Neutrons[4], dann gibt es keine Möglichkeit, die Substruktur aus Quarks zu erkennen. In diesem Fall kann man mit einer QFT rechnen, die von Proton- und Neutronquantenfeldern handelt, nicht von Quarkquantenfeldern. Diese Theorie liefert exakte Vorhersagen, solange

---

[4]Wir meinen mit größerer Skala eine größere *Längen*skala; in Quantentheorien ist mit jeder Längenskala eine Impulsskala assoziiert; eine höherer Wert für die Längenskala bedeutet einen geringeren Wert für die Impulsskala und umgekehrt. Daher muss man, wenn man von „größer" oder „kleiner" spricht, immer dazu sagen, ob man die Längesskala oder die Impulsskala meint. Mit dem Impuls wiederum hängt die Energie eines Teilchens zusammen, daher ist auch oft von einer Energieskala die Rede. Wir meinen hier immer die Längenskala, weil man sich darunter am besten etwas vorstellen kann.

die Skala der untersuchten Prozesse größer ist als Proton und Neutron, so dass also, im Verhältnis zum gegebenen Auflösungsvermögen, Proton und Neutron als punktförmig erscheinen. Sie bildet eine *effektive Theorie,* eine QFT, die nicht fundamental ist, sondern nur als Näherung gilt, die im Rahmen bestimmter Skalen valide ist. Umgekehrt kann es passieren, dass eine QFT, die wir heute noch für fundamental halten, sich letztlich als effektive Theorie herausstellt, die unterhalb einer bestimmten Längenskala nicht mehr gilt, wo sie durch eine andere, fundamentalere QFT ersetzt werden muss. Es kann sogar passieren, dass wir unterhalb einer bestimmten Längenskala auf eine Theorie stoßen, die gar keine QFT mehr ist.

QFT und ART

Im Gegensatz zur reinen QM schließt die QFT die SRT mit ein. Eine große offene Frage ist, ob sie auch mit der ART, also der Theorie der Gravitation und der gekrümmten Raumzeit, im Einklang steht. Dieses Thema kann man sich in zwei Schritten ansehen. Zunächst kann man sich darauf beschränken, QFT auf einem gekrümmten *Hintergrund* zu betreiben. Das heißt, man berücksichtigt zwar, dass die Raumzeit gekrümmt ist, schließt aber noch keine Beeinflussung der Krümmung durch die Quantenfelder mit ein, wie es die ART eigentlich vorsieht. Dieser erste Schritt funktioniert gut, führt aber wieder einmal zu neuen überraschenden Effekten. Diese bewirken, dass der Begriff eines „Teilchens" sich *noch* weiter von dem entfernt, was wir uns intuitiv darunter vorstellen. Jetzt kann es nämlich sogar vom Bezugssystem abhängen, ob der Zustand eines Quantenfeldes als Zustand mit Teilchen oder als Vakuum erkannt wird. Dieser Effekt wird relevant, wenn ein Beobachter extrem hohen Beschleunigungen ausgesetzt ist (der sogenannte **Unruh-Effekt**), allerdings viel höher, als sich dies für Menschen bewerkstelligen ließe, sowie in der Nähe von Schwarzen Löchern, wo die Raumzeitkrümmung sehr hoch ist. Das „Verdampfen" der Schwarzen Löcher, auch als **Hawking-Strahlung** bekannt, geht darauf zurück.

Wenn man dann im zweiten Schritt die Rückwirkung der Quantenfelder auf die Raumzeitkrümmung mit einschließen will, wird es noch einmal komplizierter. Dann muss man nämlich die Metrik (das mathematische Objekt, aus dem die Krümmung berechnet wird) selbst zu einem Quantenfeld erheben. Denn eine quantentheoretische Überlagerung verschiedener Zustände von Quantenfeldern muss zu einer quantentheoretischen Überlagerung von verschiedenen Raumzeitkrümmungen führen, und das lässt sich nur bewerkstelligen, wenn die Raumzeitgeometrie selbst zu einem Quantenobjekt wird. Wenn man das versucht, findet man schnell, dass die Methode der Störungsrechung, angewandt auf dieses neue Quantenfeld, nicht funktioniert.

Im Geiste setzen viele Physiker QFT und Störungsrechnung quasi miteinander gleich. Deshalb wurde bisweilen fälschlicherweise aus dem Nichtfunktionieren der Störungsrechnung gefolgert, dass eine **Quantengravitation** gar keine QFT mehr sein könne. Das ist aber nicht korrekt. Eine QFT der Gravitation ist nach wie vor denkbar, nur eben nicht mit der Methode der Störungsrechnung. Es gibt hierzu verschiedene Ansätze, die aber alle bis jetzt nicht ganz unproblematisch sind. Zu den konzeptionellen und mathematischen Schwierigkeiten kommt noch erschwerend hinzu, dass die aus mathematischer Sicht „natürliche" Skala, auf der sich die Effekte einer solchen Theorie typischerweise bemerkbar machen, die **Planck-Skala** ist, das sind etwa 10^{-35} Meter, Trillionen Mal kleiner, als wir mit den besten Instrumenten aufzulösen imstande sind. Sprich, wir können uns keine experimentellen Anhaltspunkte besorgen, wie sich die gesuchte Theorie verhält, und wenn wir aus theoretischen Überlegungen einen Theoriekandidaten konstruiert haben, können wir diesen nicht experimentell überprüfen. Die Voraussetzungen für eine Lösung dieses fundamentalen offenen Problems der Physik sehen daher ausgesprochen ungünstig aus. Wir kommen in Kap. 8 darauf zurück.

7.8   Das Standardmodell der Teilchenphysik

Die Materie, aus der wir bestehen und die uns umgibt, besteht aus Elektronen, Protonen und Neutronen, wobei Protonen und Neutronen gemeinsam die Atomkerne bilden, und Elektronen die Atomhüllen. Das vierte Teilchen, mit dem wir im Alltag konfrontiert sind, ist das Photon, der „Baustein" des Lichtes. Außer diesen vier Teilchensorten gibt es jedoch noch zahlreiche andere. Warum bekommen wir von diesen so gut wie nichts mit? Dafür gibt es vier verschiedene Gründe:

1. Die meisten Teilchen sind instabil und zerfallen sehr schnell. Bereits das Neutron ist instabil, wenn es „frei", also nicht in einem Atomkern gebunden ist. Ein freies Neutron zerfällt mit einer Halbwertszeit von etwa 15 Minuten in drei andere Teilchen, nämlich in ein Proton ein Elektron und ein Neutrino. Fast alle anderen Teilchen, die man in der Teilchenphysik gefunden hat, zerfallen innerhalb winziger Sekundenbruchteile, viel zu schnell, um sie in freier Wildbahn zu ertappen oder irgendetwas mit ihnen anzufangen.
2. Manche Teilchen interagieren kaum mit uns. Das ist zum Beispiel für das Neutrino der Fall. Jede Sekunde durchströmen mehrere hundert Billionen Neutrinos jeden einzelnen von uns, ohne dass wir davon etwas mitbekommen. Die Wechselwirkung ist einfach zu schwach. Man braucht riesige Detektoren, um über sehr lange Zeiträume hinweg einige wenige

Neutrinos dazu zu bringen, dem Detektor ein Signal ihrer Existenz zu geben. Von der riesigen Anzahl der Neutrinos wissen wir eher aus theoretischen Gründen. Wir wissen, dass die Sonne in jeder Sekunde etwa 10^{38} davon abstrahlen muss, um ihren Energiehaushalt ausgeglichen zu halten. Auch die mutmaßlichen Teilchen der Dunklen Materie (Abschn. 7.9) wirken sich allem Anschein nach nur über die Gravitation auf uns aus. Auch in diesem Fall könnte eine große Menge dieser Teilchen durch uns hindurch strömen, ohne dass wir davon etwas merken würden.

3. Andere Teilchen sind extrem selten. Das gilt zum Beispiel für die Antimateriepartner von Elektron und Proton: Sie sind zwar stabil und würden sehr stark mit uns reagieren (mit einem großen Blitz und gegenseitiger Vernichtung), wenn sie denn da wären. Aber sie sind nicht da. Antimaterie ist extrem selten, im Weltraum kommt sie nicht vor, und auf der Erde können wir sie nur unter hohem Energieaufwand herstellen. Man geht davon aus, dass es im frühen Universum etwa gleich viel Materie wie Antimaterie gab. Durch Zusammenstöße löschten sie sich dann aber beinahe vollständig aus, nur ein gewisser Überschuss aus Materie blieb übrig, und aus diesem Überschuss besteht alles, was heute noch übrig ist. Nach allem, was wir wissen, hätte die Auslöschung sogar noch viel vollständiger sein müssen. Es ist viel mehr Materie übriggeblieben, als statistisch zu erwarten wäre. Warum der Überschuss so groß war, ist eines der ungelösten Rätsel der Kosmologie.

4. Bestimmte Teilchen lassen sich nicht isolieren. So verhält es sich mit den geheimnisvollen *Quarks*. Protonen und Neutronen besitzen eine Substruktur; in gewisser Weise kann man sagen, sie „bestehen aus" kleineren Teilchen, nämlich drei Quarks. Aber dieses „bestehen aus" ist eine nur teilweise zutreffende Bezeichnung. Denn zum einen sind Proton und Neutron beide etwa 100-mal schwerer als die drei Quarks zusammen. Zum anderen gibt es auch keine Möglichkeit, die Quarks voneinander zu trennen, also das Proton (oder Neutron) in diese zu zerlegen. Beides liegt an den besonderen Eigenschaften der starken Kernkraft, von denen die Quarks zusammengehalten werden. Wir können uns hier leider nicht weiter damit beschäftigen.

Der Begriff des Elementarteilchens ist nicht ganz unkompliziert. Sehen wir uns etwa die Definition auf der deutschen Wikipedia-Seite an (Stand Juni 2019): *„Elementarteilchen sind unteilbare subatomare Teilchen und die kleinsten bekannten Bausteine der Materie."* Das ist eine sehr problematische Definition. Zunächst einmal muss man präzisieren, was man meint, wenn man sagt, ein Teilchen sei „klein". Ein Elektron in der Atomhülle verhält sich wie eine ausgedehnte Wolke, deren Volumen im Vergleich zum Atomkern riesig ist, obwohl letzterer keineswegs elementar ist. Ein Elektron, das keinen äußeren Kräften ausgesetzt ist, kann im Prinzip beliebig groß werden. Nur wenn man eine

Ortsmessung durchführt, schrumpft ein Elektron auf ein winziges Volumen zusammen, dessen Größe durch die Genauigkeit der Messung bestimmt ist. Ein Atomkern behält jedoch selbst bei einer beliebig genauen Ortsmessung immer eine gewisse Ausdehnung, einfach weil er aus mehreren elementareren Teilchen zusammengesetzt ist, die man nicht einfach übereinanderschieben kann. Die einzig sinnvolle Verwendung des Wortes „klein" ist also auf dem Zustand im Falle einer Ortsmessung definiert: Elementarteilchen sind nach einer unendlich genauen Ortsmessung „punktförmig".

Die Verwendung des Wortes „unteilbar" in der Definition oben ist noch fragwürdiger. Ein Proton ist nicht elementar, es besitzt eine Unterstruktur aus Quarks, aber dennoch ist es unteilbar, denn es gibt keine Möglichkeit, es in seine Bestandteile aufzuspalten. Umgekehrt wissen wir, dass die meisten Elementarteilchen in kurzer Zeit zerfallen; beispielsweise gibt es ein Elementarteilchen namens Myon, das in wenigen Mikrosekunden in ein Elektron und zwei Neutrinos zerfällt. Durch diesen Zerfall wird das Myon doch gewissermaßen „geteilt", und seine Energie ist komplett auf die drei Zerfallsprodukte aufgeteilt. Demnach könnte das Myon nach der Definition oben nicht elementar sein. Der entscheidende Punkt ist jedoch, dass das Myon *vor* dem Zerfall keinerlei *Unterstruktur* aus Elektron und Neutrinos aufweist, das Myon ist „punkförmig" in dem Sinne wie eben besprochen.

Zu guter Letzt ist auch „subatomar" ein irreführender Begriff. In welchem Sinne kann man denn von einem Photon sagen, es sei subatomar? „Subatomar" suggeriert, dass wir es mit dem Bestandteil eines Atoms zu tun haben, oder mit etwas, das „kleiner" ist als ein Atom. Die meisten Elementarteilchen haben aber mit Atomen gar nichts zu tun, und den Kleinheitsbegriff haben wir schon oben kritisiert.

Sehen wir uns zum Vergleich die Definition der englischen Wikipedia-Seite an (Stand Juni 2019): *„In particle physics, an elementary particle or fundamental particle is a subatomic particle with no sub structure, thus not composed of other particles."* Auch hier stört uns der Begriff „subatomar", aber ansonsten ist die Definition deutlich besser. Es geht tatsächlich um das Fehlen von Unterstrukturen, die auftauchen, wenn man ein Quantenobjekt räumlich „abtastet", beispielsweise durch Streuexperimente.

Der Teilchenzoo

Das einzige Elementarteilchen, das man bereits Ende des 19. Jahrhunderts kannte, war das **Elektron.** Die innere Struktur der Atome wurde in den ersten drei Jahrzehnten des 20. Jahrhunderts immer weiter aufgedröselt. Rutherford fand um 1917 herum die **Protonen** als positiv geladene Bestandteile des Atomkerns. Die fehlende Masse musste in elektrisch neutralen

Bestandteilen auftreten, den **Neutronen,** die schließlich von Chadwick 1932 nachgewiesen wurden.

Die Geschichte des **Photons** ist kompliziert. Postuliert wurde es als Teilchen des Lichtes bereits von Physikern des 17. Jahrhunderts, aber natürlich noch ohne dass man irgendetwas über Elektromagnetismus und QM wusste. Als Quantenobjekt wurde es Anfang des 20. Jahrhunderts von Planck und Einstein neu erfunden.

Das **Positron,** also das Antimaterieteilchen zum Elektron, wurde von Dirac im Jahr 1929 postuliert, im Rahmen seiner Arbeiten zur relativistischen QM, einer Vorstufe zur QFT. Etwa zur gleichen Zeit wurden auch in Experimenten erste Hinweise auf einen positiv geladenen Zwilling des Elektrons gefunden. Definitiv nachgewiesen wurde das Positron 1932, also im selben Jahr wie das Neutron.

Bei radioaktiven Zerfällen, die in den späten 1920er Jahren im Rahmen der QM immer besser verstanden wurden, schienen die Erhaltungssätze für Energie, Impuls und Drehimpuls verletzt zu sein. Nach der Reaktion schien etwas von allen drei Größen verlorengegangen zu sein. Deshalb postulierte Pauli 1930 ein weiteres, sehr leichtes elektrisch neutrales Teilchen, das **Neutrino,** das bei den Reaktionen entstand und sich sofort verflüchtigte und dabei die Bilanzen der Erhaltungsgrößen ausglich. Da diese Teilchen nur so schwach mit Materie wechselwirken, sind sie extrem schwer direkt nachzuweisen. Aber im Jahr 1956 gelang dies schließlich, und seither gehören die Neutrinos zum gesicherten Inventar der Teilchenphysik.

Die schwereren, instabilen Teilchen entstehen typischerweise bei heftigen Zusammenstößen anderer Teilchen und zerfallen gleich darauf wieder. Während ihrer kurzen Existenz kann man sie aber mit geeigneten experimentellen Methoden dazu bringen, charakteristische Spuren zu hinterlassen. Weitere Rückschlüsse auf die Eigenschaften eines kurzlebigen Teilchens kann man aus den Zerfallsprodukten ziehen, die von Detektoren erfasst werden. Das Problem ist nur, dass die Zusammenstöße, die nötig sind, um solche Teilchen zu erzeugen, zum Teil *sehr* heftig sein müssen. Man kennt zwei Wege, um an solche Zusammenstöße heranzukommen:

Zum einen gibt es die **kosmische Strahlung** (nicht zu verwechseln mit der noch zu diskutierenden kosmischen *Hintergrund*strahlung; Abschn. 7.9). Das sind geladene Teilchen (Protonen, Elektronen, Atomkerne), die mit hoher Energie aus dem All kommen und auf die Erde treffen, wo sie – noch in der Atmosphäre – mit irdischen Atomen zusammenstoßen und dabei Kaskaden von anderen Teilchen erzeugen, die wie Funken vom Ort der Kollision wegfliegen, darunter eben auch die exotischen kurzlebigen Teilchen, die sonst in der Natur nicht vorkommen.

Zum anderen kann der Mensch selbst Hand anlegen, mit Hilfe von **Teilchenbeschleunigern.** Dabei werden geladene Teilchen wie Elektronen oder Protonen mit elektrischen Feldern auf hohe Energien beschleunigt und durch Magnetfelder auf bestimmte Bahnen fokussiert, wo sie mit anderen Teilchen zum Frontalzusammenstoß gebracht werden, wieder mit der Folge, dass Kaskaden von anderen Teilchen dabei entstehen.

Die Teilchenbeschleuniger wurden über die letzten 90 Jahre hinweg beständig weiterentwickelt, erzeugten Teilchen mit immer höheren Energien, bis hin zum (bis dato) letzten Meisterwerk, dem Large Hadron Collider **(LHC)** am Forschungsinstitut CERN bei Genf. So kam es, dass in den frühen Jahren der Teilchenphysik die kosmische Strahlung die Hauptquelle für neue Entdeckungen war, dann aber ab den 1950er Jahren zunehmend von den Teilchenbeschleunigern in dieser Rolle abgelöst wurde.

Das erste neue Teilchen, das als Kollisionsprodukt aus der Kosmischen Strahlung gefunden wurde, war 1936 das **Myon,** eine Art großer Bruder des Elektrons, d. h., es hat im Wesentlichen dieselben Eigenschaften wie das Elektron, nur dass es schwerer und eben instabil ist. Es folgten 1947 Pion und Kaon – Teilchen mit ganz anderen Eigenschaften, die man zunächst nicht richtig einordnen konnte.

In den 1950er und 1960er Jahren ging es mit den neuen Teilchenbeschleunigern Schlag auf Schlag: Immer mehr neue Teilchen wurden gefunden, von einem wahren **Teilchenzoo** war die Rede. Die Zoologie der Teilchen kennt – ähnlich wie die Zoologie in der Biologie – verschachtelte Gruppenbegriffe analog zu den Klassen, Ordnungen, Familien etc. So gehörten die meisten der ab 1950 entdeckten Teilchen zur Klasse der **Hadronen,** Verwandten des Protons und des Neutrons und, wie sich herausstellte, des Kaons und des Pions. Die Vielfalt dieser Hadronen war so groß, und gleichzeitig waren sie so eng miteinander verwandt und ließen sich so systematisch gruppieren, dass die Hypothese nahelag, sie bestünden aus einer kleinen Anzahl noch kleinerer Teilchen, die von Murray Gell-Mann **Quarks** getauft wurden. Das Verhalten dieser Quarks ist sehr kompliziert und ganz anders als das der anderen bekannten Teilchen. Beschrieben wird es zu einem großen Teil durch eine besonders komplizierte QFT: die **Quantenchromodynamik (QCD).** Sie repräsentiert die sogenannte **starke Kernkraft.**

Quarks interagieren aber auch über die **elektromagnetische Kraft** und über die **schwache Kernkraft.** Elektronen und Myonen interagieren mit dem Rest der Welt über den Elektromagnetismus und über die schwache Kernkraft, nicht aber über die starke Kernkraft. Neutrinos wechselwirken ausschließlich über die schwache Kernkraft.

Der Begriff der Kraft hat auf dieser Ebene übrigens nur noch wenig gemeinsam mit dem Newton'schen Begriff von „Masse mal Beschleunigung". Eine

Kraft ist hier eher ein allgemeines Reaktionsschema, nach dem Teilchen aufeinander einwirken oder in andere Teilchen verwandelt werden. Auch dieser
Begriff hat also beim Abstieg durch die Hierarchie der Theorien eine Transformation erfahren.

Jede Kraft wird auf dieser Ebene so beschrieben, dass sie durch ein Träger-
teilchen übertragen wird. Die elektromagnetische Kraft wird durch Photonen
übertragen, die starke Kernkraft durch sogenannte **Gluonen.** Photonen und
Gluonen sind masselos und bewegen sich daher mit Lichtgeschwindigkeit.
Die schwache Kernkraft hat ebenfalls Trägerteilchen, die sogenannten **W- und
Z-Bosonen.** Diese haben jedoch eine Masse und bewegen sich daher langsamer als mit Lichtgeschwindigkeit. Zudem zerfallen sie sehr schnell in andere
Teilchen. Daher hat die schwache Kernkraft eine sehr kurze Reichweite. Der
direkte Nachweis von W und Z gelang erst 1983, aber die indirekten Hinweise
auf ihre Existenz waren bereits zehn Jahre vorher so stark, dass kaum jemand
an ihnen zweifelte.

Es stellte sich heraus, dass Elektromagnetismus und schwache Kernkraft
durch eine gemeinsame Theorie abgedeckt werden können, die **elektroschwache Theorie.** Bei niedrigen Energien haben die beiden Kräfte sehr unterschiedliche Eigenschaften. Die elektroschwache Theorie besagt nun aber, dass die
Eigenschaften sich aneinander angleichen, wenn die an der Wechselwirkung
beteiligten Teilchen sehr hohe Energien haben. Aus den zwei verschiedenen
Kräften wird eine einzige Kraft. Ähnlich wie die QCD sorgte so auch die
elektroschwache Theorie dafür, dass viele seltsame Zusammenhänge im Teilchenzoo plötzlich einen Sinn ergaben.

Die Theorie hat allerdings einen Haken: Sie ist nur dann konsistent, wenn
alle Teilchen, die zur Klasse der sogenannten **Fermionen** zählen und der schwachen Wechselwirkung unterliegen, masselos sind. Dazu gehören die Elektronen, Myonen und Quarks, von denen man bereits wusste, dass sie aber doch
eine Masse besitzen. War die elektroschwache Theorie also falsch? Dafür passte
alles andere viel zu gut zusammen. Man fand jedoch einen Ausweg aus diesem
Dilemma: Die Masse von Elektronen etc. ist gar keine Masse, sondern sieht nur
so aus. In Wirklichkeit ist die scheinbare Masse nur eine **Wechselwirkungsenergie** zwischen dem Elektron (bzw. Myon etc.) einerseits und einem neu
postulierten Quantenfeld, dem **Higgs-Feld,** andererseits – genau genommen
mit dessen Vakuumzustand. Weil dieses Vakuum immer und überall die gleichen Eigenschaften hat, hat auch die Wechselwirkungsenergie und damit die
scheinbare Masse der Elektronen (z. B. Myonen, Quarks) immer und überall
denselben Wert.

Das Higgs-Feld hat, wie jedes andere Quantenfeld auch, angeregte Zustände,
nämlich die **Higgs-Teilchen.** In den späten 1960er Jahren, als diese

Theorie aufgestellt wurde, war das alles noch graue Theorie. Experimentell sprach bereits sehr viel für die elektroschwache Theorie; die einzige Schwachstelle war die existierende Masse der Fermionen. Das Higgs-Feld war eine spekulative Lösung dieses Problems, für die es aber keine Belege gab. Erst 2012 wurde das Higgs-Teilchen und damit auch die Existenz des Higgs-Feldes am LHC nachgewiesen, die Theorie fand also ihre glorreiche Bestätigung.

Elektroschwache Theorie und QCD bilden zusammen das sogenannte **Standardmodell der Teilchenphysik.** Der Ursprung beider Theorien liegt in den 1960er Jahren, aber bereits Mitte der 1970er Jahre war die Beweislage so gut, dass große Teile der Gemeinschaft der Teilchenphysiker sie als allgemeinen Konsens ansah. Seither entwickelte sich das Standardmodell zu einer beispiellosen Erfolgsgeschichte. Die fehlenden Nachweise wurden nachgereicht (insbesondere W-, Z- und Higgs-Teilchen sowie eine zusätzliche Quarkspezies), Experimente mit immer höheren Energien und immer größerer Präzision bestätigten es auf immer mehr Nachkommastellen.

Das ist zum einen ein großer Triumph, zum anderen lässt es die Teilchenphysiker etwas ratlos zurück, wie es nun weitergehen soll. Die Intensität, mit der bis in die 1970er Jahre Theorie und Experiment sich ständig befruchteten und zu neuen Ideen, Theorien, Entdeckungen führten, war immens. Hoffnungen wurden laut, dass man die letzten Rätsel des Universums auf Basis der Teilchenphysik bald entschlüsseln würde. Aber seither hat sich das Tempo deutlich verlangsamt. Neue Ideen entstanden zwar, neue Theorien für neue, noch unentdeckte Teilchen wurden vorgeschlagen, konnten in Experimenten jedoch nicht bestätigt werden. Alles fiel immer wieder auf das Standardmodell zurück. Die verbliebenen offenen Fragen der Physik jedoch stehen weiterhin ungelöst im Raum. Wir werden in Kap. 8 darauf zurückkommen.

Zusammenhang zwischen Standardmodell und QFT
Das Standardmodell der Teilchenphysik ist eine QFT. Alle Teilchen sind Anregungszustände von Quantenfeldern. Die QFT ist der theoretische Rahmen, der Formalismus, in dem sich die gesamte Teilchenphysik bewegt. Genau genommen stellt die QFT einen Katalog von möglichen Varianten der Teilchenphysik dar, und das Standardmodell ist eine konkrete Ausprägung davon. Theoretisch kann man sich unendlich viele denkbare Teilchenphysiken ausdenken. Mit der Aussage, dass es sich dabei um eine QFT handeln soll (weil alle Experimente darauf hindeuten, dass dies der korrekte theoretische Rahmen ist), schränkt man die Auswahl bereits stark ein. Nur wenige Typen von Teilchen und Wechselwirkungen („Kräften") bleiben übrig.

Um von der QFT in ihrer allgemeinsten Form zu einer konkreten Ausprägung wie dem Standardmodell zu gelangen, muss man im Wesentlichen die
unten genannten Schritte durchlaufen. Vorab aber noch zwei Hinweise dazu:

1. Jede „Festlegung" in den folgenden Schritten wird durch Vergleich mit experimentellen Resultaten durchgeführt. Dem Theoretiker steht es natürlich
   frei, seine eigene Theorie zu erfinden, indem er die Festlegungen stattdessen nach eigenem Gutdünken durchführt, abweichend von denen des
   Standardmodells. Auch dies hat einen Wert: Die wirkliche Welt kann mit
   möglichen Welten verglichen werden, um zu sehen, wo wir in diesem Raum
   der Möglichkeiten stehen.
2. Wenn Sie nicht bereits vom Fach sind, wird es für Sie schwer nachzuvollziehen sein, was die Schritte im Einzelnen bedeuten; ich kann Ihnen hier
   nur ein vages Schema vor Augen führen, einen etwas vernebelten Eindruck
   vermitteln.

Hier also nun die Schritte, die von der allgemeinen QFT zu einer bestimmten
Ausprägung wie dem Standardmodell führen:

1. Festlegung bestimmter **Ladungsschemata** (der Fachausdruck hierfür lautet *Eichgruppen*): Ein Ladungsschema bestimmt größtenteils die im Rahmen der Theorie vorhandenen Wechselwirkungen. Die elektromagnetische
   Wechselwirkung beispielsweise beinhaltet die elektrische Ladung, mit der
   wir alle mehr oder weniger vertraut sind. Die elektrische Ladung ist ein
   eindimensionales Schema: Wir können die Ladung in Form einer einzigen
   Zahl angeben, einem Vielfachen der Elementarladung. Ein Elektron hat beispielsweise die Ladung −1, ein Positron +1, ebenso ein Proton. Neutronen
   und Neutrinos sind elektrisch neutral, haben also die elektrische Ladung 0.
   Das Bemerkenswerte an der QFT ist nun, dass durch dieses Ladungsschema
   bereits die gesamten Eigenschaften der elektromagnetischen Wechselwirkung festgelegt sind. Es gibt nur eine einzige Möglichkeit, wie derartige
   Ladungen aufeinander reagieren können. Es folgen auch automatisch die
   Existenz und die Eigenschaften des Photons, das diese Wechselwirkung
   überträgt.
   Die starke Kernkraft hingegen folgt einem dreidimensionalen Ladungsschema: Eine Ladung bzgl. der starken Kernkraft muss in Form von
   drei Werten angegeben werden, die man (in rein metaphorischer Weise;
   es gibt keinerlei Beziehung mit den optischen Farben) rote, grüne und
   blaue Ladung genannt hat. Aus diesem Schema folgen bereits die gesamten

Eigenschaften der QCD, inklusive der des Gluons, das diese Wechselwirkung überträgt.

2. Festlegung von **Quantenfeldern:** Im Fall des Standardmodells sind das a) drei sogenannte Leptonfelder, zu denen das Elektronfeld und das Myonfeld gehören, b) drei Neutrinofelder, c) sechs Quarkfelder und d) das Higgs-Feld. Aus der Existenz der Felder folgen auch die Existenz der jeweiligen Teilchen, z. B. des Elektrons als Anregung des Elektronfeldes, sowie die Existenz des zugehörigen Antiteilchens, z. B. des Positrons.

3. **Zuordnung der Quantenfelder zu den Ladungsschemata:** Dies ist eine mathematische Prozedur (in Fachsprache: Zuordnung der Quantenfelder zu Darstellungen der Eichgruppen). Letztlich bedeutet sie, dass jedem Teilchen sämtliche Werte zu allen in Punkt 1 gewählten Ladungsschemata zugeordnet werden, wobei aber nicht jede beliebige Kombination erlaubt ist, sondern bestimmte Regeln zu berücksichtigen sind. Aus der Zuordnung folgt auch, welche Teilchen von welcher Wechselwirkung ausgeschlossen sind. Wenn ein Teilchen, z. B. ein Neutrino, keine elektrische Ladung hat (also die elektrische Ladung 0 ist), ist es von der elektromagnetischen Wechselwirkung ausgeschlossen. Wenn es keine rote, grüne oder blaue Ladung bzgl. der starken Wechselwirkung besitzt, ist es von der starken Kernkraft ausgeschlossen (dies trifft auf alle Teilchen außer den Quarks zu).

4. Festlegung der **Massen:** Im Standardmodell hat nur das Higgs-Teilchen eine Masse, alle anderen Teilchen sind masselos.

5. Festlegung der **Stärke der einzelnen Wechselwirkungen:** Dazu gehören die Stärke der elektroschwachen Wechselwirkung und der schwachen Kernkraft, aber auch die Stärke der Wechselwirkungen zwischen den Fermionfeldern und dem Higgs-Feld (sogenannte *Yukawa-Kopplungen*). Da die Stärke der Wechselwirkung, wie in Abschn. 7.7 geschildert, von der Skala abhängt, muss diese Festlegung an einer *bestimmten* Skala durchgeführt werden.

6. Festlegung eines Schemas zur sogenannten **Symmetriebrechung:** Im Beispiel des Standardmodells zeigt dieses Schema, wie aus der elektroschwachen Wechselwirkung zwei separate Wechselwirkungen, nämlich die elektromagnetische Kraft und die schwache Kernkraft, werden. Bei der Symmetriebrechung erhält auch das Higgs-Feld einen besonderen Vakuumzustand, der zu dem bereits erwähnten Mechanismus führt, dass die Fermionen eine scheinbare Masse erhalten, die durch die in Punkt 5 festgelegte Stärke der Yukawa-Kopplung gegeben ist. Je stärker ein Teilchen über die Yukawa-Kopplung mit dem Higgs-Feld interagiert, desto schwerer erscheint es.

Mit diesen Schritten wird der allgemeine theoretische Formalismus der QFT in eine konkret realisierte Variante, nämlich das Standardmodell, überführt. Dabei erscheint vieles willkürlich. Warum gerade diese Ladungsschemata? Warum gerade diese Felder? Warum gerade diese Werte für die Stärke der Wechselwirkungen? Dies sind die offenen Fragen, mit denen uns das Standardmodell zurücklässt und die wir in Kap. 8 wieder aufgreifen wollen.

7.9 Kosmologie

Kosmologie ist die Wissenschaft vom Universum als Ganzem, seiner Größe, seinem Ursprung, seiner Entwicklung und seinem künftigen Schicksal. Die Kosmologie ist ein uralter Bestandteil der Philosophie; sie gehört zu dem, worauf sich unser philosophisches Staunen und Fragen am meisten richten. Umso erfreulicher ist es, dass wir mit den Mitteln der Astronomie und der Physik mittlerweile in der Lage sind, sehr präzise Antworten auf einige fundamentale Fragen der Kosmologie zu geben. Es gibt jedoch auch viele ungelöste Fragen. Von den ungelösten Fragen gibt es einige, die sich mit Glück und Geschick noch klären lassen, und andere, deren Antwort uns wahrscheinlich für immer verborgen bleiben wird, entweder aus praktischen oder aus prinzipiellen Gründen.

Grob gesprochen lassen sich die Erkenntnisse der Kosmologie in drei Sätzen zusammenfassen:

1. Das Universum ist sehr groß.
2. Es wird sogar immer größer.
3. Es wird sogar immer schneller immer größer.

Gehen wir diese Erkenntnisse der Reihe nach durch.

Das Universum ist sehr groß
Seit der kopernikanischen Wende im 16. Jahrhundert wähnt sich der Mensch nicht mehr im Mittelpunkt des Universums. Er weiß, dass die Erde nur einer von acht Planeten ist, die sich um die Sonne drehen. Früher waren es einmal neun, aber Pluto musste seinen prominenten Status als Planet aufgeben und widmet sich nur noch, zum Zwergplaneten degradiert, seinem Privatleben.

Schnell wurde auch klar, dass die kleinen leuchtenden Punkte am Nachthimmel, die Sterne, in Wirklichkeit Sonnen sind wie die unsere. Punktförmig erscheinen sie uns nur, weil sie so weit weg sind. Die Entfernung der Sonne gibt man noch in Kilometern an, und zwar etwa 150 Millionen. Bei den Sternen werden die Kilometer wegen der Größe der Zahlen jedoch unhandlich. In der populärwissenschaftlichen Literatur hat sich für große Distanzen die Einheit **Lichtjahr** durchgesetzt, also die Strecke, die das Licht in einem Jahr zurücklegt. Diese Einheit ist praktisch, weil man damit zugleich weiß, wie weit man in die Vergangenheit schaut, wenn man ein Objekt mit gegebener Entfernung betrachtet. In der Fachliteratur wird stattdessen die Einheit **Parsec** verwendet, die darauf zurückgeht, wie die Entfernung der näheren Sterne gemessen wird: Die Position der Erde im Winter ist im Vergleich zu der Position im Sommer um 300 Millionen Kilometer verschoben, denn sie befindet sich auf der anderen Seite der Sonne. Durch diesen Perspektivwechsel erscheinen die näheren Sterne von der Erde aus in einer leicht versetzten Position, einer sog. **Parallaxe.** Ein Parsec (von *parallax second*) ist die Distanz, in der ein Stern um eine Bogensekunde, also um einen Winkel von 1/3600 Grad, versetzt erscheint. Diese Entfernung entspricht etwa 3,26 Lichtjahren. Ein Lichtjahr wiederum entspricht, wie bereits erwähnt, 9,5 Billionen Kilometern, das ist etwa 63.000-mal die Entfernung Sonne–Erde. Unser nächster Stern, *Alpha Centauri,* ist etwa 4 Lichtjahre entfernt.

Das sind bereits Entfernungen, die uns riesig erscheinen. Aber es kommt noch viel besser. Mitte des 18. Jahrhunderts kam man zu der Erkenntnis, dass die Milchstraße, das weißliche Band, das sich quer über den Nachthimmel erstreckt, aus Milliarden von Sternen besteht, die eine gewaltige Struktur bilden, eine **Galaxie,** zu der auch wir gehören und von der wir heute wissen, dass sie einen Durchmesser von über 150.000 Lichtjahren hat. Bereits wenige Jahre später, im Jahr 1755, äußerte Immanuel Kant die Hypothese, dass einige der kleinen nebligen Flecken, die sich mit einem Fernrohr beobachten lassen, selbst wieder Galaxien sind wie die unsere. Diese Hypothese wurde erst 1923 endgültig bestätigt, als Edwin Hubble (derselbe, der später die Expansion des Universums entdeckte) mit einem neuen Superteleskop in der Nähe von Los Angeles erstmals einzelne Sterne in unserer nächsten Nachbargalaxie, der **Andromeda-Galaxie** auflösen konnte. Aus der Entfernungsabschätzung ergab sich, dass diese Sterne unmöglich zu unserer Milchstraße gehören konnten, also mussten sie ein eigenständiges System bilden. Die Andromeda-Galaxie ist etwa 2,5 Millionen Lichtjahre von der Milchstraße entfernt. Sie bewegt sich übrigens mit derzeit 120 Kilometern pro Sekunde auf uns zu. In einigen Milliarden Jahren wird sie mit der Milchstraße kollidieren – ein kosmisches Superereignis, bei dem die beiden Galaxien voraussichtlich am Ende zu einer verschmelzen. Bis dahin wird die Erde wohl nicht mehr bewohnbar sein; wir müssen uns also ein besseres Plätzchen suchen, um uns das Spektakel anzusehen.

Die Teleskope wurden immer besser, und immer mehr Galaxien konnten beobachtet und fotografiert werden. Man schätzt heute, dass im

beobachtbaren Universum (zum Begriff siehe weiter unten), das einen Radius von etwa 45 Milliarden Lichtjahren hat, mehrere hundert Milliarden Galaxien zu finden sind, und jede davon enthält im Schnitt etwa 100 Milliarden Sterne. Ein hoher Anteil dieser vielen Sterne wird Planeten aufweisen, und auf Billionen oder Billiarden dieser Planeten werden ähnliche Bedingungen herrschen wie auf der Erde. Es besteht kein Zweifel, dass Leben sich auch anderswo entwickelt hat.

Wie werden Entfernungen im All eigentlich gemessen? Für Objekte, die nur wenige Lichtjahre entfernt sind, geht das mit Hilfe der Parallaxe, wie oben beschrieben. Für weitere Entfernungen ist die Messung in der Tat sehr schwierig und nur indirekt möglich. Meist geht es dabei um **absolute** und **scheinbare Helligkeit.** Die absolute Helligkeit besagt, wie viel Licht das Objekt insgesamt abstrahlt. Die scheinbare Helligkeit besagt, wie viel Licht von dem Objekt bei uns ankommt, also wie hell es uns erscheint. Aus dem Verhältnis der beiden Größen lässt sich die Entfernung bestimmen (je weiter weg, desto geringer die scheinbare Helligkeit im Vergleich zur absoluten). Die scheinbare Helligkeit kann man einfach messen. Aber wie kommt man an die absolute? Die absolute Helligkeit von Sternen oder gar Galaxien kann sehr unterschiedlich ausfallen.

Es gibt in der Tat nur einige wenige Typen von Objekten, von denen man aus Erfahrung und Theorie weiß, dass sie eine einheitliche Helligkeit haben: ganz bestimmte Klassen von pulsierenden Sternen; ganz bestimmte Klassen von Sternexplosionen, sog. Typ-Ia-Supernovae. Diese Objekte werden **Standardkerzen** genannt. Das Auffinden solcher Standardkerzen in anderen Galaxien ist daher heiß begehrt. Ansonsten muss man sich oft mit etwas groberen Abschätzungen über „Pi-mal-Daumen-Methoden" behelfen. Entfernungsabschätzungen haben in der Vergangenheit auch schon mal um einen Faktor 10 oder mehr danebengelegen. Bei all diesen Schwierigkeiten ist es bemerkenswert, wie genau das Universum mittlerweile vermessen ist. Eine andere Methode der Entfernungsbestimmung für sehr weit entfernte Objekte ist die Rotverschiebung. Weil diese jedoch mit der Expansion des Universums zu tun hat, kommen wir erst im zweiten Punkt darauf zurück.

Generell sind die meisten kosmologischen Messungen sehr schwierig. Es geht schließlich um Zusammenhänge, die sich über Distanzen von Milliarden von Lichtjahren und über Zeiten von Milliarden von Jahren erstrecken. Dabei ist der theoretische Teil der Kosmologie aufgrund der hohen Symmetrie (Gleichförmigkeit) des Universums recht einfach. Die kosmologischen Lösungen sind besonders einfache Lösungen der ART. Erinnern wir uns an die Analogie mit der Erde: Die Geometrie im Großen ist viel einfacher als die im Kleinen. Die Erde als Ganzes ist in guter Näherung eine Kugel, sehr symmetrisch. Wenn man den Umfang der Kugel kennt, also eine einzige Zahl, dann ist die Kugel schon vollständig bestimmt. Nur wenn man die kleinen Unebenheiten genauer anschaut, wird es kompliziert. Ein Gebirge im Detail zu vermessen, ein Höhenprofil zu erstellen, erfordert tausende von Zahlen, nicht nur eine. So ähnlich ist es mit dem Universum. Im Großen, wo wir über die „kleinen Unebenheiten" (Galaxien und dergleichen) hinwegsehen, reichen eine Handvoll Parameter aus, um es zu charakterisieren. Nur im „Kleinen", wenn wir die Galaxien und Sterne beschreiben, wird es kompliziert.

So einfach dies in der Theorie sein mag, so schwierig ist es jedoch, diese eine Handvoll Parameter zu messen, die es in der Kosmologie gibt. Meist kann man nur bestimmte Kombinationen der Parameter bestimmen und muss eine Reihe verschiedener Beobachtungen vergleichen, um die einzelnen Parameterwerte aus den verschiedenen Kombinationen zu extrahieren. Außerdem gehen meist weitere Annahmen über Standardkerzen und andere nur ungefähr verstandene astrophysikalische Gegebenheiten in die Interpretation der Messdaten ein. Erst in den 1990er Jahren begann die Ära der Präzisionskosmologie durch weitere Verbesserungen der Beobachtungstechnik, insbesondere Satelliten mit immer besseren Teleskopen und Kameras. Vorher waren quantitative Aussagen meist mit großen Unsicherheiten verbunden. Damit ist die Kosmologie das Teilgebiet der Grundlagenphysik, das als Letztes in die Lage kam, präzise quantitative Ergebnisse zu liefern.

Dennoch bleibt eine entscheidende Frage völlig ungeklärt: Wie groß ist das Universum? Insbesondere, ist es unendlich? Das Hauptproblem dabei ist der **Beobachtungshorizont,** der das **beobachtbare Universum** begrenzt. Da das Universum ein endliches Alter hat (dazu gleich mehr), konnte jegliches Licht seit seiner Entstehung nur eine bestimmte Distanz zurücklegen. Weiter können wir einfach nicht schauen. Die dadurch gesetzte Grenze definiert den Beobachtungshorizont. Alles, was dahinter liegt, ist uns verborgen und damit auch die Antwort auf die Frage, ob das Universum (1) irgendwo aufhört, also eine echte Grenze hat, oder (1) unendlich oder (3) „geschlossen" ist, also endlich aber grenzenlos, wie eine Kugeloberfläche: Wer auf der Erde herumläuft, kommt nie an ein Ende der Welt, trotzdem ist sie nicht unendlich, sondern wer immer geradeaus läuft, kommt wieder zum Ausgangspunkt zurück.

Eine Antwort hätte uns die Frage nach der räumlichen Krümmung liefern können. Wir erinnern uns aus Abschn. 7.4 daran, dass die kosmologischen Lösungen der ART es uns erlauben, Raum und Zeit viel säuberlicher voneinander zu trennen als sonst in der ART oder SRT üblich. Daher können wir hier auch recht eindeutig die Krümmung des Raumes von der Krümmung der Raumzeit unterscheiden. Der Raum wird in der Kosmologie als gleichförmig angenommen, genauer: als **homogen** (er sieht an allen Stellen gleich aus) und **isotrop** (er sieht in allen Richtungen gleich aus). Damit kann die

Geometrie des Raumes durch einen einzigen Parameter beschrieben werden, den Krümmungsparameter. Wenn dieser positiv ist, dann ist der Raum ähnlich gekrümmt wie eine Kugeloberfläche, nur eben mit einer Dimension mehr (eine „Hypersphäre"). Insbesondere ist dann der Raum endlich. Geodäten in diesem Raum sind Kreise, wie die Großkreise auf der Kugeloberfläche. „Wer immer geradeaus läuft, kommt wieder zum Ausgangspunkt zurück." Wenn eine positive räumliche Krümmung beobachtet würde, wüssten wir, dass Antwort 3 die richtige ist. Momentan deutet aber nichts auf eine solche positive Krümmung hin.

Wenn der räumliche Krümmungsparameter null ist, dann ist der Raum flach, also euklidisch. Ist der Parameter negativ, nennt man den Raum hyperbolisch. Das bedeutet, wie in Abschn. 7.4 beschrieben, dass Parallelen auseinanderlaufen bzw. dass die Winkelsumme im Dreieck kleiner ist als 180°, beides allerdings nur mit messbaren Effekten auf der Skala von Milliarden Lichtjahren. Die Messungen aus der Kosmologie deuten stark darauf hin, dass der Raum im Rahmen unserer Messgenauigkeit euklidisch, der Krümmungsparameter also null ist.

In diesem Fall bleibt die Frage nach der Größe des Universums offen. Es könnte sein, dass der Raum unendlich ist (also Antwort 2). Es könnte aber auch sein, dass es eine sehr kleine positive Krümmung gibt, unterhalb der Grenzen der Messbarkeit. Dann wäre das Universum sehr groß, viel größer als das beobachtbare Universum, aber nicht unendlich (Antwort 3). Oder es gibt irgendwo eine echte Grenze des Raumes (Antwort 1). Unsere Theorien geben keinen richtigen Grund her, warum es eine solche Grenze geben sollte, aber ausschließen kann man es nicht. Sicherlich mehr Befürworter finden jedoch Hypothesen, die eine Grenze zwischen zwei verschiedenen Teilen des Raumes postulieren, Teile, in denen z. B. unterschiedliche physikalische Gesetze oder unterschiedliche Materieverteilungen herrschen.

Oder vielleicht ist der Raum tatsächlich flach und unbegrenzt, aber trotzdem endlich (Antwort 3), weil der Raum „topologisch nichttrivial" ist. Wir erinnern uns an die Diskussion des Torus in Abschn. 7.4. Der Torus wurde dort als *flaches* Rechteck definiert, bei dem gegenüberliegende Seiten identifiziert sind, was so viel heißt wie: Wer nach oben aus dem Rechteck herausläuft, kommt von unten wieder herein und umgekehrt und das Gleiche mit rechts und links. Etwas Ähnliches könnte auch im Universum geschehen, mit einem Kubus statt einem Rechteck. Diese Möglichkeit wurde erstmals im Jahr 1900 von Karl Schwarzschild diskutiert, also noch bevor es die ART gab.

Wahrscheinlich werden wir es nie wissen, welche der Möglichkeit in unserem Universum realisiert ist, weil die Antwort weit hinter dem Beobachtungshorizont verborgen ist. Aber vielleicht finden wir ja eine fundamentale Theorie, die sich überprüfen lässt und die neben anderen, beobachtbaren Effekten eben auch noch die Größe des Universums determiniert. Man soll die Hoffnung ja nie aufgeben.

Wenn das Universum unendlich ist, so wäre das aus philosophischer Sicht sehr interessant. In einem unendlichen Universum gäbe es unendlich viele Planeten. Auf einem kleinen Teil davon, der aber immer noch unendlich ist, entsteht Leben. Auf einem kleinen Bruchteil davon, der aber immer noch unendlich ist, entstünde sogar intelligentes Leben. Auf einem winzigen Bruchteil davon, der aber immer noch unendlich ist, laufen Menschen herum, die genauso aussehen wie wir. In einem unendlichen Universum werden alle physikalisch möglichen Szenarien realisiert, so unwahrscheinlich sie auch sein mögen. In einem unendlichen Universum ist jede mögliche Geschichte eine wahre Geschichte. Alle Geschichten, die Sie sich ausdenken können, sofern sie keine physikalisch unmöglichen Details enthalten, geschehen gerade tatsächlich irgendwo. Wenn Sie sich wünschen, Sie hätten sich an einem Punkt in Ihrem Leben anders entschieden, dann läuft irgendwo auf irgendeinem Planeten eine Kopie von Ihnen herum, deren Geschichte genauso anfängt wie Ihre, die sich aber dann, durch eine winzige Abweichung, so entschieden hat, wie Sie es sich jetzt wünschen. Besser noch: Es gibt unendlich viele solche Beinahe-Kopien. Bei manchen läuft es nach der Entscheidung gut, bei anderen geht alles schief. Am besten denken Sie an die, bei denen alles schiefgeht, dann wissen Sie, dass Ihre Entscheidung doch die richtige war.

Das Universum wird sogar immer größer

Aus der QM wissen wir, dass Atome nur ganz bestimmte Energieniveaus besitzen. Außerdem wissen wir, dass die Wellenlänge des Lichtes umgekehrt proportional zur Energie der Photonen ist, aus denen es besteht. Daraus folgt, dass Atome nur Licht mit ganz bestimmten Wellenlängen absorbieren können, nämlich solchen, bei denen die Photonen gerade die Energie haben, um das Atom von einem Niveau auf ein anderes zu heben. Sterne strahlen ein kontinuierliches Spektrum von Wellenlängen ab. Auf dem Weg nach draußen muss das Licht aber durch die Atmosphäre des Sterns, wo die zu den Atomen passenden Wellenlängen absorbiert werden. Wenn man daher das Licht, das auf der Erde ankommt, nach Wellenlängen aufspaltet (beispielsweise durch ein Glasprisma), so findet man dabei zahlreiche Stellen, die dunkel bleiben, nämlich genau bei den Wellenlängen, die absorbiert wurden. Da in allen Sternatmosphären mehr oder weniger dieselben Elemente vorkommen, sind die dunklen Stellen auch bei allen Sternen gleich; sie bilden bestimmte charakteristische Muster.

Bei manchen Sternen sind diese Muster etwas verschoben, zu kleineren („Blauverschiebung") oder größeren („Rotverschiebung") Wellenlinien hin.

Dies erklärt sich mit dem berühmten Doppler-Effekt. Die Sterne bewegen sich mit individuell verschiedenen Geschwindigkeiten, manche bewegen sich quer zu uns, manche kommen auf uns zu, manche entfernen sich von uns. Wenn ein Stern auf uns zu kommt, erscheint die Lichtwelle für uns etwas „zusammengedrückt", das Licht ist blauverschoben. Wenn er sich von uns weg bewegt, erscheint die Lichtwelle für uns etwas „auseinandergezogen", das Licht ist rotverschoben. Da die Richtungen mehr oder weniger zufällig sind, ist die Zahl der rotverschobenen Sterne etwa so groß wie die der blauverschobenen.

Bei Galaxien ist es zunächst ähnlich. Sie bestehen ja auch aus Sternen, und ihr Licht hat daher bei Aufspaltung nach Wellenlinien dieselben Muster aus dunklen Stellen. Bei den näheren Galaxien ist die Verteilung wieder zufällig, manche bewegen sich auf uns zu, manche entfernen sich von uns. Die Andromeda-Galaxie ist zum Beispiel blauverschoben, weil sie sich auf uns zu bewegt. Bei größeren Entfernungen fand Hubble 1929 aber einen systematischen Zusammenhang: Alle weiter entfernten Galaxien waren rotverschoben, und die Rotverschiebung schien in etwa proportional mit der Entfernung anzuwachsen. Diese Proportionalität ist unter dem Namen **Hubble-Gesetz** bekannt. Hubble hatte die Expansion des Universums entdeckt!

Wir erinnern uns: Expansion bedeutet, dass Abstände zwischen festen Raumpunkten (die nur wegen der Besonderheit der kosmologischen Lösungen definiert sind) größer werden, und zwar um einen einheitlichen Faktor. Eine Expansion um 10 % bedeutet, dass Abstände von 100 Millionen Lichtjahren auf 110 Millionen Lichtjahre anwachsen und Abstände von 1 Milliarde Lichtjahren auf 1,1 Milliarden Lichtjahre. Es bedeutet *nicht,* dass Materie sich in einen leeren Raum hinaus ausbreitet. Jede Galaxie bleibt mehr oder weniger an ihrer Stelle, abgesehen von kleinen individuellen Bewegungen. Wir sollten uns nicht vorstellen, dass die entfernten Galaxien durch die Expansion von uns weg rasen. Die Expansion hat nichts mit Geschwindigkeiten im eigentlichen Sinn zu tun, daher bildet auch die Lichtgeschwindigkeit keine Grenze. Der Abstand zwischen zwei Galaxien kann sich z. B. in einem Jahr um 10 Lichtjahre vergrößern, ohne dass das einen Widerspruch darstellt. Besser ist die Vorstellung, dass die Vergrößerung durch die Entstehung von „neuem Raum" zwischen den Galaxien zustande kommt.

Die Rotverschiebung, die mit der Expansion verknüpft ist, geht daher auch *nicht* auf den Doppler-Effekt zurück, wie Ihnen manche Bücher weismachen wollen, sondern darauf, dass die Lichtwellen *auf dem Weg* von der Lichtquelle zu uns durch die Expansion auseinandergezogen werden. Dass doppelt so weit entfernte Galaxien etwa doppelt so stark rotverschoben sind, liegt nicht daran, dass sie sich doppelt so schnell von uns weg bewegen, sondern dass das Universum etwa doppelt so viel Zeit hatte, sich auszudehnen, während das Licht unterwegs war. Das Hubble-Gesetz gilt daher auch nur, solange die Lichtlaufzeiten klein genug sind, so dass man die Expansion über diese Zeit in guter Näherung als gleichmäßig ansehen kann (über die gesamte Geschichte des Universums ist sie das nämlich nicht). In etwa kann man sagen: Das Hubble-Gesetz gilt bei Distanzen, die 1) deutlich größer sind als 10 Millionen Lichtjahre, damit die Rotverschiebung durch Expansion gegenüber der Rotverschiebung durch den Doppler-Effekt überwiegt, und 2) deutlich kleiner sind als 10 Milliarden Lichtjahre, so dass die Expansion auf dem Lichtweg einigermaßen gleichmäßig abläuft.

Wenn man die Expansion in die Vergangenheit zurückrechnet, findet man, dass zu einem bestimmten Zeitpunkt, nämlich vor etwa 14 Milliarden Jahren, alle Abstände gleich null waren. Dieser hypothetische Moment, als der gesamte Raum auf einen einzigen Punkt reduziert war, heißt **Urknall,** im Englischen *Big Bang,* der „Große Knall". Diesem Ausdruck liegt die Vorstellung einer großen Explosion zugrunde. Sie können sich dazu gerne ein Knallgeräusch vorstellen, wenn Ihnen der Urknall dadurch realistischer erscheint. Was Sie sich bitte *nicht* vorstellen, ist, dass sich damals ein winziger Materieklumpen in einem ansonsten leeren Raum befand und dieser Klumpen dann plötzlich in diesen Raum hinein explodiert ist. Denn der Raum selbst war damals nur ein einziger Punkt, und die Materie konnte gar nirgends anders sein als dort.

Erinnern Sie sich an das Ende von Abschn. 7.4. Dort habe ich versucht zu erklären, dass es eine gute Idee ist, für die gesamte Raumzeit das Wort „Universum" zu verwenden und nicht, wie sonst üblich, nur für den Raum. Folgen wir einen Moment lang diesem Vorschlag. Dann hat das Universum kein Alter, denn die Raumzeit enthält die gesamte Zeit von Anfang bis Ende. Der Urknall markiert dann so etwas wie den Südpol des Universums. Wir können uns das besser vorstellen, wenn wir, wie in Abschn. 7.3, zwei Raumdimensionen für den Moment ignorieren. Das verbleibende zweidimensionale Gebilde aus Zeit und einer Raumdimension stellen wir uns so vor, dass die Zeitrichtung in Nord-Süd-Richtung liegt und der Raum in Ost-West-Richtung. Der Raum zu einem gegebenen Zeitpunkt wird so zum Breitengrad, also einer Linie mit konstantem Abstand vom Südpol. Am Südpol hat der Breitengrad die Länge null, denn der Südpol ist ein einziger Punkt. In diesem Sinne ist es zu verstehen, dass der Raum im Urknall die Größe null hat. Wenn man vom Südpol aus nach Norden geht, werden die Breitengrade immer länger, die Abstände zwischen den Längengraden immer größer. Das heißt, der Raum expandiert.

Vom Südpol aus kann man übrigens nur in Richtung Norden gehen. Die Frage, was südlich vom Südpol liegt, ergibt keinen Sinn. Aus demselben Grund ergibt auch die Frage, was vor dem Urknall war, keinen Sinn. Vom Urknall aus geht es nur in Richtung Zukunft.

Zeitlich entfernen wir uns immer weiter vom Urknall, während wir auf dem Jetzt in Richtung Zukunft reiten. Wissenschaftlich jedoch nähern wir uns dem Urknall immer weiter an, in dem Maße, wie unsere Fernrohre und Theorien immer besser werden. Mit dem Fernrohr sehen wir immer weiter in die Vergangenheit, je weiter wir in die Ferne blicken, weil das Licht dann entsprechend länger unterwegs war, um uns zu erreichen. Allerdings kommen wir auf diese Weise nur auf etwa 400.000 Jahre an den Urknall heran, denn davor war das Universum undurchsichtig. Mit Hilfe der gesicherten Theorien können wir uns jedoch viel weiter annähern, bis auf etwa eine Billionstel Sekunde. Was davor geschah, in der ersten Billionstel Sekunde, dazu gibt es einige spekulative (also nicht gesicherte) Theorien, für deren Richtigkeit wir keine Belege haben.

Je näher wir dem Urknall kommen, desto dichter und heißer wird die Materie, die im Raum herumschwirrt. Im Urknall selbst ist sie unendlich dicht und unendlich heiß. In der ersten Billionstel Sekunde ist die Temperatur höher als die höchsten Energien, die wir jemals mit Teilchenbeschleunigern erzeugt haben, und das ist der Grund, warum wir für diese Zeit keine gesicherten Theorien haben.

Hat es denn den Urknall als Ereignis wirklich gegeben? Die Antwort lautet: Wir wissen es nicht. Der Urknall ist der Punkt, an dem im Rahmen einer bestimmten gesicherten Theorie, nämlich der ART, der Raum auf einen Punkt konzentriert ist. Wie fast alle Theorien hat die ART einen bestimmten Gültigkeitsbereich. Je weiter wir uns dem Urknall nähern, desto extremer werden die Bedingungen, und ab irgendeinem Zeitpunkt t_{min} verlassen wir den Gültigkeitsbereich der ART. Für die Zeit davor brauchen wir eine andere Theorie, vermutlich eine QFT, die die Gravitation miteinschließt, und alle Theorien dieser Art sind bis jetzt hochspekulativ. Wir wissen daher auch nicht, wie sich Raum und Zeit vor t_{min} verhalten haben, oder ob Raum und Zeit dort überhaupt sinnvolle Konzepte sind. Die benötigte Theorie verlangt womöglich nach ganz anderen Konzepten, aus denen die „herkömmliche" Raumzeit dann im Sinne einer *Reduktion durch Ersetzen* „emergiert". Daher ist mit dem Ausdruck „eine Billionstel Sekunde nach dem Urknall" in Wirklichkeit gemeint: eine Billionstel Sekunde nach dem Zeitpunkt, wo der Urknall stattgefunden hätte, wenn die ART in diesem Bereich noch gültig wäre. Der Urknall ist ein singulärer Punkt in der Raumzeit, wenn man die ART über die Grenzen ihrer Gültigkeit hinaus extrapoliert. Wir sollten ihn uns nicht als ein reales Ereignis vorstellen. Diese Extrapolation ist extrem nützlich. Der Urknall ist ein Punkt in einer exakten Lösung der ART, die das reale Universum abgesehen von einem winzigen Sekundenbruchteil sehr gut beschreibt, und es würde alle Schreibweisen sehr verkomplizieren, wenn man aus politischer

Korrektheit diesen Sekundenbruchteil herausschneiden und das Wort „Urknall" nicht mehr verwenden würde.

Wenn wir von einer Billionstel Sekunde sprechen, so hört sich das sehr kurz an, vor allem im Vergleich zu den kosmischen Zeitskalen, die Milliarden von Jahren umfassen. Wir verstehen, was in all diesen Milliarden Jahren vor sich geht, nur die erste Billionstel Sekunde verstehen wir nicht; das klingt doch so, als verstünden wir fast alles. Das ist jedoch ein Irrtum. Unsere Zeiteinheiten sind sinnvoll für uns, weil sie an gleichmäßig ablaufenden Vorgängen orientiert sind. Die Erde dreht sich immer (fast) gleich schnell um sich selbst und um die Sonne, daher ist ein Tag immer ein Tag und ein Jahr immer ein Jahr. Aber in der Nähe des Urknalls wird die Materie immer dichter und heißer, die Teilchen stoßen viel häufiger zusammen, von Gleichmäßigkeit kann keine Rede sein. Wenn wir den Urknall mit der Zeit $t = 0$ identifizieren, dann können wir ganz grob sagen, dass zwischen $t = 0,001\,s$ und $t = 0,01\,s$ etwa so viel passiert wie zwischen $t = 0,01\,s$ und $t = 0,1\,s$ oder zwischen $t = 0,1\,s$ und $t = 1\,s$ und so weiter. In diesem Fall geben die üblichen Zeiteinheiten kein sehr gutes Maß für die tatsächlichen Verhältnisse. Ein logarithmisches Zeitmaß wäre hier besser, also ein Maß, bei dem der Abstand zwischen „einer Zehntelsekunde nach dem Urknall" und „einer Sekunde nach dem Urknall" genauso groß ist wie zwischen „einer Sekunde nach dem Urknall" und „zehn Sekunden nach dem Urknall". Bei einem solchen Maß sind es die gleichen *Verhältnisse* (hier das Verhältnis 1:10), die den gleichen Abstand ausmachen, anstatt wie üblich die gleichen *Differenzen*. So ein Maß würde den Geschehnissen im frühen Universum eher gerecht.

Allerdings rückt der Urknall damit in unendliche Ferne: Ein Schritt um eine logarithmische Maßeinheit auf den Urknall zu bedeutet immer Division durch 10 im Sekundenmaß. So oft wir aber auch durch 10 dividieren, wir kommen dem Urknall damit immer nur näher, erreichen ihn aber nie, wie in der Geschichte von Achilles und der Schildkröte. Während das Paradox von Achilles und der Schildkröte sich jedoch leicht auflösen lässt, weil das logarithmische Maß dort eben *nicht* das richtige ist (im Sekundenmaß hat Achilles die Schildkröte schnell überholt), kann man im Fall des Urknalls argumentieren, dass er wirklich „unendlich weit" entfernt ist: Da die Ereignisse in seiner Nähe immer dichter zusammenrücken, kann es sein, dass unendlich viele „neue" Dinge passieren bzw. Zustände durchlaufen werden, bevor auch nur die erste Billionstel Sekunde vergangen ist. In diesem Fall ist das Maß der Dinge, die wir über diese Billionstel Sekunde nicht wissen, unendlich viel größer als das Maß der Dinge in den Milliarden Jahren danach, die wir verstehen.

Mit Hilfe der gesicherten Theorien können wir uns zum Zeitpunkt „eine Billionstel Sekunde nach dem Urknall" zurückbegeben. Der Zustand, den wir dort vorfinden, repräsentiert eine Art **Ursuppe,** deren Zusammensetzung und Eigenschaften sich aus dem heutigen Zustand des Universums zurückrechnen lassen, die sich aber kausal aus der noch früheren Zeit ergeben müssen, deren Geschichte uns unbekannt ist. Insbesondere drei Fragen sind dazu offen:

1. Die Ursuppe war anscheinend extrem gleichmäßig verteilt, über Regionen hinweg, die damals noch in keinerlei kausalem Kontakt standen, d. h. die sich auf keine Weise beeinflussen konnten. Wie lässt sich das erklären?
2. Aus den gesicherten Theorien heraus würde man erwarten, dass Materie und Antimaterie anfangs in gleicher Menge vorkamen und sich innerhalb von kürzester Zeit durch Zusammenstöße gegenseitig auslöschten. Tatsächlich ist aber eine sehr große Menge an Materie übriggeblieben, genug, um hunderte Milliarden Galaxien mit jeweils 100 Milliarden Sternen zu bilden. Antimaterie gibt es aber quasi gar keine mehr, wir müssen sie in Teilchenbeschleunigern künstlich erzeugen. Es muss also in der Ursuppe einen deutlichen Überschuss an Materie gegeben haben. Wie kam dieser Überschuss zustande?
3. Für alle bekannten Elementarteilchen wissen wir in etwa, in welcher Menge sie in der Ursuppe anzutreffen sind (genauer: mit welcher Dichte, also wie viele Teilchen pro Kubikmeter). Wir wissen auch, wie hoch die Materiedichte insgesamt ist, und zwar wissen wir das über die Gravitation (oder Raumzeitkrümmung, in ART-Sprechweise), die von der Materie erzeugt wird und deren Stärke wir heute anhand der Expansionsgeschwindigkeit und dem Verhalten der Galaxien messen können. Dabei findet man eine Diskrepanz: Die Summe aller bekannten Elementarteilchen ergibt nur etwa ein Sechstel der gesamten Materiemenge. Die übrigen fünf Sechstel müssen also in einer noch unbekannten Form von Materie vorliegen. Weil man diese Materie nicht sehen kann, sondern nur indirekt über ihre Auswirkung, der Gravitation, von ihr weiß, nennt man sie **Dunkle Materie.** Woraus besteht diese Dunkle Materie?

Zu allen drei Fragen gibt es spekulative Theorien, die eine Antwort zu geben versuchen. Aber gesicherte Erkenntnisse gibt es nicht. Besonders die letzte Frage erscheint beunruhigend. Denn die ersten beiden Fragen beziehen sich auf Ereignisse am Anfang des Universums: Wie wurde die Ursuppe so gleichmäßig? Warum haben Materie und Antimaterie sich nicht vollständig vernichtet? Alles, was danach geschah, hängt nicht mehr davon ab, wie die Antwort auf diese Fragen lautet, entscheidend ist nur, *dass* die Ursuppe so gleichmäßig war und *dass* noch so viel Materie übrigblieb. Die letzte Frage bezieht sich jedoch auf eine Form von Materie, die heute immer noch besteht und das Werden des Universums mitbestimmt. Noch dazu ist es mengenmäßig die *Hauptkomponente* der Materie.

Wenn wir die Dunkle Materie nicht verstehen, wie können wir dann behaupten, wir verstünden die Geschichte des Universums seit einer Billionstel Sekunde nach dem Urknall? Nun, der Punkt ist, dass die Menge nicht unbedingt ein Kriterium dafür ist, wie viel es über eine Sache zu sagen gibt. Die bekannten Elementarteilchen haben eine sehr reichhaltige Struktur, sie wechselwirken miteinander auf verschiedene, komplizierte Weisen und bilden dabei interessante Gebilde wie Atomkerne, Atome und Moleküle und auf größeren Skalen Sterne und Planeten. Sie führen zu den komplexen Strukturen, die wir heute im Universum beobachten. Die Dunkle Materie scheint jedoch nur über Gravitation mit uns zu wechselwirken. Zumindest sind alle anderen Wechselwirkungen so verschwindend gering, dass es trotz zahlreicher Versuche nicht gelungen ist, sie in Teilchenbeschleunigern oder anderen Experimenten zu irgendeinem Erkennungszeichen zu bewegen. Die Auswirkungen über Gravitation sind hingegen recht einfach und lassen sich durch nur zwei Informationen festmachen: ihre Menge und die Tatsache, dass sie *kalt* ist. Daher spricht man auch von **Kalter Dunkler Materie.** „Kalt" bedeutet hierbei, dass sie nicht mit Geschwindigkeiten nahe der Lichtgeschwindigkeit durchs All saust, sondern es sich eher gemächlich im Schwerefeld der Galaxien bequem macht. Mit diesen zwei Informationen ist ihre Auswirkung auf die Geschichte des Kosmos schon vollständig festgelegt. Weitere Auskünfte über ihre Beschaffenheit würden uns zwar sehr interessieren, haben aber keine direkte Relevanz für die Geschehnisse, die im Folgenden erzählt werden.

Ausgehend von der Ursuppe eine Billionstel Sekunde nach dem Urknall können wir die Entwicklung des Universums von diesem Zeitpunkt bis heute vor unseren Theoretikeraugen ablaufen lassen. Was wir dabei zu sehen bekommen, ist die Version der Genesis, die die Physik zu bieten hat. Hier beschränken wir uns auf einige wenige, besonders wichtige Ereignisse.

Die ersten drei Minuten wurden eindrucksvoll von Steven Weinberg in seinem Klassiker *The first three Minutes* (dt. *Die ersten drei Minuten*) geschildert. Das Buch stammt aus dem Jahr 1977, als man noch nichts von Dunkler Materie wusste und es noch keine Präzisionsmessungen zu den kosmologischen Parametern gab. Dennoch hat sich seither qualitativ nur wenig an der Geschichte geändert, die dort erzählt wird. Ein wichtiges Ereignis aus dieser Epoche ist die **Nukleosynthese,** nachdem die Temperatur auf unter eine Milliarde Grad gefallen ist: Ein gewisser Anteil von Protonen und Neutronen schließen sich zu kleinen Atomkernen zusammen, wie Deuterium (ein Proton und ein

Neutron) oder Helium (zwei Protonen und zwei Neutronen). Die Prozesse, die das bewirken, ähneln chemischen Prozessen, nur dass sich in der Chemie ganze Atome miteinander verbinden, während es hier die viel kleineren Protonen und Neutronen sind. Daher ist, wie bereits erwähnt, die Energiemenge, die im Spiel ist, mehr als 100.000-fach höher als bei chemischen Reaktionen, und deshalb finden diese Prozesse bei so hohen Temperaturen statt. Stabile Atome können sich bei dieser Temperatur noch nicht bilden. Elektronen und Atomkerne werden durch ständige Zusammenstöße zu stark hin und her geschleudert.

Nach etwa 400.000 Jahren ist die Temperatur auf etwa 4000 K abgesunken. Jetzt können sich Atome bilden, die Stärke und Häufigkeit der Zusammenstöße reichen nicht mehr aus, einen Großteil von ihnen wieder auseinanderzureißen. Das hat vor allem Auswirkungen auf die Photonen. Da diese mit allen geladenen Teilchen wechselwirken, war das separate Herumschwirren von negativ geladenen Elektronen und positiv geladenen Atomkernen ein Problem für sie. Sie kamen nie sehr weit, wurden immer sofort vom nächstbesten Elektron oder Atomkern absorbiert oder gestreut. Atome hingegen sind nach außen elektrisch neutral. Die Photonen konnten nun frei zwischen ihnen hindurch fliegen. Gleichzeitig nahm auch die Dichte durch die Expansion so weit ab, dass ein Zusammenstoß mit einem Atom immer unwahrscheinlicher wurde. Das Universum wurde durchsichtig. Die Photonen aus dieser Zeit fliegen immer noch. Durch die Expansion wurde ihre Wellenlänge seither um mehr als das Tausendfache auseinandergezogen, wodurch sich ihre Energie verringert hat. Sie entspricht jetzt einer Temperatur von etwas weniger als 3 K. Elektromagnetische Strahlung in diesem Energiebereich bezeichnet man als **Mikrowellen.**

Diese Mikrowellen aus der Frühzeit des Universums kommen gleichmäßig aus allen Richtungen, sie bilden die **kosmische Hintergrundstrahlung,** die 1964 von den Amerikanern Penzias und Wilson bei Messungen für einen ganz anderen Zweck zufällig entdeckt wurde. (In *Die ersten drei Minuten* wundert sich Weinberg, warum nicht schon viel früher systematisch danach gesucht wurde.) Die Entdeckung der Hintergrundstrahlung galt als endgültiger Beleg für die Urknallhypothese.

Die Hintergrundstrahlung ist ein unschätzbar kostbares Relikt aus dem frühen Universum; mit ihr lässt sich hervorragend kosmische Archäologie betreiben. Von besonderem Wert ist die Verteilung ihrer Temperatur (also ihrer mittleren Wellenlänge) in Abhängigkeit von der Richtung, aus der sie kommt. Zum Beispiel findet man, dass die Strahlung in einer bestimmten Himmelsrichtung um etwa ein Promille „wärmer" ist als aus der gegenüberliegenden Richtung. Anders ausgedrückt: Die eine Seite ist etwas blauverschoben, die andere etwas rotverschoben.

In Abschn. 7.4 habe ich gesagt, dass man in den kosmologischen Lösungen der ART wieder ein Bezugssystem festlegen kann, das in einem bestimmten Sinn „absolut in Ruhe" ist, im Gegensatz zu den Aussagen der SRT. Dieses Ruhesystem ist gerade das System, in dem die Hintergrundstrahlung gleichmäßig erscheint. Die Rot- bzw. Blauverschiebung der Hintergrundstrahlung ist auf den Doppler-Effekt zurückzuführen, bezogen auf dieses Ruhesystem. Damit lässt sich die *absolute Geschwindigkeit* der Erde durch den Kosmos bestimmen: Sie beträgt etwa 370 Kilometer pro Sekunde. Die Hintergrundstrahlung liefert uns also das genaue Gegenteil des Michelson-Morley-Experiments. Dieses Experiment wollte die absolute Geschwindigkeit der Erde im All anhand der Abweichung der Lichtgeschwindigkeit messen und kam zu dem Ergebnis, dass es solche Abweichungen nicht gibt, was Einstein zu der Erkenntnis führte, dass alle gleichförmig bewegten Systeme gleichwertig sind und so etwas wie absolute Geschwindigkeit nicht existiert. Mit der Vermessung der Hintergrundstrahlung lässt sich nun aber doch eine absolute Geschwindigkeit feststellen. Der Unterschied liegt darin, dass Michelson und Morley von einem hypothetischen Medium namens „Äther" ausgingen, der das gesamte All ausfüllen und das absolute Ruhesystem des Elektromagnetismus, insbesondere der Lichtausbreitung darstellen sollte, und somit *jedes* Licht dazu geeignet ist, die Geschwindigkeit relativ zu diesem Ruhesystem zu messen. Die Krux ist jedoch, dass nur ein ganz bestimmtes Licht, nämlich die Hintergrundstrahlung, ein solches Ruhesystem definiert und daher nur Messungen an der Hintergrundstrahlung unsere absolute Geschwindigkeit bestimmen können.

Die SRT gilt „lokal", d. h. auf Längen- und Zeitskalen, die klein genug sind, dass die Krümmung der Raumzeit nicht berücksichtigt werden müssen, so wie wir bei einem Stadtplan die Krümmung der Erdoberfläche getrost vernachlässigen können. Dort gibt es keine absolute Geschwindigkeit, alle gleichförmig bewegten Bezugssysteme sind gleichwertig. In Bezug auf den Kosmos als Ganzes jedoch, der eine bestimmte geometrische Struktur hat, die von der der SRT abweicht, gibt es ein absolutes Ruhesystem.

Die Hintergrundstrahlung stammt aus einer bestimmten Zeit, nämlich 400.000 Jahre nach dem Urknall. Sie hat daher auf dem Weg zu uns eine ganz bestimmte Strecke zurückgelegt. Diese Strecke ist in alle Richtungen die gleiche und definiert den Radius einer sphärischen Fläche. Diese Fläche ist für uns die Grenze des beobachtbaren Universums. Dahinter ist das Universum undurchsichtig (bzw. es *war* undurchsichtig in der Zeit, als es einen Lichtstrahl hätte aussenden müssen, der genug Zeit gehabt hätte, um uns zu erreichen). Das Licht der Hintergrundstrahlung hat auf dem Weg zu uns etwa 14 Milliarden Lichtjahre zurückgelegt. Jedes Stück dieses Weges hat sich jedoch weiter ausgedehnt, nachdem das Licht es durchquert hat. Daher beträgt der heutige Abstand der Fläche, von dem die Strahlung stammt, etwa 45 Milliarden Lichtjahre. Insbesondere hat sich die Fläche seit dem Urknall, also innerhalb von 14 Milliarden Jahren, um 45 Milliarden Lichtjahre von uns entfernt – ein Beleg dafür, dass die Lichtgeschwindigkeit bei der kosmischen Expansion keine Grenze darstellt.

Der richtungsabhängige Temperaturunterschied von 1 Promille, der durch die Bewegung der Erde im All zustande kommt, hat die Form eines „Dipols": Er besteht in einem Kontrast zwischen gegenüberliegenden Richtungen, Blauverschiebung in Bewegungsrichtung und Rotverschiebung in der entgegengesetzten Richtung. Es gibt aber auch kleine Temperaturschwankungen der Hintergrundstrahlung in anderen Richtungen, also minimal blau- oder rotverschobene Flecken. Die Struktur und Verteilung dieser Flecken geben uns wertvolle Hinweise auf die Zusammensetzung der Materie im frühen Universum und sind daher bestens geeignet, unsere Theorien zu testen und die Ungenauigkeiten unserer Kenntnis der kosmologischen Parameter zu verringern. Daher war die Vermessung dieser Schwankungen eines der Hauptanliegen der Präzisionskosmologie der letzten paar Jahrzehnte.

Die Flecken gehen zu einem großen Teil auf kleine Dichteschwankungen im frühen Universum zurück. Im Grunde handelt es sich somit um ein **akustisches Spektrum.** Der Klang eines Musikinstruments wird durch seine Vibrationen erzeugt, die Druckschwankungen in der Luft hervorrufen, die sich als *Schall* fortpflanzen. Jedes Instrument hat seinen eigenen spezifischen Klang. Das liegt daran, dass jedes Instrument bei der Erzeugung eines bestimmten Tons auch einige *Oberschwingungen,* also Töne mit einem Vielfachen der Frequenz des Grundtons hervorruft, und zwar in einem bestimmten für das Instrument charakteristischen Verhältnis. So ähnlich können wir uns das auch bei den Dichteschwankungen im frühen Universum vorstellen. Je nachdem, wie sie entstanden sind und in welcher Zusammensetzung von Materie sie sich fortpflanzen, entsteht ein charakteristisches Spektrum. In der Vermessung der winzigen Unregelmäßigkeiten der Hintergrundstrahlung hat man tatsächlich spezifische Wellenlängen des „Schalls" im frühen Universum und deren Oberschwingungen ausmachen können.

Die kleinen Dichteschwankungen im frühen Universum sind auch die Saat für die Entstehung von Sternen und Galaxien. Die Gravitation hat nämlich die Eigenschaft, solche Schwankungen zu verstärken. Dichtere Regionen ziehen mittels Gravitation weitere Materie an und werden dadurch noch dichter (so wie man einem ungeregelten Kapitalismus nachsagt, er mache Reiche immer reicher und Arme immer ärmer). Dieser Vorgang heißt im Kosmologenjargon **Strukturbildung.** Die „Verklumpung" des Universums setzt sich für etwa 400 Millionen Jahre ohne besondere Vorkommnisse fort. Dann entstehen die ersten Galaxien, Zusammenballungen von Materie, deren Dichte so viel höher ist als die der Umgebung, dass sie sich von der Expansion abkoppeln. Galaxien expandieren nicht mehr. Innerhalb der Galaxien bilden sich Gaswolken, die unter ihrem eigenen Gewicht kollabieren und sich dabei aufheizen. So entstehen die ersten Sterne. Sie leuchten und lösen damit die mittlerweile stark abgekühlte und ausgedünnte Hintergrundstrahlung als dominierende Lichtquelle im Universum ab.

Zu dieser Zeit bestand die Materie fast ausschließlich aus Wasserstoff und Helium. Im Inneren der Sterne findet Kernfusion statt, bei der einige höhere Elemente entstehen. Irgendwann geht den Sternen der Brennstoff aus, und sie gehen in eine dramatische letzte Phase ihres Lebens über, die in vielen Fällen zu einer **Supernova,** einer gigantischen Explosion, führt. In dieser Endphase werden auch all die höheren Elemente in Kaskaden von Kernfusionsreaktionen erzeugt und mit der Supernova ins All hinausgeschleudert: die Materie, aus der wir bestehen. Denn eine zweite Generation von Sternen und Planetensystemen konnte diese Elemente nun verwenden, Planeten mit fester Oberfläche konnten entstehen, aus Wasserstoff und Sauerstoff konnte sich Wasser bilden, und zusammen mit Kohlenstoff konnten komplizierte Moleküle zusammengesetzt werden. Eine ganze Generation von Sternen musste also explodieren, um uns zu ermöglichen. Mal ehrlich, ist das nicht eine sehr romantische Vorstellung?

Das Universum wird sogar immer schneller immer größer

Wie geht die Geschichte des Universums in Zukunft weiter? Bis in die 1990er Jahre war man sich ziemlich sicher, dass die Gravitation die Expansion auf Dauer verlangsamen würde. Es gab also zwei Szenarien, ähnlich wie beim Zünden einer Rakete: 1) Ist die Rakete beim Hochfliegen hinreichend schnell, wird sie zwar vom Schwerefeld der Erde verlangsamt, aber nicht genug, um sie davon abzuhalten, das Schwerefeld der Erde zu verlassen und auf ewig ins All hinauszufliegen. 2) Die Rakete ist zu langsam, die Verlangsamung durch die Gravitation bringt sie in einer bestimmten Höhe zum Stillstand, und von da aus stürzt sie wieder auf die Erde hinunter. Ebenso ist es in der Kosmologie: Entweder das Universum dehnt sich trotz Verlangsamung immer weiter aus, oder die Expansion kommt irgendwann zum Stillstand und läuft von da aus rückwärts, bis das Universum schließlich endet, wie es begann: in einem einzigen Punkt, einer Art „Nordpol" als Gegenstück zum „Südpol" des Urknalls. Diese Vorstellung gefällt vielen Romantikern, sie ist so schön symmetrisch, und außerdem eröffnet sie die Möglichkeit eines zyklischen Universums, denn wer weiß, vielleicht ist der Endpunkt (*Big Crunch* wird er genannt, als Gegenstück zum *Big Bang*) ja zugleich wieder ein neuer Urknall, und die ganze Geschichte geht von vorn los.

Aber es sieht ganz und gar nicht danach aus. Messungen in den 1990er Jahren ergaben, dass sich die Expansion nur in der Frühzeit des Universums verlangsamt hat, mittlerweile aber *beschleunigt*. Mit Newton'scher Gravitation wäre das nicht möglich. Aber die ART erlaubt Formen von Energie, die alles auseinandertreiben statt zusammenzuziehen. Die Ursache dieser beschleunigten Expansion wird als **Dunkle Energie** bezeichnet, nicht zu verwechseln mit Dunkler Materie, bei der die Gravitation anziehend wirkt.

Dunkle Energie hat die bemerkenswerte Eigenschaft, dass ihre Dichte mit der Expansion des Universums nicht abnimmt, sondern immer gleich bleibt. Wenn die Expansion alle Abstände um den Faktor 2 vergrößert hat, dann hat die Dichte von normaler Materie um den Faktor 8 abgenommen: Schließlich befindet sich die gleiche Menge an Teilchen nun in einem achtmal größeren Volumen. Etwas vornehmer ausgedrückt: Die Materiedichte skaliert mit dem Kehrwert der dritten Potenz des Skalenfaktors. Da die Dichte der Dunklen Energie sich nicht ändert, heißt das, dass ihr Verhältnis zur Dichte der normalen Materie stark zunimmt. Im frühen Universum war die Dichte der Dunklen Energie im Verhältnis so gering, dass sie keinerlei Rolle spielte. In der Ursuppe brauchen wir sie nicht zu berücksichtigen. Heute jedoch stellt sie etwa 70 % der Gesamtenergie des Universums, und das Verhältnis nimmt immer weiter zu. Dass sie erst seit wenigen Milliarden Jahren das Universum dominiert, erklärt auch, warum die Beschleunigung der Expansion erst vor Kurzem eingesetzt hat.

In die ART findet die Dunkle Energie auf zwei Weisen Eingang: 1) als ein Term, der den Einstein'schen Feldgleichungen einfach hinzugefügt werden kann, ohne deren Konsistenz zu beeinflussen. Dieser Term hat den Namen **kosmologische Konstante** und wurde bereits von Einstein vorgeschlagen, anschließend aber wieder verworfen. Jetzt scheint er doch wieder benötigt zu werden. Wir würden ihn auf die *linke* Seite der Gleichungen schreiben, um zu kennzeichnen, dass er nicht aus den Eigenschaften der Materie hervorgeht, die bekanntermaßen per Konvention auf der rechten Seite der Gleichungen stehen. 2) Als Grundzustands- oder **Vakuumenergie** aus der QFT, die in Bezug auf die Gravitation die gleichen Eigenschaften hat wie eine kosmologische Konstante. Wir erinnern uns: Das Vakuum ist in der QFT der Zustand *minimaler* Energie, aber diese minimale Energie kann im Prinzip beliebig hoch sein. Diese Vakuumenergie liefert einen Beitrag zur *rechten* Seite der Einstein'schen Feldgleichungen, denn sie ist mit den Eigenschaften der Materie verknüpft.

Wenn man die kosmologische Konstante mit der Vakuumenergie verrechnet, ergibt sich daraus die Dunkle Energie. Soweit die Theorie. Das Problem ist, dass diese Vakuumenergie, so wie sie in den Rechnungen der QFT herauskommt, im Prinzip *unendlich* ist und wir nicht wissen, was wir damit anfangen sollen. Daher müssen wir wohl noch das Zusammenspiel von ART und QFT, die Quantengravitation, besser verstehen, um einordnen zu können, wie eine Dunkle Energie in der Größenordnung, wie wir sie beobachten, zustande kommt.

Mit der Dunklen Energie sieht es so aus, dass das Universum sich für alle Zeiten ausdehnen wird, und zwar immer schneller. Die Galaxien sind wie gesagt von der Expansion abgekoppelt, d. h., sie entfernen sich zwar voneinander (bzw. Gruppen oder Haufen von ihnen entfernen sich voneinander), innerhalb der Galaxien bleiben die Abstände aber, wie sie sind. Irgendwann, in einigen Billionen Jahren, können sich keine neuen Sterne mehr bilden, weil der Brennstoff, Wasserstoff und Helium, verbraucht ist. Die letzten Sterne verglühen. Und von da an ist das Universum vollkommen dunkel, kalt und höchstwahrscheinlich ohne Leben. (Aber wer weiß, wir kennen ja den Slogan „Das Leben findet einen Weg".)

Die beschleunigte Expansion hat noch einen weiteren Effekt: Sie verschärft das Problem des kosmischen Horizonts. Vom **Beobachtungshorizont** war bereits die Rede: Licht konnte seit dem Urknall nur eine bestimmte Strecke zurücklegen, daher können wir nicht beliebig weit schauen. Das ist jedoch zunächst nur ein Frage des Wartens. Wenn sich das Universum *nicht* beschleunigt ausdehnt, dann liegt jedes Ereignis, also jeder Punkt der Raumzeit, irgendwann einmal innerhalb unseres Beobachtungshorizonts. Dieser entfernt sich nämlich von uns, weil immer mehr Zeit vergeht, die das Licht zu seiner Reise zur Verfügung hat. Bei dieser Rechnung müssen wir allerdings berücksichtigen, dass durch die Expansion auch während der Reise die Strecke immer größer wird, die das Licht zurücklegen muss. Für gleichmäßige oder verlangsamte Expansion schafft es das Licht am Ende aber immer, egal wann und wo es ausgesandt wurde (von Schwarzen Löchern einmal abgesehen), jeden Punkt des Raumes irgendwann zu erreichen, also auch uns. Wir müssen also nur warten. Unter Umständen müssen wir sehr lange warten – Milliarden, Billionen, Billiarden Jahre –, aber irgendwann ist jede Distanz überbrückt, vorausgesetzt, unsere Teleskope sind gut genug. Falls das Universum geschlossen sein sollte (im Sinne von „Wenn man immer geradeaus geht, kommt man zum Ausgangspunkt zurück"), dann werden wir irgendwann am Horizont uns selbst bzw. unsere Vergangenheit erblicken: Das Licht ist einmal ums gesamte Universum gereist.

Mit der beschleunigten Expansion gilt das nicht mehr. Die Distanzen nehmen während der Reise des Lichtes zu stark zu. Ein Lichtstrahl, der heute in etwas mehr als 15 Milliarden Lichtjahren Entfernung in unsere Richtung ausgestrahlt wird, wird uns *niemals* erreichen. Zu dem Beobachtungshorizont ist ein **Ereignishorizont** hinzugekommen: Ereignisse, deren Distanz einen bestimmten Wert überschreitet, können niemals miteinander in Kontakt treten. Dadurch werden entfernte Regionen des Universums für immer voneinander isoliert. Selbst ewiges Warten und die beste Technik nützen uns nichts mehr.

8

Das Unbekannte

8.1 Die Jagd nach der Weltformel

Die Arbeit am Standardmodell der Teilchenphysik hatte Mitte der 1970er Jahre einen Stand erreicht, an dem die grundlegenden Fragen im Wesentlichen gelöst schienen. Zwei Theorien deckten den gesamten Bereich der Teilchenphysik mit großer Genauigkeit ab, zumindest auf den Energieskalen, die Experimenten zugänglich waren: erstens die **QCD,** die QFT der starken Kernkraft, zweitens die **elektroschwache Theorie,** also die QFT der elektromagnetischen Kraft und der schwachen Kernkraft. Eine dritte Theorie beschrieb sehr akkurat die Gravitation, eine Kraft, die in der Teilchenphysik keine Rolle spielt, aber beim Zusammenspiel großer Mengen von Materie dominiert: die **ART.** Diese drei Theorien schienen gemeinsam alles zu beschreiben, was wir im Universum vorfinden, von den kleinsten Teilchen bis zu den größten Galaxienhaufen und der Expansion des Universums, von der ersten Billionstel Sekunde nach dem Urknall bis in eine Billionen Jahre entfernte Zukunft.

Die Physik konnte somit auf eine gigantische Erfolgsgeschichte zurückblicken. Seit dem „Urknall" der neuzeitlichen Physik, der durch Newtons *Principia* im Jahr 1687 ausgelöst wurde, ging es beständig voran. Seit Mitte des 19. Jahrhunderts wurde die Entwicklung sogar noch weiter beschleunigt. Die Maxwell'sche Theorie aus den 1860er Jahren wurde der Prototyp einer vereinheitlichten Feldtheorie, die sehr viele Phänomene auf sehr wenige Gleichungen zurückführt. Thermodynamik und Statistische Mechanik beschrieben alles, was mit Wärme zu tun hat, und brachten das Gewusel der kleinsten Teilchen ins Spiel. Die SRT und die ART von 1905 bzw. 1916 eröffneten die Struktur von Raum und Zeit. Während der ersten Hälfte des 20. Jahrhunderts

© Springer-Verlag GmbH Deutschland, ein Teil von Springer Nature 2020
J.-M. Schwindt, *Universum ohne Dinge,*
https://doi.org/10.1007/978-3-662-60705-3_8

wurde die Struktur der Atome und ihrer Bausteine aufgedeckt, mit der QM eine geeignete Sprache zu ihrer Beschreibung gefunden. Die Reaktionen der Atomhüllen definierten die Chemie, die Reaktionen der Atomkerne erklärten Radioaktivität und förderten die gewaltigen Energien der Kernspaltung und Kernfusion zutage. In diesem Zeitraum wurde auch die Expansion des Universums entdeckt und somit das Urknallmodell als Standardmodell der Kosmologie begründet. In den 30 Jahren nach dem Zweiten Weltkrieg wurden die Welt der Elementarteilchen weiter erforscht, der Teilchenzoo katalogisiert und ihre Wechselwirkungen auf viele Nachkommastellen genau vermessen. Und nun war man also bei drei Theorien angelangt, bei einigen wenigen Gleichungen, die all das umfassten. Zwei der Theorien, die QCD und die elektroschwache Theorie, sind Quantenfeldtheorien und daher einander sehr ähnlich, so dass man sie auch als zwei Teile einer einzigen Theorie auffassen kann, eben des Standardmodells der Teilchenphysik.

Beflügelt von den Erfolgen, waren viele Physiker zu dieser Zeit, also um 1975 herum, überzeugt, die Physik könne innerhalb weniger Jahre oder vielleicht maximal Jahrzehnte zum Abschluss gebracht werden. Viele jüngere Teilchenphysiker befürchteten schon, sie könnten bald arbeitslos sein. Es herrschte großer Optimismus, und die Suche nach der allumfassenden Theorie, der **Theory of Everything,** der **Weltformel,** begann. Bereits Einstein hatte die letzten Jahrzehnte seines Lebens erfolglos mit einem derartigen Projekt verbracht, aber jetzt war die Stimmung so, dass *alle* sich darauf stürzten; es war *das* eine große Projekt der Grundlagenphysik, alles andere war Nebensache.

Als Erstes versuchte man, die QCD und die elektroschwache Theorie weiter miteinander zu vereinigen, sie als zwei Spielarten einer einzigen Kraft darzustellen, und zwar in ähnlicher Weise, wie zuvor elektromagnetische und schwache Kernkraft zur elektroschwachen Theorie vereinheitlicht worden waren. Hier wurde zum ersten Mal Physik nach dem **Baukastenprinzip** betrieben. Bei der Beschreibung der Kräfte spielen bestimmte mathematische Strukturen, die sog. *Lie-Gruppen,* eine große Rolle. Diese sind vollständig klassifiziert (wie in Kap. 3 dargestellt: Mathematik ist die Zoologie der mathematischen Strukturen). Jede Kraft wird durch eine Lie-Gruppe repräsentiert, die dort die Rolle einer „Eichgruppe", also eines Ladungsschemas, einnimmt (Abschn. 7.8). Um zwei Kräfte zu vereinheitlichen, muss man ihre Lie-Gruppen als Untergruppen einer größeren Lie-Gruppe darstellen. Dazu gibt es viele Möglichkeiten, wobei man, gemäß der Klassifizierung, zunächst die einfachsten ausprobiert und bei Misserfolg sich zu den komplizierteren durcharbeitet. Zusätzlich muss auch der Teilchenzoo in bestimmter Weise auf diese Lie-Gruppen passen, d. h., der physikalische Zoo der Teilchen muss in den mathematischen Zoo der Darstellungen von Lie-Gruppen abgebildet werden („Darstellung" ist hierbei ein mathematischer Terminus, den zu definieren hier zu kompliziert wäre). Das Tüfteln an diesen Theorien hat eine gewisse Ähnlichkeit mit dem Hantieren mit Bauklötzchen, die zu einem bestimmten Gesamtbild zusammengesetzt werden sollen.

Diese **Großen Vereinheitlichten Theorien** (GUTs, *Grand Unified Theories*), wie sie genannt werden, sind nicht zu verwechseln mit der allumfassenden Theorie, die auch noch die Gravitation umfassen soll. Die GUTs sagen, egal in welcher Spielart, für die Energieskalen, auf denen wir mit Teilchen experimentieren, nichts anderes vorher als die QCD und die elektroschwache Theorie. Erst bei einer viel höheren Energieskala wird die Vereinheitlichung sichtbar.

Energien werden in der Teilchenphysik meist in **Elektronenvolt** (eV) angegeben, das ist die Bewegungsenergie, die ein Elektron aufnimmt, wenn es mit Hilfe einer Spannung von 1 Volt beschleunigt wird. Eine Milliarde Elektronenvolt sind ein Gigaelektronenvolt (GeV). Der stärkste Teilchenbeschleuniger unserer Zeit, der LHC, beschleunigt Teilchen auf Energien von bis zu etwa 14.000 GeV. Die Skala, bei denen die GUTs relevant werden, beträgt etwa 10^{16} GeV. Teilchen mit solchen Energien müsste man aufeinanderschießen, um die GUTs experimentell auszutesten. Leider ist die diese Energie eine Billion Mal höher, als selbst der LHC erzeugen kann.

Zum Glück gibt es aber auch eine Vorhersage, die für uns realistischerweise beobachtbar ist: der Protonzerfall. Die GUTs sagen vorher, dass Protonen eine bestimmte Halbwertszeit haben, in der sie in andere Teilchen zerfallen, allerdings eine sehr große Halbwertszeit von über 10^{30} Jahren (1000 Milliarden Milliarden Milliarden). Da wir aber von so vielen Protonen umgeben sind, müsste ab und zu eines von ihnen zerfallen. Solche einzelnen Zerfälle zu registrieren, ist nicht einfach, aber entsprechende Experimente wurden gemacht. Leider wurden keine Zerfälle gefunden, woraus folgt, dass die Halbwertszeit zumindest größer ist, als die einfachsten GUTs vorhersagen. Damit bleibt weiterhin unklar, ob der gewählte Ansatz zur Vereinheitlichung richtig war.

Die andere große Baustelle ist die Einbeziehung der Gravitation. Man kann die *Metrik,* also die Größe, die die Geometrie der Raumzeit festlegt und gemäß der ART für die Gravitation verantwortlich ist, als ein Feld auffassen. Damit ist die ART eine klassische Feldtheorie, die man gerne zur QFT ausbauen möchte. Es zeigt sich aber, dass die Methoden, die bei den anderen Kräften zu diesem Ausbau gedient haben, insbesondere die Methode der Feynman-Diagramme, bei der Gravitation nicht funktionieren. Um aus der ART eine QFT zu machen, braucht man also andere Methoden und ein tieferes Verständnis der QFT. Aber vielleicht geht es auch gar nicht. Dann bräuchte man eine andere, neue Theorie, die in der Hierarchie der Theorien noch unterhalb der ART und der QFT liegt und aus der die beiden abgeleitet werden können.

Eine der beiden Möglichkeiten, also entweder eine QFT der ART zu definieren oder die beiden Theorien gemeinsam auf eine neue Theorie zurückzuführen, ist aus Gründen der Konsistenz notwendig. Denn momentan haben wir keine Ahnung, wie das Verhalten von Quantenobjekten auf die Gravitation zurückwirkt. Jede Form von Energie erzeugt ein Gravitationsfeld. Wenn nun ein Quantenobjekt im Sinne einer quantenmechanischen Überlagerung „ein bisschen hier und ein bisschen dort" ist und dann im Zuge einer Messung auf einen Ort zusammenschnurrt, dann müsste das Gleiche auch mit dem vom Quantenobjekt erzeugten Gravitationsfeld (bzw. der Raumzeitkrümmung) geschehen. Gleichzeitig wirkt aber die Gravitation (bzw. die Raumzeitkrümmung) auf die Bewegung des Quantenobjekts zurück (und auf andere Quantenobjekte in der näheren Umgebung); es handelt sich um eine Wechselwirkung, und genau für die haben wir noch keine konsistente Beschreibung. Auf den Energieskalen, mit denen wir üblicherweise zu tun haben oder die wir in Teilchenbeschleunigern erzeugen können, sind die zu erwartenden Effekte äußerst gering, weit unter der Schwelle der Messbarkeit. Aber für große Energien im Bereich der **Planck-Skala,** etwa 10^{19} GeV, also noch etwa 1000-mal mehr als bei der GUT-Skala, werden die Effekte relevant. Wir *wissen* also bereits, dass wir keine gültige Theorie haben, die Phänomene bei diesen Energien erfolgreich beschreiben kann. Wir wissen das, obwohl wir niemals Experimente in diesem Bereich gemacht haben und wahrscheinlich *niemals* in der Lage sein werden, solche Experimente durchzuführen. Aber wir können uns solche Experimente ausdenken und haben keine Ahnung, was passieren würde, *wenn* wir sie durchführen.

Wie ist so ein Problem zu bewerten? Zwei Theorien, die in ihrem jetzigen Zustand nicht konsistent miteinander sind, wobei die Inkonsistenz sich aber nur bei Phänomenen auswirkt, die wir womöglich niemals beobachten können? Ich denke, fast alle Physiker sind zumindest in einem solchen Grade Naturalisten, dass sie davon ausgehen, dass „die Natur" das Problem irgendwie gelöst haben muss, dass eine Lösung *existiert,* die die „Welt" (was immer die Welt in dieser neuen Theorie dann auch sein mag) auf dieser Skala beschreibt. Auch wenn wir Prozesse dieser Art aus praktischen Gründen nicht beobachten können, so sind sie doch in der „Natur" möglich und haben höchstwahrscheinlich im frühen Universum auch stattgefunden. Im Inneren von Schwarzen Löchern (wo wir leider auch nicht hinschauen können!) finden sie wahrscheinlich ebenfalls statt.

Auf dem ehrgeizigen Weg zur Weltformel musste das Problem jedenfalls gelöst werden, und so stürzte sich eine ganze Generation von Theoretischen

Physikern (Experimentalphysiker konnten hier schließlich nichts ausrichten) darauf. Die Hoffnung war, zu einer Theorie zu gelangen, die so klar, eindeutig und „elegant" war, dass sie einfach stimmen *musste*. Dieser Wunschtraum hat sich nicht erfüllt. Es wurden einige hochspekulative Theorien aufgestellt und über einige Jahrzehnte weiterentwickelt, aber ohne eindeutiges oder auch nur erwiesenermaßen konsistentes Ergebnis. Allmählich, über den Verlauf der letzten 40 Jahre, konnte man beobachten, wie der anfängliche Optimismus der Weltformeljäger zurückging und langsam, Schritt für Schritt, der Frustration sowie einer gewissen Orientierungslosigkeit wich. Seit etwa 20 Jahren ist von einer „Krise" die Rede.

Die Probleme waren unterschätzt worden, die dadurch entstehen, dass die Antworten auf entscheidende Fragen auf einer Energieskala zu erwarten sind, zu denen wir keinen experimentellen Zugang haben, so dass die Theoretiker das Werk im Alleingang angehen mussten. Nur ein einziges Mal in der Geschichte der Physik ist es gelungen, eine erfolgreiche Theorie ohne jeglichen experimentellen Input aufzustellen, nämlich bei Einsteins ART – ohne Frage eine geniale intellektuelle Leistung. In allen anderen Fällen gingen wegweisende Beobachtungen den Theorien entweder voraus, oder die Entwicklung der Theorie ging mit entsprechenden Experimenten Hand in Hand. Ein einfaches physikalisches „Prinzip", das uns zu der allumfassenden Theorie führt, so wie das Äquivalenzprinzip Einstein zur ART brachte, ist nicht in Sicht. Stattdessen folgte die Mehrzahl der Versuche einer Baukastenmethodik, in der Bausteine und mathematische „Kochrezepte" bekannter Theorien verallgemeinert und neu zusammengepuzzelt wurden, jedoch ohne Erfolg. Eine Weltformel scheint in weite Ferne gerückt.

Während die Theoretische Teilchenphysik sich in ihren allumfassenden Spekulationen verfing, machte die Experimentelle Teilchenphysik durchaus große Fortschritte. Immer größere, stärkere Teilchenbeschleuniger wurden gebaut, in denen die Teilchen auf genau kontrollierten Bahnen mit immer höheren Energien aufeinandergeschossen wurden. Der letzte und fortgeschrittenste von ihnen ist, wie gesagt, der LHC (Large Hadron Collider) am Forschungszentrum CERN in der Nähe von Genf. Er liegt in einem 26,7 km langen unterirdischen ringförmigen Tunnel, ist seit 2008 in Betrieb und schießt Protonen mit Energien von bis zu 14.000 GeV aufeinander. Er ist eine ingenieursmäßige Meisterleistung, eine der größten unserer Zeit. Planung und Bau dauerten etwa 14 Jahre, über 200 Forschungsinstitute aus aller Welt waren beteiligt, insgesamt mehr als 10.000 Wissenschaftler, Ingenieure und Techniker. Die ingenieursmäßigen Fortschritte, die dabei erzielt wurden, sind immens und überwiegen nach Ansicht vieler den wissenschaftlichen Wert für die Teilchenphysik bei Weitem. Natürlich wurde nach Effekten jenseits des Standardmodells gesucht, die irgendwelche Hinweise darauf geben, wie es mit der Teilchenphysik weitergehen könnte. Es wurde jedoch nichts Derartiges gefunden, sondern nur immer und immer wieder das Standardmodell bestätigt. Immerhin wurde 2012 das Higgs-Teilchen entdeckt, der letzte Baustein des Standardmodells, den es noch nachzuweisen galt.

Die gute Nachricht dabei ist: Das Standardmodell ist extrem gut, die mit Abstand beste und präziseste Theorie, die wir je hatten. Vorher war es immer so gewesen, dass bei jeder neuen Größenordnung auf der Energieskala neue, unerwartete Teilchen und neue Zusammenhänge aufgetaucht waren. Das Standardmodell hat jedoch in den letzten 40 Jahren mehrere Generationen von Teilchenbeschleunigern überlebt, ohne dass es erweitert werden musste (von ein paar sehr kleinen Anpassungen abgesehen).

Die schlechte Nachricht ist: Wenn das so weitergeht, ist die Teilchenphysik als Forschungsdisziplin am Ende. Im Moment wird über den Nachfolger des LHC diskutiert; es ist noch nicht klar, ob, wo und wann er gebaut wird. Er wird sicher wieder viele Milliarden kosten und dafür wieder eine vielleicht zehnmal höhere Energie pro Teilchen erzeugen als der LHC. Aber was sind die Erkenntnisse, die man sich damit erhofft? Im Zweifelsfall nur, dass das Standardmodell wie erwartet auch bei dieser Energie noch gilt. Immerhin, die Wechselwirkungen des Higgs-Feldes könnten so etwas genauer vermessen werden – ein Detail in den Parametern des Standardmodells. Es kann natürlich auch sein, dass wir mit neuer Physik überrascht werden, die gerade bei dieser Energie um die Ecke marschiert kommt, etwas, das uns endlich über das Standardmodell hinaus weist und damit der Teilchenphysik eine neue Perspektive eröffnet. Eine schwierige Wette, die es hier abzuschließen gilt.

Von der Theorie her ist die Indizienlage so, dass neue Physik im Bereich der GUT-Skala und der Planck-Skala, zwischen 10^{16} und 10^{19} GeV, zu erwarten ist, weit jenseits des experimentell Machbaren. Ob unterhalb davon auch schon etwas geschieht, ist ungewiss.

Während die Teilchenphysik etwas orientierungslos geworden ist, befinden wir uns in der Kosmologie hingegen noch in einem goldenen Zeitalter. Erst in den letzten paar Jahrzehnten wurden Präzisionsmessungen zu den Parametern möglich, die das Universum im Großen beschreiben. Dabei stellte sich in den 1990er Jahren zum allgemeinen Erstaunen heraus, dass nur etwas weniger als 5 % der gesamten Energie im beobachtbaren Universum mit den Teilchen des Standardmodells abgedeckt werden. Der große Rest teilt sich in zwei den Eigenschaften nach verschiedene Komponenten, die unter den Spitznamen **Dunkle Materie** und **Dunkle Energie** bekannt wurden. Die Dunkle Materie nimmt an der Galaxienbildung teil und macht etwa 80 % von deren Masse aus. Die Dunkle Energie ist völlig gleichmäßig verteilt und treibt die beschleunigte

Expansion des Universums an. Damit hat die Physik zwei weitere Aufgaben, nämlich diese beiden Komponenten besser zu verstehen, die erst auf galaktischen Längenskalen eine Rolle spielen und daher in Experimenten auf der Erde nicht vorkommen.

Kosmologie zu betreiben, ist eine ganz andere Art von Wissenschaft als die Teilchenphysik. Wir können die Geschehnisse, die sich über Distanzen von Milliarden Lichtjahren erstrecken, weder beeinflussen noch auf der Erde reproduzieren. Es gibt daher in diesem Bereich nur Beobachtungen, keine Experimente im eigentlichen Sinn. Auf der Theorieseite sieht es auch ganz anders aus. In der Kosmologie spielen alle physikalischen Theorien zusammen. Die Verhältnisse der Materiebestandteile im heutigen Universum stammen aus den Teilchenreaktionen im frühen Universum, also ist die Teilchenphysik im Spiel. Da es um sehr viele Teilchen geht, wird die Statistische Mechanik benötigt. Sterne und auch Galaxien leuchten wegen der Kernfusion – ein Zuständigkeitsbereich der Kernphysik. Die Gravitation, die die Galaxien entstehen lässt und zusammenhält, wird von der ART beschrieben, ebenso die Expansion des Universums. Die starken Magnetfelder, die sich im Umfeld mancher kosmischer Objekte befinden, folgen der Maxwell'schen Theorie.

Das ist ein Problem, wenn es um unbekannte Phänomene geht. Denn welche Theorie ist nun zuständig? Etwas, das der Dunklen Energie entspricht, kommt sowohl in der ART vor („kosmologische Konstante") als auch in der QFT („Vakuumenergie"). Aber wie spielen die beiden zusammen, und kommt vielleicht noch etwas anderes hinzu? Handelt es sich bei der Dunklen Materie um unbekannte Elementarteilchen? Oder besteht sie vielleicht aus Schwarzen Löchern, die von der ART beschrieben werden? Oder muss gar die Theorie der Gravitation auf großen Längenskalen modifiziert werden? Die vielen Möglichkeiten machen es nicht einfach, den richtigen Lösungsweg zu finden.

Insgesamt ist die Kosmologie, was ihre Erkenntnisse und Präzisionsmessungen betrifft, etwas später dran als die Teilchenphysik. Allerdings deuten sich auch hier Entwicklungen an, die denen der Teilchenphysik entsprechen und den Ausdruck „goldenes Zeitalter" zu relativieren beginnen. Es gibt nun auch ein Standardmodell der Kosmologie, das die Entwicklung und Zusammensetzung des Universums beschreibt. Wesentliche Teile dieses Modells standen auch schon in den 1970er Jahren, nur waren damals alle Parameter noch mit sehr großen Unsicherheiten behaftet, während die Teilchenphysik schon auf viele Nachkommastellen genau festgelegt war, und von Dunkler Materie und Dunkler Energie war noch nichts bekannt. Mittlerweile sind die meisten Parameter mit zufriedenstellender Genauigkeit vermessen. Die Messungen werden zwar immer genauer, das Universum wird immer vollständiger durchleuchtet und jeder winzige Temperaturschwankungsfleck der Hintergrundstrahlung in seiner Bedeutung erfasst, aber am Gesamtbild hat sich auch hier wenig geändert. Die Datenfülle bringt immer weniger wesentliche Erkenntnisse. Das Standardmodell wird auch hier immer wieder bestätigt. Und die großen offenen Fragen bleiben auch hier ungelöst.

Damit ist die Situation, in der sich die Grundlagenphysik heute befindet, im Wesentlichen zusammengefasst. Wir wollen die Fragen, die dabei offengeblieben sind, nun noch im Einzelnen etwas genauer beurteilen.

8.2   Offene Fragen

Die Ansichten darüber, was denn die großen offenen Fragen der Physik sind, weichen zu einem gewissen Grad voneinander ab, insbesondere in den Formulierungen. Darin zeigt sich, dass die Aufgaben der Physik und die Bedeutungen der bestehenden Theorien unterschiedlich verstanden werden.

Smolins Liste

Ich möchte mit der Liste der „fünf großen Probleme der Theoretischen Physik" aus dem Buch *The Trouble with Physics* (dt. *Die Zukunft der Physik*) von Lee Smolin (2006) beginnen, um diese Auswahl und die Formulierung der Probleme dann aus meiner eigenen Sicht zu beurteilen:

1. *Man verbinde die allgemeine Relativitätstheorie und die Quantentheorie zu einer einzigen Theorie, die von sich behaupten kann, die vollständige Theorie der Natur zu sein.*
2. *Man löse die Probleme in den Grundlagen der Quantenmechanik, entweder, indem man der Theorie in ihrer jetzigen Form einen Sinn gibt, oder indem man eine neue Theorie findet, die einen Sinn ergibt.*
3. *Man finde heraus, ob die verschiedenen Elementarteilchen und Kräfte in einer Theorie vereinheitlicht werden können, die sie alle als verschiedene Manifestationen einer einzigen fundamentalen Entität erklärt.*
4. *Man erkläre, wie die Werte der freien Konstanten im Standardmodell der Teilchenphysik in der Natur ausgewählt wurden.*
5. *Man erkläre die Dunkle Materie und die Dunkle Energie. Oder, falls diese nicht existieren, bestimme man, wie und warum die Gravitation auf großen Skalen modifiziert wird. Allgemeiner erkläre man, warum die Konstanten im Standardmodell der Kosmologie, inklusive Dunkle Energie, die Werte haben, die sie haben.*

(Smolin 2006, S. 5 ff.)

Gehen wir die Probleme der Reihe nach durch:

Problem 1 Die Suche nach einer Quantengravitation ist in der Tat ein von nahezu allen Physikern anerkanntes Problem. Zunächst ist es ein Konsistenzproblem: Es ist schon sehr schwierig, überhaupt eine in sich geschlossene Theorie „hinzuschreiben", die mit Gravitation und QFT konsistent ist. Wenn dies schließlich gelingt, bleibt immer noch abzuwarten, ob sie auch die „reale Welt" beschreibt, also von Experimenten bestätigt werden kann.

Für die Quantengravitation gibt es im Wesentlichen zwei Möglichkeiten: 1) Es stellt sich heraus, dass eine QFT der Gravitation definierbar ist. Bekannt ist zwar, dass dies auf andere Weise geschehen muss als bei den anderen Kräften; die Methode der Feynman-Graphen lässt sich nicht übertragen. Es gibt aber anhand von Rechnungen mit Renormierungsgruppen-Methoden einige Indizien, dass dennoch eine sinnvolle QFT der Gravitation möglich ist (das zugehörige Stichwort lautet *Asymptotic Safety;* wenn es Sie interessiert, recherchieren Sie nach, was das bedeutet). Ich denke, dass wir noch ein sehr viel besseres Verständnis der QFT entwickeln müssen, um die Frage endgültig zu entscheiden. Die QFT in ihrer heutigen Form ist für Streuexperimente optimiert, bei denen Teilchen im Vakuum aufeinandergeschossen werden, und für Zerfälle instabiler Teilchen. Ein tieferes mathematisches Verständnis der QFT in allgemeineren Fällen steht noch aus. Bereits bei gebundenen Zuständen wie dem Wasserstoffatom (das doch eines der einfachsten Problem im Rahmen der QM war!) haben wir Schwierigkeiten, sie im Rahmen der QFT zu beschreiben. 2) Vielleicht stellt sich aber am Ende doch heraus, dass eine QFT der Gravitation *nicht* möglich ist. In dem Fall muss eine neue Theorie gefunden werden, die beides unter einen Hut bringt.

Für sehr gewagt halte ich den zweiten Teil des Satzes, in dem es heißt, dass die Quantengravitation die „vollständige Theorie der Natur" sein soll. Zunächst einmal ist es ja denkbar, dass sich die Vereinigung von Gravitation und QFT vollziehen lässt, ohne gleich das ganze Standardmodell der Teilchenphysik mit hineinzuziehen. Es muss ja nicht gleich eine allumfassende Theorie sein, die dabei herauskommt. Außerdem existieren womöglich auch noch ganz andere Phänomene im Universum, die unseren gegenwärtigen Experimenten nicht zugänglich sind und die sowohl den Rahmen der ART als auch der QFT sprengen. Wir wissen es einfach nicht. Daher würde ich die „vollständige Theorie der Natur" hier erst einmal aus dem Spiel lassen.

Wie gut stehen die Chancen, dass wir das Problem der Quantengravitation lösen werden? Die Energieskala, auf der die Effekte einer solchen Theorie erwartet werden, ist wie gesagt die *Planck-Skala*, 10^{19} GeV, viele Größenordnungen jenseits dessen, was uns experimentell zugänglich ist. Mit viel Glück ist es aber denkbar, dass eine Theorie auch irgendwelche Spuren in dem Bereich hinterlässt, mit dem wir arbeiten können. Ob solche Spuren dann eindeutig genug sind, um sie als klare Indizien für die Richtigkeit einer Theorie gelten zu lassen, ist noch einmal eine andere Frage.

Wenn eine QFT der Gravitation sich von der Theorieseite her als machbar herausstellt, dann ist die Theorie, die dabei herauskommt, auf jeden Fall eine plausible Arbeitshypothese. Das Konsistenzproblem wäre dann schon einmal gelöst. Der theoretische Rahmen, die QFT, wäre der gleiche wie bei den anderen Kräften, es würde nichts Neues hinzugefügt und es würden keine neuen, ungewöhnlichen Hypothesen aufgestellt. Gemäß des Prinzips von Ockhams Rasiermesser würde man die Indizienlage für eine solche Theorie wohl relativ wohlwollend auslegen.

Wenn hingegen eine QFT der Gravitation *nicht* möglich ist, dann muss ein völlig neuer theoretischer Rahmen aufgebaut werden, der zunächst einmal reine Spekulation ist. Sicher wäre es schon ein großer Erfolg, wenn ein solcher Rahmen in konsistenter Weise erstellt würde. Aber in so einem Fall wäre eine sehr viel größere Menge an experimentellem Beweismaterial nötig, bevor man die Theorie mit gutem Naturwissenschaftlergewissen anerkennen könnte. Ob ein solches Beweismaterial sich auftreiben lässt, bleibt angesichts der unerreichbaren Planck-Skala fraglich. Es kann also sehr gut sein, dass die Quantengravitation an den *praktischen Grenzen* der Physik scheitert, genauer gesagt an der praktischen Unmöglichkeit, die Theorie auf der Skala zu testen, wo sie relevant wird. Noch ist es jedoch zu früh zum Aufgeben. Physiker sind findige Leute.

Problem 2 Smolin stört sich wie jeder vernünftige Mensch an dem alle Intuition verhöhnenden Charakter der Quantentheorie. (Hier sind übrigens QM und QFT gemeinsam gemeint, das seltsame Quantenverhalten herrscht ja in beiden.) Man kann sich allerdings fragen, ob es sich hier um ein naturwissenschaftliches Problem handelt. Die Antwort auf diese Frage hängt davon ab, welchen Anspruch man an die Naturwissenschaften hat. Dieser Anspruch ist eine *philosophische* Haltung. Smolin betont, dass er *Naturalist* ist. Er glaubt erstens an eine Welt, deren Eigenschaften unabhängig davon bestehen, auf welche Weise wir Menschen sie befragen. Zweitens fordert er, dass die Physik sich auf diese Welt und ihre Eigenschaften bezieht, sie beschreibt, sogar erklärt und nicht nur mit unverstandenen, aber funktionierenden Hilfsmitteln statistische Vorhersagen macht, wie es die QM in ihrer jetzigen Form leider tut. Damit widerspricht er Kant, der immer wieder betonte, dass die Gesetze der Naturwissenschaft sich nur auf die Erscheinungen beziehen, wie sie sich uns darstellen, und keinesfalls auf die Realität, wie sie unabhängig und außerhalb von uns existiert. Er widerspricht auch der Auffassung Duhems, dass eine physikalische Theorie nichts *erklärt* (Kap. 6). Wenn man Smolin in dieser philosophischen Forderung an die Naturwissenschaft zustimmt, dann ist die QM ein Problem, das gelöst werden muss, und zwar ein durchaus schwieriges, an dem sich die Gemeinschaft der Physiker seit 100 Jahren den Kopf zerbricht. Es gibt zwar durchaus naturalistische Interpretationen der QM, wie etwa die beschriebene Viele-Welten-Interpretation (und Leute, die sie vertreten, die also der Meinung sind, eine Lösung des Problems sei schon gefunden), aber die hält Smolin nicht für ausreichend. Wie Sie aus Abschn. 7.6 wissen, entspricht das auch meiner Meinung.

Was den Naturalismus angeht, halte ich es eher mit Kant und Duhem als mit Smolin, und daher ist aus meiner Sicht die QM kein Problem, das naturwissenschaftlich gelöst werden *muss*. Ich persönlich halte das Ganze eher für ein philosophisches Problem, würde es also jenseits der *prinzipiellen Grenzen* der Physik ansiedeln. Es *kann* aber natürlich passieren, dass die QM und die QFT irgendwann auf eine fundamentalere Theorie zurückgeführt werden, die mehr Sinn ergibt. Der QM in ihrer jetzigen Form kann ich durchaus einen Wert abgewinnen. Es scheint fast, als habe der liebe Gott (bitte nur metaphorisch verstehen) sich einen tiefsinnigen Scherz damit erlaubt, eine Art *Memento mori* an die Naturwissenschaft. Er zwingt uns damit zum Nachdenken, zeigt eine nie für möglich gehaltene Variante davon auf, was Wissenschaft sein kann und vor allem was sie noch offenlassen kann, auch wenn alles Zahlenmäßige gesagt ist.

Problem 3 Die Vereinheitlichung der Elementarteilchen und Kräfte zu einer einzigen fundamentalen Entität ist ein großer Wunschtraum. Ein einziges Feld, eine einzige Kraft, eine einzige Theorie, ein einziges Prinzip, eine einzige Gleichung, und alles andere geht daraus hervor, das wäre so schön. Die vereinheitlichte Theorie, wenn sie denn gefunden ist, ist so klar, so elegant, so eindeutig, dass sie einfach wahr sein *muss*. Dieser Wunschtraum geistert seit etlichen Jahrzehnten in der Theoretischen Physik herum, befällt gerade die größten unter den Physikern, angefangen bei Einstein.

Sarkasmus beiseite, natürlich ist der Versuch einer weiteren Vereinheitlichung eine wichtige Aufgabe der Physik. Die bestehenden experimentellen Befunde der Teilchenphysik sollten (wieder gemäß Ockhams Rasiermesser) so effizient wie möglich in einer Theorie zusammengefasst werden, und dazu wäre es sicher besser, mit nur einem einzigen Feld zu arbeiten als mit dem umfangreichen Teilchenzoo des Standardmodells. Beflügelt von den bisherigen Erfolgen ist es auch kein Wunder, dass diese Aufgabe mit großem Optimismus angegangen wurde (der allerdings so allmählich nachgelassen hat).

Es bleibt die Frage, wie klar und eindeutig so eine Theorie tatsächlich wäre, und ob wir sie experimentell testen können. Wenn die Theorie die bestehenden experimentellen Befunde der Teilchenphysik kompakter zusammenfasst als das Standardmodell und auch sonst keine Vorhersagen macht, die mit den experimentellen Erkenntnissen im Widerspruch steht, dann würde man die Theorie bereits ohne weitere Tests annehmen. Denn sie beschreibt die Befunde effizienter als die bisherige Theorie und ist nach Ockhams Rasiermesser daher vorzuziehen. Allerdings ist das nicht unbedingt das realistischste Szenario. Bei den Versuchen aus den 1970er Jahren nach dem Baukastenprinzip, die ich oben geschildert habe, und den späteren Versuchen der sog. *Stringtheorie* sieht es eher folgendermaßen aus: Die Einheit der Kräfte und Teilchen macht sich erst bei einer sehr hohen Energieskala (der Planck-Skala oder etwas darunter) bemerkbar, die uns experimentell nicht zugänglich ist. Unterhalb davon wirken verschiedene *Symmetriebrechungsmechanismen,* die die verschiedenen „Manifestationen" des „Einheitsfeldes" (oder was auch immer das fundamentale Objekt in der vereinheitlichten Theorie ist) auseinanderdividieren und auf den uns zugänglichen Skalen zum Standardmodell der Teilchenphysik als *effektiver Theorie* führen. Für diese Mechanismen gibt es eine Vielzahl von Möglichkeiten. Dabei fallen in den meisten Fällen noch ganze Kaskaden von zusätzlichen Teilchen und sonstigen Phänomenen an (weitere Manifestationen des fundamentalen Objekts oder dessen Auswirkungen), die im Standardmodell nicht vorkommen und zu denen man sich zum Teil dann wieder neue Mechanismen ausdenken muss, die erklären, warum sie den Augen der Experimentatoren bisher verborgen bleiben mussten. Das Ergebnis ist dann jeweils ein theoretisches Konstrukt, das zwar auf der uns nicht zugänglichen Vereinheitlichungsskala unglaublich schön und einfach sein mag, in der Beschreibung der uns zugänglichen Skalen aber wesentlich vieldeutiger und komplizierter ist als das Standardmodell. Für solche Theorien bräuchte man klare zusätzliche experimentelle Indizien, um sie über den Status reiner Spekulation hinauszuheben. Es kann daher gut sein, dass die Vereinheitlichung, selbst wenn sie in der Theorie gelingen sollte, für immer unbewiesen bleibt, weil sie an den *praktischen Grenzen* unseres Experimentierens scheitert – eine ähnliche Situation wie in der Quantengravitation.

Es bleibt zu betonen, dass die Vereinheitlichung der Kräfte und Teilchen kein echtes physikalisches Problem zu lösen hat, im Gegensatz zur Quantengravitation. Dort gilt es, eine echte Inkonsistenz zwischen ART und QFT auszubügeln. Hier geht es aber nur um eine *Möglichkeit,* weitere Vereinheitlichung zu erzielen. Es gibt keine Inkonsistenz in den bestehenden Theorien, keine unerklärten experimentellen Daten, die dies zu einer *Notwendigkeit* machen.

Problem 4 Warum sind die Parameterwerte im Standardmodell so, wie sie sind? Diese Frage kann man auf zwei Weisen beurteilen. Zunächst kann man sagen, dass Theorien nun einmal bestimmte Konstanten enthalten: die Gravitationskonstante, die Elementarladung, die Massen der Teilchen und so weiter. Aufgabe der Naturwissenschaften ist es zu beschreiben, *wie* sich die Dinge verhalten (an dieser Stelle ist es egal, ob wir als Instrumentalisten oder Natura-listen an diese Aufgabe gehen). *Warum* eine bestimmte Theorie mit bestimmten Parameterwerten unsere Welt beschreibt, ist eine Frage außerhalb der *prinzipi-ellen Grenzen* der Naturwissenschaft. Andererseits *kann* man natürlich versu-chen, eine fundamentalere Theorie zu finden, auf die sich die bisherige Theorie zurückführen lässt, die mit weniger Parametern auskommt, aus denen sich die zahlreicheren Parameter der bisherigen Theorie ableiten lassen.

Damit ist die Ausgangslage ähnlich wie in Problem 3: Es gibt kein *wirk-liches* physikalisches Problem, das hier zu lösen wäre, nur eine *Möglichkeit,* die man mit theoretischen und, soweit machbar, experimentellen Methoden austesten sollte, die sich aber auch als unmöglich oder zumindest nicht beweis-bar herausstellen kann, ohne dass damit irgendetwas Entscheidendes verloren ist. Eine plausible Vermutung ist, dass die Probleme 3 und 4 eng miteinan-der verknüpft sind. Eine Vereinheitlichung der Felder und Teilchen würde mit Sicherheit ein neues Licht auf die Parameter des Standardmodells werfen. Umgekehrt erscheint es realistisch, dass eine Erklärung der Parameter auch einen Hinweis in Richtung der Vereinheitlichung beinhalten würde.

Falls die Erklärung der Parameterwerte im Rahmen physikalischer Theo-rien nicht gelingt, stehen schon zwei *metaphysische* Erklärungsmuster bereit. Es ist nämlich so, dass einige der Parameterwerte geradezu darauf abgestimmt zu sein scheinen, eine komplexe Chemie und somit Leben zu ermöglichen. Das zeigt sich in besonders erstaunlichem Maß, wenn man die Parameter der Teilchenphysik und der Kosmologie miteinander kombiniert. Sehr vieles musste zusammenkommen, damit das Universum diesen Reichtum an Struk-turen aufbauen konnte. Damit kommt man leicht auf die Idee, das Ganze sei persönlich gemeint; die Frage nach den Parametern bekommt eine **anthropi-sche** Färbung: Warum sind die Parameterwerte so, dass menschliches Leben ermöglicht wird? Die zwei metaphysischen Erklärungsmuster sind dann:

1. Das Universum wurde von einer höheren Intelligenz erzeugt (einem Gott oder einer Zivilisation von Außerirdischen, je nach Geschmack), mit dem Zweck, intelligentes Leben zu ermöglichen.
2. Es gibt eine Vielzahl von Universen – ein sogenanntes **Multiversum** –, die von unterschiedlichen Theorien beschrieben werden, oder von derselben Theorie, aber mit unterschiedlichen Parameterwerten, und wir finden uns selbst logischerweise in einem solchen Exemplar wieder, in dem mensch-liches Leben möglich ist.

Die Multiversumshypothese wird derzeit heiß diskutiert, insbesondere, ob sie nicht vielleicht doch, zumindest unter bestimmten Umständen, im Rahmen physikalischer Theorien untersucht werden kann und damit einen naturwissenschaftlichen Charakter bekommt. Ich komme in Abschn. 8.4 darauf zurück.

Problem 5 Hier wirft Smolin alle kosmologischen Probleme in einen Topf. Ich möchte sie lieber voneinander separieren.

Problem 5a Was ist die Dunkle Materie? Das ist zur Abwechslung mal wieder ein echtes physikalisches Problem, das gelöst werden *muss*, um die Physik weiter zu vervollständigen. Wie schon geschildert, ist es relativ schwierig zu sagen, in den Zuständigkeitsbereich welches Teilgebiets der Physik dieses Phänomen fällt, das sich im Wesentlichen nur an den Rotationsgeschwindigkeiten der Galaxien zeigt, die auf eine höhere Masse schließen lassen, als es mit den bekannten Teilchen zu erklären wäre. Die meisten gehen davon aus, dass es sich um noch unbekannte Elementarteilchen handelt, aber es wurden auch schon andere Vorschläge gemacht. Mit den Fortschritten der Kosmologie konnten auch schon etliche Möglichkeiten ausgeschlossen werden, nach dem Schema: Wenn die Dunkle Materie … wäre, dann hätte dies auch noch den Effekt, dass …, da dies aber im Widerspruch zur kosmologischen Beobachtung … steht, muss die Dunkle Materie etwas anderes sein. Es bleiben aber immer noch genügend Möglichkeiten übrig. Besonders schwierig ist der Fall, wenn die Dunkle Materie aus Teilchen besteht, die nur über die Gravitation mit den Teilchen des Standardmodells wechselwirken. Das würde bedeuten, dass wir sie auf keine Weise zu „fassen" bekommen können. Ein Meteorit aus solcher Materie könnte die Erde treffen, ohne dass wir etwas davon merken, er würde einfach durch uns hindurchsausen und auf der anderen Seite der Erde wieder herauskommen, ohne die geringsten Spuren zu hinterlassen. Daher kann es sehr gut passieren, dass die Dunkle Materie ein Problem ist, dessen Lösung an den *praktischen Grenzen* der Physik scheitert. Wenn wir sie aus Mangel an Wechselwirkungen keinen Tests unterziehen können, bleibt uns nur, wie bisher ihre Gesamtmenge anhand der Bewegung von Galaxien abzuschätzen.

Problem 5b Was ist Dunkle Energie? Man liest oft, über die Dunkle Energie sei noch viel weniger bekannt als über die Dunkle Materie. Das ist aber nicht korrekt. Wir haben sogar *zwei* Theorien, die eine Form von Energie beinhalten, die sich genauso verhält, wie wir es bei der Dunklen Energie beobachten: die kosmologische Konstante in der ART und die Vakuumenergie der QFT. Die Frage ist, wie die beiden zusammenspielen, um genau die Menge an Dunkler Energie zu erklären, die wir beobachten. (Vielleicht spielt ja auch noch eine dritte, noch unbekannte Sache mit hinein, aber dafür gibt es derzeit keinen Hinweis.) Dieses Zusammenspiel zu klären, ist eine Aufgabe der Quantengravitation. Somit ist Problem 5b aus meiner Sicht ein Teil von Problem 1.

Problem 5c Wie sind die Parameterwerte im Standardmodell der Kosmologie zu erklären? Hier gilt das Gleiche wie in Problem 4.

Zusammenfassend folgt daraus (aus meiner Sicht; die Ansichten gehen weit auseinander), dass nur die Probleme 1 und 5a „echte" physikalische Probleme sind, die auf jeden Fall gelöst werden *müssen,* bevor man die Hypothese aufstellen kann, die Grundlagen der Physik seien abgeschlossen. (Ich sage nur, dass dies notwendig wäre, nicht hinreichend.) Auf die anderen kann man zur Not auch verzichten. Sowohl für Problem 1 als auch für Problem 5a besteht die sehr realistische Möglichkeit, dass wir sie aufgrund der *praktischen Grenzen* der Physik, also der Grenzen dessen, was menschenmögliche Experimente leisten können, niemals lösen werden. Man sollte es natürlich trotzdem versuchen, auch wenn die letzten Jahrzehnte dabei keinen Erfolg gebracht haben (aber doch immerhin einige hilfreiche Erkenntnisse).
Die *einfachste* denkbare Lösung für Problem 1 wäre, dass eine konsistente QFT der Gravitation im Rahmen des *Asymptotic-Safety*-Szenarios aufgestellt werden kann. Die *einfachste* denkbare Lösung für Problem 5c wäre, dass Dunkle Materie aus einer einzigen mit sich selbst, aber nicht mit den Teilchen des Standardmodells (außer über Gravitation) wechselwirkenden Teilchensorte besteht, die im Rahmen einer sehr einfachen QFT beschrieben werden kann. In diesen Fällen wäre noch nicht einmal ein neuer theoretischer Rahmen nötig, alles würde in den Rahmen der QFT passen. Im Einklang mit Ockhams Rasiermesser könnte man diese beiden Ansätze zunächst einmal als Arbeitshypothesen ansehen.

Weitere Offene Fragen
Es gibt aber auch noch andere offene Fragen, die keinen Eingang in Smolins Liste gefunden haben:

- Wie groß ist das Universum? Insbesondere, ist es unendlich? Das ist wieder eine der Fragen, auf die wir, wie schon erwähnt, mit großer Wahrscheinlichkeit niemals eine Antwort finden werden – wegen des kosmologischen Horizonts.
- Warum war das frühe Universum zu der Zeit, als die Hintergrundstrahlung ausgesandt wurde, also etwa 400.000 Jahre nach dem Urknall, so extrem gleichförmig, und zwar über Regionen hinweg, die damals noch in keinem kausalen Kontakt miteinander standen, weil nicht genug Zeit war, irgendwelche Signale zwischen ihnen hin und her zuschicken, geschweige denn, irgendwelche Ausgleichsprozesse in Gang zu setzen, die die Ungleichmäßigkeiten hätten ausbügeln können? Verschiedene Antworten sind denkbar. Die Gleichmäßigkeit könnte bereits in den Anfangsbedingungen des

Universums angelegt sein. Oder sie könnte dynamisch durch einen Effekt der Quantengravitation erzeugt worden sein, die in einem winzigen Sekundenbruchteil die zuständige Theorie am Anfang des Universums war.

Interessanterweise bevorzugt fast die gesamte Gemeinschaft der Physiker eine andere Erklärung, nämlich eine Phase der **Inflation,** in der sich das Universum in einem Sekundenbruchteil exponentiell um einen riesigen Faktor aufgebläht hat, wodurch alle Ungleichmäßigkeiten „weggepustet" wurden. Um nun wiederum zu erklären, wie es zur Inflation kam, musste ein neues Feld mit einigen eher unplausiblen Eigenschaften eingeführt werden. Nach meiner sehr persönlichen Meinung rangiert die Inflationshypothese irgendwo zwischen „hochspekulativ" und „völlig an den Haaren herbeigezogen". Mit dieser Meinung stehe ich aber relativ einsam da, denn die meisten Physiker behandeln die Inflation schon wie eine Tatsache. Das wird problematisch, wenn sie plausible Lösungen anderer Probleme wegen der Inflation verwerfen, wie wir gleich sehen werden.

So ganz habe ich die unkritische Aufnahme der Inflationshypothese nie verstehen können. Wahrscheinlich spielt dabei eine Rolle, dass die Inflation auch andere Theorien „rettet", an die so mancher Physiker gern glauben möchte. Ich hatte ja schon geschrieben, dass bei vereinheitlichten Theorien oft unerwünschte Relikte anfallen, die durch einen anderen Mechanismus wieder „versteckt" werden müssen, um zu erklären, warum wir sie nicht beobachten. Ein solches Relikt, deren reichliche Existenz die GUTs vorhersagen, sind die sogenannten magnetischen Monopole (Sie müssen nicht wissen, was das ist), die aber leider in unserem Universum unauffindbar sind. Da kommt die Inflation sehr gelegen, die wie ein großer Laubbläser wirkt: Die Monopole wurden davon alle weggepustet und die GUTs somit gerettet. Mittlerweile ist es jedoch auch wegen des nicht auffindbaren Protonenzerfalls reichlich eng für die einfachen Varianten der GUTs geworden. Am Ende war die Rettung durch die Inflation womöglich umsonst.

Egal welche Erklärung für die Gleichmäßigkeit des Universums die richtige ist: Wir werden es wahrscheinlich niemals mit Sicherheit wissen, weil diese Frühphase des Universums für unsere Beobachtungen völlig unzugänglich ist.

- Warum ist nach der gegenseitigen Auslöschung von Materie und Antimaterie im frühen Universum noch so viel Materie übrig, aber so gut wie keine Antimaterie? Wie kommt diese Asymmetrie zustande? Die einfachste Erklärung wäre, dass dieses Übergewicht der Materie von Anfang an da war; der Anfangszustand des Universums enthielt eben etwas mehr Materie als Antimaterie. Aber weil eine große Mehrheit der Physiker an die Inflationshypothese glaubt, wird diese einfache Möglichkeit verworfen: Die

Inflation hätte sich auch hier als Laubbläser betätigt und die Asymmetrie einfach weggeblasen. Das Ungleichgewicht müsse also nach der Inflation erst entstanden sein. Leider sind die Mechanismen, die dazu nötig wären, sehr kompliziert und erfordern Verhältnisse, die das Standardmodell der Teilchenphysik nicht hergibt. Das am wenigsten unplausible Szenario, die sogenannte Leptogenese, setzt bestimmte Eigenschaften des Neutrinos voraus, die sich immerhin in nicht allzu ferner Zukunft testen lassen. Ein solcher Test wird die Möglichkeit der Leptogenese entweder ausschließen oder nicht, aber er wird sie auf keinen Fall beweisen können, weil noch einige andere Dinge zusammenkommen müssen, um sie zu ermöglichen. Einfacher wäre es jedenfalls, die Inflationshypothese aufzugeben! Wie bei allen bisher diskutierten Fragen gilt: Die Chancen stehen hoch, dass wir es niemals wissen werden.

- Was genau sind die Eigenschaften des Neutrinos? Wir wissen zwar bereits einiges über dieses sehr leichte, schwer zu fassende Teilchen, aber ist gibt auch noch einige Details, die wir nicht kennen. Dazu gehört die genaue Masse (genau genommen drei verschiedene Massen, denn es kommt in drei Varianten vor), deren Kenntnis uns auch helfen würde, einige kosmologische Parameter weiter einzuschränken. Außer der Masse sind da noch einige andere Dinge zu klären, die hier zu erklären aber zu viel Platz benötigen würde. Diese anderen Dinge entscheiden auch darüber, ob Leptogenese ein mögliches Szenario für die Erklärung der Materie/Antimaterie ist, sind also durchaus von kosmischer Bedeutung. Die Neutrinodetails gehören vielleicht nicht zu den ganz spektakulären offenen Fragen der Physik. Dafür haben sie einen ganz entscheidenden Vorteil: Sie in absehbarer Zeit zu klären, ist realistisch! Die Experimente, die dazu nötig sind, werden schon vorbereitet (eines davon ist das Experiment KATRIN in Karlsruhe).

- Wie lässt sich die QFT besser verstehen? Wir haben zwar wie gesagt gut funktionierende Werkzeuge in Form der Störungsrechnung (Feynman-Diagramme), die uns bei Streu- und Zerfallsprozessen extrem genaue Vorhersagen liefern. Aber für etliche Aspekte der Theorie fehlt noch ein tieferes mathematisches Verständnis. Unter anderem ist es in der jetzigen Form sehr schwierig, gebundene Zustände zu beschreiben, wie etwa das Wasserstoffatom (Bindung eines Elektrons an ein Proton) – von den größeren Atomen ganz zu schweigen. Auch das Zusammenwirken der Quarks bei der Bildung des Protons ist noch nicht verstanden, auch wenn, wie in Kap. 5 erwähnt, mit Supercomputern immerhin der Zahlenwert für die Protonmasse korrekt reproduziert werden konnte. Für eine auch den hohen Ansprüchen der Mathematiker genügende Lösung des Problems ist der Preis von einer Million Dollar ausgesetzt, es ist eines der sieben sogenannten

Millenium-Probleme. Diese Aufgabe erscheint mir als die wichtigste, lohnendste (und damit meine ich nicht nur die Million Dollar) und erfolgversprechendste von allen innerhalb der Theoretischen Physik. Auf der Jagd nach der Weltformel ist sie leider etwas an den Rand gedrängt worden. Dabei gibt es etliche Fragestellungen in der Physik, die davon profitieren würden. Wir haben es hier mit einer Quantentheorie zu tun, bei der die Struktur des Zustandsraumes noch nicht richtig verstanden ist. Bei der QM ist die Bedeutung, also der philosophische Aspekt, unklar, hier bei der QFT jetzt auch noch zusätzlich der mathematische. Leider sind einige der spekulativen Theorien auf der Weltformeljagd noch weniger klar definiert, so dass die QFT aus dieser Perspektive schon wie ein Hort der Strenge und Wohldefiniertheit aussieht. Das ist sie aber nicht wirklich. Ein Pierre Duhem (Kap. 6) würde die QFT niemals als Theorie durchgehen lassen, höchstens als Zwischenschritt auf dem Weg zu einer Theorie.

8.3   Die Krise der Physik

Nehmen Sie an, Sie leben in einem wahren Utopia: Alle Krankheiten sind geheilt, es gibt keinen Krieg und keine Verbrechen, überall herrscht soziale Gerechtigkeit, die Menschen leben im Überfluss und werden alle 100 Jahre alt. Alles Wissen der Welt ist für jeden zugänglich, jeder kann seine Kreativität ausleben und an der Verwirklichung seiner Ideen arbeiten – ein Land der Glückseligkeit. In diesem Utopia scheinen die Menschheitsprobleme alle gelöst, bis auf ein einziges: Die Menschen altern und sterben, nach wie vor. Und weil es das *letzte* Problem ist, arbeiten alle daran; jeder denkbare Ansatz, der sie der Unsterblichkeit näher bringt, wird ausprobiert. Es scheint machbar, die Leute sind optimistisch. Aber dann geht es nicht voran. Das letzte Problem erweist sich mehr und mehr als unlösbar, nicht prinzipiell, aber aus praktischer Erfahrung, aus Abschätzungen, was nach den gewonnenen Erkenntnissen technisch notwendig wäre, gegenüber dem, was technisch machbar ist. Die Zahl der Unzufriedenen steigt mit jedem Jahrzehnt. Einige rufen Durchhalteparolen aus. Eine gewisse Orientierungslosigkeit entsteht. Grüppchen bilden sich, die ihre Ansätze zur Unsterblichkeit mehr dogmatisch und mit Propaganda vertreten als mit wissenschaftlichen Methoden; oder die die Zahlenwerte in ihren Abschätzungen so weit zurechtbiegen, dass sie gerade noch in technisch realisierbarer Reichweite erscheinen. Das Land der Glückseligkeit ist ein unglückliches Land geworden, teilweise auch ein unehrliches.

In einer ähnlichen Situation befindet sich die Grundlagenphysik. Der mühsame Prozess, den Duhem charakterisiert hat (Kap. 6), hat zu solchen Erfolgen geführt, dass wir mittlerweile in einem physikalischen Utopia leben, in dem fast alle grundlegenden Probleme gelöst sind, zumindest innerhalb des Bereichs, der uns experimentell zugänglich ist. Die verbliebenen Probleme liegen hart an der Grenze unserer Möglichkeiten oder bereits jenseits davon. Dadurch hat der Fortschritt in der Physik sich in den letzten 40 Jahren deutlich verlangsamt. Viele, besonders in der Theoretischen Physik, sprechen von einer Krise.

Bereits seit längerem deutet sich an, dass wir an unsere Grenzen geraten. Bis etwa zum Zweiten Weltkrieg gingen Theorie, Experiment und Anwendung in der Physik immer Hand in Hand. Von der Dampfmaschine über die Glühbirne bis zur Atombombe war die Technik immer auf den *neuesten* Erkenntnissen der Physik aufgebaut. Industrie, allgemeiner Wohlstand und Militär waren von den Naturwissenschaften, insbesondere auch von der Grundlagenforschung in der Physik zu einem gewissen Grad abhängig, wirkten auch auf sie zurück, praktische Probleme inspirierten die Forschung. Oder, in der unerfreulicheren Version: Grundlagenforschung wurde für militärische Zwecke eingefordert und gefördert. Auch das Wechselspiel von Theorie und Experiment funktionierte durch und durch: Experimentelle Ergebnisse mussten zu Theorien verarbeitet werden, die Theorien wiederum mussten durch neue Experimente überprüft werden. Die neuen Experimente zeigten manche unerwarteten Resultate, dadurch mussten die Theorien wieder verfeinert werden und so weiter.

Die Kernphysik ist das letzte Beispiel in der Physik, bei dem Theorie, Experiment und Anwendung direkt zusammenwirkten. Nach dem Zweiten Weltkrieg hieß Grundlagenforschung in der Physik vor allem Teilchenphysik und etwas später auch Kosmologie. Diese Gebiete waren nicht mehr „nützlich" im Sinne praktischer Anwendungen. Aus Antimaterie, Neutrinos oder Dunkler Materie kann man keine Bombe bauen (zum Glück) und auch sonst nichts, was den Menschen Freude macht. Dafür halfen sie uns zu verstehen, was die Materie ist, aus der wir gemacht sind, und wie sie entstehen konnte. Wir müssen uns vor Augen halten, dass all die großartigen Fortschritte der Technik, die wir um uns herum erleben, *ingenieursmäßige* Leistungen sind, die auf physikalischen Grundlagen aufbauen, die schon vor dem Zweiten Weltkrieg bekannt waren.

Die mangelnde Nützlichkeit der neuen Ergebnisse hängt bereits damit zusammen, dass wir uns mit der Grundlagenforschung auf unsere Grenzen zubewegen. Die ganzen neuen Teilchen sind deshalb nicht „nützlich", weil sie entweder in Sekundenbruchteilen in andere Teilchen zerfallen oder weil sie kaum zu „fassen" sind, da sie nur extrem schwach mit uns wechselwirken, also mit der Materie, aus der wir und unsere Umwelt bestehen. Deswegen wurden sie ja auch erst so spät entdeckt. Sie vervollständigen unsere Theorien, verbessern unser Verständnis der Zusammenhänge im Kleinen, aber ansonsten lässt sich nichts mit ihnen anfangen.

Bis in die 1970er Jahre gingen weiterhin Theorie und Experiment Hand in Hand, nur die Anwendungen waren aus dem Spiel. Das änderte sich (zumindest in der Teilchenphysik, nicht so sehr in der Kosmologie), nachdem eine in sich geschlossene Theorie gefunden war, die den ganzen Teilchenzoo erfolgreich abdeckte: das Standardmodell der Teilchenphysik. Diese Theorie ist so gut, dass es selbst immer besseren, größeren Experimenten nicht mehr gelungen ist, Ergebnisse zu produzieren, die damit in Widerspruch stehen, und somit der Arbeit der Theoretiker eine neue Richtung zu geben. Aber das ist doch, folgen wir Duhem, gerade der Zweck der Theoriebildung, nämlich die „natürliche Klassifikation" voranzutreiben, indem man experimentelle Daten in Theorien zusammenfasst, ihnen eine strenge, mathematische Ordnung gibt. Was aber, wenn alle experimentellen Daten bereits im Standardmodell zusammengefasst sind? Dann ist die Theorie auf sich allein gestellt, wird nur noch von ihren eigenen Warum-Fragen vorwärtsgetrieben, die Theorien auf noch tiefere Theorien zurückführen möchten. Während die Experimentelle Teilchenphysik also dem Standardmodell hinterherräumte, die Existenz aller Teilchen bestätigte, die es vorhersagte (als Letztes das Higgs-Teilchen im Jahr 2012), kochte die Theoretische Physik in ihrem eigenen Saft, driftete immer weiter in Spekulationen ab. Theorie und Experiment hatten sich voneinander getrennt.

Man hat ja immer wieder *versucht,* eine Verbindung zwischen Theorie und Experiment herzustellen, zum Beispiel im Falle einer der beliebtesten Spekulationen, der sogenannten *Supersymmetrie.* Diese sagt die Existenz weiterer Teilchen vorher, und wenn man die Theorie richtig nach dem Baukastenprinzip zurechtbastelt, hätten diese Teilchen derart sein können, dass man sie am Teilchenbeschleuniger LHC hätte finden können. Leider wurde daraus nichts, die neuen Teilchen wollten sich nicht zeigen. Man hatte gehofft, diese Teilchen könnten auch die Dunkle Materie erklären. Es sieht aber letztlich nicht danach aus, die Dinge passen nicht zusammen. Die Theorienbildung nach dem Baukastenprinzip, ohne experimentelle Indizien, hat einen großen Nachteil: Es gibt zu viele Möglichkeiten, und es ist schwer zu sagen, wann man besser aufgibt und eine Theorie in den Müll wirft. Es könnte ja immer gerade das nächste Bauklötzchen noch zum Erfolg führen.

Die Kosmologie brachte immerhin die Erkenntnis, dass 95 % der Energie des Universums in Form von Dunkler Energie und Dunkler Materie vorliegen. Diese beiden Dinge haben jedoch nur sehr indirekten Einfluss auf das sichtbare Geschehen, und dieser Einfluss lässt sich in wenigen Parametern ausdrücken. Die Dunkle Energie ist ohnehin schon kompatibel mit existierenden Theorien, und an die Dunkle Materie kommen wir nicht richtig heran; wir müssen mit den wenigen indirekten Hinweisen leben, die wir haben. Immerhin, mit denen ließ sich etwas Theoretische Physik betreiben, wenn auch nur in geringem Umfang, einige Möglichkeiten konnten ausgeschlossen werden. Ob die Frage sich aber auch im positiven Sinn klären lässt, bleibt abzuwarten. Auch ob eine Antwort interessante Physik zum Vorschein bringt oder nur ein Teilchen mit sehr langweiligen Eigenschaften, muss sich zeigen.

Seiteneffekte

Das Kochen der Theoretischen Physik im eigenen Saft ist nicht gesund und hat unangenehme Seiteneffekte hervorgerufen. Dazu gehört verbreitet ein gewisser Dogmatismus, der einige Forscher an ihre Spekulationen bindet, bisweilen geradezu konfessionellen Charakter annimmt und mehr mit Glauben als mit Naturwissenschaft zu tun hat. Legendär und genau auf den Punkt gebracht ist die Szene in der Serie *The Big Bang Theory,* in der Leonard Hofstadter und Leslie Winkle feststellen, dass er ein Anhänger der Stringtheorie, sie eine Anhängerin der Loopquantengravitation ist (ein anderer spekulativer Ansatz). *„How will we raise our children?"*, fragen sie sich und trennen sich lieber, der konfessionelle Graben ist einfach zu groß.

Dies ist nicht (oder nur in Maßen) die Schuld der Theoretischen Physiker. Dass sie in ihrem eigenen Saft kochen, liegt am großen Erfolg des Standardmodells, also daran, dass sie so großartige Arbeit geleistet haben. Es ist nicht leicht, bei dieser Ausgangslage und dem ständigen Druck, der in der Forschung herrscht, in Anbetracht auch der sozialen und psychologischen Effekte, denen wir uns nicht entziehen können, diese Seiteneffekte zu vermeiden. Es ist jedoch nötig, diese festzustellen und schließlich zu korrigieren.

Man muss aber auch betonen, dass es in der Theoretischen Physik auch noch sehr gesunde, fruchtbare Bereiche gibt. Diese standen nur in den letzten Jahrzehnten nicht im Fokus der Aufmerksamkeit. Es sind die Bereiche, die sich nicht auf die „ganz großen Fragen" gestürzt haben, sondern etwas bescheidener bei den bereits gesicherten Theorien in die Tiefe gehen, ihre Konsequenzen und Zusammenhänge ausloten und damit zum Teil sogar neue Zustände der Materie ans Licht bringen. So wurden Phasenübergänge zwischen verschiedenen Materiezuständen besser verstanden, Materie in der Nähe des absoluten Temperaturnullpunktes genauer beschrieben, tiefe Zusammenhänge zwischen Quantentheorie und klassischer Statistischer Mechanik aufgedeckt. All das ist natürlich weniger spektakulär, als dem Urknall oder der großen Vereinheitlichung auf den Pelz zu rücken, aber dafür hat es Hand und Fuß. Einer der beliebtesten Bereiche, der auch die größten Fortschritte erzielt und die meiste Aufmerksamkeit erregt hat, ist die Quanteninformationstheorie. Darin werden mit Hilfe verschränkter Zustände Informationen übertragen, die sich besser verschlüsseln lassen als beim klassischen Computer und die auch Informationsverarbeitung in einer neuen Weise gestatten (Stichwort *Quantencomputer*).

Das ist alles „nur" Anwendung einer bereits bekannten Theorie, der QM, stellt also keine echte Grundlagenphysik dar, aber dafür gibt es hier einen gesunden Austausch zwischen Theorie, Experiment und Anwendung!

Ein anderer Seiteneffekt der schwierigen Situation in der Grundlagenphysik ist die Darstellung in den Medien. Da 1) die Theorien so kompliziert geworden sind, dass ein Außenstehender selbst mit physikalischer Vorbildung sich kaum noch eine Vorstellung davon machen kann, 2) so viele verschachtelte Annahmen und wechselseitige Abhängigkeiten in und zwischen den diversen Spekulationen bestehen, die nur schwer zu durchschauen sind, und 3) die Physik auf Forschungsgelder angewiesen ist und ihre Aussichten in möglichst positivem Licht darstellen muss, ist fast schon klar, dass es zu **Propaganda** kommt. Anhänger der diversen Spekulationen schreiben Bücher, in denen sie ihre Theorie in glänzendem Licht präsentieren, ihre Schönheit und Eleganz, die Aussicht, bald das ganze Universum erklären zu können, hingegen aber die vielen verbleibenden Unklarheiten und Widersprüche unter den Tisch fallen lassen oder zumindest stark abschwächen.

Auf der experimentellen Seite wird jede Messung, die auf eine Physik jenseits des Standardmodells hinzudeuten scheint, sofort mit großem Brimborium an die Presse weitergegeben. „Teilchen mit Überlichtgeschwindigkeit registriert!" hieß es einmal. Oder: „Die Bahn der Raumsonde Pioneer zeigt eine Abweichung vom Gravitationsgesetz!" In allen Fällen stellte sich das Ganze als Messfehler oder als Folge eines unberücksichtigten Effekts heraus.

Besonders dreist war ein Fall im März 2014. Einige Forscher behaupteten, sie hätten Spuren von Gravitationswellen in der Hintergrundstrahlung entdeckt. Die Nachricht ging sofort um den Erdball und wurde weiter aufgebauscht. Man habe damit einen Beweis für die Inflationstheorie gefunden! Alan Guth, einer der Erfinder der Inflation, wurde schon als Nobelpreisanwärter gehandelt. Der Enthusiasmus rief geradezu peinliche Kommentare hervor: „Dies könnte eine der größten Entdeckungen in der Geschichte der Wissenschaften sein!" In dieser Art wurde die Meldung sogar in der Tagesschau gebracht. Wie soll ein unbedarfter Leser oder Zuschauer so etwas richtig einordnen können? Etwas mehr Vorsicht auf Seiten der Presse wäre sicher angebracht.

Das Ganze entpuppte sich wenige Tage später als Messfehler, der durch Staub verursacht worden war. Selbst wenn das Signal echt gewesen wäre, hätte dies bei Weitem noch nicht die Inflationstheorie bewiesen. Zunächst einmal werden Gravitationswellen von der ART vorhergesagt, nicht von der Inflation (so wurde ja dann auch die tatsächliche Messung von Gravitationswellen ein Jahr später korrekt als letzte noch fehlende Bestätigung der ART gewertet). Die Inflation sagt in der Tat vorher, dass Spuren von Gravitationswellen sich in der Hintergrundstrahlung finden lassen sollten. Der Umkehrschluss, dass die Existenz von Gravitationswellen in dieser frühen Phase des Universums notwendigerweise auf Inflation zurückzuführen ist, gilt noch lange nicht. Die Inflationshypothese hätte damit nur einen Falsifikationsversuch überstanden, wie Karl Popper sich ausdrücken würde. Bei einer solch gewagten Hypothese würde man aber sicherlich mehr Beweise einfordern als das. Und selbst wenn man die Inflation „bewiesen" hätte, dann wäre dies noch lange nicht „eine der größten Entdeckungen in der Geschichte der Wissenschaften", sondern nur ein neuer Meilenstein im Verständnis der Geschichte des frühen Universums. Wir haben es also bei dieser einen Meldung mit drei ineinanderverschachtelten maßlosen Übertreibungen zu tun!

Ein weiteres, nicht ganz so drastisches Beispiel für die Maßlosigkeit der Darstellung zeigt die Entdeckung des Higgs-Teilchens. Zu Recht haben sich natürlich die Betreiber des LHC und Physiker aus aller Welt gefreut, dass dieser letzte Baustein des Standardmodells gefunden wurde, der einzige große Erfolg des LHC. Der Erfolg wurde medial ausgekostet. Mehrere Bücher wurden darüber geschrieben. Man habe das „Gottesteilchen" entdeckt, hieß es in den Medien. Gottesteilchen! Was für ein unsäglicher Name! Was für unsinnige Assoziationen, die dadurch geweckt werden! Der Name geht wohl darauf zurück, dass der Nobelpreisträger Leon Lederman sein Buch über dieses Teilchen mit *The Goddamn Particle* („das gottverdammte Teilchen") betiteln wollte. Der Verlag übte daraufhin Druck auf den Autor aus, es in *The God Particle* umzubenennen, das verkaufe sich besser. Ebenso lächerlich ist die Bezeichnung „Urknallmaschine" für den LHC, die öfters zu hören war. Der LHC simuliert nicht den Urknall, er hat mit dem Urknall überhaupt nichts zu tun, sondern schießt einfach nur Teilchen mit hohen Energien aufeinander und schaut, was dabei herauskommt. Solche markigen Bezeichnungen sollen das Interesse der Menschen wecken, führen aber zu falschen Assoziationen und Fehlinterpretationen, von denen es angesichts der Kompliziertheit und der mathematischen Natur der Theorien ohnehin schon so viele gibt.

Die Krise der Grundlagenphysik ist eine Konsequenz ihres eigenen Erfolgs und der – zumindest nach der Indizienlage – experimentellen Unzugänglichkeit der verbliebenen großen offenen Fragen. Die ideologischen und medialen Seiteneffekte sind Symptome und Folgen dieser Krise, nicht ihre Ursachen. Dennoch sollte man sich überlegen, wie man die Theoretische Physik als Forschungsdisziplin wieder in gesündere Bahnen lenken kann. Etwas mehr Bescheidenheit und Anerkennung der eigenen Grenzen wären aus meiner Sicht der wichtigste erste Schritt; außerdem mehr Nachdenken über die tieferen Zusammenhänge und weniger *Model Building* nach dem Bauklötzchenprinzip sowie eine präzisere, weniger spektakuläre Darstellung gegenüber den Medien und in der Literatur. Dieses Buch soll dazu einen Beitrag leisten.

Auf keinen Fall will ich damit sagen, dass man nicht mehr an den großen Fragen arbeiten sollte. Es besteht ja auch tatsächlich die Hoffnung, dass doch noch ein großer Wurf gelingt. Andererseits müssen wir mit der *Möglichkeit* leben, dass wir auf viele der Fragen niemals eine Antwort finden werden.

Bücher zur Krise

Es wurden schon einige andere Bücher zur Krise der Grundlagenphysik veröffentlicht. Ich möchte deren Thesen kurz mit meinen eigenen vergleichen:

- *The end of science* von John Horgan (1996): Für seine These, die Zeit der großen wissenschaftlichen Entdeckungen müsse irgendwann zu Ende gehen, hat Horgan viel Prügel bezogen, obwohl diese These doch eindeutig korrekt ist. Er bezieht sich ausdrücklich auf die Erkenntnisse der Grundlagenforschung, nicht auf technische Anwendungen. Es gibt im von uns beobachtbaren Teil des Universums nur endlich viele verschiedene Phänomene zu beschreiben. Die Erklärung mancher dieser Phänomene mag für immer jenseits unserer praktischen Möglichkeiten liegen, die anderen sind irgendwann alle verstanden. Die ganze Methodik der Wissenschaft ist auf Konsens und Vereinheitlichung ausgerichtet, auf Konvergenz zu einem einheitlichen Gesamtbild. Es ist daher ausgeschlossen, dass immer wieder alles über den Haufen geworfen und von vorn angefangen wird. Horgan sieht Anzeichen dafür, dass das Fortschreiten der Erkenntnis sich schon deutlich verlangsamt hat, dass wir uns diesem Ende der Naturwissenschaft also allmählich nähern. Für die letzten Jahrzehnte der Theoretischen Physik verwendet er den Ausdruck **ironische Wissenschaft** und meint damit eine Wissenschaft, die eigentlich keine Wissenschaft mehr ist, weil sie rein spekulativ, reine Auslegungssache und nicht überprüfbar ist. Auf der experimentellen Seite nimmt zwar die Datenfülle enorm zu, die Details und Nachkommastellen werden immer weiter ausgefüllt, aber grundlegende Erkenntnisse wurden dadurch immer weniger gewonnen; am Weltbild insgesamt hat sich kaum noch etwas geändert.
  Es ist ja auch an sich ein gutes Zeichen, dass wir allmählich zu einem konsistenten Gesamtbild konvergieren – innerhalb unserer Grenzen; was außerhalb liegt, muss spekulativ, „ironisch" bleiben. Die Zeit der großen Entdecker *muss* ja irgendwann vorbei sein (außer in der Mathematik, die ist unendlich). Wie weit es in der Biologie damit ist, will ich hier nicht beurteilen, dort ist die Vielfalt viel größer als in der Physik; mir geht es hier nur um letztere. Und hier sehe ich viele Anzeichen, dass Horgan recht hat. Ich kann mich natürlich irren. Es mag Dinge geben, an die wir einfach noch nicht gedacht haben, raffinierte Präzisionsexperimente, mit denen wir

der Quantengravitation doch noch auf den Leib rücken können, oder eine
Vielfalt neuer Phänomene gerade bei der nächsten Energieskala, die mit
dem nächsten Teilchenbeschleuniger angegangen wird, oder es taucht doch
noch irgendwo anders unerwartet eine dramatische Abweichung vom Standardmodell auf. All das ist möglich, und es ist auch wichtig, weiter danach
zu suchen. Es ist mehr eine Wette: Für wie wahrscheinlich halten wir so
ein Ereignis, nachdem in den letzten 40 Jahren nichts dergleichen gelungen
ist, trotz zigtausend Forschern, die auf vielen verschiedenen Wegen an der
Suche beteiligt waren? Und wenn die Suche noch einmal 40 Jahre erfolglos
bleibt, wie viele Forscher werden sich noch finden lassen, die sich an der
mühsamen und bei Misserfolg unbefriedigenden Arbeit beteiligen? Wie viel
Geld wird solchen Projekten noch zur Verfügung gestellt?

- *Not Even Wrong* von Peter Woit (2006): In diesem Buch beschreibt Woit, wie
einer der spekulativen Ansätze, die Stringtheorie, aus dem Ruder gelaufen
ist. Insbesondere lässt er sich über die große Diskrepanz aus, die zwischen
dem selbstgewissen, überheblichen Auftreten vieler Stringtheoretiker und
den tatsächlichen Leistungen der Theorie herrscht. Es sei ja nicht einmal
eine richtige Theorie, nur eine Reihe von Vermutungen, die schon mathematisch nicht verstanden und deren Konsistenz nicht bewiesen sei. Außerdem lasse sich nichts davon experimentell überprüfen. Deshalb sei sie „nicht
einmal falsch", denn um falsch zu sein, müsste man erst einmal eine klar
definierte Theorie daraus machen und darlegen, wie man sie testen könne.
Die Stringtheorie verstehe sich als *„the only game in town"* und werde von
vielen Außenstehenden auch so wahrgenommen. Deswegen stünden junge
Forscher unter Druck, sich mit ihr zu beschäftigen, obwohl andere Ansätze
womöglich vielversprechender seien.

Aus meiner Sicht ist die Stringtheorie ein theoretisch hochinteressanter
Ansatz sowohl zur Quantengravitation als auch zur Vereinheitlichung der
Kräfte, der auf Verallgemeinerungen der Methoden der QFT basiert. Da
wie gesagt bereits in der QFT vieles Grundlegende konzeptionell unverstanden ist, ist es kein Wunder, dass sich diese Unklarheiten auch auf die
Stringtheorie vererben und dort verstärken. Es ist in der Tat eine äußerst
komplizierte Theorie. Sie spielt sich grundsätzlich auf der Planck-Skala ab
und entzieht sich dadurch *aus praktischen Gründen* experimenteller Überprüfbarkeit. Das ist aber weder die Schuld der Stringtheoretiker noch ein
Problem der Stringtheorie selbst, denn die Planck-Skala ist nun einmal
allem Anschein nach die Skala der Quantengravitation. Andere Ansätze
dazu werden wahrscheinlich unter dem gleichen Problem leiden. *Wenn* wir
Experimente auf der Planck-Skala machen könnten, dann gäbe es auch
Vorhersagen der Stringtheorie, die wir überprüfen könnten, zum Beispiel,

dass die Raumzeit zehndimensional ist.

Ja, man kann sich fragen, ob das noch gesunde Naturwissenschaft ist. Aber so ist nun einmal der Stand in der Physik. Es wäre natürlich schön gewesen, wenn die Theorie zumindest eine eindeutige *effektive Theorie* auf den uns zugänglichen Skalen vorhersagen würde. Es zeigt sich aber, dass es eine riesige Zahl von Möglichkeiten gibt, wie die Theorie von der Planck-Skala aus „heruntergebrochen" werden kann. Auch das ist nicht die Schuld der Stringtheoretiker. Sie folgen dem Ansatz, der ihnen am plausibelsten scheint (und zwar aus vernünftigen Gründen, nach bestem Wissen und Gewissen), und schauen, wie weit sie damit kommen. Auf dem Weg haben sie wertvolle Beiträge zur Mathematik geliefert und auch ein besseres Verständnis bestimmter Quantenfeldtheorien hervorgebracht. Diese Bemühungen als unsinnig und Zeitverschwendung zu verurteilen, erscheint mir selbst recht überheblich.

Die Seiteneffekte (übertriebene Selbstgewissheit, Dogmatismus, Geringschätzung anderer Ansätze, Druck auf junge Forscher) sind sicher gegeben. Insgesamt scheint es mir aber vorrangig ein amerikanisches Problem zu sein. Ich habe in Europa mit etlichen Stringtheoretikern gesprochen, und keiner von ihnen hat diesem arroganten Stereotyp entsprochen, den Woit zeichnet. In Europa galt die Stringtheorie auch nie in gleichem Maße als „*the only game in town"*; das Verhältnis der verschiedenen Ansätze ist deutlich ausgewogener.

Bescheidenheit ist tatsächlich angebracht (und ist generell eine gesunde Haltung in den Naturwissenschaften, und auch anderswo), wenn man sich mit derart spekulativen Ansätzen beschäftigt. Das Verhalten der Stringtheoretiker für die Krise der Physik verantwortlich zu machen, halte ich jedoch für grundverkehrt.

- *The Trouble with Physics* von Lee Smolin (2006): Von diesem Buch war schon mehrfach die Rede; Smolin beschreibt darin zunächst das Werteverständnis der Naturwissenschaften und die seiner Ansicht nach großen offenen Fragen der Physik. Im Hauptteil des Buches geht es jedoch um die Krise der Physik. Zunächst beschäftigt sich Smolin dabei auch mit den Problemen der Stringtheorie. Insgesamt zielt er aber auf ein viel allgemeineres Thema. Seiner Ansicht nach ist eine neue wissenschaftliche Revolution nötig, um die offenen Fragen zu lösen, von ähnlichem Ausmaß wie die kopernikanische Wende, Newtons Grundsteinlegung der Physik oder die QM. Der derzeitige Wissenschaftsbetrieb sei aber nicht auf revolutionäres Forschen ausgelegt. Junge Forscher seien gezwungen, so schnell wie möglich so viel wie möglich zu publizieren und sich dabei am Mainstream zu orientieren, anderenfalls liefen sie Gefahr, keine feste Stelle zu bekommen.

Das ist für ihn der Grund für die Krise, den mangelnden Fortschritt in den letzten Jahrzehnten. Wenn es uns gelänge, „revolutionäre" Forschung besser zu fördern, käme der große Wurf schon zustande.

Das scheint mir eine Fehleinschätzung der Lage zu sein. Der mangelnde Fortschritt liegt daran, dass die großen offenen Fragen sich in der Nähe der Planck-Skala abspielen, die uns nicht zugänglich ist, oder in der Nähe des Urknalls, der uns ebenfalls nicht zugänglich ist, wodurch wir zu Spekulationen gezwungen werden, die sich nicht überprüfen lassen. Für die Notwendigkeit einer „wissenschaftlichen Revolution" sehe ich nicht den geringsten Anhaltspunkt. Vielmehr habe ich argumentiert, dass die verbliebenen großen Fragen, sofern sie überhaupt wissenschaftliche Fragen sind, womöglich recht einfache Antworten haben, die in den Rahmen der derzeitig bekannten Theorien passen. Und selbst wenn die Antworten etwas komplizierter sind, könnten sie zum Beispiel eine Form annehmen, die sich aus der Stringtheorie ergibt, die Smolin ja ebenfalls nicht „revolutionär" genug ist. Das Hauptproblem ist doch die mangelnde Überprüfbarkeit, das Fehlen experimenteller Hinweise, und das liegt in der Natur der Dinge (oder in ihrer Skala) und unseren *praktischen Grenzen* beim Experimentieren, nicht in erster Linie an der Art unseres Forschens. Davon abgesehen stimme ich ihm insofern zu, dass die Baukastenmethode, mit der zurzeit viele Modelle konstruiert werden, dem Fortschritt nicht gerade förderlich ist.

- *Vom Urknall zum Durchknall* von Alexander Unzicker (2010): Hier handelt es sich um eine ziemlich krasse Polemik, in der Unzicker auf alles eindrischt, was die Physik in den letzten 50 Jahren hervorgebracht hat. Das liest sich zwar recht unterhaltsam, schießt aber weit übers Ziel hinaus. Selbst das Quarkmodell und sämtliche Erkenntnisse der Kosmologie werden in Zweifel gezogen, die doch mittlerweile durch sehr verschiedene Beobachtungen mit vielen gegenseitigen Checks und Balances bestätigt wurden. Sicher kann man an dem einen oder anderen Experiment, der einen oder anderen Beobachtung zweifeln, aber nicht an dem konsistenten Gesamtbild, das sich aus deren vielfach redundanter Kombination ergibt. So wirkt die Behauptung, die ganze Physik sei vor 50 Jahren komplett falsch abgebogen, nicht sehr fundiert, eher unzureichend informiert. Die Ansätze, die Unzicker für den „richtigen" Weg vorschlägt, versuchen, die Zeit 50 Jahre zurückzudrehen, und erscheinen naiv.

- *Lost in Math* von Sabine Hossenfelder (2018): In diesem Buch wird die These aufgestellt, die mangelnden Fortschritte der letzten Jahrzehnte gingen darauf zurück, dass Theoretische Physiker sich die falschen Fragen stellten und die falschen Ansätze verfolgten, und zwar aus einem bestimmten Grund: Sie seien von ihrem Anspruch auf Ästhetik und mathematische Eleganz verblendet. Dadurch entstünde der Anspruch, die Antwort auf alle Fragen müsse „schön" sein, und jeder „hässliche" Aspekt einer Theorie, wie etwa die Vielzahl der Parameter des Standardmodells, würde als noch zu lösendes Problem angesehen. Dadurch würden echte Probleme in den Hintergrund treten. Wir müssten auch hässliche Lösungen unvoreingenommen akzeptieren. Daher heißt das Buch auf Deutsch auch *Das hässliche Universum,* in Anspielung auf und als Gegenstück zu Brian Greenes *Das elegante Universum.*

Diese These hat etwas für sich; viele Problemstellungen und Lösungsansätze wirken etwas ideologisch gefärbt. So hatte ich ja auch einige von Smolins großen Fragen entsprechend kritisiert. Der Anspruch, die Wunschvorstellung, die wir von einer Theorie haben, kann, muss aber nicht zutreffen. Andererseits ist Eleganz auch ein nützliches Kriterium bei physikalischen Theorien. Ockhams Rasiermesser erfordert die *effizienteste* Zusammenfassung der Phänomene. Nun sind Effizienz und mathematische Eleganz bei so hochmathematischen Konstrukten wie den Theorien der Grundlagenphysik schon fast synonym. Die Suche nach einer Theorie mit weniger Parametern als dem Standardmodell ist zugleich eine Forderung nach Eleganz und nach Effizienz. In den hochspekulativen Bereichen, in denen die Theoretische Physik derzeit ihr Fortkommen suchen muss, mag mathematische Eleganz sogar eines der wenigen Kriterien sein, nach denen man sich überhaupt richten kann.

Auf keinen Fall kann ich der Autorin zustimmen, dass dies das Grundproblem der derzeitigen Krise ist. Auch in den Fragen, die sie für die echten hält (die sich im Wesentlichen mit meiner eigenen Auswahl decken), auch bei den hässlichsten Ansätzen, die bei der Beantwortung dieser Fragen verfolgt wurden (und die keinesfalls von allen gemieden wurden), gibt es keine großen Erfolge zu verzeichnen. Das eigentliche Problem ist nach wie vor die mangelnde Überprüfbarkeit aufgrund der Unzugänglichkeit der relevanten Skalen.

Somit stimme ich nur mit John Horgan überein, was die Analyse der Ursachen der derzeitigen Situation in der Physik angeht. Wir bewegen uns hart an der Grenze dessen, was in der Physik nach besten menschlichen Fähigkeiten machbar ist. Es gibt einen Bereich jenseits davon, der uns unzugänglich bleiben wird. Einiges deutet darauf hin, dass viele der heute als wichtig angesehenen Fragen der Physik ihre Antworten bereits jenseits dieser Grenze haben. Es ist großartig, dass dennoch so viele Forscher den Mut nicht aufgegeben haben und sich daran versuchen. Doch für wie lange noch?

8.4 Das Multiversum

Die Bedingungen auf dem Planeten Erde sind ausgesprochen lebensfreundlich. Es gibt Wasser in rauen Mengen, ausreichend Kohlenstoff für die Entstehung komplexer chemischer Verbindungen, die Temperatur ist nicht zu heiß und nicht zu kalt, die Zusammensetzung und der Druck der Atmosphäre sind gerade so, wie wir sie brauchen, ein Magnetfeld schirmt uns von einem Großteil der kosmischen Strahlung ab, und auch der Mond stabilisiert das System Erde auf vielfältige Weise. Das ist nur ein kleiner Teil der Liste, welche Faktoren auf unserer Erde geradezu perfekt für die Entstehung von Leben ausgerichtet sind. Da kann man natürlich auf den Gedanken kommen, ein Gott habe dieses wunderbare System so erschaffen, um uns eine Heimat zu bieten. Heute wissen wir aber, dass es bereits in unserer Milchstraße Milliarden Planeten gibt, vom Rest des Universums ganz zu schweigen. Auf diesen Planeten herrschen die unterschiedlichsten Bedingungen in den unterschiedlichsten Kombinationen. Unter all diesen Planeten leben *wir* selbstverständlich auf einem, der für die Entstehung von Leben gut geeignet ist, sonst wären wir schließlich nicht hier. Das ist das sogenannte **schwache anthropische Prinzip:** Eine große Bandbreite an Möglichkeiten ist realisiert, und wir finden uns notwendigerweise auf einer solchen wieder, die intelligentes Leben zulässt, egal wie unwahrscheinlich diese Konstellation in Bezug auf die Gesamtmenge auch sein mag. Das heißt, unser Planet wurde nicht speziell für uns hergestellt, sondern ist einfach ein Zufallsprodukt in der riesigen Vielfalt an Planeten, die es im Universum gibt. Und sicher gibt es noch auf vielen anderen Planeten intelligente Lebensformen, die zu ähnlichen Ergebnissen kommen.

Im Fall der Planeten ist das schwache anthropische Prinzip eindeutig eine *naturwissenschaftliche* Aussage. Das liegt daran, dass wir andere Planeten *beobachten* können, vor allem natürlich die in unserem Sonnensystem, mittlerweile indirekt auch solche in anderen Sternensystemen. Wir können ihre Eigenschaften miteinander vergleichen, können aufgrund astronomischer und physikalischer Theorien Verteilungen und Häufigkeiten grob abschätzen und so (allerdings noch recht ungenau) quantifizieren, *wie* außergewöhnlich die Erde in der Gesamtmenge der Planeten ist.

Was aber, wenn wir keine anderen Planeten sehen könnten (also wenn die Sonne nur einen einzigen Planeten hätte, nämlich die Erde, und auch keine Exoplaneten bekannt wären)? Wenn wir gar nicht sicher sein könnten, dass überhaupt andere Planeten existieren, d. h., wenn dies eine reine Hypothese wäre? Welchen Charakter hätte dann das schwache anthropische Prinzip? Die Frage ist recht subtil. Wenn wir davon ausgehen, dass womöglich in Zukunft eine Beobachtung anderer Planeten möglich ist, nur jetzt eben noch nicht, dann bleibt es eine naturwissenschaftliche Hypothese. Wenn wir jedoch keine Anhaltspunkte für die Existenz anderer Planeten hätten und auch wüssten, dass wir sie *niemals* werden beobachten können, wenn sie denn existieren, dann würden wir das Prinzip wohl als *metaphysisch* von den Naturwissenschaften abgrenzen. Wir könnten es immer noch für *plausibel* halten und es der ebenfalls metaphysischen Hypothese einer göttlichen Spezialanfertigung unseres Planeten gegenüberstellen, aber es wäre dann eben keine naturwissenschaftliche Frage mehr.

Wenn der Erkenntnisstand jedoch irgendwo dazwischen liegt, wird es kompliziert. Wenn wir z. B. astronomische Theorien hätten, die die Existenz anderer Planeten begünstigen, und zwar Theorien, die anhand *anderer* Vorhersagen erfolgreich bestätigt wurden, wir aber trotzdem wüssten, dass die Planeten eine von den Vorhersagen sind, die wir *niemals* bestätigen können, dann könnte man das Prinzip gerade noch als naturwissenschaftlich durchgehen lassen, eben weil die Existenz aus *gesicherten* Theorien folgt (das ist das Hauptargument, das Max Tegmark in verschiedenen Diskussionen für das Multiversum ins Feld führt). Wenn jedoch die Theorien gar nicht gesichert sind oder die Interpretation der Theorien umstritten ist, dann befinden wir uns in einem Grenzbereich.

Das ist genau die Diskussion über die mögliche Existenz anderer Universen, die zurzeit geführt wird. Der Kern der Frage ist tatsächlich, ob das denn noch Naturwissenschaft ist. Wir stellen fest, dass die Parameter in den Theorien, die unser Universum beschreiben, geradezu für die Entstehung von Leben abgestimmt zu sein scheinen. Damit verlagert sich die ganze Diskussion, die wir eben über Planeten geführt haben, auf das Universum als Ganzes. Das schwache anthropische Prinzip besagt dann: Es gibt viele Universen (die alle zusammen dann das **Multiversum** bilden), mit einer großen Bandbreite an Naturgesetzen, und wir finden uns natürlich in einem solchen wieder, in dem die Entstehung von intelligentem Leben möglich ist.

Dazu sollten wir erst einmal klären, wie die Begriffe Universum und Multiversum verwendet werden. Für Max Tegmark, einen der wichtigsten Befürworter der Multiversumsidee, ist ein *anderes* Universum eine Welt (wie auch immer definiert), mit der wir niemals in Kontakt treten, die wir also insbesondere niemals beobachten werden können. Dafür gibt er verschiedene Beispiele. So bilden für ihn die vielen Welten der Viele-Welten-Interpretation der QM (deren Anhänger Tegmark ist) ein Multiversum, weil diese verschiedenen Welten in keinem kausalen Kontakt miteinander mehr stehen oder jemals wieder stehen werden. Auch Regionen des Universums, die so weit voneinander entfernt sind, dass sie niemals miteinander kommunizieren können, bilden für ihn bereits ein Multiversum. Man sieht hier bereits, dass die Begriffe Universum und Multiversum nicht so klar voneinander abgegrenzt sind. Die vielen

Welten der QM bilden ja gemeinsam den Zustand eines einzigen Universums, es sind nur verschiedene *Zweige* dieses einen Zustands. Die weit entfernten Regionen des Universums sind Teil eines gemeinsamen Raumzeitkontinuums. Es gibt eigentlich keinen Grund, hier einen neuen Begriff, den des Multiversums, einzuführen. Es ist ein *Universum,* in dem es eben Teile gibt, die nicht miteinander in Kontakt stehen.

Eine weitere Stufe des Multiversums wird erreicht, wenn die entfernten Regionen unterschiedlichen *effektiven* Naturgesetzen folgen. Das heißt, all diesen Regionen liegt zwar dieselbe fundamentale vereinheitlichte Theorie (dieselbe *Weltformel*) zugrunde. Aber da derartige Theorien wie gesagt oft auf sehr hohen Energieskalen definiert sind und auf sehr viele verschiedene Weisen auf niedrigere Energien heruntergebrochen werden können, kann es sein, dass in verschiedenen Regionen der Raumzeit verschiedene dieser Möglichkeiten realisiert sind und somit *effektiv* unterschiedliche Naturgesetze herrschen (es sei denn, man führt Experimente auf der Skala der vereinheitlichten Theorie durch, dann sind die Naturgesetze wieder gleich). Das ist die Stufe, die für das schwache anthropische Prinzip relevant ist und auf die sich die meisten beziehen, wenn vom Multiversum die Rede ist. In diesem Zusammenhang wird der Begriff *Universum* für eine Region der Raumzeit mit bestimmten einheitlichen physikalischen Eigenschaften verwendet und der Begriff *Multiversum* für das Raumzeitkontinuum als Ganzes.

Ist das noch Naturwissenschaft? Befürworter wie Tegmark argumentieren: Wenn wir eine vereinheitlichte Theorie finden und auf irgendeine Weise experimentell bestätigen könnten und diese Theorie nun einmal die Eigenschaft hat, sehr viele verschiedene mögliche effektive Theorien bei niedrigen Energien zuzulassen (wie dies etwa bei der Stringtheorie der Fall ist), dann hätten wir eine naturwissenschaftliche Handhabe für diese Art von Multiversum. Man müsste dann noch klären, wie es dazu kam, dass verschiedene Möglichkeiten in verschiedenen Regionen realisiert wurden, aber das wäre ebenfalls eine Frage, die man im Rahmen der vereinheitlichten Theorie untersuchen könnte.

Das „wenn", das am Anfang dieses Arguments steht, ist natürlich ein sehr großes. Momentan sind wir weit davon entfernt, eine vereinheitlichte Theorie experimentell bestätigen zu können. Insofern ist auch die Multiversumsidee momentan reine Spekulation. Es ist aber tatsächlich im Prinzip möglich, dass das Thema sich („gerade noch so") naturwissenschaftlich behandeln lässt, wenn man das Multiversum so wie oben als das gesamte *eine* Raumzeitkontinuum definiert.

Die Multiversumsidee wurde aber auch noch weiter getrieben, über das eine Raumzeitkontinuum hinaus. Tegmark geht so weit, den Gedanken anzuregen, dass *jede* mathematische Struktur ein Universum bildet, das in einem gewissen platonischen Sinne *existiert*. Die Gesamtheit aller mathematischen Strukturen bildet somit ein gigantisches Multiversum. Unser Universum ist eine dieser unendlich vielen Strukturen. Das ist natürlich eine rein metaphysische Spekulation. Sie hat jedoch einige interessante philosophische Implikationen, deshalb kommen wir im nächsten Kapitel darauf zurück.

9

Dinge und Fakten

9.1 Fakten

„Die Welt ist alles, was der Fall ist. Sie ist die Gesamtheit der Tatsachen, nicht der Dinge", heißt es bei Wittgenstein (1963) im bereits zitierten *Tractatus*. Aber was ist überhaupt eine „Tatsache"? In der Mathematik haben Aussagen einen eindeutigen Wahrheitswert (wahr oder falsch), Definitionen sind eindeutig, Beweise lassen keinen Zweifel zu. Ähnlich scheint es in der Kriminalistik zu sein: Entweder ist Lee Harvey Oswald der Mörder Kennedys, oder er ist es nicht, auch wenn wir die Antwort nicht kennen. Kriminalromane wie die von Agatha Christie oder Sir Arthur Conan Doyle suggerieren, dass hier die pure Logik regiert, gepaart mit empirischen Befunden; Indizien, die zu einem Beweis zusammengesetzt werden. Die ganze Naturwissenschaft scheint in diesem Sinne eine große Krimiserie zu sein, auf der ständigen Jagd nach Fakten.

Aber schon beim Verbrechen ist es oft nicht so eindeutig. Hat der Täter mit Absicht gehandelt oder nicht? War er zum Zeitpunkt der Tat zurechnungsfähig? Das Gesetzbuch verlangt eine klare Einordnung, aber es gibt Grenzbereiche, in denen die Antwort irgendwo zwischen Ja und Nein zu liegen scheint. Je mehr Subjektives ins Spiel kommt, desto uneindeutiger die Fakten. Deshalb bemüht sich die Naturwissenschaft ja um vollkommene Objektivität.

In der Physik ist es jedoch sehr schwierig mit den Fakten, trotz Objektivität. Das hat viele Gründe. Alle haben damit zu tun, dass an physikalischen Aussagen viel mehr **Kontext** haftet als an Aussagen, die sich auf Alltagssituationen wie etwa Mord und Totschlag beziehen, und zwar umso mehr Kontext, je weiter man in der Hierarchie der Theorien nach unten steigt. Mit den verschiedenen Arten von Kontext, die dabei auftreten, und was das über physikalische Fakten aussagt, wollen wir uns hier beschäftigen.

© Springer-Verlag GmbH Deutschland, ein Teil von Springer Nature 2020
J.-M. Schwindt, *Universum ohne Dinge*,
https://doi.org/10.1007/978-3-662-60705-3_9

Erste Komplikation

Die erste Komplikation ist das **Experiment,** das zwischen physikalischer Aussage und dem Physiker steht. Bei Beobachtungen im Alltag nehmen wir Sachverhalte direkt über die Sinne auf. Wir nehmen Farben, Formen und Töne wahr und erkennen darin direkt Gegenstände, Menschen, Melodien sowie etliche Zusammenhänge, die zwischen ihnen bestehen. Bei einem physikalischen Experiment sind die Verhältnisse komplizierter. Wie schon in Kap. 6 geschildert, ist das Ergebnis eines Experiments nicht einfach das Protokoll der sinnlichen Wahrnehmungen des Experimentators. Stattdessen werden diese Wahrnehmungen, z. B. das Ablesen eines Messgeräts, *interpretiert* als Aussagen über bestimmte physikalische Größen, die sich mit den Sinnen direkt nicht wahrnehmen lassen, z. B. die Stärke eines Magnetfeldes. Das Magnetfeld ist selbst schon etwas Konzeptionelles, Abstraktes, das Ergebnis von physikalischer Theoriebildung. Der Experimentator und auch der Leser seines Berichts müssen die zugehörigen Konzepte und Zusammenhänge bereits im Kopf haben, um zu verstehen, was das Messgerät eigentlich tut, wie also die Aussage über das Magnetfeld, die der Experimentator niederschreibt, daraus hervorgeht.

Das Magnetfeld ist dabei noch ein relativ einfaches Beispiel. Wenn Sie jedoch einen Teilchenphysiker fragen, wie genau, nach welcher Logik der Datenoutput der Detektoren am LHC sich als Nachweis des Higgs-Teilchens verstehen lässt, so wird die Antwort äußerst kompliziert sein. Das Ergebnis eines Experiments, die Aussage, die es macht, kann nur im **Kontext einer Theorie** (oder in komplizierten Fällen sogar mehreren Theorien) verstanden werden. Die Theorie wiederum basiert auf einer Kette anderer Experimente sowie auf einer Reihe von Begriffsbildungen und der Erkenntnis von Zusammenhängen zwischen diesen Begriffen. Die Begriffe sind abstrakt, d. h., sie lassen sich zwar zu einem gewissen Grad veranschaulichen, z. B. anhand der magnetischen „Feldlinien" im Fall des Magnetfeldes, stehen aber außerhalb der Welt unserer sinnlichen Wahrnehmungen und bereiten dem menschlichen Verstand ein gewisses Maß an Mühe bzw. erfordern einiges an Übung.

Zweite Komplikation

Die zweite Komplikation besteht darin, dass sowohl Messungen als auch Theorien nur **Näherungen** darstellen. Jedes Messgerät hat ein begrenztes Auflösungsvermögen und ist unter Umständen bestimmten Störeinflüssen ausgesetzt. Jeder Experimentator hat die Ungenauigkeiten, die mit einer Messung verbunden sind, abzuschätzen. Diese Abschätzung ist wesentlicher Bestandteil eines Versuchsprotokolls. Daher ist auch jede Aussage über eine physikalische Größe immer implizit mit Ungenauigkeit zu verstehen. Wenn in meinem Personalausweis steht, ich sei 186 cm groß, so ist damit nicht gemeint, dass ich genau 186,0 cm groß bin, sondern zwischen 185,5 und 186,5 cm. Zahlenwerte sind immer im Sinne von Rundungen zu verstehen, nicht als exakte Werte, und werden daher anders gehandhabt als in der Mathematik (Kap. 6).

Theorien beziehen sich auf solche mit Ungenauigkeiten behaftete Messgrößen und sind somit selbst nur als Näherungen zu verstehen. So kommt auch die Hierarchie der Theorien zustande. Eine Theorie kann eine Reihe von experimentellen Ergebnissen im Rahmen von deren Genauigkeit gut beschreiben; wenn man jedoch die Genauigkeit der Experimente durch verbesserte Methoden erhöht, ist die Theorie womöglich nicht mehr hinreichend und muss durch eine bessere, genauere Theorie ersetzt werden. Wie gut eine Theorie als Näherung funktioniert, hängt außerdem von bestimmten Gegebenheiten der physikalischen Situation ab. Wenn es um makroskopische Objekte geht, deren Geschwindigkeiten deutlich kleiner als die Lichtgeschwindigkeit sind, so stellt die Newton'sche Mechanik eine gute Näherung dar. Je mehr sich die Geschwindigkeiten der Lichtgeschwindigkeit nähern, desto schlechter wird sie. In dem Fall verwendet man besser die SRT. Diese ist bei hohen Geschwindigkeiten eine gute Näherung, vorausgesetzt, ein paar andere Bedingungen sind erfüllt, zum Beispiel: Abstände sind klein im Vergleich zur Größe des sichtbaren Universums, und die Schwerkraft wirkt nicht zu stark auf die Objekte, sonst bräuchte man die ART, als noch bessere Näherung. Unter den Planeten des Sonnensystems ist der Merkur der stärksten Schwerkraft durch die Sonne ausgesetzt. Seine Bahn war schon vor mehr als 100 Jahren so genau vermessen, dass die Newton'sche Gravitationstheorie nicht mehr genau genug war, um sie korrekt vorherzusagen.

Wenn ich sage, jede Theorie ist als Näherung zu verstehen, so kann man sich fragen: Näherung an was? An die „Wirklichkeit"? Aber das ist ein problematisches Konzept. Theorien stellen experimentelle Befunde in einen Zusammenhang, aber inwieweit sie eine „Wirklichkeit" abbilden, ist eine hochphilosophische Frage. Vielleicht: Näherung an die Befunde, wie *ideale* Experimente sie finden würden, also solche mit verschwindenden Ungenauigkeiten? Auch das ist sehr problematisch. Zum einen sind solche Experimente praktisch unmöglich, zum anderen sind auch in manchen Theorien schon prinzipielle Unschärfen eingebaut, wie in der Unschärferelation der QM. Diese Relation impliziert, dass unendlich genaue Messungen Wechselwirkungen mit unendlicher Energie voraussetzen, wodurch das ganze Experiment zu einem Schwarzen Loch kollabieren würde. Wir sollten daher etwas bescheidener sein und die Näherung graduell verstehen: Jede Theorie ist eine Näherung an die nächst „bessere", also genauere Theorie.

Was soll es nun heißen, dass eine Theorie T1 eine Näherung an eine andere Theorie T2 ist? Die beiden Theorien benutzen unter Umständen ganz unterschiedliche Begriffssysteme, man kann also evtl. gar nicht so einfach eine Aussage der einen Theorie mit einer der anderen vergleichen. Das Bindeglied ist wiederum das Experiment: Damit die Theorien vergleichbar sind, müssen sie sich auf dieselben experimentellen Daten anwenden lassen, wenn sie diese auch unter Umständen in Form von unterschiedlichen Begriffen interpretieren. Man kann dann definieren, T1 sei eine Näherung an T2, wenn (1) in manchen Fällen sowohl T1 als auch T2 Zusammenhänge zwischen den Daten im Rahmen von deren Genauigkeit beschreiben bzw. korrekt vorhersagen, (2) in anderen Fällen nur T2 und (3) niemals nur T1 dies tut. Schließlich kann es (4) auch Daten geben, zu denen T1 gar nichts sagen kann, nicht einmal näherungsweise, aber (5) es gibt keine Daten, zu denen T1 etwas sagen kann, T2 jedoch nicht.

Gehen wir das konkret an einem Beispiel durch: Wenn die Planetenbahnen von Astronomen vermessen werden, geht hierbei schon ein gewisses Maß an theoretischem Wissen ein, das wir unter der Bezeichnung T0 zusammenfassen wollen. T0 beinhaltet vor allem die Optik, die nötig ist, um die Funktionsweise eines Fernrohres zu verstehen. Aus den Beobachtungen über einen Zeitraum von Jahren werden die Planetenbahnen erschlossen. Diese werden als Bahnen um die Sonne, nicht etwa um die Erde, interpretiert, den Erkenntnissen des Kopernikus folgend, dass die Erde nicht der Mittelpunkt des Universums ist. Auch das zähle ich als Bestandteil von T0.

Diese Erkenntnisse standen bereits Kepler im 17. Jahrhundert zur Verfügung. In den gemessenen Bahnen fand er gewisse Zusammenhänge, die er zu einer Theorie T1 zusammenfasste, bestehend aus den drei Kepler'schen Gesetzen. Diese Gesetze beschreiben die Bahnen nach ihren geometrischen Eigenschaften und der Zeit, in der sie durchlaufen werden.

Einige Jahrzehnte später fand Newton das Gravitationsgesetz T2. Dieses führt die Planetenbahnen auf eine *Kraft* zurück, die Gravitation. Aus dieser Kraft folgen zunächst die Kepler'schen Gesetze für die Bahnen, es werden jedoch zusätzlich noch die Einflüsse der Planeten untereinander berücksichtigt, die zu kleinen Abweichungen von den Kepler'schen Gesetzen führen, so dass T2 genauer ist als T1. Je nach Genauigkeit der Messung ist T1 hinreichend, um die Zusammenhänge zwischen den Daten korrekt zu reproduzieren (Fall 1 in der Definition oben), oder eben nicht (Fall 2). T1 stellt also eine Näherung an T2 dar. Das Gravitationsgesetz ist aber viel allgemeiner als die Kepler'schen Gesetze; es beschreibt auch das Herabfallen eines Steines auf der Erde, wozu die Kepler'schen Gesetze nichts zu sagen haben (Fall 4).

Newtons Gravitationsgesetz T2 ist wiederum eine Näherung an die ART T3. Diese beschreibt die Bahn des Merkur genauer als T2 (Fall 2), bei den äußeren Planeten unterscheiden sich die Vorhersagen der beiden Theorien jedoch so wenig, dass der Unterschied unterhalb der Messgenauigkeit liegt (Fall 1). In der ART gibt es keine Newton'sche Kraft mehr, die die Planeten anzieht. Stattdessen bewegen sie sich entlang von Geodäten in einer gekrümmten Raumzeit. Der Begriffsrahmen hat sich wieder stark geändert. Die ART beschreibt auch Situationen, zu denen die Newton'sche Theorie nichts zu sagen hat, zum Beispiel die beschleunigte Expansion des Universums durch Dunkle Energie (Fall 4).

Wir wissen, dass die ART nicht kompatibel mit der QM ist und können uns daher Experimente ausdenken, die derzeit zwar nicht in der Praxis, aber *im Prinzip* ausführbar sind, und von denen wir wissen, dass T3 (also die ART) nicht hinreichend sein wird, um die Zusammenhänge zwischen den Ergebnissen des Experiments korrekt zu beschreiben. Es wird dann eine Theorie T4 nötig sein, der man schon einmal den Spitznamen *Quantengravitation* gibt, an die T3 eine Näherung ist.

Man kann sich natürlich fragen, ob diese Kette der Näherungen irgendwann einmal zu einem Ende kommt, ob es also eine **allumfassende Theorie** gibt, in deren Zuständigkeitsbereich alle Experimente und Beobachtungen fallen, die prinzipiell jemals durchgeführt werden können, und die die Ergebnisse all dieser Experimente im Rahmen von deren Genauigkeit korrekt vorhersagt. Im Prinzip ist beides vorstellbar: dass die Kette der Näherungen sich bis ins Unendliche fortsetzt oder dass sie in einer allumfassenden Theorie endet. Unabhängig davon kann es in beiden Fällen sein, dass wir aus *praktischen* Gründen irgendwo in der Kette ins Stocken geraten, weil wir nicht in der Lage sind, die nötigen Experimente mit der nötigen Genauigkeit durchzuführen (wie in Kap. 8 geschildert).

Zwei Dinge sind jedoch klar:

1. Derzeit sind wir nicht im Besitz der allumfassenden Theorie (wenn es sie denn gibt), weil wir noch nicht einmal im Besitz einer Theorie der Quantengravitation sind.
2. Wenn wir die allumfassende Theorie gefunden haben, werden wir niemals *wissen* können, dass es die allumfassende Theorie ist, denn wir können nicht wissen, ob nicht irgendein von uns noch nicht beobachtetes Phänomen dazu in Widerspruch steht.

Die allumfassende Theorie (wenn es sie denn gibt und wenn wir in ihrem Besitz sind, ohne zu wissen, dass es die allumfassende Theorie ist) kann für uns durchaus zu einer *gesicherten* Theorie werden, die wir nach unserem gesunden Menschenverstand als hinreichend bestätigt auffassen. Jedoch haben wir mit unseren Experimenten und Beobachtungen immer nur einen bestimmten

Bereich des Universums abgedeckt, nur bestimmte Längen-, Zeit- und Energieskalen. Daher kann die Theorie nur in diesem begrenzten *Bereich* als gesichert gelten. Ob jenseits davon andere Phänomene existieren, die nach anderen Theorien verlangen, wissen wir nicht. Den Bereich können wir mit zukünftigen Experimenten zu einem gewissen Grad erweitern. Aber der Bereich, den wir *nicht* kennen, wird zu jedem Zeitpunkt sehr groß sein, womöglich größer als der, den wir kennen (Kap. 10).

Eine praktikable Weise, die Zuständigkeitsbereiche der einzelnen Theorien voneinander abzugrenzen, nutzt den Begriff der **Skala.** Wir kennen unter anderem Längen-, Zeit- und Energieskalen und nutzen dabei aus, dass Länge, Zeit und Energie Begriffe sind, die in *allen* gesicherten Theorien vorkommen, so dass wir sie über die Grenzen hinweg verwenden können. Besser noch, Länge und Zeit sind über die beiden Relativitätstheorien eng miteinander verknüpft, Energie wiederum über die QM eng mit der Zeit. So kommt es, dass die QFT, die sowohl die QM als auch die SRT beinhaltet, nur noch *einen* Skalenbegriff kennt, der sich wahlweise als Längenskala, Zeitskala oder Energieskala verstehen lässt. (Dabei ist letztere antiproportional zu den anderen beiden: Eine große Längen- oder Zeitskala bedeutet eine kleine Energieskala und umgekehrt.) Es ist jedoch zu berücksichtigen, dass die drei Begriffe bei der Übersetzung zwischen verschiedenen Theorien gewisse Veränderungen erfahren, also leicht unterschiedliche Bedeutungen besitzen. So ist beispielsweise die Masse bei relativistischen Theorien in der Energie enthalten, bei nichtrelativistischen Theorien nicht. Räumliche Längen und zeitliche Abstände beziehen sich in nichtrelativistischen Theorien auf einen „absoluten" Raum und eine fein säuberlich davon getrennte „absolute" Zeit. In SRT und ART hängen Raum und Zeit zusammen, räumliche und zeitliche Abstände hängen jeweils vom Bezugssystem ab. In der ART müssen Abstände darüber hinaus im Allgemeinen entlang krummer Linien in einer gekrümmten Raumzeit berechnet werden. Der Begriff der Skala bezieht sich jedoch auf **Größenordnungen** und sieht von solchen „feinen" Unterschieden ab. Wenn er theorienübergreifend genutzt wird, ist er selbst nur als grobe Näherung zu verstehen.

Am einfachsten lässt sich über Längenskalen sprechen. Oberhalb von 100 Millionen Lichtjahren befinden wir uns beispielsweise auf kosmologischen Längenskalen; hier regiert vor allem die ART, und alles kann anhand der wenigen kosmologischen Parameter charakterisiert werden. Physik auf einer bestimmten Skala zu betreiben, heißt nämlich auch, Ungleichmäßigkeiten, die deutlich kleiner sind als die betrachtete Skala, nicht zu berücksichtigen (auf kosmologischer Skala wären das z. B. die Galaxien). Betrachten wir die Form der Erde auf der Skala von 10.000 km, so erscheint sie als gleichmäßige Kugel. Auf der Skala von 10 km werden jedoch die Unregelmäßigkeiten,

Berge und Täler, sichtbar. Unser Alltag spielt sich typischerweise auf Skalen zwischen Zentimetern und einigen Kilometern ab; das sind die Größen der Objekte, mit denen wir hantieren, die Wege, die wir zurücklegen. Hier gelten hauptsächlich die Gesetze der Klassischen Physik. Unterhalb von Nanometern (Millionstel Millimetern) betreten wir die atomare Skala. Hier regieren die Gesetze der QM. Für unterschiedliche Skalen gelten also unterschiedliche Gesetze, unterschiedliche Gebiete der Physik sind dafür zuständig.

In der QFT werden Skalen meist als Energieskalen ausgedrückt, in der Einheit Elektronenvolt (eV) (Abschn. 8.1). Gemeint sind dabei typischerweise die Energien, mit denen Teilchen aufeinandergeschossen werden, um eine Theorie zu testen. Hier zeigt sich auch, dass es Skalenabhängigkeiten auf verschiedenen Ebenen gibt. Zunächst gibt es die kontinuierlich „laufenden Parameter" der QFT: Parameter wie Massen und Kopplungskonstanten sind Funktionen des Skalenparameters (Abschn. 7.7). Zweitens gibt es sogenannte Phasenübergänge, bestimmte Werte des Skalenparameters, bei denen sich das Verhalten der Theorie sprungartig ändert. Zum Beispiel sind oberhalb der elektroschwachen Skala (etwa 100 GeV) die elektromagnetische Wechselwirkung und die schwache Kernkraft zu einer einzigen Kraft vereinigt, unterhalb der Skala unterscheiden sie sich. Aber auch bei solchen Phasenübergängen ändert sich nichts daran, dass der zugrunde liegende theoretische Rahmen die QFT bleibt. Drittens gibt es aber auch Skalen, bei denen sich der gesamte theoretische Rahmen ändert. Wenn z. B. eine QFT der Gravitation sich als unmöglich erweisen sollte, dann wird erwartet, dass oberhalb der Planck-Skala (etwa 10^{19} GeV) das Regime der Quantengravitation einsetzt, die keine QFT mehr ist. Am anderen Ende des Spektrums, im Bereich 1 eV, spielen sich chemische Reaktionen ab (d. h., diese Energien werden bei chemischen Reaktionen typischerweise pro Teilchen ausgetauscht bzw. freigesetzt). Diese lassen sich aber viel besser mit QM als mit QFT beschreiben, der theoretische Rahmen der QFT wird also auch auf dieser Seite verlassen. Nicht dass die QFT hier *ungültig* wird, genauso wenig, wie die Quantengravitation unterhalb der Planck-Skala ungültig wird. Es gibt bloß eine *einfachere* Theorie, die als Näherung in diesem Bereich völlig ausreichend ist.

Die Energieskalen der QFT sind direkt mit Längenskalen verknüpft, die eine ist proportional zum Kehrwert der jeweils anderen (je größer die Energie, desto kleiner die zugehörige Länge). So entspricht z. B. die Planck-Skala einer Länge von etwa 10^{-33} cm, der *Planck-Länge*. Dadurch können wir, im Sinne der Einheitlichkeit und Anschaulichkeit, auch in diesem Bereich von Längenskalen sprechen.

Es kann übrigens passieren, dass eines Tages eine neue Theorie auftaucht, in der das Konzept „Länge" nicht mehr vorkommt. Dann müssten wir an diesem

Punkt auch den Begriff der Längenskala aufgeben, der uns bis dahin durch alle Theorien begleitet und als Unterscheidungskriterium gedient hat.

Zusammengefasst: Theorien sind als Näherungen aufzufassen, ebenso wie die Ergebnisse von Experimenten. Außerdem hat jede Theorie einen bestimmten Zuständigkeitsbereich, in dem sie eine *gute* Näherung darstellt. Dieser Zuständigkeitsbereich lässt sich meist in Form von Skalen charakterisieren. Da physikalische Aussagen immer im Kontext einer Theorie stehen, stellen sie selbst Näherungen dar, insbesondere ist ihre Gültigkeit an bestimmte Skalen gebunden. Bei größerer Genauigkeit des Experiments, auf das eine Aussage sich bezieht, oder bei tieferem „Hineinzoomen" in den Gegenstand, von dem sie handelt, kann sie ihre Gültigkeit verlieren.

Dritte Komplikation

Die dritte Komplikation ist, dass physikalische Größen relativ sind. Sie sind nur im Vergleich zu anderen Größen definiert. Wenn ich sage, mein Regal habe eine Höhe von zwei Metern, dann ist dabei nicht nur berücksichtigen, dass dies eine Näherung ist, sondern man muss zunächst einmal überhaupt wissen, was ein Meter ist. Der Meter muss auf irgendeine Weise definiert werden. Dass mein Regal eine Höhe von zwei Metern hat, bedeutet, dass es doppelt so hoch ist wie das, was als ein Meter definiert ist, es ist also ein Vergleich mit einer anderen Länge.

Wie ist nun also ein Meter definiert? Das hat sich mit der Zeit geändert. Ursprünglich war es einmal „der Vierzigmillionste Teil desjenigen Erdumfangs, der Paris und den Nordpol berührt". Die Nennung von Paris und Nordpol ist erforderlich, weil der Erdumfang nicht überall genau gleich ist, er weist leichte Unterschiede auf, je nachdem, entlang welchen Großkreises man ihn vermisst. Nun ist aber die Erdoberfläche gewissen kleinen Veränderungen ausgesetzt. Der Nordpol verschiebt sich von Zeit zu Zeit ein wenig, die Kontinente driften hin und her, dadurch verschiebt sich auch Paris, wenn auch sehr langsam. Nehmen wir an, durch diese Verschiebung kommt es dazu, dass der Erdumfang, der der Definition entspricht, ein wenig zunimmt (nur um einen winzigen Bruchteil natürlich, aber darauf kommt es hier nicht an). Dann bedeutet das, dass ein Meter etwas länger geworden ist als zuvor. Im Vergleich zu diesem neuen Meter ist mein Regal dann nicht mehr zwei Meter hoch, sondern etwas weniger. Das Regal ist etwas geschrumpft im Vergleich zur Definition des Meters. Da der Meter aber erst definiert, was eine Längenaussage bedeutet, ist es eigentlich schon falsch zu sagen, der besagte Erdumfang habe zugenommen. Der Meter *definiert,* ob und wie sehr eine Länge sich ändert. Wir tun so, als ob „Länge" eine absolute Bedeutung habe, von der wir unabhängig von allen anderen Faktoren etwas aussagen können. Aber Länge hat immer nur eine

Bedeutung im Vergleich zu einer anderen Länge. Wenn wir also sagen, wir definieren die Länge über einen Vergleich mit dem besagten Erdumfang, dann *kann* dieser Erdumfang *per Definition* nicht wachsen. Vielmehr müssten wir immer davon ausgehen, dass der Rest der Welt geschrumpft ist. Das hätte zur Folge, dass wir neue physikalische Theorien bräuchten, die uns erklären, warum alles im Universum schrumpft. Es würde sich dann herausstellen, dass diese Theorien erstens sehr kompliziert wären und zweitens die Schrumpfung selbst der entferntesten Sterne in seltsamer Weise mit der Kontinentaldrift auf der Erde zusammenhängt. Wir würden schließlich merken, dass die Seltsamkeit dieser Theorien auf unsere ungünstige Definition des Meters zurückgeht und die Definition ändern.

Heute ist das Meter über die Lichtgeschwindigkeit definiert, als „die Strecke, die das Licht in 1/299.792.458 Sekunden zurücklegt". Man geht davon aus, dass die Lichtgeschwindigkeit eine Naturkonstante ist, die sich niemals ändert. Mit der neuen Definition des Meters *kann* sie sich *per Definition* nicht mehr ändern. Wenn wir eines Tages feststellen sollten, dass alles auf der Welt geschrumpft ist (und zwar im Vergleich zu der Strecke, die das Licht in 1/299.792.458 Sekunden zurücklegt), dann haben wir zwei Möglichkeiten: Entweder wir suchen nach einer Theorie, die uns erklärt, warum alles geschrumpft ist, ohne an der Definition des Meters etwas zu ändern. Oder wir ersetzen die Definition des Meters durch etwas anderes, das die Schrumpfung aufhebt, und nehmen dafür in Kauf, dass die Lichtgeschwindigkeit sich geändert hat, wofür wir dann auch wieder eine neue Theorie brauchen. Für welche der beiden Möglichkeiten wir uns entscheiden, hängt davon ab, welche Version am Ende effizienter ist, also gewissermaßen von Ockhams Rasiermesser. Wenn beide Varianten sich als gleichermaßen kompliziert herausstellen, dann ist es *Geschmackssache,* ob die Lichtgeschwindigkeit sich geändert hat oder die Welt geschrumpft ist.

In Wirklichkeit ist die Sache noch komplizierter, denn die Definition des Meters beinhaltet die Maßeinheit „Sekunde", die ihrerseits auch eine Definition benötigt. Die Sekunde ist derzeit anhand eines quantenmechanischen Übergangs im Cäsiumatom definiert. Die physikalischen Eigenschaften des Cäsiums würden sich jedoch ändern, wenn das Atom wie angenommen schrumpft, und dadurch geraten auch alle Zeitmessungen durcheinander. Diese Änderung müsste ebenfalls in die Überlegungen miteinbezogen werden. Es stellt sich heraus, dass über die physikalischen Gesetze und die Definitionen, die sie voraussetzen, so ziemlich alles mit allem verknüpft ist und man nur alle Änderungen im Zusammenhang beurteilen kann, nicht einfach nur die Längenänderungen für sich genommen.

Machen wir dazu noch ein Gedankenexperiment. Wenn über Nacht alles im Universum doppelt so groß wird wie vorher (inklusive aller Abstände), würden wir das überhaupt merken? Die Antwort lautet: Es hängt davon ab, was sich sonst noch ändert. Die Größenverhältnisse sind gleich geblieben, da alles gleichzeitig gewachsen ist. Aber was ist zum Beispiel mit der Schwerkraft? Wenn die Massen der Objekte sich nicht geändert haben, sondern wirklich nur die Größen, dann folgt aus dem Newton'schen Gravitationsgesetz, dass die Schwerkraft auf der Erdoberfläche nur noch ein Viertel ihrer vorherigen Stärke hat, weil der Abstand vom Erdmittelpunkt sich verdoppelt hat (die Gravitationskraft verhält sich antiproportional zum Quadrat des Abstands). Alles fällt also viermal langsamer. Da sich aber zugleich alle Maßstäbe verdoppelt haben, zum Beispiel auch die Höhe des Turmes, von dem ich einen Stein fallen lasse, kommt es mir sogar achtmal langsamer vor. Damit ich keinen Unterschied merke, müssen sich außer den Längen also auch noch andere Dinge ändern. Wenn sich zum Beispiel die Gravitationskonstante um den Faktor 8 erhöht, würde dies die Verringerung der wahrgenommenen Schwerkraft genau ausgleichen. Oder die Gravitationskonstante ist gleich geblieben, aber die Masse der Erde hat sich um den Faktor 8 vergrößert. Das ist plausibel, wenn die Dichte gleich geblieben ist. Dann bewirkt eine Verdoppelung des Radius gerade eine Verachtfachung der Masse. In diesen beiden Fällen würde man keinen Unterschied merken, was die Gravitation angeht. Die gleiche Überlegung müsste man aber auch in Bezug auf alle anderen Naturgesetze anstellen. Am Ende kommt man auf eine Kombination von physikalischen Größen und Naturkonstanten, die *gemeinsam* geändert werden müssten, damit die Verdoppelung der Längen nicht auffällt. Man könnte dann mit Fug und Recht behaupten, das Universum nach der Änderung sei *dasselbe* wie vorher.

Es ist bemerkenswert, dass das möglich ist. Es zeigt, dass die Maßeinheiten und Naturkonstanten in einem gemeinsamen Kontext gesehen werden müssen. Man kann dann **Transformationen** finden, die eine Menge von Aussagen in eine andere Menge von Aussagen **übersetzen,** so dass beide Mengen, obwohl sie völlig unterschiedlich aussehen, *dieselbe* physikalische Situation beschreiben. Nehmen wir zum Beispiel die Expansion des Universums. Expansion bedeutet, dass alle Abstände im Universum sich vergrößern, wobei aber „kleinere" Objekte wie etwa Galaxien, die sich von der Expansion „abgekoppelt" haben, ihre Größe beibehalten. Lässt sich diese Situation mit ähnlichen Tricks wie oben so umdeuten, dass die Abstände gar nicht wachsen, sondern dass im Gegenteil die Galaxien schrumpfen? Es zeigt sich in der Tat, dass dies möglich ist, wenn man eine Reihe von Größen umdeutet und einige Naturkonstanten zeitabhängig macht (Wetterich 2013). Die Theorie, die dabei herauskommt, ist gar nicht so viel komplizierter oder unplausibler als die ursprüngliche. Die Konsequenz ist: Ob man von einem expandierenden Universum spricht oder von einem nichtexpandierenden, in dem die Dinge schrumpfen, ist *Geschmackssache* bzw. *Konvention*. Beide Sichtweisen sind äquivalent. So relativ sind physikalische Größen.

Vierte Komplikation

Die vierte Komplikation hat mit der dritten zu tun, ist gewissermaßen eine Verallgemeinerung davon. Sie besteht darin, dass der „physikalische Kern" einer Theorie – oder einer Aussage, die im Kontext dieser Theorie gemacht wird – umwölkt ist von vielen Dingen, die für einen Unbedarften so aussehen, als würden sie zum physikalischen Kern gehören, obwohl das nicht der Fall ist. Die „Wolke" wird um so dicker und dichter, je weiter unten in der Hierarchie die Theorie liegt.

An dieser Wolke lassen sich drei Bestandteile unterscheiden: Zum ersten enthält sie Dinge, die reine Konvention sind. Dazu gehören Koordinatensysteme. Um eine Konstellation im Raum zu beschreiben (bleiben wir für den Moment bei Klassischer Mechanik oder Feldtheorie), verwendet der Physiker ein Koordinatensystem, mit dem er Punkte in Form von Zahlenkombinationen „benennt". Koordinaten sind reine Konvention. Der Physiker kann ein kartesisches, sphärisches, zylindrisches oder schiefwinkliges Koordinatensystem verwenden, und er kann es so in den Raum legen, wie es ihm beliebt, d. h. den Ursprung (wo alle Koordinaten 0 sind) sowie die Orientierung im Raum wählen. Wenn er nun die Aussage macht, zwei Objekte stoßen im Punkt $(0, 1, 1)$ zusammen, so gehören die drei Koordinaten 0, 1, 1 zur Wolke, nicht zum Kern. Sie entspringen der Konvention. Um zum Kern zu gelangen, müsste man sie anhand der Definition des gewählten Koordinatensystems in eine physikalische Charakterisierung des Punktes zurückübersetzen, beispielsweise „einen Meter oberhalb des Erdbodens, einen Meter nördlich des Messgeräts".

Der Übergang von einem Koordinatensystem in ein anderes ist eine *Transformation,* die dieselbe physikalische Situation in eine andere Konvention *übersetzt,* ähnlich wie bei einer Übersetzung zwischen zwei Sprachen, in denen beide Male dasselbe ausgedrückt werden soll. Derartige Transformationen spielen in der Physik eine wichtige Rolle, sie treten in viel allgemeineren Zusammenhängen auf als nur bei Koordinatensystemen. Kompliziertere Beispiele haben wir bereits oben gesehen: Änderungen von Längen, die durch Transformation diverser physikalischer Größen in die Änderung von etwas anderem übersetzt werden, ohne das sich an der zugrunde liegenden physikalischen Situation etwas geändert hätte.

Der zweite Bestandteil der Wolke ist die Abhängigkeit physikalischer Größen von der Perspektive des Beobachters. Das hängt zwar eng mit den

Koordinatentransformationen zusammen (Wechsel des Bezugssystems), ist aber nicht ganz dasselbe. In der Klassischen Mechanik hängen beispielsweise Geschwindigkeiten von der Perspektive ab. Geschwindigkeiten sind *relativ* zu einem Bezugssystem. Dabei ist es egal, ob das Bezugssystem in Form eines kartesischen, sphärischen, zylindrischen oder schiefwinkligen Koordinatensystems ausgedrückt wird. Bezugssystem ist also ein weniger spezifischer Begriff als Koordinatensystem. Dafür drückt es etwas Physikalisches aus: Ein Bezugssystem stellt immer die Perspektive von *etwas* oder *jemandem* dar. Wenn wir auf der Erde von Geschwindigkeiten sprechen, meinen wir zumeist Geschwindigkeiten relativ zum Erdboden, also die Geschwindigkeit aus der Perspektive eines potentiellen Beobachters, der irgendwo auf dem Boden steht. Nun sind aber 2/3 der Erdoberfläche mit Wasser bedeckt, und dort sind Geschwindigkeiten oft relativ zu Strömung zu verstehen, wie jeder Schwimmer weiß, der schon einmal von einer Strömung abgetrieben wurde. Ein Schiff kommt flussaufwärts langsamer voran als flussabwärts, weil seine Maschinen relativ zur Strömung arbeiten, nicht relativ zum Erdboden.

Auch Kräfte sind in der Klassischen Mechanik abhängig von der Perspektive. Wenn Sie in einem Karussell sitzen, erfahren Sie eine Zentrifugalkraft nach *außen*. Für einen außenstehenden Beobachter jedoch werden Sie durch eine Zentripetalkraft nach *innen* auf eine Kreisbahn gezwungen. Man findet jedoch eine Klasse von „guten" Bezugssystemen, die relativ zueinander gleichförmig bewegt sind, in denen nur ganz bestimmte Kräfte wirken, die *Grundkräfte* der Natur. Diese Feststellung erlaubt es, alle anderen Kräfte als *Scheinkräfte* abzutun, die nur daher kommen, dass man ein „ungünstiges" Bezugssystem gewählt hat, nämlich eines, das relativ zu den „guten" beschleunigt ist. Die „guten" Bezugssysteme nennt man *Inertialsysteme*.

Der entscheidende Punkt ist nun, dass beim Herabsteigen in der Hierarchie der Theorien Dinge perspektivabhängig werden, bei denen dies unserer Intuition widerspricht, weil diese Intuition aus Alltagserfahrungen aufgebaut ist, in denen diese Unterschiede nicht vorkommen. Deutlich wird dies z. B. in der SRT: Die Zeit, die zwischen zwei gegebenen Ereignissen liegt, hängt plötzlich vom Bezugssystem ab! Auch relative Geschwindigkeiten sind nun eine Sache der Perspektive (Geschwindigkeiten sind also jetzt im doppelten Sinne relativ). Wenn Erwin und Otto beide von Rita wegfliegen, und zwar jeweils mit halber Lichtgeschwindigkeit, aber in entgegengesetzte Richtungen, dann ist die relative Geschwindigkeit zwischen Otto und Rita (1) aus Ottos Perspektive 50 % der Lichtgeschwindigkeit, (2) aus Ritas Perspektive ebenfalls 50 % der Lichtgeschwindigkeit, aber (3) aus Erwins Perspektive nur 30 % der Lichtgeschwindigkeit. Das folgt aus dem Gesetz zur Addition von Geschwindigkeiten in der SRT, und dieses wiederum aus dem „modifizierten Satz des Pythagoras"

(Abschn. 7.3). Hingegen ist der *Raumzeitabstand* in der SRT unabhängig von der Perspektive des Beobachters. Er gehört zum *physikalischen Kern* der Theorie, der übrigbleibt, wenn man die Wolke aus Perspektivabhängigkeiten hinter sich lässt.

Noch wesentlich dramatischer ist der **Unruh-Effekt** der QFT. Hier zeigt sich nämlich, dass vom Bezugssystem abhängt, was das Vakuum ist und was Teilchen sind. Wo ein Beobachter in einem Inertialsystem ein reines Vakuum sieht, herrscht für einen beschleunigten Beobachter ein Gewusel aus herumschwirrenden Teilchen und umgekehrt. Die ganze verwirrende Quantenwelt bricht in diesem Effekt über uns herein, und zwar in einer Weise, die nur in der QFT, nicht aber in der QM zum Vorschein kommt. Was wir „Vakuum" oder „Vorhandensein eines Elektrons" nennen, sind in der QFT bereits Interpretationen bestimmter Zustände in einem abstrakten Zustandsraum. Was so ein Zustand für einen Beobachter bedeutet, hängt von den Messungen ab, die er daran vornehmen kann, und die sehen eben für einen beschleunigten Beobachter anders aus als für einen ruhenden. Relevant wird dies zum Glück erst bei Beschleunigungen, die etwa 10^{20}-mal höher sind als die, denen wir auf der Erde typischerweise ausgesetzt sind.

Der dritte Bestandteil der Wolke ist die zunehmende **Unschärfe** beim Herabsteigen in der Hierarchie der Theorien. In der Klassischen Mechanik sprechen wir von Teilchen, die einen eindeutigen Ort und einen eindeutigen Impuls haben. In der QM sind Ort und Impuls (oder zumindest eines von beiden) mit Unschärfe behaftet, d. h., der Zustand des Teilchens beschreibt eine *Überlagerung* aus verschiedenen Orten bzw. Impulsen. Aber immerhin ist in der QM noch klar, dass da ein Teilchen ist. In der QFT wird die Anzahl der vorhandenen Teilchen selbst Gegenstand von Überlagerungen. Ein Zustand kann z. B. eine Überlagerung von einem Einteilchenzustand und einem Zweiteilchenzustand sein, etwa wenn ein Neutron mit einer gewissen Wahrscheinlichkeit in ein Proton und ein Elektron zerfallen ist. Die Teilchen sind angeregte Zustände eines Feldes, sind also keine eigenständigen „Entitäten" mehr. Zusammen mit dem Unruh-Effekt bricht dies unsere Vorstellung davon, was „Dinge" sind, selbst den Rest davon, der in der QM noch übrig war, völlig auseinander. Das ist der Gegenstand von Abschn. 9.2.

Die Arbeit des Physikers

Diese ganzen Komplikationen zeigen, dass „Fakten" in der Physik eine ausgesprochen schwierige Angelegenheit sind. Physikalische Aussagen sind immer *Näherungen,* die mit einer gewaltigen Menge an *Kontext* behaftet sind. Diesen

Kontext zu erfassen, ist die ganze Kunst des Physikers, die er in jahrelangem Studium und darauffolgender jahrelanger Forschung mühsam erlernt.

Ein Physiker, der etwas über eine gegebene physikalische Situation aussagen oder ein bestimmtes physikalisches Problem lösen soll, muss sich allerlei Gedanken machen. Zunächst muss er sich überlegen, in welchen theoretischen Rahmen er die Situation bzw. das Problem stellt. Welche Skalen spielen darin eine Rolle? In welcher Größenordnung liegen die Effekte, die zu berücksichtigen sind? Welche davon kann man im Rahmen einer *Näherung* auf soundsoviele Dezimalstellen vernachlässigen? Welche vereinfachenden Annahmen können gemacht werden? Wenn der Physiker sich anhand dieser Überlegungen entschieden hat, welche Theorie der Situation bzw. dem Problem angemessen ist, muss er in der Regel mit Hilfe dieser Theorie eine Rechnung durchführen. Dabei muss er sich ständig bewusst sein, welche Elemente dieser Rechnung seinen *Konventionen* entspringen und was der „harte physikalische Kern" ist, um den es eigentlich geht. Womöglich muss er im Zuge der Rechnung wiederum Terme vernachlässigen, um eine weitere Vereinfachung zu erzielen, und dabei vielleicht zusätzliche Annahmen machen.

Am Ende gelingt ihm eine quantitative Aussage. Von dieser Aussage, die ja recht abstrakt im Rahmen der Begriffe der von ihm gewählten Theorie formuliert ist, muss er wissen, wie sie sich auf die physikalische Situation *bezieht,* also z. B. wie ein Experiment oder eine Messung die Quantität, die seine Aussage enthält, unseren Sinnen zugänglich macht, sie in unseren Erfahrungsbereich „übersetzt". Abschließend hat er das Ergebnis hinsichtlich seiner Aufgabe zu bewerten. Dabei kommt es natürlich darauf an, was diese Aufgabe eigentlich war. Ging es darum, eine noch ungesicherte Theorie zu testen, oder eine gesicherte Theorie in einem Skalenbereich, wo sie bisher noch nicht als gesichert gelten konnte? Ging es darum, eine quantitative Vorhersage für den Ausgang eines Experiments zu machen? Ging es darum, ein Phänomen im Rahmen der Theorie zu „erklären"?

Falls die Aussage ihren Zweck nicht erfüllt hat, also z. B. eine Vorhersage vom tatsächlichen Ausgang eines Experiments abweicht, gilt es herauszufinden, was modifiziert werden muss. War eine der vereinfachenden Annahmen falsch? Liegt womöglich ein Messfehler vor? Ist eine der vorgenommenen Näherungen nicht genau genug? Wird die verwendete Theorie dem Problem nicht gerecht? Ist sie gar falsch? Kann die Theorie modifiziert oder erweitert werden, ohne in Widerspruch mit 1000 anderen Experimenten zu geraten? Oder war nur die Interpretation falsch, wie die theoretische Aussage im Experiment zum Vorschein gebracht wird? Hat das Experiment also am Ende etwas *qualitativ* anderes gemessen, als man meinte? Bei all diesen Überlegungen ist der Physiker auf seine Erfahrung, das Durchdringen der ganzen Zusammenhänge, sowie auf seinen gesunden Menschenverstand angewiesen.

Auf keinen Fall möchte ich jedoch den Eindruck erwecken, physikalische Theorien seien nichts als „soziale Konstrukte", wie dies im Zuge der Denkströmung des **Postmodernismus** in Bezug auf viele Wissenschaften behauptet wurde. Wenn dies so wäre, dann müsste ja fast jedes neue Experiment eine neue Theorie auf den Plan rufen. Jede Theorie wäre nur Teil des „sozialen Spieles", das die Physiker miteinander spielen, indem sie Begriffe erfinden, in die sich die bisher unternommenen Experimente einordnen lassen. Jedes neue Experiment würde den Rahmen dieser „erspielten" Theorien sprengen, es sei denn, diese wären so beliebig, dass sich quasi jede Messung darin einfügen könnte. Tatsächlich baut aber die gesamte Physik auf einigen wenigen gesicherten Theorien auf, die so erfolgreich sind, dass sie für fast jede neue, bisher noch nicht durchgespielte physikalische Situation sehr genaue und korrekte Vorhersagen machen; es sei denn, die Situation ist so komplex, dass wir aus *praktischen* Gründen nicht in der Lage sind, die Rechnung durchzuführen, die uns die Vorhersage liefern würde. Es gibt zahlreiche Checks and Balances mit Hilfe der unterschiedlichsten Beobachtungsmethoden, die die Richtigkeit und das Zusammenpassen der Theorien ständig absichern. Wir können uns auf diese Theorien verlassen. Unsere gesamten technischen Errungenschaften basieren darauf – von der Glühbirne bis zum Mobilfunknetz, von der Dampfmaschine bis zur Raumfahrt.

Wenn also auch der Kontext, der jeder physikalischen Aussage anhaftet, kompliziert ist, und, besonders im unteren Bereich der Hierarchie der Theorien, viel Erfahrung erfordert, so drücken diese Theorien dennoch **objektive näherungsweise Wahrheiten** aus. Unsere Intuition sagt uns, dass die Physik von einer Wirklichkeit handelt, die unabhängig vom menschlichen Experimentieren existiert, und dass die genäherten Wahrheiten der Theorien sich in irgendeiner Weise auf diese beziehen (im Sinne Duhems; Kap. 6).

9.2 Dinge

Im Alltag haben wir mit Dingen zu tun, die wir sinnlich wahrnehmen. Wenn wir die Augen schließen und wieder öffnen, dann sind die Dinge noch da. Sie existieren unabhängig von uns, haben eine zeitliche Kontinuität, auch wenn gerade niemand hinsieht. Sie haben eine bestimmte Form, ein bestimmtes Gewicht und auch sonst etliche Eigenschaften, die ebenfalls unabhängig davon sind, ob gerade jemand hinsieht. Vor allem aber *bestehen* die Dinge aus etwas, aus einer **Substanz** oder einem Gemisch von Substanzen, die in einer bestimmten Menge vorliegen. „Substanz" wird heute in der Regel chemisch verstanden; wenn wir fragen, woraus etwas besteht, erhalten wir in der Regel eine chemische Antwort. Ursprünglich kommt der Begriff aus der griechischen Philosophie, wo er durch einige recht komplizierte Definitionen charakterisiert wird, die aber letztlich darauf zurückgehen, dass, wenn wir von Eigenschaften sprechen, es ein *Etwas* geben muss, das diese Eigenschaften *besitzt* – ein Etwas, das in einer bestimmten Menge vorliegt, in einer bestimmten Form, in einem bestimmten Zustand. Dieses Etwas ist das, was wir uns unter Materie vorstellen. Die Vorstellungen, die wir uns davon machen, sind von unseren sinnlichen Erfahrungen geprägt. Materie kann man sehen, anfassen, manchmal hören, riechen und schmecken.

Wenn wir in der Hierarchie der Theorien nach unten steigen, bleibt davon nicht mehr viel übrig. Die unteren Theorien handeln von Dingen, die wir nicht mehr sehen, anfassen, hören, riechen und schmecken können, von abstrakten Dingen also, die jedoch aus Sicht der Physik die Grundlage für die Dinge unserer sinnlichen Wahrnehmung darstellen. In der QM hängen die Eigenschaften eines Objekts davon ab, in welcher Weise man es sich ansieht. Die Dinge scheinen dort in einem abstrakten Zustandsraum zu leben, und die Frage „Zustand von was denn eigentlich?" hat keine klare Antwort. Mit anderen Worten, die Dinge haben dort nicht mehr viel mit dem zu tun, was wir uns unter Dingen vorstellen. So schrieb Arthur Eddington (1928) einmal: *„Wir haben die Substanz aus der einheitlichen Flüssigkeit in das Atom verjagt, aus dem Atom in das Elektron, und da ist sie uns verlorengegangen."*

Alles, was wir kennen, besteht aus diesen kleinen Elementarteilchen, und doch sind diese Elementarteilchen ganz anders als alles, was wir kennen. Es ist paradox. Mit der QFT und dem Unruh-Effekt haben selbst die Teilchen keine beobachterunabhängige Existenz mehr. Sie sind nur noch mathematische Ausdrücke, die sich ergeben, wenn man bestimmte mathematische Operationen an einem abstrakten Zustandsraum durchführt.

Wir lesen ein Feynman-Diagramm eines Streuprozesses von Elektronen so: „Zwei Elektronen stoßen sich ab, indem sie ein virtuelles Photon austauschen." Aber das bedeutet nur, dass wir **Spitznamen** für bestimmte mathematische Ausdrücke verteilt haben. Wir haben mit der Theorie einen abstrakten Raum vorliegen, dessen Elementen wir den Spitznamen „Zustand" geben. Zustände entwickeln sich nach bestimmten mathematischen Regeln als Funktion eines Parameters, dem wir den Spitznamen „Zeit" geben. Einige Zustände führen dabei nur Phasenrotationen durch (Abschn. 7.6). Der Rotationsgeschwindigkeit geben wir den Spitznamen „Energie". Unter den Zuständen gibt es einen mit minimaler Energie, dem geben wir den Spitznamen „Vakuum". Wir wenden zwei bestimmte mathematische Operationen auf das Vakuum an und geben dem Ergebniszustand den Spitznamen „zwei Elektronen". Wir untersuchen die zeitliche Entwicklung dieses Zustands und geben dieser den Spitznamen „Streuprozess". Wir erkennen, dass wir den Streuprozess am besten mit Hilfe einer bestimmten Rechenprozedur erfassen, die über die Feynman-Diagramme führt. Jedes Diagramm symbolisiert einen bestimmten mathematischen Ausdruck, der einen Teil der zeitlichen Entwicklung darstellt. Die mathematischen Ausdrücke wiederum setzen sich aus kleineren Einheiten zusammen, denen wir wiederum Spitznamen geben. Einen davon nennen wir „virtuelles Photon", und um aus den Spitznamen einen ganzen Satz zu formen, sagen wir, dieses sei „von den Elektronen ausgetauscht worden".

Ein „Ding" ist auf dieser Ebene immer nur ein Spitzname für einen Teil eines mathematischen Ausdrucks. Aus den Rechnungen, die wir mit diesen Ausdrücken durchführen, ergeben sich quantitative Aussagen, die wir in den Bezug zu Experimenten setzen können. Der mathematische Ausdruck mit dem Spitznamen „Elektron" wird zum sinnlich wahrnehmbaren Klicken oder Aufblitzen eines Detektors. Die quantitativen Aussagen über den Streuprozess manifestieren sich in der statistischen Verteilung der Detektorenklicks oder Detektorenblitze.

Letztlich jedoch, so die Theorie, bestehen auch die Detektoren und unsere Sinnesorgane aus denselben Elementarteilchen. In der Theorie ist dann auch die Tatsache, dass wir den Detektor aufblitzen sehen, nur **Spitznamserei** für einen mathematischen Ausdruck, der den „Austausch von Photonen" zwischen einer Materiekonstellation namens „Detektor" und einer namens „Auge" beinhaltet. Schrödingers Dilemma (Kap. 2) nimmt hier ungeahnte Formen an.

Da die Reduktion durch Ersetzen alles Sinnliche auf Abstraktes zurückführt und das Abstrakte in Form von mathematischen Strukturen gegeben ist, kann man auf die Idee kommen, die Mathematik sei nicht nur die Sprache, in der die Realität geschrieben ist, sondern sogar ihre Substanz. Niemand hat diese Vorstellung so klar auf den Punkt gebracht wie Max Tegmark (2014) in seinem Buch *Our Mathematical Universe*. Die physikalische Realität, das Universum, *ist* eine mathematische Struktur, sagt er. Was wir „Dinge" nennen, sind Teilstrukturen dieser mathematischen Realität. Auch wir selbst sind – in dieser Sichtweise – Teilstrukturen dieser mathematischen Realität.

Wenn wir uns fragen „Was ist ein Elektron?", so kann die Antwort nur eine mathematische sein. Denn das Elektron kommt in unserer sinnlichen Erfahrungswelt nicht vor, es ist von vornherein etwas Abstraktes, Gegenstand physikalischer Theorien, die mit mathematischen Strukturen hantieren. Diese Abstraktionen *beziehen sich* auf Messungen und Experimente, die wir durchführen können, aber das Elektron bleibt in diesen Bezügen eine abstrakte Größe. Bloß weil ein Detektor klickt, wird es nicht sinnlich-real, denn es ist ja nicht das Elektron, das klickt, es muss nur als Teil einer abstrakten Erklärung des Klickens herhalten. Für alle anderen Elementarteilchen bzw. Quantenfelder gilt das Gleiche. Auch abgesehen von ihrer mathematischen Abstraktheit haben sie in ihrem Verhalten, ihren Eigenschaften wenig mit dem gemeinsam, was wir unter „Dingen" verstehen. Wenn wir also das Universum auf der Ebene dieser Theorien begreifen, so müssen wir feststellen, dass dieses Universum ein *Universum ohne Dinge* ist.

Vielleicht gibt es aber doch ein „Elektron an sich", ein „echtes", nicht-mathematisches Elektron, das vom mathematischen Elektron nur in seinen quantitativen Eigenschaften *beschrieben* wird? Klar, man kann über so etwas philosophieren, aber es lässt sich nur schwer rechtfertigen. Als Kant vom *Ding an sich* schrieb, meinte er etwas, das im Gegensatz zu unserer sinnlichen Wahrnehmung bzw. Anschauung steht. Kant wies darauf hin, dass wir die Dinge in einer bestimmten Weise in Raum und Zeit wahrnehmen, dass wir aber darüber, wie die Dinge tatsächlich sind, keine Vorstellung haben, weil wir immer nur auf die Formen unserer Anschauung Bezug nehmen können. Nun ist aber schon die Art, wie wir den Inhalt unserer Wahrnehmungen in Form von „Dingen" zusammenfassen, an unsere Anschauungen gekoppelt. Soll tatsächlich zu jeder Wolke am Himmel irgendwo in der Realität jenseits meiner Wahrnehmungen die jeweilige Wolke *an sich* gehören, zu jeder Welle des Ozeans die jeweilige Welle *an sich?* Mir scheint, dass die Bezeichnung *Ding an sich* etwas irreführend ist, denn sie suggeriert eine Eins-zu-eins-Beziehung zwischen den Dingen unserer Anschauung und den „wirklichen" Dingen. Dabei ist es selbst innerhalb unserer Anschauung manchmal Geschmackssache, wo ein Ding aufhört und ein anderes anfängt. Wolken haben diffuse Grenzen, und manchmal werden Sie zwei Wolken sehen, wo ein anderer nur eine sieht. Ich verstehe Kant eher so, dass er eine *Wirklichkeit an sich* meint, über die wir nichts aussagen können, auch nicht, in was für „Dinge" sie sich womöglich zergliedern lässt.
Wir haben also mehrere Ebenen zu unterscheiden:

1. Die zugrundeliegende Realität, von der wir nicht sagen können, was für Dinge darin vorkommen (und ob „Ding" bzw. „Entität", wie der Philosoph sich ausdrückt, hier überhaupt ein anwendbares Konzept ist)
2. Die Welt unserer Anschauung, die von unseren aus sinnlicher Erfahrung gespeisten Vorstellungen geprägt ist; das ist die Welt der Dinge
3. Die mathematischen Abstraktionen, die wir im Rahmen der Physik auf Ebene (2) *anwenden*

Das Elektron ist auf Ebene 3 zuhause und dort Bestandteil einer mathematischen Struktur, die uns hilft, beobachtete Phänomene auf Ebene 2 effektiv zu beschreiben. Nun sind zudem die Strukturen auf Ebene 3 nur als Näherungen zu verstehen, die zusammen eine Hierarchie von Theorien bilden.

Das Elektron in der QM ist (mathematisch) etwas anderes als das Elektron der QFT (im ersten Fall eine individuelles Quantenobjekt, im zweiten Fall ein Anregungszustand eines Elektronquantenfeldes). Im Sinne von Duhems *naturgemäßer Klassifikation* ist es plausibel zu glauben, dass beide Varianten des Elektrons bestimmte Aspekte der Realität *widerspiegeln.* Aber darum anzunehmen, dass es in der Realität, also auf Ebene 1, ein „Ding" gibt, das den Namen Elektron verdient, weil es in einer Eins-zu-eins-Beziehung mit dem mathematischen Ausdruck steht, der den Spitznamen „Elektron" trägt, das aber selbst nichts rein Mathematisches ist, sondern von dem mathematischen Elektron nur *beschrieben* wird, halte ich für eine vage Spekulation, die durch nichts gerechtfertigt ist.

9.3 Welt und Realität

Bleiben wir bei den eben genannten drei Ebenen, (1) Realität, (2) Welt, (3) physikalische Theorie, und versuchen ihre Beziehungen zueinander zu sortieren. Die Realität ist das, was allem zugrunde liegt und aus dem wir und alle Erscheinungen letztlich hervorgehen. Mit der Welt ist hingegen die Erfahrungswelt gemeint, das, was wir uns über unsere Sinneseindrücke und unser Denken erschließen. Sie ist damit zunächst eine *Vorstellung;* eine Extrapolation dessen, was wir wahrnehmen und zu wissen meinen; eine Vorstellung, die immer im Hintergrund unseres Bewusstseins implizit mitläuft.

Die Welt erscheint uns als eine *gemeinsame* Welt, über deren Beschaffenheit wir uns mittels der Methode der Naturwissenschaft zu einem großen Teil *einigen* können. Die Naturwissenschaft ist, wie in Kap. 5 dargestellt, reduktionistisch aufgebaut und bekommt dadurch eine hierarchische Struktur, an deren Basis die Physik steht. Physikalische Theorien bilden also das Fundament dessen, was wir über die Welt im Sinne der Naturwissenschaft *wissen.* Sie bilden ein *Abbild* der Welt, das in der Sprache der *Mathematik* geschrieben ist. Dieses Abbild impliziert ein kompliziertes System von Übersetzungen (Kap. 6), das zwischen den sinnlich wahrgenommenen Geschehnissen bei einem beobachteten Phänomen oder einem physikalischen Experiment und den mathematischen Ausdrücken, aus denen die Theorien gebildet sind, eine Beziehung herstellt. Das funktioniert so gut, dass wir im Sinne Duhems in den Theorien der Ebene 3 eine Widerspiegelung tatsächlicher Verhältnisse der Realität (Ebene 1) erahnen (wobei zu betonen ist, dass eine Widerspiegelung etwas ganz anderes ist als eine Gleichsetzung).

Damit sind die Verhältnisse der drei Ebenen im Wesentlichen zusammengefasst. Wenn man bescheiden bei dieser Sichtweise bleibt, wirkt selbst die QM gar nicht so dramatisch. Aus meiner Sicht scheint sie sogar geradezu darauf zu insistieren, die Trennung der drei Ebenen beizubehalten, wie bereits in Abschn. 7.6 dargestellt.

Die sowohl unter Philosophen als auch Naturwissenschaftlern derzeit am meisten verbreitete Sichtweise ist jedoch der **Physikalismus.** Grob gesprochen lässt dieser sich so ausdrücken: „Alles ist letztlich Physik." Etwas präziser formuliert ist der Physikalismus eine metaphysische *Position,* die sich in zwei Aussagen zusammenfassen lässt: Sie besagt erstens, dass die Realität im Sinne einer *Ontologie* zu verstehen ist, also im Sinne einer Zusammenstellung von „allem, was existiert", gewissermaßen einer Liste von existierenden Dingen (oder *Entitäten,* im Philosophenjargon). Zweitens besagt sie, dass diese existierende Dinge gerade die Dinge sind, von denen die physikalischen Theorien handeln.

Dies verdreht die Verhältnisse, wie sie oben dargestellt wurden, jedoch bereits im Ansatz: Dinge sind auf Ebene 2 zuhause. Die Zerlegung der Welt in Dinge, die sich in Raum und Zeit bewegen, ist Teil der Art und Weise, wie unsere Vorstellung namens Welt funktioniert. Weder ist es klar, dass die zugrunde liegende Realität sich in „existierende Dinge", in Entitäten zerlegen lässt, noch handeln die fundamentalen physikalischen Theorien von irgendwelchen Dingen. Wir haben ja gerade gesehen, dass alles, was dort nach „Ding" aussieht, tatsächlich nur ein Spitzname für einen mathematischen Ausdruck ist. Auf Ebene 1 ist das Konzept von *Entitäten* also äußerst fragwürdig, auf Ebene 3 ist es schlicht und ergreifend falsch.

Der Physikalismus in seiner herkömmlichen Form ergibt daher in meinen Augen gar keinen Sinn. Er drückt nur ein großes Missverständnis aus. Er lässt sich jedoch auf eine einzige Weise retten: nämlich, indem man mathematische Strukturen und deren Teilstrukturen selbst als Entitäten anerkennt und ihnen eine eigenständige Existenz im Sinne der platonischen Philosophie zuspricht. Platon beschrieb in seinem berühmten Höhlengleichnis, dass alles Irdische nur Schattenbild sei, Abglanz wahrer und ewiger Ideen, die im „Himmel der Ideen" eine zeitlos-ewige Existenz führen. Wenn man den Physikalismus retten will, muss man also postulieren, dass mathematische Strukturen in einer Art *platonischem Ideenhimmel* existieren. Zweitens muss man postulieren, dass dieser Ideenhimmel die Realität, und zwar die *gesamte* Realität, ist. Die Realität ist die Gesamtheit der mathematischen Strukturen. Drittens muss man postulieren, dass es eine allumfassende physikalische Theorie gibt, die unsere gesamte Erfahrungswelt (Ebene 2), d. h. alle Beobachtungen und Experimente, die jemals gemacht werden, in Form einer einzigen mathematischen Struktur (Ebene 3) beschreibt. Dann müsste man folgern (weil man ja schon postuliert hat, dass außer mathematischen Strukturen nichts anderes existiert), dass unsere Erfahrungswelt in Wirklichkeit nichts anderes *ist* als diese Struktur. Das heißt, wir sind selbst mathematische Teilstrukturen davon, und all unser

Beobachten und Erleben und Experimentieren kommen nur daher, wie jede dieser Teilstrukturen in die Gesamtstruktur eingebettet ist, wie sie an ihr teilhat, insbesondere in welchen – rein mathematischen – Beziehungen sie zu anderen Teilstrukturen steht.

Diese Form des Physikalismus erscheint mir äußerst gewagt, aber sie ist zumindest konsistent, frei von begrifflichem Unsinn. Es ist exakt die Position von Max Tegmark (2014), wie er sie in seinen Buch *Our Mathematical Universe* beschreibt. So gewagt diese Sichtweise auch ist, hat sie doch einen gewissen Reiz. Traditionell war der empirische Weg der Naturwissenschaft immer sehr kritisch gegenüber idealistischen Gedanken wie denen Platons. Das mathematische Universum bringt beides jedoch eng zusammen.

In seiner *Geschichte der Philosophie* schreibt Hirschberger[1]: „*Es gibt in der Philosophie eigentlich nur zwei reine Typen: Platon und seinen Antipoden David Hume. Alles andere lässt sich jeweils auf einen von beiden verteilen oder ist ein Mischtypus.*" Ob das wirklich so weit reduziert werden kann, sei einmal dahingestellt. Folgen wir aber für einen Moment Hirschbergers These. Platon steht für die reinen Ideen, den „Logos", der sich in ihnen entfaltet. Die materielle Welt ist nur ein müder Abglanz dieser Ideen. Das sieht man schon daran, dass die Welt **kontingent** ist, also beliebig, die Dinge könnten so oder auch anders sein. In der Welt der Ideen ist jedoch alles so, wie es sein *muss,* sie stellt die eigentliche Realität dar. Hume steht für die reine Empirie, Grundlage der Naturwissenschaften, die die Wahrheit gerade in den „kontingenten" Erfahrungen der materiellen Welt sucht, aus ihnen schließt, so viel sich eben schließen lässt, und alles andere als Spekulation abtut. An Erfahrung, nicht an Ideen ist unsere Wahrheit gebunden. Tegmarks Sichtweise bringt die beiden so unterschiedlichen Philosophien zusammen: Die Empirie, die Methode der Naturwissenschaften, führt uns zu den Naturgesetzen, die sich immer weiter reduzieren lassen, bis wir schließlich bei einer allumfassenden Theorie ankommen. Diese Theorie ist nur noch insofern kontingent, als wir fragen können: Warum gibt es eine Welt mit *diesen* Naturgesetzen, es hätten doch auch andere sein können? Dieser letzte Rest an Kontingenz wird dadurch beseitigt, dass die Welt, die durch die allumfassende Theorie beschrieben wird, nichts anderes als eine mathematische Struktur ist, die *gemeinsam mit allen anderen* denkbaren mathematischen Strukturen im platonischen Ideenhimmel *lebt.* Der „reine Typ Hume" wird so letztlich auf den „reinen Typ Platon" zurückgeführt. Welch eine grandiose Vereinheitlichung der Philosophie!

Das Postulieren einer rein mathematische Realität erscheint mir also die einzig konsistente Variante des Physikalismus zu sein. Obendrein hat diese Variante einen speziellen philosophischen Reiz. Auf der anderen Seite müssen wir

---

[1] Hirschberger (1980, Bd. 2, S. 652).

festhalten, dass es sich um eine äußerst gewagte, rein *metaphysische* Position handelt, die sich keinesfalls beweisen lässt, die man höchstens plausibel finden kann. Aber finden wir sie denn plausibel? Das muss jeder für sich selbst entscheiden, wie das bei der Metaphysik eben so ist.

Metaphysische Positionen lassen sich nicht beweisen, aber manche lassen sich widerlegen, wenn sie logisch inkonsistent sind oder im Widerspruch zu den Erkenntnissen der Naturwissenschaft stehen. Die Hypothese von der mathematischen Realität gehört jedoch nicht dazu. Ich denke aber dennoch, dass sie falsch ist und dass wir auch *sehen* können, dass sie falsch ist. Sie steht nicht im Widerspruch zu etwas so Objektivem wie der Logik oder der Naturwissenschaft. Aber sie steht im Widerspruch zu dem, was wir *subjektiv* erkennen können. Diese Aussage erfordert einige weitere Erläuterungen und eine ausführliche Diskussion. Sie ist das Thema von Kap. 11. Wenn Sie sich davon nicht überzeugen lassen und das „subjektive Erkennen" Ihnen suspekt bleibt, so steht es Ihnen offen, weiter an eine rein mathematische Realität zu glauben, ohne dass Sie damit in einen logischen Widerspruch geraten.

Wenn wir Tegmarks Hypothese jedoch ablehnen, aber weiter mit Duhem daran glauben, dass wir mit den Theorien der Physik *Aspekte* der Realität widerspiegeln, so gelangen wir zu einem vielschichtigen Weltbild. Darin nimmt jede der gesicherten Theorien eine bestimmte Rolle ein, stellt uns einen bestimmten Teilcharakter der Realität dar, ohne dass diese Theorien, selbst in ihrer Gesamtheit, die Realität jedoch voll erfassen, erstens weil sie alle nur Näherungen darstellen, und zweitens weil die Realität auch noch andere, nichtmathematische Aspekte hat, die in den Theorien nicht vorkommen können.

9.4   Zeit

Für die Physik ist die Zeit nach wie vor rätselhaft. Vielleicht kann man nur als Physiker ermessen, *wie* rätselhaft die Zeit eigentlich ist. Wir wollen hier für etwas Ordnung sorgen, indem wir vier verschiedene Aspekte der Zeit auseinanderhalten und jeweils zusammenfassen, was die Physik zu ihnen zu sagen hat. Die vier Aspekte sind folgende:

1. **Linearität:** Die Linearität der Zeit erlaubt es uns, Geschehnisse in eine bestimmte **Reihenfolge** zu sortieren, indem man sie entlang einer Geraden, der *Zeitachse,* anordnet. Gemeint ist hier zunächst eine *ungerichtete* Reihenfolge, d. h., wir wollen uns noch nicht festlegen, in welcher Richtung wir die Zeitachse zu lesen haben. Wenn wir vier Ereignisse, A, B, C und D, auf der Zeitachse in dieser Reihenfolge anordnen, so können wir die

entstehende Sequenz als ABCD oder als DCBA verstehen, je nachdem, wie herum wir die Zeitachse betrachten. Eindeutig ist aber in beiden Fällen, dass (1) B zwischen A und C und (2) C zwischen B und D liegt. In allen Theorien außer in der Statistischen Mechanik (und im Rahmen bestimmter Interpretationen der QM) sind die physikalischen Gesetze zeitumkehrinvariant, d. h., jeder Prozess ist reversibel, kann also vorwärts genauso wie rückwärts ablaufen, daher diese Einschränkung. Um solche reversiblen Prozesse zu beschreiben, ist die ungerichtete Reihenfolge, die Linearität, bereits ausreichend. Die Linearität ist in der Newton'schen Mechanik, wo die Zeit einen „absoluten" Charakter hat, unproblematisch.

In der SRT ist Zeit „relativ", aber der bedeutsame Umstand, dass sich nichts schneller als mit Lichtgeschwindigkeit bewegen kann, dass sich also alles entlang *zeitartiger* Linien durch die Raumzeit bewegt, bewirkt, dass die Reihenfolge von Ereignissen eindeutig ist, sofern diese Ereignisse in irgendeinem Kontakt miteinander stehen. Die Zeit bleibt linear. Wenn wir uns mit Überlichtgeschwindigkeit, also entlang raumartiger Linien durch die Raumzeit bewegen könnten, so würde die Reihenfolge der Ereignisse von der Perspektive des Beobachters abhängen. Erwin könnte Otto einen überlichtschnellen Ball zuwerfen, und Otto könnte ihn so zurückwerfen, dass er bei Erwin ankommt, noch bevor dieser ihn zu Otto abgeworfen hat. Erwin hätte dann für einen Moment lang denselben Ball zweimal in der Hand. Das ganze Zeitkonzept würde völlig aus den Angeln gehoben – Abgründe von Paradoxien öffnen sich. Seien wir also froh, dass Überlichtgeschwindigkeit nicht möglich ist.

In der ART gibt es tatsächlich Raumzeitstrukturen mit geschlossenen zeitartigen Linien, d. h. Lösungen der Einstein'schen Feldgleichungen, die mögliche Beobachter zulassen, für die die Zeit zyklisch abläuft, wie für Phil Connors der Murmeltiertag. Auch dadurch würden zeitliche Reihenfolgen umsortierbar, mit paradoxen Folgen. Seien wir also froh, dass unser Universum keiner solchen Lösung zu entsprechen scheint.

2. **Dauer:** Um die Dauer einer Zeitspanne definieren zu können, brauchen wir einen *Taktgeber,* ein Vergleichsmaß (ähnlich wie bei der Definition des Meters; Abschn. 9.1). Solche Taktgeber sind in der Natur reichlich durch gleichmäßig periodische Abläufe vorhanden. So definiert die Drehung der Erde um die Sonne das Jahr, die Drehung des Mondes um die Erde stand einmal Pate für den Monat, und die Drehung der Erde um sich selbst bestimmt, was ein Tag ist. Damit können wir Kalender herstellen, Geburtstage feiern und unser Alter in Jahren angeben. Indem wir den Tag weiter in Stunden, Minuten und Sekunden unterteilen, erhalten wir Uhrzeiten. Um diese zu messen, helfen uns Uhren, die auf anderen gleichmäßig

periodischen Vorgängen beruhen, wie etwa dem Schwingen eines Pendels. Die physikalischen Gesetze begünstigen das Auftreten solcher Vorgänge, das Universum hat Rhythmus im Blut.

Indem wir Datum und Uhrzeit verschiedener Ereignisse vergleichen, können wir die Zeitspanne, also die Dauer, bestimmen, die zwischen den Ereignissen liegt. Wieder einmal verkomplizieren SRT und ART die Angelegenheit, indem sie zeigen, dass die Zeitspanne zwischen zwei Ereignissen vom Bezugssystem abhängt. Aber bezogen auf ein gegebenes Bezugssystem bleibt Dauer ein wohldefinierter, eindeutiger Begriff.

3. **Richtung:** Die Richtung der Zeit beinhaltet, dass wir früher und später bzw. Vergangenheit und Zukunft voneinander unterscheiden können. Wir erinnern uns an die Vergangenheit, können die Zukunft aber nur erahnen. Die Richtung der Zeit ist auch Grundvoraussetzung für das Konzept der Kausalität. Denn nur, wenn eindeutig definiert ist, dass ein Ereignis A früher stattgefunden hat als ein Ereignis B, sind wir zu der Hypothese berechtigt, A sei die Ursache von B und B die Wirkung von A. Wäre die Reihenfolge hingegen beliebig, so wären auch Ursache und Wirkung vertauschbar, und Kausalität wäre ein sinnloses Konzept.

Obwohl die Unterscheidung von Vergangenheit und Zukunft für uns im Alltag völlig selbstverständlich zu sein scheint, ist eine eindeutige Zeitrichtung interessanterweise nirgendwo in die fundamentalen Theorien der Physik eingebaut. Sie wird nur ermöglicht von speziellen *Lösungen* der Theorien, die eine bestimmte zeitliche Asymmetrie im Sinne der Statistischen Mechanik aufweisen, einen Zustand geringer *Entropie,* wie in Abschn. 7.5 besprochen. Die damit zusammenhängenden Überlegungen sind sehr kompliziert und umfassen außer der Statistischen Mechanik noch mehrere andere Gebiete wie Kosmologie und QM. Es handelt sich sicher um eines der faszinierendsten und vielschichtigsten Probleme der Physik. Die Physik hat zu diesem Thema sehr viel zu *sagen,* Gedanken beizutragen, auf die die Philosophie niemals durch reines Nachdenken gekommen wäre.

Eine ausgezeichnete populärwissenschaftliche Darstellung dieser Überlegungen findet sich in Sean Carrolls (2010) *From Eternity to Here.* Für Experten mit abgeschlossenem Physikstudium ist *The Physical Basis of the Direction of Time* von Heinz-Dieter Zeh (1989) eine hervorragende Gesamtübersicht.

4. **Vergehen:** Die Zeit vergeht. Wir bewegen uns „durch sie hindurch, weg von der Vergangenheit, hin zur Zukunft". Das Fahrzeug, auf dem wir uns bewegen, heißt Jetzt. Wir sind immer da, wo das Jetzt ist, und das Jetzt hinterlässt nur verbrannte Erde: Jeder Moment, an dem es einmal vorbeigezogen ist, der ist für immer verloren, ist nicht mehr, wird nie wieder sein, nur in unserer Erinnerung. Dieser Charakter der Zeit ist für uns

essentiell, er macht das Drama unseres Lebens aus. Aber er lässt sich anscheinend nur poetisch ausdrücken. Sobald man versucht, das Vergehen der Zeit im Rahmen einer mathematischen Sprache auch nur zu *definieren,* so dass man zumindest überprüfen könnte, wie es in bestehende oder zukünftige physikalische Theorien passen könnte, stößt man auf unüberwindliche Hindernisse. In den Theorien der Physik *vergeht* die Zeit einfach nicht, es lässt sich noch nicht einmal ausdrücken, was dieses Vergehen überhaupt bedeuten könnte. Die Physik hat dazu gar nichts zu sagen.

Das hat nun einige dazu gebracht, das Vergehen der Zeit für eine Illusion zu erklären, einen psychologischen Effekt ähnlich wie eine optische Täuschung. Andere, wie etwa Lee Smolin, denken, man könne womöglich doch einen Weg finden, das Vergehen der Zeit in die Physik einzuführen, und suchen fieberhaft danach. Wieder andere, zu denen auch Einstein gehört, sind der Ansicht, das Vergehen der Zeit sei ein wichtiger Aspekt der Realität, über den die Physik einfach nicht sprechen kann. Ich möchte mich hier der Fraktion Einsteins anschließen. Das Thema verdient eine etwas ausführlichere Diskussion, was in Kap. 11 geschehen soll.

So zeigt sich, dass die Aspekte von Linearität und Dauer der Zeit ganz natürlich in die bestehenden Theorien der Physik passen, abgesehen von einigen Komplikationen, die durch SRT und ART zustande kommen. Die Richtung der Zeit hingegen ist ein äußerst kompliziertes Problem, das große Herausforderungen an die Physik stellt, aber immerhin in ihrem Rahmen behandelbar ist. Das Vergehen der Zeit hingegen scheint gänzlich außerhalb der Physik zu stehen.

10

Die praktischen Grenzen der Physik

Von den *praktischen Grenzen* der Physik war schon die Rede, aber hier wollen wir noch einmal Überblick geben, gemeinsam mit einem eng damit zusammenhängenden Thema, der *Skalenabhängigkeit* der Physik.

Mit praktischen Grenzen meine ich: Es gibt Bereiche der Physik oder des Universums, die uns nicht zugänglich sind. Das heißt, hier gibt es etwas, zu dem die Physik *prinzipiell* etwas zu sagen hat, aber wegen der begrenzten Möglichkeiten, die uns als Menschen zur Verfügung stehen, können wir es nicht herausfinden.

Diese begrenzten Möglichkeiten haben mehrere Ursachen: Einige hängen mit Naturgesetzen zusammen, die uns vom Beobachten bestimmter – räumlicher oder zeitlicher – Regionen des Universums von vornherein ausschließen. Andere hängen mit den begrenzten Ressourcen zusammen, die uns zur Verfügung stehen, was uns z. B. davon abhält, beliebig große Teilchenbeschleuniger zu bauen.

Zur ersten Kategorie gehören die Regionen des Universums, die hinter einem *Horizont* verborgen sind. Der größte dieser Horizonte ist der *kosmologische Horizont,* die Grenze, jenseits derer das Licht seit Anbeginn des Universums nicht genug Zeit hatte, um uns zu erreichen. Diese Grenze verschiebt sich zwar mit der Zeit immer weiter von uns weg, aber zugleich dehnt sich auch das Universum aus, es dehnt sich sogar immer schneller aus, und dieser Effekt ist mit dem kontinuierlichen Zurückweichen des Horizonts zu verrechnen. Damit sieht es ganz danach aus, dass ein Großteil des Universums *für immer* vor uns verborgen bleiben wird. Abgesehen davon, dass die Menschheit wahrscheinlich nicht für alle Ewigkeit existiert (auch nicht die intelligenten Wesenheiten, die ihr womöglich nachfolgen und ihre Wissenschaft fortführen), so dass es uns nichts nützt, wenn wir wissen, dass eine Region in einer

© Springer-Verlag GmbH Deutschland, ein Teil von Springer Nature 2020
J.-M. Schwindt, *Universum ohne Dinge,*
https://doi.org/10.1007/978-3-662-60705-3_10

Billion Jahre in die Reichweite unserer Teleskope gelangt. Die Frage, ob das Universum endlich oder unendlich ist, liegt so höchstwahrscheinlich außerhalb unseres Zugriffsbereichs.

Eine andere Art von Horizonten sind die *Ereignishorizonte,* die die Schwarzen Löcher umgeben. Diese sorgen dafür, dass für uns die einzige Möglichkeit, das Innere eines Schwarzen Loches zu erkunden, darin besteht, uns auf Nimmerwiedersehen hineinzustürzen. Vieles davon, wie es im Inneren aussieht, ist uns von der Theorie her bekannt, der ART und der QFT – Theorien, die von anderen Beobachtungen her gut abgesichert sind, aber erstens wäre es schön, diese Vorhersagen in diesem aufregenden Fall durch Beobachtungen bestätigt zu bekommen, und zweitens gibt es auch noch offene Fragen, insbesondere solche, die mit der Singularität im Mittelpunkt des Schwarzen Loches zusammenhängen.

Es gibt noch andere Einschränkungen im Bereich Kosmologie. Wir würden gern die zeitliche Entwicklung des Universums von Anfang bis Ende verstehen. Je weiter wir schauen, desto weiter schauen wir auch in die Vergangenheit, wegen der Länge der Laufzeit des Lichtes von der Quelle bis zu unserem Teleskop. So entsteht zunächst einmal das Problem, dass wir jeden Zeitraum in der bisherigen Geschichte des Universums nur mit Daten von Quellen einer ganz bestimmten Distanz erfassen können, von der aus das Licht gerade die „richtige Zeit" benötigt hat, um zu uns zu kommen. Dieses Problem ist nicht allzu groß, weil allem Anschein nach das Universum recht homogen ist, was seine großräumigen Strukturen angeht. Es scheint sich überall gleichermaßen entwickelt zu haben, so dass wir aus den Daten, die aus einer Entfernungsschicht stammen, auch auf die Vergangenheit aller anderen Regionen, inklusive unserer eigenen, schließen können.

Ein viel größeres Problem ist, dass das Universum erst etwa 400.000 Jahre nach dem Urknall durchsichtig wurde. Nun beziehen sich viele der offenen Fragen der Kosmologie aber gerade auf die Phase kurz nach dem Urknall: Wie kam es zu dem Überschuss der Materie über die Antimaterie? Hat eine inflationäre Phase der Expansion stattgefunden? Oder wie kam sonst die starke Homogenität über große Distanzen hinweg zustande? Wie und in welchem Kontext hat der Urknall selbst stattgefunden? Gab es ein Davor oder ein Jenseits davon, wie einige Modelle der Inflation dies vorsehen? Spekulative Theorien gibt es zu all dem, aber wir können sie nicht überprüfen, weil diese Phase buchstäblich im Dunkeln liegt. Einige Indizien lassen sich aus der kosmischen Hintergrundstrahlung ablesen, aber es sind eben nur Indizien, Spuren aus einer Zeit, lange nach den Ereignissen, die uns eigentlich interessieren. Vielleicht können wir mit Hilfe von Neutrinos oder Gravitationswellen noch einige weitere Indizien zusammentragen, aber ob sich damit die großen Fragen klären lassen, scheint fraglich.

Wir können mit Teleskopen in die Vergangenheit, aber nicht in die Zukunft blicken. Aus den gesicherten Theorien können wir die „nahe" Zukunft der Entwicklung des Universums mit großer Wahrscheinlichkeit vorhersagen, d. h. die nächsten Milliarden, womöglich Billiarden, Trilliarden und noch mehr Jahre. (Schwer zu sagen, ab wann es „wahrscheinlich" scheint, dass etwas Unerwartetes geschieht; die Ereignisse, die Galaxien und noch größere Strukturen betreffen, sind so viel vorhersehbarer als unser unbeständiges Leben auf der Erde.) Aber das Schicksal der Materie insgesamt in noch fernerer Zukunft hängt von physikalischen Gesetzen ab, die wir noch nicht geklärt haben, insbesondere der Frage, ob Protonen mit einer wenn auch riesigen Halbwertszeit doch irgendwann in andere Teilchen zerfallen, wie es viele vereinheitlichte Theorien vorhersagen. Eine andere Unwägbarkeit ist die sogenannte Dunkle Energie. Verhält sie sich für alle Zeit so wie jetzt, also wie eine konstante Vakuumenergiedichte, und führt sie so zu einem ewig beschleunigt expandierenden Universum, oder ändert sich dieses Verhalten irgendwann, womöglich sogar dahingehend, dass das Universum sich wieder zusammenzieht? Die ferne Zukunft lässt sich mit Theorien ergründen, aber diese beinhalten verbliebene Unsicherheiten, die wir nicht durch Beobachtungen klären können, weil wir nicht in die Zukunft schauen können.

Je weiter die Objekte, die wir mit Teleskopen sehen können, entfernt sind, desto weniger scharf können wir sie auflösen. Details können wir nicht erkennen. Unmöglich festzustellen, ob es in einer 100 Millionen Lichtjahre entfernten Galaxie einen blauen Planeten wie die Erde gibt, und wie seine Bewohner aussehen. Die Details in weiter Entfernung bleiben uns verborgen. Wir können dort auch keine Experimente machen, sondern sind auf das matte Licht (und andere Formen von Strahlung) angewiesen, das uns von dort erreicht und aus dem wir unsere Schlüsse ziehen können (erstaunlich viele, muss man dazu sagen).

Unsere Möglichkeiten, dorthin zu reisen, sind physikalisch und technisch stark eingeschränkt. Vielleicht gelingt uns irgendwann die interstellare Raumfahrt in unsere nähere galaktische Umgebung (im Moment müssen wir es erst einmal wieder auf den Mond und dann auf den Mars schaffen), in Sternensysteme, die einige Lichtjahre entfernt sind. Vielleicht schaffen wir es, unbemannte Sonden sogar noch weiter zu schicken. Manche Science-Fiction-Autoren träumen davon, eine Spezies könne sogar eine ganze Galaxie kolonialisieren. Aber wenn wir realistisch bleiben, ist die Reise zu mehrere hundert

Lichtjahre entfernt gelegenen Himmelskörpern, erst recht aber in Millionen Lichtjahre entfernt gelegene Galaxien, so gut wie ausgeschlossen.

Die mysteriöse Dunkle Materie trägt einen Großteil zur Masse unserer Milchstraße und auch aller anderen Galaxien bei. Wir können ihre gravitativen Auswirkungen beobachten, vor allem über die Rotationsgeschwindigkeiten der Galaxien und ihren Effekt auf die Expansion des Universums. Aber diese Auswirkungen sind zu unspezifisch, um zu sagen, welche Eigenschaften diese Form der Materie abgesehen von ihrer Gesamtmasse hat, ob sie aus Teilchen besteht, die sich im Rahmen einer QFT einordnen lassen, oder nicht und, wenn ja, aus was für Feldern diese Teilchen hervorgehen. Es ist uns nicht gelungen, in unseren Experimenten mit Teilchenbeschleunigern Teilchen hervorzubringen, die als Kandidaten für die Dunkle Materie herhalten können. Das könnte einfach den Grund haben, dass diese Form der Materie nur über die Schwerkraft mit der „normalen" Materie wechselwirkt, mit der wir bei solchen Experimenten arbeiten können, aber nicht über die anderen Wechselwirkungen, denen letztere ausgesetzt ist, also die elektromagnetische Wechselwirkung und die beiden Kernkräfte. Wenn das so ist, wird es schwer sein, vielleicht unmöglich, etwas Genaueres über sie herauszufinden, da sie unseren Detektoren entwischt und in den Kaskaden von Teilchen, die wir in unseren Elementarteilchenexperimenten erzeugen, nicht auftaucht. Es hätte dann nichts mit der fehlenden Findigkeit der Physiker zu tun, dass die Details der Dunklen Materie im Ungewissen bleiben, sondern einfach mit ihrer Unzugänglichkeit, die aus fehlender Wechselwirkung resultiert. Wir könnten dann auch weiterhin nur über ihre Auswirkung auf Galaxien und die großräumigen Strukturen des Universums von ihr wissen. Vielleicht besteht sie sogar aus mehreren verschiedenen Teilchensorten, die womöglich heftig untereinander wechselwirken, wovon wir aber nicht das Geringste mitbekommen, weil wir nicht in diese Wechselwirkungen einbezogen sind. Oder sie besteht gar nicht aus Teilchen, sondern geht aus etwas ganz anderem, uns völlig Unbekanntem, hervor.

Ebenso unzugänglich sind die hohen Energieskalen der Großen Vereinheitlichten Theorien (GUTs) und der Quantengravitation. Selbst der viele Milliarden Euro teure Teilchenbeschleuniger LHC kann Teilchen nur auf Energien von einigen Teraelektronenvolt (TeV; Billionen Elektronenvolt) bringen, das ist etwa eine Billion (10^{12}) Mal zu wenig, um die erwarteten Effekte einer GUT zu erproben, eine Billiarde (10^{15}) Mal zu wenig für die Quantengravitation. Diese große Lücke wird sich wahrscheinlich nicht überbrücken lassen.

So weit waren das alles praktische Grenzen, die sich aus unseren beschränkten Möglichkeiten, zu beobachten und zu experimentieren, ergeben. Aber auch die Theorieseite der Physik hat praktische Grenzen, und zwar solche, die sich aus der Komplexität ergeben. Durch unsere begrenzte Rechenkapazität – selbst mit den größten Computer-Clustern bleibt sie doch endlich – können wir viele Rechnungen nicht durchführen, die wir gern durchführen würden. Manchmal sind zu viele Variablen im Spiel (bisweilen sogar unendlich viele), manchmal sind die Differentialgleichungen zu schwierig, oft haben wir es mit „nichtlinearen" Phänomenen zu tun, bei denen winzige Ungenauigkeiten sich im Lauf der Zeit exponentiell aufblähen, so dass wir mit unendlicher Genauigkeit rechnen müssten, um überhaupt eine verlässliche Vorhersage abgeben zu können. Das Ausmaß dieser Schwierigkeiten hängt von der konkreten Problemstellung ab.

Oft geht es dabei aber um Anwendungen bekannter Theorien auf komplizierte Verhältnisse. Für die meisten Theorien lassen sich einfache Spezialfälle konstruieren, in denen die Rechnungen vergleichsweise leicht möglich sind. Anhand solcher Spezialfälle lassen sich die Aussagen von Theorien hinreichend konkretisieren und prüfen. Daher steht das Problem der Komplexität in der Regel nicht der physikalischen Theoriebildung im Wege, sondern deren späterer Anwendung. Wenn wir also an die praktischen Grenzen denken, die uns am Voranschreiten in der Grundlagenphysik hindern, so sind es derzeit eher die oben genannten Grenzen der Beobachtung und des Experimentierens, die uns aufhalten, nicht so sehr die Berechnungsprobleme in der Theorie.

Noch einmal: Skalen

Eine große Klasse unserer praktischen Grenzen lässt sich im Kontext der Skalenabhängigkeit der Physik in allgemeiner Form verstehen. Fassen wir daher noch einmal zusammen: Je nachdem, ob wir Phänomene auf atomarer Ebene (Größenordnung Picometer, also Billionstel Meter), auf menschlicher Ebene (Größenordnung Meter) oder kosmologischer Ebene (Millionen bis Milliarden Lichtjahre) untersuchen, sind andere physikalische Gesetze relevant. Einen ebenso großen Unterschied macht es, ob wir Phänomene analysieren, die sich in winzigen Sekundenbruchteilen abspielen, auf menschlichen Zeitskalen von Tagen und Jahren, oder ob wir die Geschichte des Universums untersuchen, die sich in Milliarden von Jahren vollzieht. Ebenfalls ist relevant, ob die an einem Phänomen beteiligten Geschwindigkeiten in der Nähe der Lichtgeschwindigkeit liegen oder nicht. Bei Teilchenexperimenten spielen zudem Energie und Impuls eine große Rolle. Teilchen mit sehr hoher Energie verhalten sich ganz anders als solche mit sehr kleiner.

Die verschiedenen Arten von Skalen (Raum, Zeit, Energie, Geschwindigkeit bzw. Impuls) sind nicht unabhängig voneinander. Die SRT stellt einen Zusammenhang zwischen Raum und Zeit her, Sekunden lassen sich damit in Meter umrechnen (wenn man die „natürliche" Konvention $c = 1$ verwendet; Abschn. 7.3). In den Quantentheorien (QM und QFT) gibt es zudem einen Zusammenhang zwischen Impuls und Länge: je höher der Impuls eines Quantenobjekts, desto kleiner seine Wellenlänge. Diese Wellenlänge ist auch ganz grob gesprochen ein Maß dafür, welche Abstände ein Mikroskop, das solche Quantenobjekte verwendet, gerade noch auflösen kann. Schließlich gilt auch noch für hochrelativistische Objekte, also Objekte die sich beinahe mit Lichtgeschwindigkeit bewegen (wie das bei den Teilchen, die in Teilchenbeschleunigern aufeinander geschossen werden, fast immer der Fall ist), dass deren Energie fast identisch zu ihrem Impuls ist. Über die gesicherten physikalischen Theorien stehen also Raum-, Zeit-, Impuls- und Energieskalen in einem direkten Zusammenhang, sie lassen sich ineinander umrechnen, wobei eine kleine Raum- oder Zeitskala zu einer großen Energie- oder Impulsskala gehört. Die **Planck-Skala** beispielsweise, die Skala, auf der erwartet wird, dass die Effekte der Quantengravitation sich bemerkbar machen, lässt sich als Energie- bzw Impulsskala angeben mit $1{,}2 \times 10^{19}$ GeV, als Längenskala mit $1{,}6 \times 10^{-35}$ m oder als Zeitskala mit $5{,}4 \times 10^{-44}$ s.

Somit können wir auf fundamentaler Ebene all diese Skalen auf Längenskalen zurückführen, die für uns am anschaulichsten sind. (Der Teilchenphysiker hingegen bevorzugt Energie- bzw. Impulsskalen, da seine Rechnungen oft anhand von Energien und Impulsen ausgeführt werden.) Wenn wir also die gesamte bekannte Physik in Form von Längenskalen verorten wollen, so reicht sie von 10^{-20} m, der Skala, die mit den hohen Energien der am LHC produzierten Teilchen erreicht wird, bis zum Abstand des kosmischen Horizonts, etwa 10^{26} m. Sie umfasst also etwa 46 Größenordnungen. Da wir wissen, wir sehr die jeweils relevanten physikalischen Gesetze sich wandeln, wenn man zwischen diesen Skalen hin und her zoomt, gibt es keinen Grund für uns zu erwarten, dass die Wandlungen außerhalb des uns zugänglichen Abschnitts aufhören. Wir erwarten z. B. wesentliche Änderungen bei der Planck-Skala, 10^{-35} m. Am anderen Ende rechnen die meisten kosmischen Inflationsmodelle damit, dass der sichtbare Teil des Universums nur ein winziges Körnchen in einem sehr viel größeren Raumbereich ist, einer Art Blase, die sich wiederum innerhalb noch viel größerer räumlicher Strukturen aufgebläht hat.

Der zugängliche Bereich von 10^{-20} m bis 10^{26} m ist ein endlicher Abschnitt auf einer im Prinzip unendlichen *Skalengeraden* (Abb. 10.1). Es gibt keine Garantie dafür, dass die Veränderungen irgendwo auf dieser Geraden aufhören. Es kann also sein, dass wir durch die praktischen Grenzen, die uns gesetzt sind, nur endlich viele physikalische Gesetze (bzw. Theorien) in einer unendlichen hierarchischen Struktur kennen, dass wir also zu jedem Zeitpunkt sehr viel mehr nicht wissen als wissen.

Das ist allerdings nicht zwingend so. Es besteht die Möglichkeit, dass die Skalengerade an beiden Enden begrenzt ist. Das Universum könnte endlich

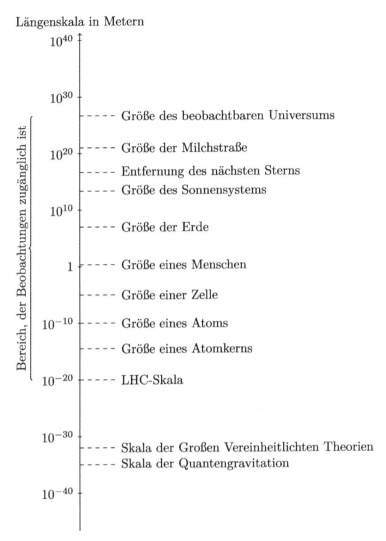

Längenskala in Metern

10^{40}

10^{30}
- - - - Größe des beobachtbaren Universums

10^{20} - - - - Größe der Milchstraße
- - - - Entfernung des nächsten Sterns
- - - - Größe des Sonnensystems

10^{10}
- - - - Größe der Erde

1 - - - - Größe eines Menschen
- - - - Größe einer Zelle

10^{-10} - - - - Größe eines Atoms
- - - - Größe eines Atomkerns

10^{-20} - - - - LHC-Skala

10^{-30}
- - - - Skala der Großen Vereinheitlichten Theorien
- - - - Skala der Quantengravitation

10^{-40}

Bereich, der Beobachtungen zugänglich ist

Abb. 10.1 Endlicher Ausschnitt einer im Prinzip unendlichen „Skalengeraden". Mit der LHC-Skala ist die Längenskala gemeint, die vom Teilchenbeschleuniger LHC gerade noch aufgelöst wird

sein, und dann wäre seine Größe (bzw. sein Durchmesser) die größte denkbare Länge. Man kann auch spekulieren, dass der Raum bzw. die Raumzeit granular ist, „pixelig", dass es also einen kleinsten Abstand gibt, der prinzipiell nicht weiter aufgelöst werden kann. Oder es könnte sein, dass die Skalengerade zwar unendlich ist, aber jenseits bestimmter Grenzen keine neuen physikalischen Gesetze ins Spiel kommen. Das wäre der Fall, wenn es eine allumfassende Theorie gibt, von der alle anderen Theorien abgeleitet werden können.

Weil im Allgemeinen die Gesetze auf kleinen Längenskalen die Gesetze auf den größeren Längenskalen bestimmen, nicht umgekehrt, rechnet man damit, dass eine solche Theorie auf kleinen Längenskalen definiert ist, unterhalb des zugänglichen Bereichs, und alle bekannten Theorien auf den uns zugänglichen Skalen dann *effektive Theorien* sind, die aus der fundamentalen hervorgehen. Schließlich besteht auch noch die Möglichkeit, dass das Konzept der Länge selbst ein abgeleitetes, emergentes Konzept ist und man irgendwann auf eine Ebene gelangt, auf der der Begriff der Skala selbst seine Bedeutung verliert.

Der Punkt ist, wir wissen das alles nicht und können nur spekulieren. Keine der praktischen Grenzen ist absolut in Stein gemeißelt, es ist noch zu früh, um aufzugeben, bei einem derartigen Unterfangen. Vielleicht haben wir Glück und finden, dass das Universum endlich ist. Oder es gibt doch eine Wechselwirkung zwischen Dunkler und „normaler" Materie, mit der wir arbeiten können. Vielleicht kommen wir auf eine Theorie der Quantengravitation, die wir irgendwie auf den uns zugänglichen Skalen bestätigen können und die uns auch eine minimale Länge, ein unteres Ende der Skalengeraden, garantiert. Das alles muss weiter versucht werden.

Aber wir müssen auch realistisch sein und der sehr plausiblen Möglichkeit ins Auge sehen, dass wir auf vielen unserer offenen Fragen sitzen bleiben, weil wegen der praktischen Grenzen der Physik die Antworten außerhalb unseres Zugriffsbereichs liegen.

11

Die prinzipiellen Grenzen der Physik

Im vorhergehenden Kapitel haben wir die praktischen Probleme untersucht, die unsere Suche nach physikalischen Gesetzen einschränken und uns daran hindern, das physikalische Weltbild an allen Enden abzurunden. In diesem Kapitel wird nun die Frage gestellt, ob es Phänomene oder Aspekte der Wirklichkeit gibt, die sich **prinzipiell** nicht mit naturwissenschaftlichen Methoden erfassen lassen oder, genauer, die nicht ins naturwissenschaftliche Bild passen, weil sie in irgendeinem noch zu spezifizierenden Sinn „orthogonal" dazu sind.

Manch einer wird dabei zuerst an Fragen der Ethik, der Ästhetik oder der Religion denken (das Gute, das Schöne und das Heilige). Aber ein glühender Anhänger der Allmacht der Naturwissenschaften wird womöglich argumentieren, dass sich diese drei Dinge als rein soziologische bzw. psychologische Konstrukte verstehen lassen, rein menschliche Konventionen, die einen bestimmten Zweck erfüllen.

Einen anderen Punkt, der sicherlich außerhalb des Bereichs der Naturwissenschaft liegt, haben wir bereits besprochen: Die Frage, was real ist, entzieht sich der naturwissenschaftlichen Methodik. Damit verknüpft ist auch die Frage, warum es überhaupt etwas gibt. Diese Fragen sind jedoch sehr abstrakt. Können wir etwas Konkreteres finden, etwas, das wir tagtäglich vor Augen haben, von dem wir mit Gewissheit sagen können, dass die Physik dazu nichts zu sagen hat?

In diesem Kapitel soll es nicht um Ethik, Ästhetik oder Religion gehen, sondern um unser **Erleben,** um die Art und Weise, wie wir die Welt (oder was auch immer) subjektiv erfahren. Dazu müssen wir uns ein wenig mit der **Philosophie des Geistes,** ihren Begriffen und ihren verschiedenen Positionen zu dem Thema auseinandersetzen. Dort wird seit langem die Frage diskutiert,

© Springer-Verlag GmbH Deutschland, ein Teil von Springer Nature 2020
J.-M. Schwindt, *Universum ohne Dinge,*
https://doi.org/10.1007/978-3-662-60705-3_11

inwieweit und in welchem Sinn unser Erleben sich auf Gehirnprozesse zurückführen lässt. Diese Frage wird von vielen als ausgesprochen schwierig angesehen
und ist daher auch unter dem Namen **„das harte Problem des Bewusstseins"**
bekannt.

Ich werde mich in der Diskussion auf die Seite derer schlagen, die sagen,
dass das Erleben gar nicht ins naturwissenschaftliche Bild passt, dass Gehirnprozesse kein Erleben erzeugen können und dass auch keine Erweiterungen
der Physik oder Biologie oder unseres Verständnisses derselben daran irgendetwas ändern können. Damit haben wir ein Phänomen bzw. einen Aspekt
der Wirklichkeit, den wir direkt erkennen können (es handelt sich nicht um
Spekulation oder Glaubenssache) und der außerhalb der prinzipiellen Grenzen
der Naturwissenschaft liegt.

Ein wichtiger Aspekt unseres Erlebens ist, dass darin die Zeit vergeht. Unser
Erleben reitet wie ein Surfer auf einer Welle namens Jetzt, die sich kontinuierlich durch die Zeit bewegt, mit einer Geschwindigkeit von einer Sekunde
pro Sekunde. Diese Welle, dieses Jetzt, und somit auch das Vergehen der Zeit,
kommt in der Physik nicht vor. Es gibt zwar in der Physik eine Zeit und sogar
einen „Zeitpfeil", aber die Zeit *vergeht nicht,* weil es dort kein Jetzt gibt, das
sich den Zeitpfeil entlangbewegen könnte. Somit ist das Vergehen der Zeit ein
weiteres Phänomen, das außerhalb der prinzipiellen Grenzen der Naturwissenschaft liegt.

Diese Dinge sind jedoch kontrovers, ich erwarte nicht, hier von allen Seiten
Zustimmung zu erhalten.

11.1 Das harte Problem des Bewusstseins

Der Begriff des Bewusstseins ist ganz zentral in der Philosophie des Geistes, hat
aber auch zu einiger Verwirrung geführt, weil er auf sehr verschiedene Weise
verwendet wird. Man lese sich nur einmal die aufgezählten Bedeutungen auf
Wikipedia durch, davon kann einem schon schwindlig werden. Um solche
Verwirrungen zu vermeiden, hat Ned Block (1995) die Unterscheidung zwischen Zugriffsbewusstsein und phänomenalem Bewusstsein eingeführt. Beim
Zugriffsbewusstsein geht es darum, dass man sich einer Tatsache oder eines
Vorgangs in dem Sinne bewusst ist, dass man gedanklich oder sprachlich darauf zugreifen kann, d. h. sich über die Sache ausdrücken, sie berichten und sie
in die eigenen Gedankengänge einbinden kann (im Gegensatz zu unbewussten
Vorgängen, bei denen wir das nicht können). Das phänomenale Bewusstsein
hingegen ist unser Erleben, also unsere subjektive Innenperspektive, das „wie
sich etwas anfühlt" oder „wie es im Moment ist, ich zu sein" oder wie sich
etwas auf unserem „inneren Auge" oder „inneren Ohr" darstellt.

Das „harte Problem des Bewusstseins" bezieht sich ausschließlich auf das phänomenale Bewusstsein. Das Zugriffsbewusstsein ist etwas leichter zugänglich, da man damit viel besser experimentieren kann. Die Fähigkeit, einen Sachverhalt sprachlich oder durch eine Geste ausdrücken zu können, lässt sich objektiv überprüfen, ein inneres Erleben hingegen nicht so leicht, es sei denn, das innere Erleben wird sprachlich oder sonstwie nach außen hin ausgedrückt, womit aber wieder das Zugriffsbewusstsein im Spiel ist. Zudem geht das Zugriffsbewusstsein eindeutig mit bestimmten kognitiven Fähigkeiten einher, die sich von der Hirnforschung immer besser im Gehirn lokalisieren und nachverfolgen lassen. Beim phänomenalen Bewusstsein hingegen ist der Zusammenhang mit kognitiven Prozesse ziemlich unklar.

Die Diskrepanz zwischen den beiden Arten von Bewusstsein lässt sich besonders imposant an sog. Split-Brain-Patienten darstellen, bei denen die Verbindung zwischen den beiden Gehirnhälften zerstört ist. Die linke Hirnhälfte – sensorisch und motorisch mit der rechten Körperhälfte verbunden – ist für sprachlichen Ausdruck und rationales Denken zuständig. Ein solcher Patient kann nicht ausdrücken, was mit seiner linken Körperhälfte vorgeht (oder auch auf der linken Seite seines Gesichtsfeldes). Sein Zugriffsbewusstsein hat keinen Zugriff darauf. Heißt das aber, dass er auf der linken Seite nichts spürt? Wahrscheinlich nicht. Hat er denn *ein* phänomenales Bewusstsein oder *zwei* voneinander getrennte? Schwer zu sagen.

In Sinne des „harten Problems des Bewusstseins" ist zwar die Frage, wie Beethovens Gehirn seine Sinfonien komponiert hat, keine leichte; aber die Frage, wie es möglich ist, dass er die Musik dabei auf seinem „inneren Ohr" quasi mitgehört hat, ist viel schwerer. Denn beim Komponieren handelt es sich „nur" um eine Tätigkeit des Zugriffsbewusstseins. Die Tonfolgen werden in einem bewussten Prozess zusammengefügt (auch wenn dem womöglich einiges an unbewusster Vorarbeit vorausging) und symbolisch notiert. Das innere Erleben dieser Melodien ist jedoch ein Vorgang im phänomenalen Bewusstsein. Mittlerweile kann man auch Computer dazu bringen, einfache Stücke zu komponieren. Kaum jemand geht aber davon aus, dass damit ein „inneres Erleben" aufseiten des Computers einhergeht.

In seinem einflussreichen Artikel „What Is It Like to Be a Bat?" (dt. „Wie ist es, eine Fledermaus zu sein?") bringt Thomas Nagel (1974) das Problem mit dem subjektiven Erleben auf den Punkt. Er erklärt, dass selbst wenn man das Wahrnehmungssystem und die Gehirnprozesse einer Fledermaus in allen Details verstehen würde, man dann immer noch nicht wüsste, wie es ist, eine Fledermaus zu **sein**. Der Ausdruck „wie es ist, . . . zu sein" als Umschreibung für subjektives Erleben wird seither in zahlreichen Texten der Philosophie des Geistes als feststehender Begriff verwendet (*„the what-it's-like-to-be"*). Das

Problem ist, dass „wie es ist, X zu sein" nur vom Standpunkt von X aus erfahren werden kann. In der Naturwissenschaft versuchen wir zu objektivieren, d. h. gerade alles spezifisch Subjektive an einem Sachverhalt zu eliminieren. Wie soll nun die Naturwissenschaft ausgerechnet das Subjektive beschreiben und erklären können? Nagel schreibt:

[...] dass jede subjektive Erscheinung wesentlich an einen einzigartigen Standpunkt gebunden ist und es unvermeidlich scheint, dass eine objektive, physikalische Theorie diesen Standpunkt aufgeben muss. [...] Wenn der subjektive Charakter einer Erfahrung nur von einem einzigen Standpunkt aus voll erfassbar ist, dann bringt uns jede Verschiebung hin zu größerer Objektivität – d. h. jede Verminderung unserer Bindung an einen bestimmten Standpunkt – der wahren Natur des Phänomens nicht näher: Sie entfernt uns davon. (Nagel 1974, zitiert aus Hofstadter und Dennett 1986, S. 377 ff.)

Die Fledermaus hat Nagel als Beispiel gewählt, weil sie entwickelt genug ist, dass man davon ausgehen kann, dass sie so etwas wie eine subjektive Erfahrung hat, sich andererseits aber auch in ihrem Wahrnehmungsapparat hinreichend von uns unterscheidet (sie nimmt die äußere Welt in erster Linie mit Hilfe von Ultraschall oder Echolotortung wahr), dass wir uns nicht so einfach in sie „hineinversetzen" können. Bei einem anderen Menschen könnten wir ja sagen: „Ich kann mir vorstellen, wie es ist, du zu sein; ich kann mich in dich hineinversetzen, denn dein Wahrnehmungsapparat ist der gleiche wie meiner, du siehst die gleichen Farben, hörst die gleichen Töne. Ich kenne deine Lage, kann mir vorstellen, welche Gefühle du durchmachst, weil ich selbst schon Ähnliches erlebt habe." Bei einer Fledermaus geht das nicht.

Weiterhin drückt Nagel seine Überzeugung aus, dass es am subjektiven Erleben etwas gibt, das prinzipiell außerhalb der Reichweite menschlicher Begriffe liegt. Dem Materialismus wirft er vor, das Problem einfach zu ignorieren:

Es ist sinnlos, die Verteidigung des Materialismus auf eine Analyse geistiger Phänomene zu gründen, die es versäumt, sich explizit mit deren subjektivem Charakter zu befassen. [...] Und es ist die krasseste Form der Sünde wider den Geist des Erkennens, einer Sache ihre Realität oder logische Bedeutung zu bestreiten, nur weil man sie nie wird darstellen bzw. verstehen können. (Nagel 1974, zitiert aus Hofstadter und Dennett 1986, S. 376 ff.)

Die Debatte über die die Signifikanz von Nagels Artikel wird seither mit ähnlicher Intensität und Vielfalt geführt wie die Debatte der Physiker über die richtige Interpretation der QM.

Für die Frage „Warum haben bestimmte Organismen ein subjektives Erleben?" hat David Chalmers (1995) die Bezeichnung „das harte Problem des

Bewusstseins" geprägt. Dem stellt Chalmers einige andere Probleme gegenüber, die auch nicht gerade leicht sind, aber doch leichter als das „harte Problem", weil sich zumindest Ansätze für eine wissenschaftliche Herangehensweise erkennen lassen, zum Beispiel: Wie führt das kognitive System die Information von unseren verschiedenen Sinneswahrnehmungen zusammen? Wie kann es diese Wahrnehmungen einordnen, kategorisieren und angemessen darauf reagieren? Wie bewerkstelligt es das Gehirn, dass wir unsere Aufmerksamkeit auf etwas richten? Wie kommt es zum Unterschied zwischen Schlaf und Wachsein? Diese Fragen beziehen sich auf bestimmte Fähigkeiten oder auf die Ausführung bestimmter Funktionen, wohingegen das „harte Problem" sich auf das subjektive Empfinden richtet, das mit all dem einhergeht.

Qualia (Singular: Quale, von lat. *qualis,* „wie beschaffen") sind ein zentraler Begriff in der Diskussion des „harten Problems". Qualia sind das „wie es für uns subjektiv ist" unserer Wahrnehmungen.

Nehmen wir zum Beispiel folgende Situation: Ich sehe eine rote Ampel und trete auf die Bremse. Der objektivierbare Teil dieser Situation stellt sich so dar: Das rote Licht trifft auf meine Retina, die Information darüber wird über den Sehnerv ins Gehirn geleitet, von kognitiven Prozessen mit den anderen Details der Situation zusammengebracht und verarbeitet. Dies führt zu einer Reaktion: Die Muskulatur meines rechten Beines wird angewiesen, eine kleine Bewegung nach oben, dann nach links, dann wieder nach unten zu machen; ich bin vom Gaspedal auf die Bremse gewechselt. Irgendwie geht diese Informationsverarbeitung aber auch mit dem roten leuchtenden Kreis in meinem phänomenalen Bewusstsein einher, der die rote Lampe der Ampel darstellt, als Teil eines größeren Gesamtbildes. Das Rot auf dem „inneren Auge" oder „inneren Bildschirm", oder wie immer man das nennen mag, ist die Quale, die zur Wahrnehmung der Farbe Rot gehört – eine Wahrnehmung, die sich von außen betrachtet als neuronales Erregungsmuster im Gehirn darstellt. Mir persönlich gefällt der „Bildschirm" als Metapher ganz gut. Wir sprechen von einem „inneren Bildschirm", aber dieser Bildschirm befindet sich natürlich nicht als solcher im Gehirn. „Innen" ist hier im Sinne von subjektiv, nicht für andere zugänglich gemeint. Das „harte Problem" lautet dann: Wieso gibt es diesen „inneren Bildschirm" überhaupt? Zur Informationsverarbeitung trägt er nichts bei. Das kognitive Erkennen der roten Ampel und der Tritt auf die Bremse (Zugriffsbewusstsein oder sogar teilweise unbewusstes Erkennen und Handeln) erfolgen unabhängig davon, ob es ihn gibt oder nicht.

Qualia werden für verschiedene Gedankenexperimente herangezogen, anhand derer das „harte Problem" diskutiert wird. Drei Experimente erfreuen sich besonderer Beliebtheit:

1. **Qualia-Inversion:** Bei der Qualia-Inversion sind die Qualia zweier Personen, nennen wir sie Alice und Bob, im Vergleich zueinander vertauscht. Die Quale, die bei Alice mit der Farbe Rot auftritt, erscheint bei Bob mit der Farbe Grün und umgekehrt. Beide reagieren kognitiv identisch auf die rote Ampel, d. h., sie erkennen die Farbe als Rot und treten auf die Bremse, aber im phänomenalen Bewusstsein (auf dem „inneren Bildschirm") sind die Farben vertauscht. Wir sagen „sind im Vergleich zueinander vertauscht", aber tatsächlich können Alice und Bob nicht miteinander vergleichen. Die „Bildschirme" sind privat, beide haben nie etwas anderes als den eigenen gesehen, sie können niemals etwas über die Inversion herausfinden. Anhand dieses und auch der folgenden Gedankenexperimente diskutiert die Philosophie des Geistes die Fragen, ob es überhaupt Qualia gibt, ob Situationen wie diese vorstellbar sind und, wenn ja, welche Konsequenzen daraus folgen. Die Reaktionen sind sehr unterschiedlich. Für manche ergibt es Sinn, für andere nicht. Ich erinnere mich an eine Diskussion über Wahrnehmung in meiner Schulzeit, in der ein Klassenkamerad einen Lehrer fragte: „Kann es nicht sein, dass Ihr Rot für mich Grün ist und Ihr Grün für mich Rot?" Der Kamerad hatte garantiert nie etwas über Qualia-Inversion gelesen, der Gedanke kam ihm einfach spontan. Ich wusste sofort, was er meinte, obwohl auch ich nie etwas über Qualia und Qualia-Inversion gelesen hatte. Aber der Lehrer wusste nichts damit anzufangen: „Na dann würdest du aber ganz schön Probleme im Straßenverkehr bekommen." – „Nein, Sie verstehen nicht, was ich meine."

2. **Zombies:** Philosophische Zombies sind Personen, die nur ein Zugriffsbewusstsein haben, aber kein phänomenales. Ihnen fehlen die Qualia, aber sie verhalten sich wie normale Menschen. Nehmen wir an, Bob ist ein Zombie, Alice aber nicht. Wieder verarbeiten beide den Anblick der roten Ampel genau gleich und bremsen, nur dass Alice zusätzlich das Ganze auf ihrem „inneren Auge" erlebt, Bob aber nicht; er handelt „wie ein Roboter", ohne subjektives Innenleben, aber doch genau so, als hätte er eins. Wie bei der Inversion kann Alice niemals feststellen, dass Bob ein Zombie ist. Ist so etwas denkbar? Schließt das die Möglichkeit ein, dass alle Menschen außer mir Zombies sind? Und wieso bin ich eigentlich so sicher, dass ich selbst kein Zombie bin? Folgt daraus, dass der ganze Qualia-Begriff Unsinn ist? Oder folgt aus der Denkbarkeit von Zombies gerade, dass es Qualia gibt und sie nicht auf Gehirnzustände reduzierbar sind?

3. **Mary:** Das Mary-Gedankenexperiment heißt tatsächlich Mary-Gedankenexperiment, als ob es darauf ankäme, dass Mary Mary heißt. Das Beispiel erinnert ein wenig an Nagels Fledermaus. Mary hat in ihrem Leben noch nie Farben gesehen, sie ist seit ihrer Geburt in ein schwarz-weißes Zimmer eingeschlossen. Aber sie hat alles über Farben gelesen, was man über Farben wissen kann (z. B. auch, dass rote Ampeln bedeuten, dass

man bremsen muss) und wie Auge und Gehirn das Farbensehen bewerkstelligen. Dann tritt sie eines Tages zum ersten Mal ins Freie und sieht Farben. Frage: Lernt sie dabei etwas Neues? Der Autor des Gedankenexperiments (Jackson 1986) meint erstens, dass die Antwort ganz klar Ja lautet und, zweitens, dass dies den Materialismus widerlegt. Beides wurde selbstverständlich anschließend von Kollegen in Frage gestellt.

Das ganze Qualia-Thema scheint irgendwie ein rotes Tuch zu sein, das heftige Reaktionen hervorruft. In Diskussionen habe ich fast immer entweder vehemente Ablehnung oder deutliche Zustimmung erlebt, selten einen Mittelweg, eine vorsichtig kritische, aber offene Haltung. Vielleicht sind die Ablehner ja gerade die philosophischen Zombies, und daran kann man sie erkennen. Es wäre eine große Ironie, wenn es genau umgekehrt wäre.

11.2   Der Fluss der Zeit

Ein ganz besonderer Aspekt unseres Erlebens ist, dass es ein **Jetzt** gibt und die Zeit vergeht. Rudolf Carnap erinnert sich an seine Gespräche mit Albert Einstein:

Einmal sagte Einstein, das Problem des Jetzt beunruhige ihn ernstlich. Er erklärte, die Erfahrung des Jetzt bedeute etwas Besonderes für den Menschen, etwas von Vergangenheit und Zukunft wesentlich Verschiedenes, aber dieser wichtige Unterschied komme in der Physik nicht vor und könne dort nicht vorkommen. Dass die Wissenschaft diese Erfahrung nicht erfassen könne, schien ihm ein Gegenstand schmerzlicher, aber unvermeidlicher Resignation zu sein [...] Es gäbe etwas Wesentliches bezüglich des Jetzt, das schlicht außerhalb des Bereichs der Wissenschaft liege. (Carnap 1993)

Worin genau liegt die Schwierigkeit, von der Einstein hier spricht? Wir erleben die Zeit aus der Perspektive eines Jetzt, das die Zeit in zwei Hälften teilt und das uns realer vorkommt als die Vergangenheit oder die Zukunft. Die Vergangenheit erscheint uns „für immer verloren", die Zukunft ist „noch nicht da". Schlimmer noch, das Jetzt scheint sich durch die Zeit in Richtung Zukunft zu bewegen (Zeit „vergeht"), oder, äquivalent dazu, die Zeit bewegt sich durch das Jetzt hindurch in Richtung Vergangenheit, so dass die Menge dessen, was „für immer verloren" ist, ständig zunimmt.

In der Physik jedoch kommt weder ein ausgezeichnetes Jetzt noch eine Bewegung desselben vor. Die Physik beschreibt die Welt anhand von mathematischen Strukturen, und diese sind „einfach da", als Ganzes, ohne dass da irgendeine Veränderung geschieht.

In der ART wird dies als Blockuniversum bezeichnet. Die gesamte Raum-
zeit ist eine einzige Struktur, sie ist „auf einmal" gegeben. Die Bedeutung von
Vergangenheit und Zukunft ist darin nicht viel anders als die von Nord und
Süd. Wir können uns zwar vorstellen, dass darin irgendetwas von „Süd" nach
„Nord" läuft. Aber diese Vorstellung ist durch nichts in der Physik gerechtfer-
tigt. Hut und van Fraassen schreiben:

*Unser Erleben der Zeit ist das einer sich bewegenden Gegenwart, und das ist
etwas ganz anderes als eine Markierung irgendwo in der Mitte einer Zeitachse in
einer gefrorenen vierdimensionalen Raumzeit. (Our experience of time is that of a
moving present, one that is very different from a tick mark somewhere halfway a
time axis in a frozen four-dimensional spacetime.)* (Hut und van Fraassen 1997)

Im Blockuniversum ist jeder Mensch ein vierdimensionaler Schlauch, an
dessen „südlichem" Ende sich seine Geburt und an dessen „nördlichem" Ende
sich sein Tod befindet. Die Dicke des Schlauches ist die dreidimensionale Ausdehnung des Körpers. Diese Dicke ist so klein im Vergleich zur zeitlichen
Ausdehnung, dass man auch von der Weltlinie des Körpers spricht, die räumliche Ausdehnung also vernachlässigt. Der Schlauch ist als Ganzes auf einmal
gegeben. Wir erleben es aber so, als ob wir die Zeit durchlaufen, uns weg von
der Geburt und hin zum Tod bewegen. Hermann Weyl beschreibt es so:

*Nur vor dem Blick des in den Weltlinien der Leiber emporkriechenden Bewusstseins
„lebt" ein Ausschnitt dieser Welt „auf" und zieht an ihm vorüber als räumliches,
in zeitlicher Wandlung begriffenes Bild.* (Weyl 1948)

Dieses „Emporkriechen des Bewusstseins" ist für Weyl etwas, das außerhalb
der naturwissenschaftlichen Weltbeschreibung liegt, ihr hinzugefügt werden
muss.

Ändert sich an diesen Verhältnissen etwas, wenn man die Quantenmechanik
hinzuzieht? Vielleicht (diese Dinge sind umstritten und spekulativ), aber es
sieht nicht danach aus, dass es eine Änderung zum Besseren ist. In einem
Artikel zur Quantengravitation von Hermann Nicolai heißt es:

*Die „Wellenfunktion des Universums" soll die vollständige Information über das
Universum enthalten, „vom Anfang bis zum Ende". Am besten stellt man sie sich
als eine Filmrolle vor: „Zeit" und die Illusion, dass „etwas passiert", entstehen
nur, wenn der Film abgespielt wird. (The „wave function of the universe" [...] is
supposed to contain the complete information about the universe „from beginning
to end". A good way to visualise [it] is to think of it as a film reel; „time" and the
illusion that „something happens" emerge only when the film is played.)* (Nicolai
2005)

Dabei wird offengelassen, wer oder was den Film abspielt, wie und warum. Wer sieht sich den Film an? Und woraus besteht die Filmrolle eigentlich? Und der Projektor?

Noch weiter treibt es Julian Barbour (2000). Er argumentiert, dass in der Quantenkosmologie Kausalität und zeitliche Reihenfolgen völlig verschwinden. Es gibt nur noch eine Menge möglicher Momente, denen die „Wellenfunktion des Universums" Wahrscheinlichkeiten zuweist, ohne dass diese Momente in irgendeiner Beziehung zueinander stehen. Er spricht von einem „instantanen Pluralismus von Momenten".

Vielleicht muss man die speziellen Theorien und deren Interpretationen gar nicht kennen, um sich klarzumachen, dass ein sich bewegendes Jetzt in der Physik nicht vorkommen kann. McTaggart (1908) argumentiert in seinem Aufsatz *The Unreality of Time* viel allgemeiner. Er unterscheidet zwei Zeitreihen, die er A-Reihe und B-Reihe nennt. In der B-Reihe bestehen Früher/Später/Gleichzeitig-Relationen zwischen den einzelnen Momenten oder Ereignissen, d. h., man kann sagen, wie sie in der Zeit zueinander stehen. Dies ist die Art von Reihe, wie sie uns die Physik beschreiben kann (von Schwierigkeiten, die sich diesbezüglich aus der Relativitätstheorie ergeben, sehen wir einmal ab, sie sind für das Argument nicht relevant). Die A-Reihe entspricht der B-Reihe, nur dass sie zusätzlich noch einen ausgezeichneten Moment namens „Jetzt" enthält, der die Zeit in zwei Hälften teilt: auf der einen Seite die Zukunft, auf der anderen die Vergangenheit. Weiter argumentiert McTaggart, dass wir die Zeit nur dann wirklich als Zeit bezeichnen können, wenn sich etwas ändert, wenn das Jetzt sich also bewegt. Doch was soll das heißen? In Bezug auf was bewegt es sich denn? McTaggart versucht einige Ansätze, die er alle zu einem logischen Widerspruch führt. Schließlich zeigt er: Die Antwort kann nur sein, dass sich das Jetzt in Bezug auf eine zweite Zeit bewegt. Ein bestimmter Moment ist jetzt gerade Jetzt, ein anderer Moment wird später Jetzt sein, ein anderer ist früher Jetzt gewesen. Dieses neue Jetzt, das anzeigt, wo das ursprüngliche Jetzt jetzt gerade ist, muss sich wieder in Bezug auf eine neue, dritte Zeit bewegen und so weiter, bis ins Unendliche. Die Annahme eines sich bewegenden Jetzt führt also logisch zu einem unendlichen Regress. McTaggart folgert daraus, dass Zeit logisch inkonsistent ist, sie also eine Illusion sein muss.

Im Gegensatz dazu kann man aber auch folgenden Standpunkt einnehmen: Das sich bewegende Jetzt ist ein fundamentaler Bestandteil unserer Erfahrung, man kann es nicht einfach wegdiskutieren. McTaggarts Argument bedeutet nur, dass es sich nicht in eine auf mathematischen Strukturen basierende Weltbeschreibung einfügen lässt, wo die Zeit als eine *Reihe von Zeitpunkten* dargestellt wird.

Lee Smolin (2015) widmet ein ganzes Forschungsprogramm („Temporal Naturalism") der Aufgabe, das sich bewegende Jetzt doch noch in die Physik einzuführen. Er sieht die logischen Schwierigkeiten, meint aber, sie vielleicht umgehen zu können. Insbesondere sieht er auch, dass eine solche Physik die Welt nicht ausschließlich als eine mathematische Struktur beschreiben darf. Für ihn ist der Naturalismus Voraussetzung, also die Idee, dass alles Bestandteil einer Welt ist, die unabhängig von uns existiert und von der Naturwissenschaft entschlüsselt werden kann. Qualia und das seltsame Vergehen der Zeit sind für ihn aber auch etwas direkt Gegebenes, das man nicht einfach mit psychologischen Erklärungen abtun kann. Daher müssen diese Dinge für ihn in irgendeiner Weise Bestandteil der Welt sein. Da dies, so Smolin, mit den derzeitig etablierten Theorien und Sichtweisen prinzipiell nicht zu bewerkstelligen ist, sind grundsätzlich neue Herangehensweisen in der Physik erforderlich. Das Vorgehen, das er für sein Forschungsprogramm beschreibt, finde ich hochspekulativ und nicht unbedingt schlüssig, wünsche ihm aber trotzdem viel Erfolg.

11.3   Qualia und Physikalismus

Von Anhängern des Physikalismus wird selbstverständlich geleugnet, dass unser subjektives Erleben (Qualia) außerhalb des Zuständigkeitsbereichs der Naturwissenschaften liegt: Dabei kann man mehrere verschiedene Sichtweisen unterscheiden, doch wir beschränken uns hier auf die beiden nach meiner Auffassung wichtigsten: die Eliminierung und den Funktionalismus.

Eliminierung
Qualia existieren überhaupt nicht. Das behauptet z. B. Daniel Dennett, einer der einflussreichsten Philosophen des Geistes. Wenn wir meinen, wir empfinden etwas, dann meinen wir das nur. In der Terminologie von Abschn. 11.1: Das Zugriffsbewusstsein bezieht sich auf ein angenommenes phänomenales Bewusstsein in ähnlicher Weise wie auf eine optische Täuschung. Wir denken und sprechen aus, da sei ein roter Fleck auf unserem „inneren Bildschirm", aber in Wirklichkeit sind da nur informationsverarbeitende Prozesse im Gehirn, die bestimmte Aspekte der Außenwelt und bestimmte Konzepte **repräsentieren** können, aber keine Qualia, sondern nur die konzeptionelle Vorstellung von Qualia.

Man kann dieser Haltung entgegenstellen, dass Qualia völlig offensichtlich sind, offensichtlicher als alles andere, dass man sie weniger anzweifeln kann als alles andere, dass sie das Einzige sind, was uns in einem Moment wirklich sicher gegeben ist; dass diese Haltung also eine selbstverleugnende Vogel-Strauß-Taktik vor dem Problem ist. Ja, die Qualia (das Erleben) sind im Gehirn nicht zu finden, aber sie sind offensichtlich da, das ist ja gerade das Problem. Leider kann ich sie auch nicht fotografieren und weitergeben, also die Existenz meiner Qualia nicht beweisen, aber Dennett könnte doch so nett sein und in sein eigenes Bewusstsein schauen.

Andererseits, wenn Dennett zufällig ein philosophischer Zombie ist, dann hätte er ja recht. Und woher sollte er wissen, dass es bei mir anders ist? Selbst wenn er kein Zombie ist, wieso sollte er überhaupt etwas über seine eigenen Qualia „wissen", im Sinne des Zugriffsbewusstseins? Kann es nicht sein, dass manche Menschen gar nicht auf ihre Qualia zugreifen können, also gewissermaßen „Zombies zweiter Ordnung" sind (mein eigener Begriff)? Und wieso bin ich mir eigentlich so sicher, dass ich mich über meine Qualia nicht täuschen kann? Hat Dennett also am Ende sogar recht? Diese Überlegungen zeigen, wie schwierig es ist, bei diesem Thema zu eindeutigen Ergebnissen zu gelangen.

Ich möchte betonen, dass mir der Ansatz der Elimination logisch konsistent erscheint. Man kann ihn nicht im Sinne einer Argumentation widerlegen, denn ich kann niemandem meine Qualia zeigen, und ich kann auch niemandem seine eigenen Qualia zeigen. Wer sie also verleugnet, ist unangreifbar. Da ich mir aber tatsächlich sicher bin, dass ich mich über meine Qualia nicht täuschen kann, schließe ich die Elimination für mich persönlich aus.

Funktionalismus

Die wahrscheinlich unter Naturwissenschaftlern gängigste Haltung zum subjektiven Erleben ist die Ansicht, dass es von der Informationsverarbeitung im Gehirn erzeugt wird.

Spätestens seit der „kognitiven Revolution" in den 1950er Jahren (also dem Beginn starker Aktivität im Bereich der Kognitions- und Neurowissenschaften, der Linguistik, Informatik und Forschung zu Künstlicher Intelligenz) war klar, dass das Gehirn in mancherlei Hinsicht ähnlich funktioniert wie ein Computer. Insbesondere verarbeitet das Gehirn Information in digitaler Form. Nervenzellen (Neuronen) können in diesem Zusammenhang genau zwei Zustände annehmen: einen elektrischen Impuls weitergeben („feuern") oder eben nicht („nicht feuern"). Wie sich das Feuern bzw. Nichtfeuern auf die benachbarten Neuronen auswirkt, hängt von der Art und Dicke der Synapsen, den Verbindungsstücken zwischen den Neuronen, ab. Diese Verbindungen können sich im Lauf der Zeit ändern, wodurch Gedächtnis und Lernprozesse zumindest im Prinzip erklärt werden können. Das Gehirn verarbeitet Input von den Sinnesorganen, indem es ihn in digitale Form umwandelt und die Information in Form von elektrischen Impulsen durch das Netzwerk der Neuronen im Gehirn in bestimmte Regionen lenkt, wo sie durch weitere digitale Prozesse weiterverarbeitet werden. Auf höherer Ebene (im Sinne des Reduktionismus; Kap. 5) heißt das: Wir erkennen und denken. Die digitale Verarbeitung ist so vielschichtig, dass dabei zahlreiche Formen und Zusammenhänge der Außenwelt und auch höhere Konzepte in informatischer Weise repräsentiert werden. Output, also Muskelbewegung, wird ebenfalls in digitaler Form vom Gehirn aus induziert, vor allem auch unser sprachlicher Ausdruck, der ebenfalls durch Muskelbewegungen an die Außenwelt abgegeben wird.

Im Zuge dieser Erkenntnisse sagt der Funktionalismus: Für die mentalen Zustände sind nicht alle Details der physischen Zustände relevant, sondern es kommt nur auf die Informationsverarbeitung an, auf die Funktionalität, die zwischen Input und Output implementiert ist. Ob diese Verarbeitung nun von Neuronen auf Kohlenstoffbasis realisiert wird oder von irgendetwas anderem, ist völlig egal. Das heißt, wenn man Sinnesorgane und Muskeln vom Gehirn abkoppelt und stattdessen an ein Computerprogramm anschließt, das funktional das Gleiche leistet, also den gleichen Input in den gleichen Output verwandelt wie das Gehirn (z. B. das Bremsen an einer roten Ampel), und die Informationsverarbeitung dazwischen auf äquivalente Weise (im Sinne der Informatik) geschieht, dann kann man diesem Programm das gleiche Bewusstsein zusprechen wie dem ersetzten Gehirn. Dies hat zu Science-Fiction-Fantasien geführt, wir könnten „Unsterblichkeit" erlangen, indem wir unseren „Geist" auf ein Computerprogramm abbilden lassen, das nicht dem physischen Verfall ausgeliefert ist wie unser Körper.

Der Funktionalismus ist vermutlich heute die unter Naturwissenschaftlern am weitesten verbreitete Sichtweise. Aber wenn man genau hinsieht, ist er – im Gegensatz zur Eliminierung – inkonsistent.

In seiner „Geschichte eines Gehirns" erzählt Zuboff (1981) von einem Mann in einem technologisch fortgeschrittenen Zeitalter, der an einer schweren Krankheit leidet, die seinen ganzen Körper zersetzt, ausgenommen sein Nervensystem. Daraufhin lässt er sein Gehirn herausnehmen und in eine Nährlösung einlegen, wo es auf beliebige Zeit am Leben erhalten werden kann. Seine Freunde sorgen dafür, dass das Gehirn an bestimmte Geräte angeschlossen wird, die neurale Aktivierungsmuster im Gehirn anregen, die dem Mann (dessen Identität ja immer noch in dem Gehirn steckt) angenehme Erlebnisse bereiten (denn das Erleben wird ja durch die Folgen von Aktivierungsmustern hervorgerufen, die im Gehirn gerade die informationsverarbeitenden Prozesse darstellen).

Dann geschieht eine Reihe von Vorfällen, die zu einer immer weiteren Zerlegung und Transformation des Gehirns führen. Bei jedem Schritt wird argumentiert, dass sich ja nichts an den Erlebnissen ändert, die Aktivierungsmuster sind weiterhin die gleichen, nur ihre räumliche Anordnung hat sich geändert, aber das ist laut Funktionalismus ja egal. Zuerst wird das Gehirn in seine zwei Hälften gespalten, wobei aber darauf geachtet wird, dass die Erregungen der

Neuronen an den Schnittstellen genau so aufeinander abgestimmt werden, als wären die Hälften noch miteinander verbunden. In gleicher Weise wird das Gehirn immer weiter geteilt, bis schließlich jede Nervenzelle in ihrer eigenen Nählösung schwimmt. Das Projekt wird nun von der ganzen Menschheit betreut, jeder sorgt für eine Nervenzelle, für die er verantwortlich ist. Nach einem genauen Plan weiß jeder, wann die jeweilige Zelle anzuregen ist, so dass das Gesamtmuster das gleiche ist, als ob die Zellen noch miteinander im Gehirn zusammenhängen würden. Gelegentlich sterben Zellen ab und werden durch neue ersetzt, auch das sollte für die Erfahrung keine Rolle spielen.

Eines Tages verschüttet ein Versuchsteilnehmer versehentlich die Lösung seiner Nervenzelle, die gleich aktiviert werden sollte. Die Zeit reicht nicht, um sie zu ersetzen, und er bittet seinen Nachbarn um Hilfe. Dieser antwortet:

Warum tragen wir nicht meine ganze Lösung an die Position hinüber, die du innegehabt hast? Wenn wir dann in fünf Minuten diese Nervenzelle aktivieren, wird da nicht dieselbe Erfahrung zustande kommen wie mit deiner alten Nervenzelle, da die beiden sich ja genau gleich sind? Ob es sich um ein und dieselbe Nährlösung handelt, spielt ja wohl keine Rolle. Jedenfalls können wir dann wieder die Lösung hierher zurückbringen, und ich kann die Nervenzelle für die Erfahrung verwenden, für die sie später laut Programm gebraucht wird. Halt mal! [...] Warum müssen wir die Lösung [...] überhaupt den Platz wechseln lassen? Lassen wir sie hier; du aktivierst sie für deine Erfahrung und ich für meine. Die beiden Erfahrungen müssen auch dann zustande kommen. Und einen Moment nochmal! Dann brauchen wir doch nur diese eine Nervenzelle hier zu aktivieren, statt der Aktivierung all der Nervenzellen gleicher Art! Dann braucht es doch nur von jeder Sorte eine Nervenzelle, die wieder und immer wieder aktiviert werden muss, damit all diese Erfahrungen zustande kommen! Aber wie können die Nervenzellen auch nur dies wissen, dass sie einen Impuls wiederholen, wenn sie wieder und immer wieder aktiviert werden? Wie können sie etwas von einer bestimmten Reihenfolge ihrer Aktivierungen wissen? Dann können wir doch eine Nervenzelle von jeder Sorte einmal aktiv werden lassen und erreichen damit die physische Verwirklichung sämtlicher Impulsmuster [...] Und könnten diese Nervenzellen nicht einfach irgendwelche von denen sein, die in jedem beliebigen Kopf natürlicherweise aktiviert werden? Was machen wir dann hier eigentlich alle? [...] Aber wenn alle nur denkbare neurale Erfahrung sich einfach dadurch zustande bringen lässt, dass man von jeder Sorte Nervenzelle eine einmal aktiviert, wie kann dann irgendein Erlebender noch glauben, dass er durch irgendeine Erfahrung, die er hat, mit mehr in Verbindung steht als mit diesem blanken Minimum an physischer Realität? Und damit ist all diesem Gerede von Köpfen mit Nervenzellen darin, das angeblich auf der Entdeckung der wahren physischen Realitäten basiert, vollständig der Boden entzogen. (Zuboff 1981, zitiert aus Hofstadter und Dennett 1986, S. 202 f.)

In *Einsicht ins Ich* versuchen Hofstadter und Dennett (1986), diese Argumentation zu entkräften. Sie behaupten, wenn das richtig wäre, könnte man auch sagen, alle möglichen Bücher seien dadurch realisiert, dass man jeden Buchstaben genau einmal ausdruckt. Dieser Einwand ist jedoch falsch, und der Grund, warum er falsch ist, ist sehr aufschlussreich.

Der Unterschied bei den Büchern ist, dass sie gelesen werden, und zwar auf bestimmte Weise. Wir kennen die Decodierungsvorschrift, d. h., wir wissen, dass wir jede Zeile von links nach rechts und die Seiten von oben nach unten lesen müssen. **Der springende Punkt bei Information ist nämlich, dass sie nur etwas Bestimmtes repräsentiert, wenn eine explizite Decodierungsvorschrift dazu gegeben ist.** Die JPG-Datei repräsentiert ein Bild nur deshalb, weil es eine genaue Vorschrift gibt, wie die Einsen und Nullen in bunte Pixel umzusetzen sind. Bei einer Textdatei repräsentiert die Bit-Folge 1000001 nur deshalb den Buchstaben A, weil der ASCII-Code es so vorsieht. Ein wildes Gewusel von Einsen und Nullen, ohne dass so eine Vorschrift gegeben ist, repräsentiert hingegen überhaupt nichts.

Im Funktionalismus wird jedoch erwartet, dass die Einsen und Nullen im Gehirn für sich allein genommen eine Bedeutung haben, sich quasi selbst decodieren und dabei eine Erfahrung hervorrufen. Das ist jedoch Unsinn, wie Zuboff so schön demonstriert. Das Gehirn hat seine Schnittstellen, wo codiert und decodiert wird, außen. Einlaufende Sinnesdaten werden in Nervenimpulse umgesetzt, auslaufende Impulse in Muskelbewegungen. Nur diese Schnittstellen definieren, was die Einsen und Nullen im Gehirn „bedeuten". Die gesamte Informationsverarbeitung geschieht in Bezug auf diese Schnittstellen.

Wenn man die äußeren Schnittstellen vom Gehirn abkoppelt und stattdessen mit einem Computerprogramm verbindet, dann können wir sagen, das Programm tue das Gleiche wie das Gehirn, wenn das Verhalten an den Schnittstellen das gleiche ist, und „gleich" bezieht sich **nur** auf das Verhältnis zu diesen Schnittstellen. Ohne sie gibt es keinen Bezugspunkt mehr, man kann beliebige Transformationen anwenden, ohne den „inneren" Informationsgehalt zu verändern, und das führt zu der absurden Situation in Zuboffs Geschichte. Das Argument gleicht im Prinzip dem, das ich gegen die Viele-Welten-Interpretation ins Feld geführt habe: Wenn sich ein Zustand auf nichts mehr bezieht, das außerhalb von ihm liegt, dann kann man ihm keinerlei innere Bedeutung mehr zusprechen.

Subjektives Erleben ist etwas anderes als Information; Information fühlt nichts. Es ist auch etwas anderes als die zeitlosen mathematischen Strukturen, auf die die Physik alles zurückführt. Unser Erleben und insbesondere das Vergehen der Zeit passen nicht in das Bild, das die Physik von der Realität zeichnen kann. Sie befinden sich außerhalb der prinzipiellen Grenzen der Physik.

12

Schluss

Wir sind am Ende unserer philosophisch-physikalischen Unterwasserfahrt angelangt. Ich gebe zu, es war eine Menge schwieriger, dicht gepackter Stoff. Daher nehmen wir uns jetzt noch etwas Zeit, das Besprochene Revue passieren zu lassen. Ich möchte vor allem auch noch einmal einige Punkte, die mir besonders wichtig sind, betonen, zusammenfassen und in einen logischen Zusammenhang bringen. Dazu können wir drei wesentliche Handlungsstränge auseinanderhalten: (1) Physik und Realität, (2) Reichtum der Physik sowie (3) praktische Grenzen und Krise der Physik.

Physik und Realität

Unser Ausgangspunkt war das philosophische Staunen und Fragen. Wir wollen uns selbst und der Welt auf den Grund gehen, so weit uns dies möglich ist. Dabei ist uns zunächst **Wittgenstein** begegnet, der im *Tractatus* behauptet, das Einzige, was sich wirklich sagen ließe, seien die Aussagen, die die Naturwissenschaft hervorbringe. Denn nur diese könne sich klar ausdrücken; alles andere sei sprachliche Verwirrung, ein Nebel aus Worten. Er gibt allerdings auch sofort zu, dass die Naturwissenschaft nicht wirklich etwas erklären könne und auch unsere eigentlichen Lebensprobleme nicht berühre. Aber über den Rest müsse man eben schweigen, weil sich darüber einfach nichts sagen lasse. Wittgenstein lässt hier keine Grauzone zu, entweder lässt sich etwas eindeutig und objektiv sagen, oder eben gar nicht.

Als eine Art indirekten Gegenspieler haben wir **Jaspers** kennengelernt. Aus dessen Sicht ist es gar nicht die Aufgabe der Philosophie, etwas Eindeutiges zu sagen. Im Gegenteil, Philosophieren ist immer ein persönliches geistiges Abenteuer, immer subjektiv eingefärbt. Es geht um eine Wahrheit, aus der

© Springer-Verlag GmbH Deutschland, ein Teil von Springer Nature 2020
J.-M. Schwindt, *Universum ohne Dinge,*
https://doi.org/10.1007/978-3-662-60705-3_12

man lebt, nicht um eine Wahrheit, die man beweisen kann. Dennoch lässt sich hierbei etwas sagen, kommunizieren, lassen sich Gedanken aufeinander aufbauen, sie sind nur nicht so eindeutig, wie bei den Naturwissenschaften, aber darum sind sie nicht weniger bedeutsam, im Gegenteil, sie gehen auf einen echten Grund zu, einen Bereich, den die Naturwissenschaft niemals erreichen kann (in diesem Punkt sind sich beide einig).

Weiterhin haben wir uns im Verlauf des Buches mit dem **Physikalismus** beschäftigt, der heutzutage weit verbreiteten Ansicht, dass die Naturwissenschaft sehr wohl der Realität auf den Grund gehe, ja dass sogar alles Reale von der fundamentalsten der Naturwissenschaften, der Physik, beschrieben und erklärt werden könne. Im Grunde kann man große Teile dieses Buches als den Versuch verstehen, sich innerhalb dieses Dreiklangs aus Wittgenstein, Jaspers und dem Physikalismus zu orientieren.

Dazu haben wir uns zunächst angesehen, wie Naturwissenschaft eigentlich funktioniert, was ihre Charaktereigenschaften sind, wie sie zu ihren Aussagen kommt und welcher Art diese Aussagen sind. Insbesondere sind wir dabei auf eine **reduktionistische Hierarchie** gestoßen, auf „höhere" Fachgebiete bzw. Theorien, die sich auf „tiefere", also fundamentalere Fachgebiete bzw. Theorien *im Prinzip* zurückführen lassen. Die Reduktion funktioniert zunächst dadurch, dass Dinge in ihre Bestandteile zerlegt werden können und man das Verhalten des ganzen Dings vom Verhalten seiner Bestandteile und deren Wechselwirkungen her verstehen kann. Auf den tieferen Ebenen der hierarchischen Struktur kommt es jedoch auch vor, dass Dinge nicht weiter zerlegt, sondern durch etwas ganz anderes ersetzt werden, eine ganz andere Art von Reduktion also. In dem Fall verhalten sich die Gegenstände der tieferen Ebene so, dass sie in uns eine Art *Illusion* von den Gegenständen der höheren Ebene erzeugen.

Die unteren Ebenen der Hierarchie werden durch die Theorien der Physik eingenommen. So wird der ganze Mensch – ebenso wie alle anderen Dinge in der Welt – durch die Naturwissenschaften auf rein physikalische Gegebenheiten zurückgeführt oder, noch spezifischer, nach aktuellem Stand des Wissens, auf die Wechselwirkungen von Elementarteilchen, die ihrerseits Anregungszustände von Quantenfeldern sind. So kommt der Physikalismus zustande: Die Klarheit und die hohe Glaubwürdigkeit, die die Naturwissenschaft aufgrund ihres spezifischen Vorgehens erreicht, in Kombination mit ihrem reduktionistischen Charakter, suggerieren, dass alles letztendlich nichts anderes *ist* als diese wechselwirkenden Anregungen von Quantenfeldern (oder was eine hypothetische noch tiefere Hierarchieebene womöglich aus ihnen macht).

Um diesen Gedanken besser einordnen zu können, muss man sich die Physik jedoch ein bisschen genauer ansehen, denn sie hat einige Charakterzüge, die sich von den anderen Naturwissenschaften unterscheiden. Nach meiner Auffassung hat niemand diese Charakterzüge so tiefgehend und zutreffend untersucht wie **Duhem** in seinem Werk *Ziel und Struktur der physikalischen Theorien*. Darin kommt zum Ausdruck, dass physikalische Theorien rein mathematische Gebilde sind, die sich als solche in einer bestimmten eindeutigen Form auf experimentelle Gegebenheiten beziehen. Dieser Bezug ist jedoch alles andere als trivial und muss oft in einer komplizierten, verschachtelten Übersetzungsarbeit herausgearbeitet werden. Es gibt keine simple Eins-zu-eins-Beziehung zwischen den mathematischen Elementen der Theorie und den direkten Beobachtungen im Rahmen eines Experiments. Zudem haben alle Experimente eine beschränkte Genauigkeit, und daher sind auch die Theorien immer nur als Näherungen und immer als vorläufig zu verstehen. Außerdem betont Duhem, dass die Physik sich vor metaphysischen Interpretationen der Theorien hüten müsse, denn über eine solche sei keine Einigung zu erzielen. Theorien beziehen sich nicht direkt auf die Realität, sie spiegeln nur bestimmte Aspekte der Realität wider, in einer Weise, die zu ergründen uns unmöglich ist; es ist mehr eine intuitive Wahrheit, aus der wir Physiker leben, nicht eine, die wir beweisen können. Beweisen können wir nur, dass eine bestimmte Theorie eine bestimmte Gruppe experimenteller Gegebenheiten im Rahmen ihrer Genauigkeit effizient zusammenfasst. In diesem Sinne ist eine physikalische Theorie auch nicht als Erklärung von irgendetwas zu verstehen.

Eine solche Auffassung von Physik, die ich wie gesagt sehr plausibel finde, suggeriert eine saubere **Trennung zwischen (1) der Realität, (2) der von uns erlebten und vorgestellten Welt und (3) den mathematischen Strukturen der physikalischen Theorien.** Die Realität liegt allem zugrunde, aber über sie können wir nichts Eindeutiges aussagen. Genauer gesagt: Es lassen sich nur Negativaussagen über sie machen, sie muss mit den Erkenntnissen der Physik *kompatibel* sein, d. h., sie muss derart beschaffen sein, dass sie die gefundenen Naturgesetze *zulässt,* und bereits damit lassen sich sehr viele Aussagen über die Realität, die in der Vergangenheit gemacht wurden, ausschließen. Die von uns erlebte Welt ist die Welt der Erscheinungen, die wir sinnlich wahrnehmen und die die Grundlage unserer Vorstellungen und unserer Anschauung sind. In dieser Welt bauen wir auch physikalische Experimente auf. Die physikalischen Theorien müssen sich auf diese Welt der Erscheinungen beziehen, sich irgendwie ins sinnlich Wahrnehmbare übersetzen lassen, so kompliziert die Experimente und deren verschachtelte Interpretationen auch sein mögen, die dies bewerkstelligen. Ohne diesen Bezug handeln die Theorien nur von **mathematischen Strukturen.** Damit meine ich mathematische Mengen, auf denen bestimmte Relationen (oder Verknüpfungen, Funktionen etc.) definiert sind, wie in Kap. 3 beschrieben.

Die genannte Trennung ist ihrer Natur nach nichtphysikalistisch: Die Inhalte der physikalischen Theorien sind von der Realität getrennt. Allerdings lässt sie auch eine bestimmte metaphysische Spekulation zu, die dann doch auf Physikalismus hinausläuft: Wenn sich über die Realität nichts Eindeutiges aussagen lässt, so ist es doch immerhin nicht ausgeschlossen, dass sie letztlich mit den mathematischen Strukturen der physikalischen Theorien identisch ist (genauer gesagt, mit der mathematischen Struktur, die durch die fundamentalste aller Theorien, die hypothetische allumfassende Theorie, beschrieben wird), dass die Realität also eine rein **mathematische Realität** ist. Diese Sicht wird von Max Tegmark vertreten, er hat sie auch ziemlich detailliert ausgearbeitet. Die erlebte Welt mitsamt ihren Erlebern, also uns, müsste dann aus dieser mathematischen Realität heraus „emergieren". Eine solche Sichtweise ist in gewisser Weise sehr *platonisch:* Alles Materielle wird darin auf zeitlose „reine Ideen" zurückgeführt (wenn wir die mathematischen Strukturen als solche charakterisieren, was jedoch naheliegend ist).

Die **Quantenmechanik** bringt einige neue Aspekte in diese Überlegungen. Zunächst scheint sie die Duhem'sche Sicht klar zu bestätigen: Die mathematischen Objekte der Theorie (Wellenfunktionen bzw. Zustandsvektoren) beziehen sich in unerwarteter, komplizierter Weise auf die experimentellen Gegebenheiten, nämlich in Form von Wahrscheinlichkeitsaussagen, die noch dazu von einer Form sind, dass sie viele Eigenschaften, die wir bei Materie für selbstverständlich hielten, als falsch herausstellen. Die Welt der Erscheinungen wird so als trügerisch entlarvt. Zum anderen scheint aber auch die mathematische Seite der Theorie unvollständig zu sein: Sie kann nicht beschreiben, was bei einer Messung vor sich geht und wie es zur Entscheidung zwischen den verschiedenen Möglichkeiten kommt, die mit der Wahrscheinlichkeitsaussage gegeben sind. Die erlebte („klassische") Welt des Experimentierens und die mathematische Struktur der Theorie scheinen beide nur jeweils unvollständige Teilaspekte einer umfassenderen Realität darzustellen. Der Physikalismus zaubert jedoch ein Ass aus dem Ärmel: die Viele-Welten-Interpretation. Mit dieser scheint eine rein mathematisch-physikalische Realität wieder möglich, indem die Entscheidung für eine der Möglichkeiten bei einer Messung als subjektive Illusion erklärt wird, deren Auftreten eine direkte Konsequenz aus der Schrödinger-Gleichung ist. Aus meiner Sicht hat diese Interpretation allerdings einige fundamentale Probleme und ist letztlich nicht schlüssig. Somit bleibt für mich die QM eine Bestätigung der Duhem'schen Sichtweise und ein starkes Indiz gegen den Physikalismus und gegen eine rein mathematische Realität.

Darüber hinaus habe ich versucht, **prinzipielle Grenzen** der Physik aufzuzeigen. Insbesondere habe ich zwei Beispiele für Aspekte der Realität gegeben, die wir *erkennen* können, zu denen die Physik aber nichts zu sagen hat. Das erste Beispiel war das Vergehen der Zeit, das in den Theorien der Physik nicht vorkommt und auch nicht vorkommen kann, weil mathematische Strukturen *per se* zeitlos sind. Die Physik kann nur eine vierte Raumdimension einführen, die sich über spezielle metrische Eigenschaften von den anderen unterscheidet und dadurch einige Aspekte der Zeit reproduzieren kann, nicht aber ihr Vergehen. Das zweite Beispiel war das „harte Problem der Bewusstseinsforschung", also der Umstand, dass wir subjektiv etwas fühlen und erleben. Beide Aspekte sind in ihrer Formulierung problematisch, lassen sich nicht wirklich gut definieren oder erklären. Manche Menschen können gar nichts mit ihnen anfangen. Andere scheinen sie unmittelbar zu verstehen, sind sich sogar *sicher,* dass sie in der Physik nicht vorkommen können, einfach weil sie qualitativ anders sind als die mathematischen Strukturen, aus denen letztere sich konstituiert. Aber diese Andersartigkeit lässt sich eben nicht logisch zeigen oder im Sinne der Naturwissenschaft objektivieren, man kann sie nur direkt „sehen" oder eben nicht. So kommt es, dass ein unüberwindlicher Graben zwischen denen verläuft, die die Andersartigkeit „sehen", und denen, die das für Spinnerei, Wunschdenken, Missverständnis und Illusion halten.

Wenn Sie bereit sind, mit mir den Physikalismus auszuschließen (unabhängig davon, ob Sie dies tun, weil Sie mir bei den prinzipiellen Grenzen zustimmen oder aus anderen Gründen), so bleibt immer noch die Frage, ob wir über das, was über die Physik hinausgeht, etwas sagen oder wissen können oder ob wir, wie Wittgenstein im *Tractatus* schreibt, darüber schweigen müssen. Wittgenstein, Jaspers und der Physikalismus sind sich darüber einig, dass jenseits der Naturwissenschaften und der Mathematik keine eindeutigen, für jeden nachvollziehbaren und für richtig befindbaren Aussagen herauskommen können. Das Sagen oder Wissen in diesem Bereich wird also wahrscheinlich nicht den Charakter wohldefinierter, beweisbarer Sätze haben. Verschiedene Alternativen sind denkbar: metaphysische Spekulation, religiöser Glaube, philosophischer Glaube (ein Terminus, den Karl Jaspers definiert hat; wir haben hier nicht den Platz und die Zeit, genauer darauf einzugehen), Poesie und mystische Einsicht. All diese Dinge können offensichtlich zumindest einige von uns inspirieren und tief berühren, und alle können auch Gegenstand einer Form von Kommunikation sein, wir können uns zumindest mit einigen darüber verständigen. Aber die Frage bleibt, in welchem Sinne diese Dinge *gültig* sein, eine echte *Wahrheit* repräsentieren können. Vielleicht ist es diese letzte Frage, über der tatsächlich ein Mantel des Schweigens bleiben muss.

Der Reichtum der Physik

Wir haben einen Streifzug durch die verschiedenen Gebiete der Physik unternommen, ihre wichtigsten Theorien aufgezählt und deren zentrale Begriffe vorgestellt, zum Teil eher in Andeutungen und Metaphern, was auch die einzige Möglichkeit bleibt, wenn einem (wie mir in diesem Buch) die Verwendung höherer Mathematik „verboten" ist. Dabei haben wir gesehen, dass keine der Theorien die Wahrheit allein für sich gepachtet hat, dass aber jede Wesentliches und Überraschendes zu unserem Weltbild beizusteuern hat. Überall kommen dabei Verhältnisse und Ideen zum Vorschein, auf die ein Philosoph niemals von selbst gekommen wäre. Erst der mühsame, prüfende Weg des Austauschs zwischen Konzeptbildung und Experiment führt zu dieser Vielfalt an Blickwinkeln, den die Physik zu bieten hat.

Erstaunliches hat sie zu berichten von unserem Universum, das sich in seiner Expansion aus einer sehr heißen und dichten Phase heraus, dem Urknall, zu dem dünn besiedelten, größtenteils kalten und leeren Riesen entwickelt hat, von dem wir uns umgeben sehen. Von Teilchen, die gar keine Teilchen sind, war die Rede; von explodierenden Sternen, in deren Hitze die Materie gebrannt wurde, aus der wir bestehen; von einem deterministischen Uhrwerkuniversum, in das sich dann doch der Zufall verirrt hat; von der immer noch nicht ganz geklärten Frage, was bei einer quantenmechanischen Messung eigentlich geschieht, welche Rolle wir als Beobachter dabei spielen; von der Zeitumkehrinvarianz der Naturgesetze; von der Entropie, die als einzige dafür sorgt, dass wir Vergangenheit und Zukunft unterscheiden können; von einem gekrümmten Raum in einer gekrümmten Raumzeit; von der Bedeutung der Perspektive, des Bezugssystems, das bei so vielen Messungen entscheidend mitspielt.

Die Physik ist der Weg zu einem Weltbild, das vor kreativen Ideen nur so strotzt, vielseitig, tiefgründig, anspruchsvoll, und noch dazu erzählt sie eine Geschichte, die auf Fakten beruht. Diese Fakten jedoch sind im Einzelnen schwierig auseinanderzudröseln, denn es haften so viel Kontext, so viele Voraussetzungen und so viele verschachtelte Begrifflichkeiten an allen physikalischen Aussagen, dass es sehr viel Mühe bereitet, eine konkrete Situation in Sätze zu fassen, die für sich genommen eine „physikalische Wahrheit" ausdrücken.

Diese Menge an Kontext, die an allen Aussagen haftet, und die holistischen Verflechtungen der Theorien und Experimente machen das Studium der Physik zu einer sehr komplexen, anspruchsvollen geistigen Tüftelei, die sich nicht abkürzen lässt, sich aber in höchstem Maße lohnt und buchstäblich Welten eröffnet.

Praktische Grenzen und Krise der Physik

Neben den prinzipiellen Grenzen hat die Physik auch **praktische Grenzen.** Manche Bereiche der Physik sind uns nicht zugänglich, weil wir die dafür nötigen Experimente und Beobachtungen nicht durchführen können. Ein Großteil des Universums ist für alle Zeit hinter einem kosmischen Horizont verschlossen. Die hohen Energieskalen, die uns im Hinblick auf vereinheitlichte Theorien und Quantengravitation am meisten interessieren, sind uns nicht zugänglich, weil wir Energien dieser Größenordnung aller Voraussicht nach niemals werden erzeugen können. Auch der Urknall ist außerhalb unserer Reichweite; wir können nicht sehen, was damals tatsächlich passiert ist und ob es möglicherweise ein Davor gab.

So ist es wahrscheinlich, dass einige der offenen Fragen, die die Forschungsinstitute der Physik heute umtreiben, niemals beantwortet werden. Bereits in den letzten Jahrzehnten ist eine deutliche Verlangsamung grundlegender Erkenntnisse eingetreten; manche Physiker sprechen bereits seit etwa 20 Jahren von einer Krise der Grundlagenphysik. Seit der LHC nichts Neues gefunden hat, was über das Standardmodell der Teilchenphysik hinausgeht, hat sich das Gefühl der Ratlosigkeit in einigen Bereichen verschärft. Ich habe versucht klarzustellen, dass diese „Krise" nicht vorrangig aus einem Fehlverhalten, einem falschen Fokus in der Forschung oder einem „Durchknallen" der Physiker resultiert, wie andere Bücher behaupten, sondern einfach in der Natur der Dinge liegt, in den praktischen Grenzen, die uns gesetzt sind. Sie ist eine Konsequenz der großen Erfolge, die die Physik in den letzten Jahrhunderten feiern durfte. Diese Erfolge haben dazu geführt, dass der größte Teil der uns zugänglichen Phänomene bereits mit sehr präzisen Theorien „abgedeckt" ist.

In *The End of Science* vertritt **John Horgan** die These, dass die möglichen Erkenntnisse der Naturwissenschaften endlich sind. Das bezieht sich nicht notwendigerweise auf die *Anwendungen* der Naturwissenschaften; diese lassen sich womöglich in beliebiger Anzahl neu kombinieren. Aber dass die Erkenntnisse selbst, die Klassifizierung der Phänomene, das Ergründen der Ursache-Wirkung-Beziehungen und ihr Zurückführen auf Naturgesetze, endlich sind, erscheint mir äußerst plausibel. Es ist ja gerade die Stärke der Naturwissenschaft, und der Physik im Besonderen, vieles auf Weniges zurückzuführen. Wenn dieses Wenige am Ende unendlich umfangreich wäre, würde das die Naturwissenschaft ziemlich schlecht aussehen lassen. So ist es also völlig logisch, dass die forschende Naturwissenschaft irgendwann zu einer Verlangsamung und schließlich an ein Ende gelangt (im Gegensatz vielleicht zur Ingenieurskunst, die bis in alle Ewigkeit neue Anwendungen generiert). Mit der „Krise" der Grundlagenphysik werden wir an diese Endlichkeit erinnert. Es muss natürlich noch längst nicht so weit sein, vielleicht überrascht uns schon der morgige Tag mit der Publikation einer bahnbrechenden neuen Idee, die ein ganz neues Forschungsfeld erschließt, und es gibt ja auch noch etliche Gebiete, auf denen mit weiteren Erkenntnissen zu rechnen ist. Aber irgendwann wird doch einmal Schluss sein. Irgendwann gibt es für uns nichts Neues mehr zu finden.

Aber man weiß ja nie, ob man wirklich an ein Ende gelangt ist, ob man auch nichts übersehen hat, ob nicht womöglich das nächste Experiment eine Überraschung zum Vorschein bringt, ob nicht vielleicht der nächste Geistesblitz die Weltformel zutage fördert. So werden die Forschungsinstitute selbst dann, wenn das Ende erreicht ist, noch eine ganze Weile weiter existieren und das Erkannte immer weiter absichern. Aber ab irgendeinem Punkt wird die Akzeptanz der Bevölkerung und der Regierungen, große Geldmengen in aufwändige Experimente zu stecken, schwinden. Vielleicht wird das Ganze zu einer Sache von Liebhabern, gefördert von einigen privaten Mäzenen. Vielleicht wird der Betrieb aber auch irgendwann eingestellt, weil es zermürbend ist, Jahrzehnte in etwas zu investieren, bei dem nichts Neues herauskommt.

Mich beschäftigt die Frage, ob dann die Gefahr besteht, dass Wissen verloren geht. Klar, die Bereiche, die für praktische Anwendungen benötigt werden, sind nicht gefährdet. Aber vieles von dem physikalischen Wissen, das im 20. Jahrhundert aufgebaut wurde, hat rein philosophische Relevanz, es ist entscheidend für unser Weltbild, lässt sich aber nicht ingenieursmäßig anwenden. Dazu gehören die Kosmologie und große Teile der Teilchenphysik. Wird dieses Wissen auch dann noch weitergegeben werden, wenn keine Forschung mehr stattfindet? Man wird sicher versuchen, das Wesentliche aus diesen Bereichen zusammenzufassen und als Wahlfächer in Universitätskursen anzubieten. Aber wie schon betont, ein echtes, tiefes Verständnis lässt sich nur durch langjährige Arbeit auf diesen Gebieten erreichen, und das geht nun einmal am besten im Rahmen einer Forschungsarbeit und im Austausch mit anderen aktiven Forschern. Somit besteht also tatsächlich die Gefahr, dass Wissen verloren geht.

Eine Hoffnung, die ich in dieser Hinsicht hege, ist die Möglichkeit, dass der immense *persönliche* geistige Nutzen der dauerhaften Beschäftigung auf diesen Gebieten erkannt wird, auch ohne dass dabei neue Forschungsergebnisse produziert werden. Ich hoffe, als kleiner Schritt in diese Richtung ist es mir zumindest gelungen, trotz all der dunklen und verworrenen Zusammenhänge und Gedanken, die ich hier zu Papier gebracht habe, die Schönheit und den Wert meiner großen Geliebten, der Physik, herauszustellen, auf dass auch andere ihr huldigen mögen.

Literatur

Barbour, J. (2000). *The end of time.* W&N.

Baricco, A. (2003). *Novecento* (4. Aufl.). Piper.

Block, N. (1995). On a confusion about a function of consciousness. *Behavioral and Brain Sciences, 18,* 227.

Cantor, G. (1895). Beiträge zur Begründung der transfiniten Mengenlehre. *Mathematische Annalen, 46* (4), 481.

Carnap, R. (1993). *Mein Weg in die Philosophie.* Reclam.

Carroll, S. (2010). *From eternity to here.* Dutton.

Chalmers., (1995). Facing up to the problem of consciousness. *Journal of Consciousness Studies, 2*(3), 200.

Duhem, P. (1998). *Ziel und Struktur der physikalischen Theorien.* Meiner.

Dürr, H.-P. (Hrsg.). (1986). *Physik und Transzendenz.* Scherz.

Eddington, A. (1928). *The nature of the physical world.* Macmillian. (Auf deutsch abgedruckt in Dürr (1986)).

Frenkel, E. (2014). *Liebe und Mathematik.* Springer.

Frisch, M. (1964). *Mein Name sei Gantenbein.* Suhrkamp.

Hawking, S. (1988). *Eine kurze Geschichte der Zeit.* Rowohlt.

Helling R. (2011) *How I learned to stop worrying and love QFT.* https://arxiv.org/pdf/1201.2714.pdf.

Hirschberger, J. (1980). *Geschichte der Philosophie* (12. Aufl.). Herder.

Hofstadter, D. R., & Dennett, D. C. (1986). *Einsicht ins Ich.* Klett.

Horgan, J. (1996). *The end of science.* Addison Wesley.

Hossenfelder, S. (2018). *Lost in math.* Basic Books (dt. Ausgabe: *Das hässliche Universum,* Fischer).

Hut, P., & van Fraassen, B. (1997). Elements of reality. *Journal of Consciousness Studies, 4*(2), 167.

Jackson, F. (1986). What Mary didn't know. *Journal of Philosophy, 83,* 291.

Jaspers, K. (1960). *Vernunft und Freiheit.* Stuttgart: Europ. Buchklub.

Kant, I. (1966). *Kritik der reinen Vernunft.* Reclam.

© Springer-Verlag GmbH Deutschland, ein Teil von Springer Nature 2020
J.-M. Schwindt, *Universum ohne Dinge,*
https://doi.org/10.1007/978-3-662-60705-3

Mach, E. (1882). *Die ökonomische Natur der physikalischen Forschung.* Wien: Akademie der Wissenschaften. (Vortrag an der kaiserl. Akademie der Wissenschaften, Wien.)

Marias, J. (2000). *Mein Herz so weiß* (5. Aufl.). DTV.

McTaggart. (1908). The unreality of time. *Mind: A Quarterly Review of Psychology and Philosophy, 17,* 456.

Musil, R. (1952). *Der Mann ohne Eigenschaften.* Rowohlt.

Nagel, T. (1974). What is it like to be a bat? *Philosophy Reviews, 83*(4), 435. (Auf deutsch abgedruckt in Hofstadter und Dennett (1986)).

Nicolai, H. (2005). Loop quantum gravity: An outside view. *Classical and Quantum Gravity, 22,* R193.

Schlosshauer, M. (Hrsg.). (2011). *Elegance and Enigma – The Quantum Interviews.* Springer.

Schrödinger, E. (1958). *Geist und Materie.* Paul Zsolnay.

Schwarzschild K. (1916) *Über das Gravitationsfeld eines Massenpunktes nach der Einsteinschen Theorie,* Sitzungsberichte d. Königlich Preußischen Akademie der Wissenschaften (Berlin) vom 3.2.1916, S. 189.

Schwindt, J.-M. (2012). *Nothing happens in the Universe of the Everett Interpretation.* https://arxiv.org/pdf/1210.8447.pdf.

Smolin, L. (2006). *The trouble with physics.* Houghton Mifflin Harcourt (dt.: *Die Zukunft der Physik,* 2009, DVA).

Smolin, L. (2015). Temporal naturalism. *Studies in History and Philosophy of Modern Physics, 52A,* 86.

Tegmark, M. (2014). *Our mathematical universe.* Vintage Books.

Unzicker, A. (2010). *Vom Urknall zum Durchknall.* Springer.

Villani, C. (2014). *Das lebendige Theorem.* Fischer.

Weinberg, S. (1977). *The first three minutes.* Basic Books.

Wetterich C. (2013) A universe without expansion. *Physics of the Dark Universe, 2*(4), 184. https://arxiv.org/pdf/1303.6878.pdf.

Weyl, H. (1948). *Philosophie der Mathematik und Naturwissenschaft.* Oldenbourg.

Wittgenstein, L. (1963). *Tractatus logico-philosophicus.* Suhrkamp.

Woit, P. (2006). *Not even wrong.* Basic Books.

Zeh, H. (1989). *The physical basis of the direction of time.* Springer.

Zuboff, A. (1981). *Geschichte eines Gehirns,* in: Hofstadter & Dennett (1986).

Stichwortverzeichnis

A

Ableitung, 47
absoluter Nullpunkt, 153
allumfassende Theorie, 230
Anfangsbedingung, 48, 115
anthropisches Prinzip, 257
Antimaterie, 191
Äquivalenzprinzip, 140

B

beobachtbares Universum, 213
Beobachtungshorizont, 213
Bezugssystem, 131
Blockuniversum, 150

D

Dekohärenz, 187
Delayed-Choice-Experiment, 167
Determinismus, 2
Dichte, 119
Differentialgleichung, 48
Differentialrechnung, 46
Doppelspalt, 167

Drehimpuls, 117
Druck, 119
Dunkle Energie, 226
Dunkle Materie, 220

E

effektive Theorie, 85, 199
Eigenzeit, 132
Einbettung, 144
Einstein'sche Feldgleichungen, 146
Elektromagnetismus, 123
elektroschwache Theorie, 206
Emergenz, 74
Energie, 115
    relativistische, 137
Energieerhaltungssatz, 115
Ensemble, 154
Entropie, 154
Ereignis, 130
Ereignishorizont, 228

F

Falsifizierbarkeit, 50

© Springer-Verlag GmbH Deutschland, ein Teil von Springer Nature 2020
J.-M. Schwindt, *Universum ohne Dinge,*
https://doi.org/10.1007/978-3-662-60705-3

Farbe, 123
Feld, 119
  elektrisches, 123
Fermion, 206
Feynman-Diagramm, 195
Freiheitsgrad, 117
Frequenz, 120
Funktionalismus, 306

G

Galaxie, 211
Geodäte, 142
Geometrie
  euklidische, 38
  nichteuklidische, 39
  Riemann'sche, 141
Gleichgewicht, 157
Gluon, 206
Gravitationswelle, 142
Große Vereinheitlichte Theorie, 231
Gruppe, 35

H

Hadron, 205
Halbwertszeit, 194
Hawking-Strahlung, 200
Heisenberg-Schnitt, 175
Higgs-Feld, 206
Higgs-Teilchen, 206, 207
Hydrodynamik, 119

I

Impuls, 115
Impulserhaltungssatz, 115
Inertialsystem, 137
infinitesimal, 47
Inflation, 244
Instrumentalismus, 21
Integrationskonstante, 48
Interferenz, 121

K

Kaluza-Klein-Theorie, 86
Kernkraft
  schwache, 205
  starke, 202
Kollaps der Wellenfunktion, 171
komplementär, 171
Kontingenz, 78
Kopenhagener Deutung, 177
kosmische Hintergrundstrahlung,
  222
kosmische Strahlung, 204
kosmologische Konstante, 226
Kraft, 112

L

Ladung
  elektrische, 123
LHC, 205
Licht, 123
Lichtgeschwindigkeit, 123
Lorentz-Transformation, 133

M

Magnetfeld, 123
Makrozustand, 154
Masse
  relativistische, 137
Maxwell-Gleichungen, 123
Menge, 32
Mengenlehre, 32
Messproblem, 171
Metrik, 128
Michelson-Morley-Experiment, 124
Mikrozustand, 154
Multiversum, 258

N

Naturalismus, 21
Navier-Stokes-Gleichungen, 119
Neutrino, 204
Nukleosynthese, 221

O

Ockhams Rasiermesser, 55

P

Parallaxe, 211
Parsec, 211
Periheldrehung, 141
Physikalismus, 280
Planck-Skala, 232, 267, 292
Positron, 204
Postmodernisums, 275
Propaganda, 250

Q

Qualia, 299
Quantenchromodynamik, 205
Quantenelektrodynamik, 192
Quantenfeld, 190
Quantengravitation, 201
Quantenobjekt, 166
Quark, 205
Qubit, 179

R

Raumzeit, 5, 126
Reibung, 152
Renormierung, 197
Ruhemasse, 137

S

Schall, 120
Schatzkarte, 9
Scheinkraft, 140
Schrödinger-Gleichung, 71, 165
Schrödingers Dilemma, 16
Schrödingers Katze, 172
Schwarzes Loch, 141
Schwarzschild-Lösung, 147
Spitznamserei, 277
spukhafte Fernwirkung, 177

Standardkerze, 212
Standardmodell
    der Kosmologie, 230
    der Teilchenphysik, 207
Störungsrechnung, 195
Streuvorgang, 194
Stringtheorie, 240
Strukturbildung, 224
Supernova, 225
Superposition, 121
Supersymmetrie, 248
Symmetriebrechung, 209

T

Teilchenbeschleuniger, 205
Teilchenzoo, 205
Temperatur, 153
Thermodynamik, 152

U

Unruh-Effekt, 200, 273
Unschärferelation, 171
Urknall, 217

V

Vakuumenergie, 226
Vektor, 119
verborgene Variable, 169
Verschränkung, 175
Viele-Welten-Interpretation, 182
Viskosität, 119

W

Welle, 120
    elektromagnetische, 123
Welle-Teilchen-Dualismus, 166
Wellenfunktion, 165
Weltformel, 230

Z

Zeitdilatation, 132
Zeitrichtung, 159
Zeitumkehrinvarianz, 5
Zentrifugalkraft, 140
Zentripetalkraft, 140

Zerfall, 194
Zombie, 300
Zufall, 2, 169
Zustandsraum, 172
Zustandsvektor, 172
Zwillingsparadoxon, 133